华章图书

一本打开的书，一扇开启的门，

通向科学殿堂的阶梯，托起一流人才的基石。

# Java 虚拟机规范

## (Java SE 8版)

The Java Virtual Machine Specification

Java SE 8 Edition

[美] 蒂姆·林霍尔姆(Tim Lindholm) 弗兰克·耶林(Frank Yellin) 吉拉德·布拉查(Gilad Bracha) 亚历克斯·巴克利(Alex Buckley) 著

爱飞翔 周志明 等译

机械工业出版社
China Machine Press

图书在版编目（CIP）数据

Java虚拟机规范（Java SE 8版）/（美）林霍尔姆（Lindholm, T.）等著；爱飞翔等译．—北京：机械工业出版社，2015.5（2021.11重印）
（Java核心技术系列）
书名原文：The Java Virtual Machine Specification, Java SE 8 Edition

ISBN 978-7-111-50159-6

I. J… II. ①林… ②爱… III. JAVA语言－程序设计 IV. TP312

中国版本图书馆CIP数据核字（2015）第095083号

本书版权登记号：图字：01-2014-5471



# Java虚拟机规范（Java SE 8版）

出版发行：机械工业出版社（北京市西城区百万庄大街22号 邮政编码：100037）

责任编辑：关 敏　　责任校对：殷 虹

印 刷：三河市宏图印务有限公司　　版 次：2021年11月第1版第9次印刷

开 本：186mm×240mm 1/16　　印 张：21.25

书 号：ISBN 978-7-111-50159-6　　定 价：79.00元

凡购本书，如有缺页、倒页、脱页，由本社发行部调换

客服热线：（010）88379426 88361066　　投稿热线：（010）88379604

购书热线：（010）68326294 88379649 68995259　　读者信箱：hzjsj@hzbook.com

# The Translator's Words 译者序

Java 从诞生到现在历经 20 多年，如今已成为一门应用场合非常广泛的编程语言。而在它逐步发展的过程中，还有另一件事物也在不断发生变化，这就是 Java 虚拟机。

与某些语言相比，Java 的特色之一就是通常需要把编译好的 **class** 文件放在虚拟机中执行，而不是直接放在硬件上执行。这种在硬件和二进制文件中加入虚拟机层的做法，自然有其优势与局限性，然而纵观 Java 语言与 Java 虚拟机的发展脉络就可看出，各种 Java 虚拟机的实现者依然在以他们自己的方式不断地优化虚拟机。

虚拟机的具体实现可以有差别，但它们都遵循一套抽象的规则，这就是 Java 虚拟机规范。这份规范不仅可以使 Java 虚拟机的实现变得更加协调，而且还阐明了 Java 虚拟机与 Java 语言之间的契合点，令实现者可以在保持程序语义不变的前提下获得充分的发挥空间。

从 J2SE 5.0 开始，Java 有了较大改变，加入了泛型、枚举、变长参数、多异常 **catch** 语句等特性，到了 Java SE 8，更是引入了与 lambda 表达式相关的许多新功能，使 Java 语言的写法变得更为灵活。与此同时，Java 虚拟机也在针对这些特性而调整。无论读者是否从事虚拟机开发，都可以从研读规范的过程中更为深入地体会这些特性。大家还可以参考 Bill Venners 所著的《 Inside the Java 2 Virtual Machine 》（《深入 Java 虚拟机（原书第 2 版）》），以了解 Java 虚拟机的原理及指令细节。

尽管 Java 虚拟机通常与 Java 语言配套使用，但除了 Java 语言之外，用 Clojure、Scala 等语言所写的程序也可以运行在 Java 虚拟机上。此外，还可以用 Java 语言实现出 Python、Ruby 等语言的解释器，从而将其放在 Java 虚拟机中执行。这些用法都表明：虚拟机规范不但对学习 Java 有帮助，而且还能促使我们以全新的手法来运用其他常见的语言。从某种意义上来看，Java 虚拟机有其独特的地位，而且还是程序设计领域中的一种思维方式。

翻译本书的过程中，译者参考了由周志明、薛笛、吴璞渊、冶秀刚所翻译的《 Java

虚拟机规范（Java SE 7 版）》，并保留了上一版的部分译者注，在此谨对四位译者深表感谢。同时感谢机械工业出版社华章公司诸位编辑与工作人员的帮助。

本书的风格和术语尽量与上一版相符，有时会酌情稍作调整。欢迎大家发邮件至 eastarstormlee@gmail.com，或访问 github.com/jeffreybaoshenlee/zh-translation-errata-jvmspec8/issues，给我以批评和指正。该网址还列有《中英文词汇对照表》，以供参考。

爱飞翔

# *Preface* 前　言

本书涵盖了自2011年发布Java SE 7版之后所发生的全部变化。此外，为了与常见的Java虚拟机实现相匹配，本书还添加了大量修订及说明。

本版与前面各版一样，仅仅描述了抽象的Java虚拟机，而在实现具体的Java虚拟机时，本书指出了设计规划。Java虚拟机的实现必须体现出本书中的内容，但仅在确有必要时才应该受制于这些规范。

对于Java SE 8来说，Java编程语言里的一些重要变化在这本Java虚拟机规范中都有相应的体现。为了尽量保持二进制兼容性，我们应该直接在Java虚拟机里指定带有默认实现代码的`default`方法，而不应该依赖于编译器，因为那样做将无法在不同厂商、不同版本的产品之间移植，此外，那种做法也不可能适用于已有的`class`文件。在设计JSR 335，也就是《Lambda Expressions for the Java Programming Language》（Java编程语言的lambda表达式）时，Oracle公司的Dan Smith向虚拟机实现者咨询了将`default`方法集成到常量池和方法结构、方法与接口方法解析算法，以及字节码指令集中的最佳方式。JSR 335也允许在`class`文件级别的接口里出现`private`方法与`static`方法，而这些方法也同接口方法解析算法紧密地结合起来了。

Java SE 8的特点之一是：Java SE平台的程序库也伴随着Java虚拟机一起进化。有个小例子可以很好地说明这一特点：在运行程序的时候，Java SE 8可以获取方法的参数名，虚拟机会把这些名字存放在`class`文件结构中，而与此同时，`java.lang.reflect.Parameter`里也有个标准的API能够查询这些名字。另外，我们也可以通过`class`文件结构中一项有趣的统计数据来说明这个特点：本规范的第1版中定义了6个属性，其中有3个属性对Java虚拟机至关重要，而Java SE 8版的规范则定义了23个属性，其中只有5个属性对Java虚拟机很重要。换句话说，在新版规范中，属性主要是为了支持程序库而设计的，其次才是为了支持Java虚拟机本身。为了帮助读者理解`class`文件结构，本规范会更为清晰地描述出每项属性的角色及其使用限制。

在Oracle公司的Java Platform团队里，有多位同事都对这份规范提供了大力支持，他们包括：Mandy Chung、Joe Darcy、Joel Franck、Staffan Friberg、Yuri Gaevsky、Jon Gibbons、Jeannette Hung、Eric McCorkle、Matherey Nunez、Mark Reinhold、John Rose、Georges Saab、Steve Sides、Bernard Traversat、Michel Trudeau和Mikael Vidstedt。尤其感谢Dan Heidinga（IBM）、Karen Kinnear、Keith McGuigan及Harold Seigel，他们对常见的Java虚拟机实现中的兼容性及安全性贡献良多。

Alex Buckley

于加利福尼亚州圣克拉拉

*Contents* 目录

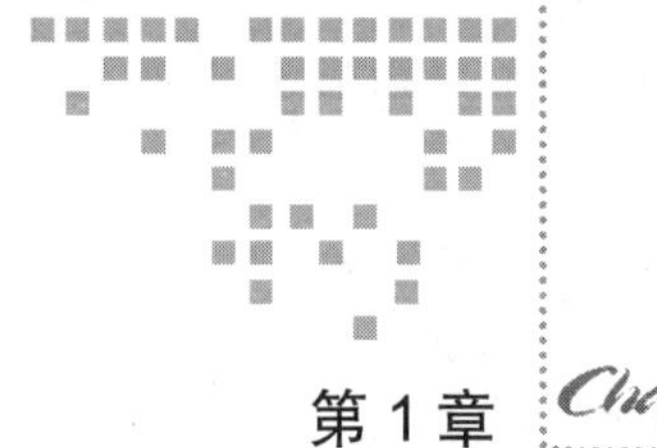

第1章 Chapter 1

# 引　言

## 1.1 简史

Java语言是一门通用的、面向对象的、支持并发的程序语言。它的语法与C和C++语言非常相似，但隐藏了C和C++中许多复杂、深奥及不安全的语言特性。Java平台最初用于解决基于网络的消费类设备上的软件开发问题，它在设计上就考虑到要支持部署在不同架构的主机上，并且不同组件之间可以安全地交互。面对这些需求，编译出来的本地代码必须解决不同网络间的传输问题，并能够运行在各种客户端上，而且还要使客户端确信这些代码是安全的。

伴随着万维网的盛行发生了一些十分有趣的事情：Web浏览器允许数以百万计的用户共同在网上冲浪，以及通过很简单的方式访问丰富多样的内容。用户冲浪所使用的设备并不是其中的关键，它们仅仅是一种媒介，无论机器的性能如何，无论使用高速网络还是慢速的modem，用户总能看到并听到同样的内容。

Web狂热者很快就发现网络信息的载体——HTML文档格式对信息的表达有很多限制，HTML的一些扩展应用，譬如网页表单，让这些限制显得更加明显。显而易见，没有任何浏览器能够承诺它可以提供给用户所需要的全部特性，扩展能力将是解决这个问题的唯一答案。

Sun公司的HotJava浏览器是世界上第一款展现出Java语言某些有趣特性的浏览器，它允许把Java代码内嵌入HTML页面。显示HTML页面时，这些Java代码也会一并下载至浏览器中。而在浏览器获取这些代码之前，它们已经过严谨地检查以保证它们是安全的。与HTML语言一样，这些Java代码与网络和主机是完全无关的，无论代码来自哪里，在哪台机器上执行，它们执行时都能表现出一致的行为。

带有Java技术支持的网页浏览器将不再受限于它本身所提供的功能。浏览网页的用户可以放心地假定在他们机器上运行的动态内容不会损害其机器。软件开发人员编写一次代码，程序就可以运行在所有支持 Java 运行时环境的机器之上。

## 1.2 Java 虚拟机

Java 虚拟机是整个 Java 平台的基石，是 Java 技术用以实现硬件无关与操作系统无关的关键部分，是 Java 语言生成出极小体积的编译代码的运行平台，是保障用户机器免于恶意代码损害的屏障。

Java 虚拟机可以看做一台抽象的计算机。如同真实的计算机那样，它有自己的指令集以及各种运行时内存区域。使用虚拟机来实现一门程序设计语言是相当常见的，业界中流传最为久远的虚拟机可能是 UCSD Pascal 的 P-Code 虚拟机[⊖]。

第一个 Java 虚拟机的原型机是由 Sun Microsystems 公司实现的，它用在一种类似 PDA（Personal Digital Assistant，俗称掌上电脑）的手持设备上，以仿真实现 Java 虚拟机指令集。时至今日，Oracle 已将许多 Java 虚拟机实现应用于移动设备、台式机、服务器等领域。但 Java 虚拟机并不局限于特定的实现技术、主机硬件和操作系统。Java 虚拟机也不局限于特定的代码执行方式，它虽然不强求使用解释器来执行程序，但是也可以通过把自己的指令集编译为实际 CPU 的指令来实现。它可以通过微代码（microcode）来实现，甚至可以直接在 CPU 中实现。

Java 虚拟机与 Java 语言并没有必然的联系，它只与特定的二进制文件格式——`class` 文件格式所关联。`class` 文件包含了 Java 虚拟机指令集（或者称为字节码（bytecode））和符号表，以及其他一些辅助信息。

基于安全方面的考虑，Java 虚拟机在 `class` 文件中施加了许多强制性的语法和结构化约束，凡是能用 `class` 文件正确表达出来的编程语言，都可以放在 Java 虚拟机里面执行。由于它是一个通用的、机器无关的执行平台，所以其他语言的实现者都可以考虑将 Java 虚拟机作为那些语言的交付媒介。

本书所说的 Java 虚拟机与 Java SE 8 平台相兼容，而且支持由本书所定义的 Java 编程语言。

## 1.3 各章节摘要

本书中其余章节的概述如下：

- 第 2 章概览 Java 虚拟机整体架构。
- 第 3 章介绍如何将 Java 语言编写的程序转换为 Java 虚拟机指令集。
- 第 4 章定义 `class` 文件格式。它是一种与硬件和操作系统无关的二进制格式，用来

⊖ P-Code 虚拟机是由加州大学圣地亚哥分校（UCSD）于 1978 年发布的高度可移植、机器无关的、运行 Pascal 语言的虚拟机。——译者注

表示编译后的类和接口。

- 第 5 章定义了 Java 虚拟机启动以及类和接口的加载、链接和初始化过程。
- 第 6 章定义了 Java 虚拟机指令集，并按照这些指令的指令助记符的字母顺序来表示。
- 第 7 章提供了一张以操作码值为索引的 Java 虚拟机操作码助记符表。

在《Java 虚拟机规范（第 2 版）》中，第 2 章是 Java 语言概览，这可以使读者更好地理解 Java 虚拟机规范，但它本身并不属于规范的一部分。因此本规范里没有再包含此章节的内容，读者可以参考《Java 语言规范》(Java SE 8 版）来获取这部分信息，如在本书中有需要引用这些信息的地方，将使用类似于“(JLS § x.y)”的形式来表示。

在《Java 虚拟机规范（第 2 版）》中，第 8 章用于描述 Java 虚拟机线程和共享内存之间的底层操作，它对应于《Java 语言规范》(Java SE 8 版）的第 17 章，而那一章又对应于 JSR-133 专家组所发布的《Java 内存模型和线程规范》[⊖]。本规范中不再包含这部分内容，读者可参考上述规范来获取关于线程与锁的信息。

## 1.4 说明

本书会用到 Java SE 平台 API 中的类和接口。如果单用一个未经修饰的标识符（比如 N）来指代类或接口，而那个标识符又不是范例中所定义的，那我们指的就是 `java.lang` 包中的类名或接口名（比如 `java.lang.N`）。如果要提到其他包中的类名或接口名，我们则会使用全限定名。

每当提及 `java` 或者它的子包（`java.*`）里的类和接口时，就意味着这个类或接口是由启动类加载器进行加载的（见 5.3.1 节）。

每当提及某个 `java` 包的子包时，就意味着这个包是由类加载器所定义的。

在本书中，*斜体*用于描述 Java 虚拟机中的“汇编语言”，即操作码和操作数，也包括一些 Java 虚拟机运行时数据区中的项目，有时也用来说明一些新的条目和需要强调的内容。

非规范性的信息用于阐明规范中的某些内容，这部分信息以小字缩排的形式来印刷。

这些文本是 Java 虚拟机规范之外的信息。它们用来表示某些直观的内容、阐述某些原理、给出某种建议或演示某个范例等等。

## 1.5 反馈

读者如发现本书中有错误、遗漏或含义不明之处，可通过 jvms-comments_ww@oracle.com 发送反馈信息。

用 `javac`（Java 编程语言的参照编译器（reference compiler））来生成并操作 `class` 文件时，如果有问题，可与 compiler-dev@openjdk.java.net 联系。

---

⊖ 《Java Memory Model and Thread Specification》：http://www.jcp.org/en/jsr/summary?id=133。——译者注

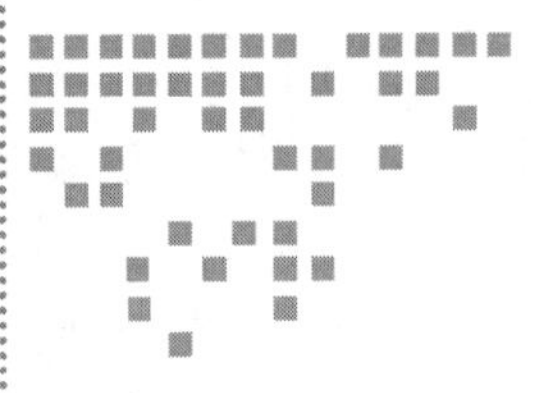

Chapter 2 第2章

# Java 虚拟机结构

本规范描述的是一种抽象化的虚拟机的行为，而不是任何一种[⊖]广泛使用的虚拟机实现。

要去“正确地”实现一台 Java 虚拟机，其实并不像大多数人所想的那样高深和困难——只需要正确读取 class 文件中每一条字节码指令，并且能正确执行这些指令所蕴含的操作即可。所有在虚拟机规范之中没有明确描述的实现细节，都不应成为虚拟机设计者发挥创造性的牵绊，设计者可以完全自主决定所有规范中不曾描述的虚拟机内部细节，例如，运行时数据区的内存如何布局，选用哪种垃圾收集算法，是否要对虚拟机字节码指令进行一些内部优化操作（如使用即时编译器把字节码编译为机器码）。

在本规范之中所有关于 Unicode 的描述，都是基于 Unicode 6.0.0 标准，读者可以在 Unicode 的网站（http://www.unicode.org）中查找到相关资料。

## 2.1 class 文件格式

编译后被 Java 虚拟机所执行的代码使用了一种平台中立（不依赖于特定硬件及操作系统）的二进制格式来表示，并且经常（但并非绝对）以文件的形式存储，因此这种格式称为 class 文件格式。class 文件格式中精确地定义了类与接口的表示形式，包括在平台相关的目标文件格式中一些细节上的惯例[⊜]，例如字节序（byte ordering）等。

---

⊖ 包括 Oracle 公司自己的 HotSpot 和 JRockit 虚拟机。——译者注

⊜ 请勿误认为此处“平台相关的目标文件格式”是指在特定平台编译出的 class 文件无法在其他平台中使用。相反，正是因为强制、明确地定义了本来会跟平台相关的细节，所以才达到了平台无关的效果。例如在 SPARC 平台上数字以 Big-Endian（高位的字节存储在内存中的低地址处）形式存储，在 x86 平台上数字则是以 Little-Endian（高位的字节存储在内存中的高地址处）形式存储的，如果不强制统一字节序的话，同一个 class 文件的二进制形式放在不同平台上就可能以不同的方式解读。——译者注

关于 class 文件格式细节的定义，请参见第 4 章的相关内容。

## 2.2　数据类型

与 Java 程序语言中的数据类型相似，Java 虚拟机可以操作的数据类型可分为两类：**原始类型**（primitive type，也经常翻译为原生类型或者基本类型）和**引用类型**（reference type）。与之对应，也存在**原始值**（primitive value）和**引用值**（reference value）两种类型的数值，它们可用于变量赋值、参数传递、方法返回和运算操作。

Java 虚拟机希望尽可能多的类型检查能在程序运行之前完成，换句话说，编译器应当在编译期间尽最大努力完成可能的类型检查，使得虚拟机在运行期间无需进行这些操作。原始类型的值不需要通过特殊标记或别的额外识别手段来在运行期确定它们的实际数据类型，也无需刻意将它们与引用类型的值区分开。虚拟机的字节码指令本身就可以确定它的指令操作数的类型是什么，所以可以利用这种特性直接确定操作数的数值类型。例如，*iadd*、*ladd*、*fadd* 和 *dadd* 这几个指令的操作含义都是将两个数值相加，并返回相加的结果，但是每条指令都有自己的专属操作数类型，此处按顺序分别为：int、long、float 和 double。关于虚拟机字节码指令的介绍，读者可以参见 2.11.1 小节。

Java 虚拟机是直接支持对象的。这里的对象可以是指动态分配的某个类的实例，也可以指某个数组。虚拟机中使用 reference 类型[⊖]来表示对某个对象的引用。关于 reference 类型的值，你可以想象成指向对象的指针。每一个对象都可能存在多个指向它的引用，对象的操作、传递和检查都通过引用它的 reference 类型的数据来进行。

## 2.3　原始类型与值

Java 虚拟机所支持的原始数据类型包括**数值类型**（numeric type）、boolean 类型（见 2.3.4 小节）和 returnAddress 类型（见 2.3.3 小节）三类。

数值类型又分为**整数类型**（integral type，见 2.3.1 小节）和**浮点类型**（floating-point type，见 2.3.2 小节）两种。

整数类型包括：

- byte 类型：值为 8 位有符号二进制补码整数，默认值为零。
- short 类型：值为 16 位有符号二进制补码整数，默认值为零。
- int 类型：值为 32 位有符号二进制补码整数，默认值为零。
- long 类型：值为 64 位有符号二进制补码整数，默认值为零。

---

⊖ 这里的 reference 类型与 int、long、double 等类型是同一个层次的概念，reference 是前面提到过的引用类型（reference type）的一种，而 int、long、double 等则是前面提到的原始类型（primitive type）的一种。前者是具体的数据类型，后者是某种数据类型的统称，原书中使用不同的英文字体标识，译者根据通常使用习惯，在本书中把具体类型使用小写英文表示，而类型则统一翻译为中文形式。

- char 类型：值为使用 16 位无符号整数表示的、指向基本多文种平面（Basic Multilingual Plane，BMP）的 Unicode 码点，以 UTF-16 编码，默认值为 Unicode 的 null 码点（'\u0000'）。

浮点类型包括：

- float 类型：值为单精度浮点数集合[㊀]中的元素，或者（如果虚拟机支持的话）是单精度扩展指数（float-extended-exponent）集合中的元素，默认值为正数 0。
- double 类型：值为双精度浮点数集合中的元素，或者（如果虚拟机支持的话）是双精度扩展指数（double-extended-exponent）集合中的元素，默认值为正数 0。

boolean 类型的值为布尔值 true 和 false，默认值为 false。

在《Java 虚拟机规范（第 1 版）》中，boolean 类型并没有作为虚拟机的原始类型进行定义，当时的 Java 虚拟机只对 boolean 类型和值进行非常有限的支持，这导致 Java 虚拟机的后续发展出现了许多不必要的问题和麻烦。直到《Java 虚拟机规范（第 2 版）》时，boolean 类型才以虚拟机原始类型的形式定义。

returnAddress 类型是指向某个操作码（opcode）的指针，此操作码与 Java 虚拟机指令相对应。在虚拟机支持的所有原始类型中，只有 returnAddress 类型是不能直接与 Java 语言的数据类型相对应的。

### 2.3.1 整数类型与整型值

Java 虚拟机中的整数类型的取值范围如下：

- 对于 byte 类型，取值范围是 −128 ~ 127（$-2^7$ ~ $2^7-1$），包括 −128 和 127。
- 对于 short 类型，取值范围是 −32 768 ~ 32 767（$-2^{15}$ ~ $2^{15}-1$），包括 −32 768 和 32 767。
- 对于 int 类型，取值范围是 −2 147 483 648 ~ 2 147 483 647（$-2^{31}$ ~ $2^{31}-1$），包括 −2 147 483 648 和 2 147 483 647。
- 对于 long 类型，取值范围是 −9 223 372 036 854 775 808 ~ 9 223 372 036 854 775 807（$-2^{63}$ ~ $2^{63}-1$），包括 −9 223 372 036 854 775 808 和 9 223 372 036 854 775 807。
- 对于 char 类型，取值范围是 0 ~ 65 535，包括 0 和 65 535。

### 2.3.2 浮点类型、取值集合及浮点值

浮点类型包含 float 类型和 double 类型两种，它们在概念上与《IEEE Standard for Binary Floating-Point Arithmetic》（ANSI/IEEE Std.754-1985，New York）标准中定义的 32 位单精度和 64 位双精度 IEEE 754 格式的取值与操作是一致的。

IEEE 754 标准的内容不仅包括了正负的带符号量（sign-magnitude number），而且包括

---

㊀ 单精度浮点数集合、双精度浮点数集合、单精度扩展指数集合和双精度扩展指数集合将会在稍后的 2.3.2 小节中详细介绍。——译者注

了正负零、正负**无穷大**和一个特殊的“非数字”标识（Not-a-Number，下文用NaN表示）。NaN值用于表示某些无效的运算操作，例如0除以0等情况。

所有Java虚拟机的实现都必须支持两种标准的浮点值集合：**单精度浮点数集合**和**双精度浮点数集合**。另外，Java虚拟机实现可以自由选择是否要支持**单精度扩展指数集合**和**双精度扩展指数集合**中的一种或全部。这些扩展指数集合可能在某些特定情况下代替标准浮点数集合来表示float和double类型的数值。

任意一个非零的、可数的任意浮点值都可以表示为 $s \times m \times 2^{(e-N+1)}$ 的形式，其中s可以是+1或者-1，m是一个小于 $2^N$ 的正整数，e是一个介于 $E_{min}=-(2^{K-1}-2)$ 和 $E_{max}=2^{K-1}-1$ 之间的整数（包括 $E_{min}$ 和 $E_{max}$）。这里的N和K两个参数的取值范围决定于当前采用的浮点数值集合。部分浮点数使用这种规则得到的表示形式可能不是唯一的，例如，在指定的数值集合内，可以存在一个数字v，它能找到特定的s、m和e值来表示，使得其中m是偶数，并且e小于 $2^{K-1}$，这样我们就能够通过把m的值减半再将e的值增加1的方式来得到v的另外一种不同的表示形式。在这些表示形式中，如果其中某种表示形式中m的值满足条件 $m \geqslant 2^{N-1}$，那就称这种表示为标准表示（mormalized representation），不满足这个条件的其他表示形式就称为非标准表示（denormalized representation）。如果某个数值不存在任何满足 $m \geqslant 2^{N-1}$ 的表示形式，即不存在任何标准表示，那就称这个数字为非标准值（denormalized value）。

对于两个必须支持的浮点数值集合和两个可选的浮点数值集合来说，参数N和K（也包括衍生参数 $E_{min}$ 和 $E_{max}$）的约束如表2-1所示。

**表2-1 浮点数集合的参数**

| 参数 | 单精度浮点数集合 | 单精度扩展指数集合 | 双精度浮点数集合 | 双精度扩展指数集合 |
|---|---|---|---|---|
| N | 24 | 24 | 53 | 53 |
| K | 8 | ≥11 | 11 | ≥15 |
| $E_{max}$ | +127 | ≥+1 023 | +1 023 | ≥+16 383 |
| $E_{min}$ | −126 | ≤−1 022 | −1 022 | ≤−16 382 |

如果虚拟机实现支持了（无论是支持一种还是支持全部）扩展指数集合，那每一种支持的扩展指数集合都有一个由具体虚拟机实现决定的参数K，表2-1给出了这个参数的约束范围（≥11和≥15），这个参数也决定了 $E_{min}$ 和 $E_{max}$ 两个衍生参数的取值范围。

上述四种数值集合都不仅包含可数的非零值，而且包括5个特殊的数值：正数零、负数零、正无穷大、负无穷大和NaN。

有一点需要注意的是，表2-1中的约束经过精心设计，可以保证每一个单精度浮点数集合中的元素都一定是单精度扩展指数集合、双精度浮点数集合和双精度扩展指数集合中的元素。与此类似，每一个双精度浮点数集合中的元素都一定是双精度扩展指数集合的元素。换句话说，每一种扩展指数集合都有比相应的标准浮点数集合更大的指数取值范围，但是不会有更高的精度。

每一个单精度浮点数集合中的元素都可以精确地使用 IEEE 754 标准中定义的单精度浮点格式表示出来，但 NaN 例外，取值集合中只有 1 个值用来表示 NaN。（而 IEEE 754 却规定了 $2^{24}-2$ 种不同的值，都可用来表示 NaN）。与此类似，每一个双精度浮点数集合中的元素都可以精确地使用 IEEE 754 标准中定义的双精度浮点格式表示出来，但 NaN 例外，取值集合中也只有 1 个值用来表示 NaN。（而 IEEE 754 却规定了 $2^{53}-2$ 种不同的值，都可用来表示 NaN）。不过请注意，在这里定义的单精度扩展指数集合和双精度扩展指数集合中的元素和 IEEE 754 标准里面单精度扩展与双精度扩展格式的表示**并不完全一致**。除了 class 文件格式中明确限定浮点值表示方式（参见 4.4.4 及 4.4.5 小节）的场合之外，本规范并不强求采用何种形式来表示浮点数。

上面提到的单精度浮点数集合、单精度扩展指数集合、双精度浮点数集合和双精度扩展指数集合都并不是具体的数据类型。虚拟机实现可以通过单精度浮点数集合的元素来表示一个 float 类型的数值，但是在某些特定的环境中，可以使用单精度扩展指数集合的元素来代替。相类似，虚拟机实现可以使用双精度浮点数集合的元素来表示 double 类型的数值，但是在某些特定的环境中，也可以使用双精度扩展指数集合的元素来代替。

除了 NaN 以外，浮点数集合中的所有元素都是**有序的**。如果把它们从小到大按顺序排列好，那顺序将会是：负无穷、可数负数、正负零、可数正数、正无穷。

在浮点数中，正数零和负数零是相等的，但是它们在某些操作上会有区别。例如，1.0 除以 0.0 会产生正无穷大的结果，而 1.0 除以 –0.0 则会产生负无穷大的结果。

NaN 是**无序的**，只要有操作数是 NaN，那么对它进行任何数值比较和等值测试都会返回 false。值得一提的是，有且只有 NaN 这一个数在与自身比较是否等值时会得到 false。任何数字与 NaN 进行不等值比较都会返回 true。

### 2.3.3 returnAddress 类型和值

returnAddress 类型会被 Java 虚拟机的 *jsr*、*ret* 和 *jsr_w* 指令[⊖]所使用参见第 6 章的 *jsr*、*ret* 和 *jsr_w* 小节。returnAddress 类型的值指向一条虚拟机指令的操作码。与前面介绍的那些数值类的原生类型不同，returnAddress 类型在 Java 语言之中并不存在相应的类型，而且也无法在程序运行期间更改。

### 2.3.4 boolean 类型

虽然 Java 虚拟机定义了 boolean 这种数据类型，但是只对它提供了非常有限的支持。在 Java 虚拟机中没有任何供 boolean 值专用的字节码指令，Java 语言表达式所操作的 boolean 值，在编译之后都使用 Java 虚拟机中的 int 数据类型来代替。

Java 虚拟机直接支持 boolean 类型的数组，虚拟机的 *newarray* 指令参见第 6 章的

⊖ 这几个指令以前主要用来实现 finally 语句块，后来改为冗余 finally 块代码的方式来实现，甚至到了 JDK 7 时，虚拟机已不允许 class 文件内出现这几个指令。那相应地，returnAddress 类型就处于名存实亡的状态。——译者注

newarray 小节可以创建这种数组。boolean 类型数组的访问与修改共用 byte 类型数组的 *baload* 和 *bastore* 指令。参见第 6 章的 baload 及 bastore 小节。

> 在 Oracle 公司的虚拟机实现里，Java 语言中的 boolean 数组将会被编码成 Java 虚拟机的 byte 数组，每个 boolean 元素占 8 位。

Java 虚拟机会把 boolean 数组元素中的 true 值采用 1 来表示，false 值采用 0 来表示，当 Java 编译器把 Java 语言中的 boolean 类型值映射为 Java 虚拟机的 int 类型值时，也必须采用上述表示方式。

## 2.4　引用类型与值

Java 虚拟机中有三种引用类型：类类型（class type）、数组类型（array type）和接口类型（interface type）。这些引用类型的值分别指向动态创建的类实例、数组实例和实现了某个接口的类实例或数组实例。

数组类型最外面那一维元素的类型（此维度的长度不由数组类型来决定），叫做该数组类型的**组件类型**（component type）。[⊖]一个数组的组件类型也可以是数组。从任意一个数组开始，如果发现其组件类型也是数组类型，那就继续取这个小数组的组件类型，不断执行这样的操作，最终一定可以遇到组件类型不是数组的情况，这时就把这种类型称为本数组类型的**元素类型**（element type）。数组的元素类型必须是原生类型、类类型或者接口类型之一。

在引用类型的值中还有一个特殊的值：null，当一个引用不指向任何对象的时候，它的值就用 null 来表示。一个为 null 的引用，起初并不具备任何实际的运行期类型，但是它可转型为任意的引用类型。引用类型的默认值就是 null。

Java 虚拟机规范并没有规定 null 在虚拟机实现中应当怎样用编码来表示。

## 2.5　运行时数据区

Java 虚拟机定义了若干种程序运行期间会使用到的运行时数据区，其中有一些会随着虚拟机启动而创建，随着虚拟机退出而销毁。另外一些则是与线程一一对应的，这些与线程对应的数据区域会随着线程开始和结束而创建和销毁。

### 2.5.1　pc 寄存器

Java 虚拟机可以支持多条线程同时执行（见 JLS §17），每一条 Java 虚拟机线程都有自己的 pc（program counter）寄存器。在任意时刻，一条 Java 虚拟机线程只会执行一个方法的代码，这个正在被线程执行的方法称为该线程的当前方法（current method，见 2.6 节）。如果

---

⊖ 例如对于 int[][][] 这种数组类型来说，其组件类型可以理解为 int[][]。——译者注

这个方法不是 native 的，那 pc 寄存器就保存 Java 虚拟机正在执行的字节码指令的地址，如果该方法是 native 的，那 pc 寄存器的值是 undefined。pc 寄存器的容量至少应当能保存一个 returnAddress 类型的数据或者一个与平台相关的本地指针的值。

### 2.5.2 Java 虚拟机栈

每一条 Java 虚拟机线程都有自己私有的 **Java 虚拟机栈**（Java Virtual Machine stack），这个栈与线程同时创建，用于存储栈帧（Frame，见 2.6 节）。Java 虚拟机栈的作用与传统语言（例如 C 语言）中的栈非常类似，用于存储局部变量与一些尚未算好的结果。另外，它在方法调用和返回中也扮演了很重要的角色。因为除了栈帧的出栈和入栈之外，Java 虚拟机栈不会再受其他因素的影响，所以栈帧可以在堆中分配[⊖]，Java 虚拟机栈所使用的内存不需要保证是连续的。

在《Java 虚拟机规范》第 1 版中，Java 虚拟机栈也称为“Java 栈”。

Java 虚拟机规范既允许 Java 虚拟机栈被实现成固定大小，也允许根据计算动态来扩展和收缩。如果采用固定大小的 Java 虚拟机栈，那每一个线程的 Java 虚拟机栈容量可以在线程创建的时候独立选定。

Java 虚拟机实现应当提供给程序员或者最终用户调节虚拟机栈初始容量的手段，对于可以动态扩展和收缩 Java 虚拟机栈来说，则应当提供调节其最大、最小容量的手段。

Java 虚拟机栈可能发生如下异常情况：

- 如果线程请求分配的栈容量超过 Java 虚拟机栈允许的最大容量，Java 虚拟机将会抛出一个 StackOverflowError 异常。
- 如果 Java 虚拟机栈可以动态扩展，并且在尝试扩展的时候无法申请到足够的内存，或者在创建新的线程时没有足够的内存去创建对应的虚拟机栈，那 Java 虚拟机将会抛出一个 OutOfMemoryError 异常。

### 2.5.3 Java 堆

在 Java 虚拟机中，**堆**（heap）是可供各个线程共享的运行时内存区域，也是供所有类实例和数组对象分配内存的区域。

Java 堆在虚拟机启动的时候就被创建，它存储了被自动内存管理系统（automatic storage management system，也就是常说的 garbage collector（垃圾收集器））所管理的各种对象，这些受管理的对象无需也无法显式地销毁。本规范中所描述的 Java 虚拟机并未假设采用何种具体技术去实现自动内存管理系统。虚拟机实现者可以根据系统的实际需要来选择自动内存管

⊖ 请注意避免混淆 Stack、Heap 和 Java（VM）Stack、Java Heap 的概念，Java 虚拟机的实现本质上是由其他语言所编写的应用程序，Java 语言程序里分配在 Java Stack 中的数据，从实现虚拟机的程序角度上看则可能分配在 Heap 之中。——译者注

理技术。Java堆的容量可以是固定的，也可以随着程序执行的需求动态扩展，并在不需要过多空间时自动收缩。Java堆所使用的内存不需要保证是连续的。

Java虚拟机实现应当提供给程序员或者最终用户调节Java堆初始容量的手段，对于可以动态扩展和收缩Java堆来说，则应当提供调节其最大、最小容量的手段。

Java堆可能发生如下异常情况：

- 如果实际所需的堆超过了自动内存管理系统能提供的最大容量，那Java虚拟机将会抛出一个`OutOfMemoryError`异常。

### 2.5.4 方法区

在Java虚拟机中，方法区（method area）是可供各个线程共享的运行时内存区域。方法区与传统语言中的编译代码存储区（storage area for compiled code）或者操作系统进程的正文段（text segment）的作用非常类似，它存储了每一个类的结构信息，例如，运行时常量池（runtime constant pool）、字段和方法数据、构造函数和普通方法的字节码内容，还包括一些在类、实例、接口初始化时用到的特殊方法（见2.9节）。

方法区在虚拟机启动的时候创建，虽然方法区是堆的逻辑组成部分，但是简单的虚拟机实现可以选择在这个区域不实现垃圾收集与压缩。这个版本的Java虚拟机规范也不限定实现方法区的内存位置和编译代码的管理策略。方法区的容量可以是固定的，也可以随着程序执行的需求动态扩展，并在不需要过多空间时自动收缩。方法区在实际内存空间中可以是不连续的。

Java虚拟机实现应当提供给程序员或者最终用户调节方法区初始容量的手段，对于可以动态扩展和收缩方法区来说，则应当提供调节其最大、最小容量的手段。

方法区可能发生如下异常情况：

- 如果方法区的内存空间不能满足内存分配请求，那么Java虚拟机将抛出一个`OutOfMemoryError`异常。

### 2.5.5 运行时常量池

运行时常量池（runtime constant pool）是`class`文件中每一个类或接口的常量池表（constant_pool table，见4.4节）的运行时表示形式，它包括了若干种不同的常量，从编译期可知的数值字面量到必须在运行期解析后才能获得的方法或字段引用。运行时常量池类似于传统语言中的符号表（symbol table），不过它存储数据的范围比通常意义上的符号表要更为广泛。

每一个运行时常量池都在Java虚拟机的方法区中分配（见2.5.4小节），在加载类和接口到虚拟机后，就创建对应的运行时常量池（见5.3节）。

在创建类和接口的运行时常量池时，可能会发生如下异常情况：

- 当创建类或接口时，如果构造运行时常量池所需要的内存空间超过了方法区所能提供的最大值，那么Java虚拟机将会抛出一个`OutOfMemoryError`异常。

关于构造运行时常量池的详细信息，可以参考第 5 章的内容。

### 2.5.6 本地方法栈

Java 虚拟机实现可能会使用到传统的栈（通常称为 C stack）来支持 `native` 方法（指使用 Java 以外的其他语言编写的方法）的执行，这个栈就是本地方法栈（native method stack）。当 Java 虚拟机使用其他语言（例如 C 语言）来实现指令集解释器时，也可以使用本地方法栈。如果 Java 虚拟机不支持 `native` 方法，或是本身不依赖传统栈，那么可以不提供本地方法栈，如果支持本地方法栈，那这个栈一般会在线程创建的时候按线程分配。

Java 虚拟机规范允许本地方法栈实现成固定大小或者根据计算来动态扩展和收缩。如果采用固定大小的本地方法栈，那么每一个线程的本地方法栈容量可以在创建栈的时候独立选定。

Java 虚拟机实现应当提供给程序员或者最终用户调节本地方法栈初始容量的手段，对于长度可动态变化的本地方法栈来说，则应当提供调节其最大、最小容量的手段。

本地方法栈可能发生如下异常情况：

- 如果线程请求分配的栈容量超过本地方法栈允许的最大容量，Java 虚拟机将会抛出一个 `StackOverflowError` 异常。
- 如果本地方法栈可以动态扩展，并且在尝试扩展的时候无法申请到足够的内存，或者在创建新的线程时没有足够的内存去创建对应的本地方法栈，那么 Java 虚拟机将会抛出一个 `OutOfMemoryError` 异常。

## 2.6 栈帧

**栈帧**（frame）是用来存储数据和部分过程结果的数据结构，同时也用来处理动态链接（dynamic linking）、方法返回值和异常分派（dispatch exception）。

栈帧随着方法调用而创建，随着方法结束而销毁——无论方法是正常完成还是异常完成（抛出了在方法内未被捕获的异常）都算作方法结束。栈帧的存储空间由创建它的线程分配在 Java 虚拟机栈（见 2.5.5 小节）之中，每一个栈帧都有自己的本地变量表（local variable，见 2.6.1 小节）、操作数栈（operand stack，见 2.6.2 小节）和指向当前方法所属的类的运行时常量池（见 2.5.5 小节）的引用。

栈帧中还允许携带与 Java 虚拟机实现相关的一些附加信息，例如，对程序调试提供支持的信息。

本地变量表和操作数栈的容量在编译期确定，并通过相关方法的 code 属性（见 4.7.3 小节）保存及提供给栈帧使用。因此，栈帧数据结构的大小仅仅取决于 Java 虚拟机的实现。实现者可以在调用方法时给它们分配内存。

在某条线程执行过程中的某个时间点上，只有目前正在执行的那个方法的栈帧是活动的。这个栈帧称为**当前栈帧**（current frame），这个栈帧对应的方法称为**当前方法**（current method），定义这个方法的类称作**当前类**（current class）。对局部变量表和操作数栈的各种操作，通常都指的是对当前栈帧的局部变量表和操作数栈所进行的操作。

如果当前方法调用了其他方法，或者当前方法执行结束，那这个方法的栈帧就不再是当前栈帧了。调用新的方法时，新的栈帧也会随之而创建，并且会随着程序控制权移交到新方法而成为新的当前栈帧。方法返回之际，当前栈帧会传回此方法的执行结果给前一个栈帧，然后，虚拟机会丢弃当前栈帧，使得前一个栈帧重新成为当前栈帧。

请特别注意，栈帧是线程本地私有的数据，不可能在一个栈帧之中引用另外一个线程的栈帧。

### 2.6.1 局部变量表

每个栈帧（见 2.6 节）内部都包含一组称为局部变量表的变量列表。栈帧中局部变量表的长度由编译期决定，并且存储于类或接口的二进制表示之中，即通过方法的 code 属性（见 4.7.3 小节）保存及提供给栈帧使用。

一个局部变量可以保存一个类型为 `boolean`、`byte`、`char`、`short`、`int`、float、`reference` 或 `returnAddress` 的数据。两个局部变量可以保存一个类型为 `long` 或 `double` 的数据。

局部变量使用索引来进行定位访问。首个局部变量的索引值为 0。局部变量的索引值是个整数，它大于等于 0，且小于局部变量表的长度。

`long` 和 `double` 类型的数据占用两个连续的局部变量，这两种类型的数据值采用两个局部变量中较小的索引值来定位。例如，将一个 `double` 类型的值存储在索引值为 $n$ 的局部变量中，实际上的意思是索引值为 $n$ 和 $n+1$ 的两个局部变量都用来存储这个值。然而，索引值为 $n+1$ 的局部变量是无法直接读取的，但是可能会被写入。不过，如果进行了这种操作，那将会导致局部变量 $n$ 的内容失效。

前面提及的局部变量索引值 $n$ 并不要求一定是偶数，Java 虚拟机也不要求 `double` 和 `long` 类型数据采用 64 位对齐的方式连续地存储在局部变量表中[⊖]。虚拟机实现者可以自由地选择适当的方式，通过两个局部变量来存储一个 `double` 或 `long` 类型的值。

Java 虚拟机使用局部变量表来完成方法调用时的参数传递。当调用类方法时，它的参数将会依次传递到局部变量表中从 *0* 开始的连续位置上。当调用实例方法时，第 *0* 个局部变量一定用来存储该实例方法所在对象的引用（即 Java 语言中的 `this` 关键字）。后续的其他参数将会传递至局部变量表中从 *1* 开始的连续位置上。

---

⊖ 所谓 64 位对齐（64-bit aligned），大概意思是：数据首个二进制位与局部变量表首个二进制位之间的偏移量，是 64 的整数倍。本书中类似的说法还有 4 字节对齐（4-byte aligned），意思就是：数据首个字节的位置，是 4 的整数倍。——译者注

### 2.6.2 操作数栈

每个栈帧（见 2.6 节）内部都包含一个称为**操作数栈**的后进先出（Last-In-First-Out, LIFO）栈。栈帧中操作数栈的最大深度由编译期决定，并且通过方法的 code 属性（见 4.7.3 小节）保存及提供给栈帧使用。

在上下文明确不会产生误解的前提下，我们经常把“当前栈帧的操作数栈”直接简称为“操作数栈”。

栈帧在刚刚创建时，操作数栈是空的。Java 虚拟机提供一些字节码指令来从局部变量表或者对象实例的字段中复制常量或变量值到操作数栈中，也提供了一些指令用于从操作数栈取走数据、操作数据以及把操作结果重新入栈。在调用方法时，操作数栈也用来准备调用方法的参数以及接收方法返回结果。

例如，*iadd* 字节码指令（参见第 6 章的 iadd 小节）的作用是将两个 `int` 类型的数值相加，它要求在执行之前操作数栈的栈顶已经存在两个由前面的其他指令所放入的 `int` 类型数值。在执行 *iadd* 指令时，两个 `int` 类型数值从操作栈中出栈，相加求和，然后将求和结果重新入栈。在操作数栈中，一项运算常由多个子运算（subcomputation）嵌套进行，一个子运算过程的结果可以被其他外围运算所使用。

操作数栈的每个位置上可以保存一个 Java 虚拟机中定义的任意数据类型的值，包括 `long` 和 `double` 类型。

在操作数栈中的数据必须正确地操作。例如，不可以入栈两个 `int` 类型的数据，然后当做 `long` 类型去操作，或者入栈两个 `float` 类型的数据，然后使用 *iadd* 指令对它们求和。有一小部分 Java 虚拟机指令（例如 *dup* 和 *swap* 指令，分别参见第 6 章的 dup 和 swap 小节）可以不关注操作数的具体数据类型，把所有在运行时数据区中的数据当做裸类型（raw type）数据来操作，这些指令不可以用来修改数据，也不可以拆散那些原本不可拆分的数据，这些操作的正确性将会通过 `class` 文件的校验过程（见 4.10 节）来强制保障。

在任意时刻，操作数栈都会有一个确定的栈深度，一个 `long` 或者 `double` 类型的数据会占用两个单位的栈深度，其他数据类型则会占用一个单位的栈深度。

### 2.6.3 动态链接

每个栈帧（见 2.6 节）内部都包含一个指向当前方法所在类型的运行时常量池（见 2.5.5 小节）的引用，以便对当前方法的代码实现**动态链接**。在 `class` 文件里面，一个方法若要调用其他方法，或者访问成员变量，则需要通过符号引用（symbolic reference）来表示，动态链接的作用就是将这些以符号引用所表示的方法转换为对实际方法的直接引用。类加载的过程中将要解析尚未被解析的符号引用，并且将对变量的访问转化为变量在程度运行时，位于存储结构中的正确偏移量。

由于对其他类中的方法和变量进行了晚期绑定（late binding），所以即便那些类发生变化，也不会影响调用它们的方法。

### 2.6.4　方法调用正常完成

方法调用正常完成是指在方法的执行过程中，没有抛出任何异常（见 2.10 节）——包括直接从 Java 虚拟机中抛出的异常以及在执行时通过 throw 语句显式抛出的异常。如果当前方法调用正常完成，它很可能会返回一个值给调用它的方法。方法正常完成发生在一个方法执行过程中遇到了方法返回的字节码指令（见 2.11.8 小节）时，使用哪种返回指令取决于方法返回值的数据类型（如果有返回值）。

在这种场景下，当前栈帧（见 2.6 节）承担着恢复调用者状态的责任，包括恢复调用者的局部变量表和操作数栈，以及正确递增程序计数器，以跳过刚才执行的方法调用指令等。调用者的代码在被调用方法的返回值压入调用者栈帧的操作数栈后，会继续正常执行。

### 2.6.5　方法调用异常完成

方法调用异常完成是指在方法的执行过程中，某些指令导致了 Java 虚拟机抛出异常（见 2.10 节），并且虚拟机抛出的异常在该方法中没有办法处理，或者在执行过程中遇到 athrow 字节码指令（参见第 6 章的 athrow 小节）并显式地抛出异常，同时在该方法内部没有捕获异常。如果方法异常调用完成，那一定不会有方法返回值返回给其调用者。

## 2.7　对象的表示

Java 虚拟机规范不强制规定对象的内部结构应当如何表示。

在 Oracle 的某些 Java 虚拟机实现中，指向对象实例的引用是一个指向**句柄**的指针，这个句柄又包含了两个指针，其中一个指针指向一张表格，此表格包含该对象的各个方法，还包含指向 Class 对象的指针，那个 Class 对象用来表示该对象的类型。句柄的另外一个指针指向分配在堆中的对象实例数据。[⊖]

## 2.8　浮点算法

Java 虚拟机采纳了《IEEE Standard for Binary Floating-Point Arithmetic》（ANSI/IEEE Std.754-1985，New York）浮点算法规范中的一个子集。

### 2.8.1　Java 虚拟机和 IEEE 754 中的浮点算法

Java 虚拟机中支持的浮点算法和 IEEE 754 标准中的主要差别有：

⊖ 这条注释在 10 多年前出版的《Java 虚拟机规范（第 2 版）》中就已经存在，第 3 版中仅仅是将 Sun 修改为 Oracle 而已，所表达的实际信息已比较陈旧。在 HotSpot 虚拟机中，指向对象的引用并不通过句柄，而是直接指向堆中对象的实例数据，因此 HotSpot 虚拟机并不包括在上面所描述的“Oracle 的某些 Java 虚拟机实现”范围之内。——译者注

- Java 虚拟机中的浮点操作在遇到非法操作，如被零除（division by zero）、上限溢出（overflow）、下限溢出（underflow）和非精确（inexact）时，不会抛出 exception、trap 或者 IEEE 754 异常情况中定义的其他信号。Java 虚拟机也没有信号 NaN 值（signaling NaN value）。
- Java 虚拟机不支持 IEEE 754 中的信号浮点比较（signaling floating-point comparison）。
- 在 Java 虚拟机中，舍入操作永远使用 IEEE 754 标准中定义的向最接近数舍入模式（round to nearest mode），无法精确表示的结果将会舍入为最接近的可表示值，如果最接近的值有两个，那就舍入到最低有效位为 0（a zero least-significant bit）的那个值。这种模式也是 IEEE 754 中的默认模式。不过在 Java 虚拟机里面，将浮点数值转化为整型数值使用向零舍入（round toward zero）。Java 虚拟机并不给出改变浮点运算舍入模式的手段[⊖]。
- Java 虚拟机不支持 IEEE 754 的单精度扩展和双精度扩展格式，但是在双精度浮点数集合和双精度扩展指数集合（见 2.3.2 小节）的范围与单精度扩展格式的表示会有重叠。虚拟机实现可以选择是否支持单精度扩展指数和双精度扩展指数集合，但它们并不等同于 IEEE 754 中的单精度和双精度扩展格式：IEEE 754 中的扩展格式不仅扩展了指数的范围，而且还扩展了精度。

### 2.8.2 浮点模式

每个方法都有一项属性称为**浮点模式**（floating-point mode），取值有两种，要么是 **FP-strict 模式**要么是**非 FP-strict 模式**。方法的浮点模式决定于 `class` 文件中代表该方法的 `method_info` 结构（见 4.6 节）的访问标志（`access_flags`）中的 `ACC_STRICT` 标志位。如果此标志位为真，则该方法的浮点模式就是 FP-strict，否则就是非 FP-strict 模式。

> 上述 `ACC_STRICT` 标志位与浮点数模式之间的对应关系意味着：如果方法所在的类是用 JDK 1.1 或早前版本的编译器来编译的，那么该方法的浮点数模式实际上就是非 FP-strict 模式。

我们说一个操作数栈具有某种给定浮点模式，所指的就是包含操作数栈的栈帧所对应的方法具备的浮点模式，相类似，我们说一条 Java 虚拟机字节码指令具备某种浮点模式，所指的也是包含这条指令的方法具备的浮点模式。

如果虚拟机实现支持单精度指数扩展集合（见 2.3.2 小节），那么在非 FP-strict 模式的操作数栈上，除非数值集合转换（见 2.8.3 小节）明确禁止，否则 `float` 类型的值可能会超过单精度浮点数集合的取值范围。同样，如果虚拟机实现支持双精度指数扩展集合（见 2.3.2 小

---

⊖ IEEE 754 中定义了 4 种舍入模式，除了上面提到的向最接近数舍入和向零舍入以外，还有向正无穷舍入和向负无穷舍入两种模式。向最接近数舍入模式即我们平常所说的“四舍五入”法，而向零舍入即平常所说的“去尾”法。——译者注

节），那么在非FP-strict模式的操作数栈上，除非数值集合转换（见2.8.3小节）明确禁止，否则double类型的值可能会超过双精度浮点数集合的取值范围。

在其他的上下文中，无论操作数栈或者别的地方都不再特别关注浮点模式，float和double两种浮点类型数值都分别限于单精度与双精度浮点数集合之中。尤其是，类和实例的字段、数组元素、本地变量和方法参数的取值范围都限于标准的数值集合之中。

### 2.8.3 数值集合转换

在一些特定场景下，支持扩展指数集合的Java虚拟机实现数值在标准浮点数集合与扩展指数集合之间的映射关系是允许或必要的，这种映射操作就称为**数值集合转换**。数值集合转换并非数据类型转换，而是在同一种数据类型的不同数值集合之间进行映射。

在数值集合转换发生的位置，虚拟机实现允许对数值执行下面操作之一。

- 如果一个数值是float类型，并且不是单精度浮点数集合中的元素，允许将其映射到单精度浮点数集合中数值最接近的元素。
- 如果一个数值是double类型，并且不是双精度浮点数集合中的元素，允许将其映射到双精度浮点数集合中数值最接近的元素。

此外，在数值集合转换发生的位置，下面的操作是必需的。

- 假设正在执行的Java虚拟机字节码指令是非FP-strict模式的，但这个指令导致一个float类型的值压入一个FP-strict模式的操作数栈中，或作为方法参数进行传递，或者存储进局部变量、字段或者数组元素之中。如果这个数值不是单精度浮点数集合中的元素，则必须将其映射到单精度浮点数集合中数值最接近的元素。
- 假设正在执行的Java虚拟机字节码指令是非FP-strict模式的，但这个指令导致一个double类型的值压入一个FP-strict模式的操作数栈中，或作为方法参数进行传递，或者存储进局部变量、字段或者数组元素之中。如果这个数值不是双精度浮点数集合中的元素，则必须将其映射到双精度浮点数集合中数值最接近的元素。

在方法调用中传递参数（包括native方法的调用），在非FP-strict模式的方法里返回浮点类型的结果到FP-strict模式的方法，或者在非FP-strict模式的方法中存储浮点类型数值到局部变量、字段或者数组元素之中时，都必须执行上述数值集合转换。

并非所有扩展指数集合中的数值都可以精确映射到标准浮点数值集合中的元素。如果进行映射的数值过大（扩展指数集合的指数可能比标准数值集合的允许最大值要大），无法在标准数值集合之中精确表示的话，这个数字将会被转化成对应类型的（正或负）无穷大。如果进行映射的数值过小（扩展指数集合的指数可能比标准数值集合的允许最小值要小），无法在标准数值集合之中精确表示，这个数字将会被转化成最接近的可以表示的非标准值（见2.3.2小节）或者相同正负符号的零。

数值集合转换不改变正负无穷和NaN，而且也不能改变待转换数值的符号，对于一个非浮点类型的数值，数值集合转换是无效的。

## 2.9 特殊方法

在 Java 虚拟机层面上，Java 编程语言中的构造器（JLS §8.8）是以一个名为 <init> 的特殊**实例初始化方法**的形式出现的。<init> 这个方法名称是由编译器命名的，因为它并非一个合法的 Java 方法名字，不可能通过程序编码的方式实现。实例初始化方法只能在实例的初始化期间，通过 Java 虚拟机的 *invokespecial* 指令来调用，而且只能在尚未初始化的实例上调用该指令。构造器的访问权限（参见 JLS §6.6），也会约束由该构造器所衍生出来的实例初始化方法。

一个类或者接口最多可以包含不超过一个**类或接口的初始化方法**，类或者接口就是通过这个方法完成初始化的（见 5.5 节）。这个方法是一个不包含参数的、返回类型为 void 的方法，名为 <clinit>（见 4.3.3 小节）。

> 在 class 文件中把其他方法命名为 <clinit> 是没有意义的，这些方法并不是类或接口的初始化方法，它们既不能被字节码指令调用，也不会被虚拟机自己调用。

当 class 文件的版本号不小于 51.0 时，<clinit> 方法要想成为类或接口的初始化方法，必须设置 ACC_STATIC 标志。

> 这个规定是在 Java SE 7 中新增的。在 class 文件版本号不大于 50.0 时，<clinit> 方法只要求保证不包含参数，并且返回类型为 void 即可，不强制要求检查是否设置了 ACC_STATIC 标志。

<clinit> 这个名字也是由编译器命名的，因为它并非一个合法的 Java 方法名字，不可能通过 Java 程序编码的方式直接实现。类或接口的初始化方法由 Java 虚拟机自身隐式调用，没有任何虚拟机字节码指令可以调用这个方法，它只会在类的初始化阶段中由虚拟机自身调用。

当一个方法具有**签名多态性**（signature polymorphic），则意味着这个方法满足以下全部条件：

- 通过 java.lang.invoke.MethodHandle 类进行声明。
- 只有一个类型为 Object[] 的形参。
- 返回值为 Object。
- ACC_VARARGS 和 ACC_NATIVE 标志被设置。

在 Java SE 8 中，只有 java.lang.invoke.MethodHandle 的 invoke 和 invokeExact 是签名多态性方法。

在 Java SE 8 中，*invokevirtual* 指令（参见第 6 章的 invokevirtual 小节）将对具有签名多态性的方法进行特殊处理，以保证方法句柄能够正常调用。方法句柄是一种可以直接运行的强类型引用，它可以指向相关的方法、构造器、字段或者其他低级操作（见 5.4.3.5 小节），并具有参数或返回值转换能力。这里所说的转换能力（transformation）是相当广泛的，它可以对原方法执行转化（conversion）、插入（insertion）、删除（deletion）及替换（substitution）等形式的变换，具体可参见 Java SE 平台 API 文档中 `java.lang.invoke` 包的相关信息。

## 2.10 异常

Java 虚拟机里面的异常使用 `Throwable` 或其子类的实例来表示，抛异常的本质实际上是程序控制权的一种即时的、非局部（nonlocal）的转换——从异常抛出的地方转换至处理异常的地方。

绝大多数异常的产生都是由于当前线程执行的某个操作所导致的，这种可以称为同步异常。与之相对，异步异常可以在程序执行过程中随时发生。Java 虚拟机中异常的出现总是由下面三种原因之一导致的。

- *athrow* 字节码指令被执行。
- 虚拟机同步检测到程序发生了非正常的执行情况，这时异常必将紧接着在发生非正常执行情况的字节码指令之后抛出，而不会在执行程序的过程中随时抛出。例如：
  - 程序所执行的操作可能会引发异常，例如：
    - 当字节码指令所蕴含的操作违反了 Java 语言的语义，如访问一个超出数组边界范围的元素。
    - 当程序在加载或者连接时出现错误。
  - 使用某些资源的时候产生资源限制，例如使用了太多的内存。
- 由于以下原因，导致了异步异常的出现：
  - 调用了 `Thread` 或者 `ThreadGroup` 的 `stop` 方法。
  - Java 虚拟机实现发生了内部错误。

  当某个线程调用了 `stop` 方法时，将会影响到其他的线程，或者在特定线程组中的所有线程。这时候其他线程中出现的异常就是异步异常，因为这些异常可能出现在线程执行过程的任何位置。虚拟机的内部错误也被认为是一种异步异常（见 6.3 节）。

Java 虚拟机规范允许在异步异常抛出之前额外执行一小段有限的代码，使得代码优化器能够在不违反 Java 语言语义的前提下检测并把这些异常在可处理它们的地方抛出。

> 简单的 Java 虚拟机实现，可以在程序执行控制权转移指令时，处理异步异常。因为程序终归是有限的，总会遇到控制权转移的指令，所以异步异常抛出的延迟时间也是有限的。如果能保证在控制权转移指令之间的代码没有异步异常抛出，那么代码生成器就可以相当灵活地进行指令重排序优化来获取更好的性能。相关的资料推荐进一步阅读论文："Polling Efficiently on Stock Hardware"，Marc Feeley，Proc.1993，《Conference on Functional Programming and Computer Architecture》，Copenhagen，Denmark，第 179 ~ 187 页。

抛出异常的动作在 Java 虚拟机之中是有精确的定义，当异常抛出、程序控制权发生转移的那一刻，所有在异常抛出的位置之前的字节码指令所产生的影响[㊀]都应当是可以观察到的， 而在异常抛出的位置之后的字节码指令，则不应当产生执行效果。如果虚拟机执行的代码是优化后的代码[㊁]，有一些在异常出现位置之后的代码可能已经执行了，那这些优化过的代码必须保证被它们提前执行所产生的影响对用户程序来说都是不可见的。

由 Java 虚拟机执行的每个方法都会配有零至多个**异常处理器**（exception handler）。异常处理器描述了其在方法代码中的有效作用范围（通过字节码偏移量范围来描述）、能处理的异常类型以及处理异常的代码所在的位置。要判断某个异常处理器是否可以处理某个具体的异常，需要同时检查异常出现的位置是否在异常处理的有效作用范围内，以及出现的异常是否是异常处理器声明可以处理的异常类型或其子类型。当抛出异常时，Java 虚拟机搜索当前方法包含的各个异常处理器，如果能找到可以处理该异常的异常处理器，则将代码控制权转向异常处理器中描述的处理异常的分支之中。

如果当前方法中没有找到任何异常处理器，并且当前方法调用期间确实发生了异常（见 2.6.5 小节），也即方法异常完成的情况，那当前方法的操作数栈和局部变量表都将被丢弃，随后它对应的栈帧出栈，并恢复到该方法调用者的栈帧中。未被处理的异常将在方法调用者的栈帧中重新被抛出，并在整个方法调用链里不断重复进行前面描述的处理过程。如果已经到达方法调用链的顶端，却还没有找到合适的异常处理器去处理这个异常，那整个执行线程都将被终止。

搜索异常处理器时的搜索顺序是很关键的，在 `class` 文件里面，每个方法的异常处理器都存储在一个表中（见 4.7.3 小节）。在运行时，当有异常抛出之后，Java 虚拟机就按照 class 文件中的异常处理器表所描述的异常处理器的先后顺序，从前至后进行搜索。

需要注意，Java 虚拟机本身不会对方法的异常处理器表进行排序或者其他方式的强制处理，所以 Java 语言中对异常处理的语义，实际上是通过编译器适当安排异常处理器在表中的顺序来协助完成的（参见 3.12 节）。只有在 `class` 文件中定义了明确的异常处理器查找顺序，才能保证无论 class 文件是通过何种途径产生的，Java 虚拟机执行时都能有一致的行为表现。

## 2.11 字节码指令集简介

Java 虚拟机的指令由一个字节长度的、代表着某种特定操作含义的**操作码**（opcode）以及跟随其后的零至多个代表此操作所需参数的**操作数**（operand）所构成。虚拟机中许多指令并不包含操作数，只有一个操作码。

如果忽略异常处理，那么 Java 虚拟机的解释器通过下面这个伪代码的循环即可有效工作：

---

㊀ 这里的“影响”包括了异常出现之前的字节码指令执行后对局部变量表、操作数栈、其他运行时数据区域以及虚拟机外部资源产生的影响。——译者注

㊁ 这里的“优化后的代码”主要是指进行了指令重排序优化的代码。——译者注

```
do {
    自动计算pc寄存器以及从pc寄存器的位置取出操作码；
    if （存在操作数） 取出操作数；
    执行操作码所定义的操作；
} while （处理下一次循环）;
```

操作数的数量以及长度取决于操作码，如果一个操作数的长度超过了一个字节，那么它将会以 *big-endian* 顺序存储，即高位在前的字节序。例如，如果要将一个 16 位长度的无符号整数使用两个无符号字节存储起来（将它们命名为 *byte1* 和 *byte2*），那这个 16 位无符号整数的值就是：(*byte1* << 8) | *byte2*。

字节码指令流应当都是单字节对齐的，只有 *tableswitch* 和 *lookupswitch* 两个指令例外（参见第 6 章 tableswitch、lookupswitch 小节），由于它们的操作数比较特殊，都是以 4 字节为界划分的，所以当这两个指令的参数位置不是 4 字节的倍数时，需要预留出相应的空位补全到 4 字节的倍数以实现对齐。

限制 Java 虚拟机操作码的长度为一个字节，并且放弃了编译后代码的参数长度对齐，是为了尽可能地获得短小精悍的编译代码，但这样做可能会使某些简单的虚拟机实现损失一些性能。由于每个操作码只能有一个字节长度，所以直接限制了整个指令集的最大数量[⊖]，又由于没有假设数据是经过对齐的，所以意味着虚拟机处理那些超过一个字节的数据时，不得不在运行时从字节流中重建出具体数据的结构，这在某种程度上会损失一些性能。

### 2.11.1 数据类型与 Java 虚拟机

在 Java 虚拟机的指令集中，大多数的指令都包含了其所操作的数据类型信息。例如，*iload* 指令用于从局部变量表中加载 `int` 类型的数据到操作数栈中，而 *fload* 指令加载的则是 `float` 类型的数据。这两个指令的操作可能会是由同一段代码来实现的，但它们必须拥有各自独立的操作码。

对于大部分与数据类型相关的字节码指令来说，它们的操作码助记符中都有特殊的字符来表明该指令为哪种数据类型服务：*i* 代表对 `int` 类型的数据操作，*l* 代表 `long`，*s* 代表 `short`，*b* 代表 `byte`，*c* 代表 `char`，*f* 代表 `float`，*d* 代表 `double`，*a* 代表 `reference`。也有一些指令的助记符没有明确用字母指明数据类型，例如 *arraylength* 指令，它没有代表数据类型的特殊字符，但操作数永远只能是一个数组类型的对象。还有另外一些指令，例如，无条件跳转指令 *goto* 则是与数据类型无关的。

因为 Java 虚拟机的操作码长度只有一个字节，所以包含了数据类型的操作码给指令集的设计带来了很大的压力。如果每一种与数据类型相关的指令都支持 Java 虚拟机的所有运行时数据类型，那恐怕就会超出一个字节所能表示的数量范围了。因此，Java 虚拟机的指令集对于特定的操作只提供了有限的类型相关指令，换句话说，指令集将会故意设计成非完全独立

---

⊖ 字节码无法超过 256 种的限制就来源于此。——译者注

的（not orthogonal，即并非每种数据类型和每一种操作都有对应的指令）。有一些单独的指令可以在必要的时候用来将一些不支持的类型转换为可支持的类型。

表 2-2 列举了 Java 虚拟机所支持的字节码指令集。用数据类型列所代表的特殊字符替换 opcode 列的指令模板中的 *T*，就可以得到一个具体的字节码指令。如果在表中指令模板与数据类型两列共同确定的单元格为空，则说明虚拟机不支持对这种数据类型执行这项操作。例如，load 指令有操作 `int` 类型的 *iload*，但是没有操作 `byte` 类型的同类指令。

请注意，从表 2-2 中可以看出，大部分的指令都没有支持整数类型 `byte`、`char` 和 `short`，甚至没有任何指令支持 `boolean` 类型。编译器会在编译期或运行期将 `byte` 和 `short` 类型的数据带符号扩展（sign-extend）为相应的 `int` 类型数据，将 `boolean` 和 `char` 类型数据零位扩展（zero-extend）为相应的 `int` 类型数据。与之类似，在处理 `boolean`、`byte`、`short` 和 `char` 类型的数组时，也会转换为使用对应的 `int` 类型的字节码指令来处理。因此，操作数的实际类型为 `boolean`、`byte`、`char` 及 `short` 的大多数操作，都可以用操作数的运算类型（computational type）为 `int` 的指令来完成。。

**表 2-2 Java 虚拟机指令集所支持的数据类型**

| 操作码 | `byte` | `short` | `int` | `long` | `float` | `double` | `char` | `refernce` |
|---|---|---|---|---|---|---|---|---|
| Tipush | bipush | sipush | | | | | | |
| Tconst | | | iconst | lconst | fconst | dconst | | aconst |
| Tload | | | iload | lload | fload | dload | | aload |
| Tstore | | | istore | lstore | fstore | dstore | | astore |
| Tinc | | | iinc | | | | | |
| Taload | baload | saload | iaload | laload | faload | daload | caload | aaload |
| Tastore | bastore | sastore | iastore | lastore | fastore | dastore | castore | aastore |
| Tadd | | | iadd | ladd | fadd | dadd | | |
| Tsub | | | isub | lsub | fsub | dsub | | |
| Tmul | | | imul | lmul | fmul | dmul | | |
| Tdiv | | | idiv | ldiv | fdiv | ddiv | | |
| Trem | | | irem | lrem | frem | drem | | |
| Tneg | | | ineg | lneg | fneg | dneg | | |
| Tshl | | | ishl | lshl | | | | |
| Tshr | | | ishr | lshr | | | | |
| Tushr | | | iushr | lushr | | | | |
| Tand | | | iand | land | | | | |
| Tor | | | ior | lor | | | | |
| Txor | | | ixor | lxor | | | | |
| i2T | i2b | i2s | | i2l | i2f | i2d | | |
| l2T | | | l2i | | l2f | l2d | | |
| f2T | | | f2i | f2l | | f2d | | |
| d2T | | | d2i | d2l | d2f | | | |

（续）

| 操作码 | byte | short | int | long | float | double | char | refernce |
|---|---|---|---|---|---|---|---|---|
| Tcmp | | | | lcmp | | | | |
| Tcmpl | | | | | fcmpl | dcmpl | | |
| Tcmpg | | | | | fcmpg | dcmpg | | |
| if_TcmpOP | | | if_icmpOP | | | | | if_acmpOP |
| Treturn | | | ireturn | lreturn | freturn | dreturn | | areturn |

在Java虚拟机中，实际类型与运算类型之间的映射关系如表2-3所示。

表2-3 Java虚拟机中的实际类型与运算类型

| 实际类型 | 运算类型 | 分类 |
|---|---|---|
| boolean | int | 一 |
| byte | int | 一 |
| char | int | 一 |
| short | int | 一 |
| int | int | 一 |
| float | float | 一 |
| reference | reference | 一 |
| returnAddress | returnAddress | 一 |
| long | long | 二 |
| double | double | 二 |

某些对操作数栈进行操作的Java虚拟机指令（例如*pop*和*swap*指令）是与具体类型无关的，不过，这些指令必须遵守运算类型分类的限制，这些分类也在表2-3中列出了。

### 2.11.2 加载和存储指令

加载和存储指令用于将数据从栈帧（见2.6节）的本地变量表（见2.6.1小节）和操作数栈之间来回传递（见2.6.2小节）：

- 将一个本地变量加载到操作数栈的指令包括：*iload*、*iload_<n>*、*lload*、*lload_<n>*、*fload*、*fload_<n>*、*dload*、*dload_<n>*、*aload*、*aload_<n>*。
- 将一个数值从操作数栈存储到局部变量表的指令包括：*istore*、*istore_<n>*、*lstore*、*lstore_<n>*、*fstore*、*fstore_<n>*、*dstore*、*dstore_<n>*、*astore*、*astore_<n>*。
- 将一个常量加载到操作数栈的指令包括：*bipush*、*sipush*、*ldc*、*ldc_w*、*ldc2_w*、*aconst_null*、*iconst_m1*、*iconst_<i>*、*lconst_<l>*、*fconst_<f>*、*dconst_<d>*。
- 用于扩充局部变量表的访问索引或立即数的指令：wide。

访问对象的字段或数组元素（见2.11.5小节）的指令同样也会与操作数栈传递数据。

上面所列举的指令助记符中，有一部分是以尖括号结尾的（例如*iload_<n>*），这些指令助记符实际上代表了一组指令（例如*iload_<n>*代表了*iload_0*、*iload_1*、*iload_2*和*iload_3*这几个指令）。这几组指令都是某个带有一个操作数的通用指令（例如*iload*）的特殊形式，对于这若干组特殊指令来说，它们表面上没有操作数，不需要进行取操作数的动作，但操作数都隐含在指令中。除此之外，它们的语义与原生的通用指令完全一致（例如，*iload_0* 的语义与操作数为 *0* 时的 *iload* 指令语义完全一致）。在尖括号之间的字母指定了指令隐含操作数的数据类型，*<n>* 代表非负的整数，*<i>* 代表是 int 类型数据，*<l>* 代表 long 类型，*<f>* 代表 float 类型，*<d>* 代表 double 类型。操作 byte、char 和 short 类型数据时，经常用 int 类型的指令来表示（见 2.11.1 小节）。

这种指令表示方法在整个 Java 虚拟机规范之中都是通用的。

### 2.11.3 算术指令

算术指令用于对两个操作数栈上的值进行某种特定运算，并把结构重新压入操作数栈。大体上算术指令可以分为两种：对整型数据进行运算的指令与对浮点类型数据进行运算的指令。在每一大类中，都有针对 Java 虚拟机具体数据类型的专用算术指令。但没有直接支持 byte、short、char 和 boolean 类型（见 2.11.1 小节）的算术指令，对于这些数据的运算，都使用 int 类型的指令来处理。整型与浮点类型的算术指令在溢出和被零除的时候也有各自不同的行为。所有的算术指令包括：

- 加法指令：*iadd*、*ladd*、*fadd*、*dadd*
- 减法指令：*isub*、*lsub*、*fsub*、*dsub*
- 乘法指令：*imul*、*lmul*、*fmul*、*dmul*
- 除法指令：*idiv*、*ldiv*、*fdiv*、*ddiv*
- 求余指令：*irem*、*lrem*、*frem*、*drem*
- 求负值指令：*ineg*、*lneg*、*fneg*、*dneg*
- 移位指令：*ishl*、*ishr*、*iushr*、*lshl*、*lshr*、*lushr*
- 按位或指令：*ior*、*lor*
- 按位与指令：*iand*、*land*
- 按位异或指令：*ixor*、*lxor*
- 局部变量自增指令：*iinc*
- 比较指令：*dcmpg*、*dcmpl*、*fcmpg*、*fcmpl*、*lcmp*

Java 虚拟机的指令集直接支持了在 Java 语言规范中描述的各种对整型及浮点类型数进行操作（JSL §4.2.2，JSL §4.2.4）的语义。

Java 虚拟机没有明确规定整型数据溢出的情况，只有整数除法指令（*idiv* 和 *ldiv*）及整数求余指令（*irem* 和 *lrem*）在除数为零时会导致虚拟机抛出异常。如果发生了这种情况，虚拟机将会抛出 ArithmeticException 异常。

Java 虚拟机在处理浮点数时，必须遵循 IEEE 754 标准中所规定的行为限制。也就是说，Java 虚拟机要求完全支持 IEEE 754 中定义的**非标准**浮点数值（见 2.3.2 小节）和**逐级下溢**（gradual underflow）。这使得开发者更容易判断出某些数值算法是否满足预期的特征。

Java 虚拟机要求在进行浮点数运算时，所有的运算结果都必须舍入到适当的精度，**非精**

**确的**结果必须舍入为可表示的最接近的精确值，如果有两种可表示的形式与该值一样接近，那将优先选择最低有效位为 0 的。这种舍入模式也是 IEEE 754 标准中的默认舍入模式，称为**向最接近数舍入模式**（见 2.8.1 小节）。

在把浮点类型数转换为整型数时，Java 虚拟机使用 IEEE 754 标准中的**向零舍入模式**（见 2.8.1 小节），这种模式的舍入结果会导致数字被截断，所有表示小数部分的有效位都会被丢弃。向零舍入模式将在目标数值类型中选择一个值最接近，但是在绝对值上不大于原值的数字来作为舍入结果。

Java 虚拟机在处理浮点类型数运算时，不会抛出任何运行时异常（这里所讲的是 Java 的异常，请勿与 IEEE 754 标准中的浮点异常互相混淆），当一个操作向上溢出时，将会使用有符号的无穷大来表示，当一个操作向下溢出时，会产生非标准值，或带符号的 0 值。如果某个操作结果没有明确的数学定义，将会使用 NaN 值来表示。所有使用 NaN 值作为操作数的算术操作，结果都会返回 NaN。

在对 `long` 类型数进行比较时，虚拟机采用带符号的比较方式，而对浮点类型数进行比较时（*dcmpg*、*dcmpl*、*fcmpg*、*fcmpl*），虚拟机采用 IEEE 754 标准所定义的无信号比较（nonsignaling comparison）方式。

### 2.11.4 类型转换指令

类型转换指令可以在两种 Java 虚拟机数值类型之间相互转换。这些转换操作一般用于实现用户代码中的显式类型转换操作，或者用来解决 Java 虚拟机字节码指令的不完备问题（见 2.11.1 小节）。

Java 虚拟机直接支持[⊖]以下数值的宽化类型转换（widening numeric conversion，小范围类型向大范围类型的安全转换）：

- 从 `int` 类型到 `long`、`float` 或者 `double` 类型
- 从 `long` 类型到 `float`、`double` 类型
- 从 `float` 类型到 `double` 类型

宽化类型转换指令包括：*i2l*、*i2f*、*i2d*、*l2f*、*l2d* 和 *f2d*。从这些操作码的助记符中可以很容易知道转换的源和目标类型的名字，两个类型名中间的“2”（two）表示“to”的意思。例如，*i2d* 指令就代表从 `int` 转换到 `double`。

宽化类型转换是不会因为超过目标类型最大值而丢失信息的，例如，从 `int` 转换到 `long`，或者从 `int` 转换到 `double`，都不会丢失任何信息，转换前后的值是精确相等的。在 FP-strict（见 2.8.2 小节）模式下，从 `float` 转换到 `double` 也是可以保证转换前后精确相等，但是在非 FP-strict 模式下，则不能保证这一点。

从 `int` 或者 `long` 类型数值转换到 `float`，或者 `long` 类型数值转换到 `double` 时，将可能发生精度丢失——可能丢失掉几个最低有效位上的值，转换后的浮点数值是根据 IEEE

⊖ “直接支持”意味着只需一条转换指令。——译者注

754 最接近舍入模式所得到的正确整数值。

尽管宽化类型转换实际上是可能发生精度丢失的，但是这种转换永远不会导致 Java 虚拟机抛出运行时异常（注意，这里的异常不要与 IEEE 754 中的浮点异常信号混淆了）。

从 `int` 到 `long` 的宽化类型转换是一个简单的带符号扩展操作，即把 `int` 数值的二进制补码表示扩充至更宽的格式。从 `char` 到一个整数类型的宽化类型转换是零位扩展，即直接给 `char` 的二进制形式添上若干个 0，以填充成更宽的格式。

需要注意，从 `byte`、`char` 和 `short` 类型到 `int` 类型的宽化类型转换实际上是不存在的，其中原因在 2.11.1 小节提到过：`byte`、`char` 和 `short` 类型值在虚拟机内部本来就是按更宽的 `int` 类型来存储的，所以这些类型的转换自然就完成了。

Java 虚拟机也直接支持以下窄化类型转换：

- 从 `int` 类型到 `byte`、`short` 或者 `char` 类型
- 从 `long` 类型到 `int` 类型
- 从 `float` 类型到 `int` 或者 `long` 类型
- 从 `double` 类型到 `int`、`long` 或者 `float` 类型

窄化类型转换（narrowing numeric conversion）指令包括：*i2b*、*i2c*、*i2s*、*l2i*、*f2i*、*f2l*、*d2i*、*d2l* 和 *d2f*。窄化类型转换可能会导致转换结果具备不同的正负号、不同的数量级，因此，转换过程很可能会导致数值丢失精度。

在将 `int` 或 `long` 类型窄化转换为整数类型 T 时，转换过程仅仅是简单丢弃除最低 N 个二进制位以外的内容，其中 N 是表示类型 T 所需的二进制位个数。这将可能导致转换结果与输入值有不同的正负号[⊖]。

在将一个浮点类型数值窄化转换为整数类型 T（其中 T 限于 `int` 或 `long` 类型）时，将遵循以下转换规则：

- 如果浮点类型数值是 NaN，那转换结果就是 `int` 或 `long` 类型的 `0`。
- 否则，如果浮点类型数值不是无穷，那么浮点类型数值就依照 IEEE 754 标准的向零舍入模式（见 2.8.1 小节）取整，获得整型数值 V，这时可能有两种情况：
  - 如果 T 是 `long` 类型，并且转换结果在 `long` 类型的表示范围之内，那就转换为 `long` 类型数值 V。
  - 如果 T 是 `int` 类型，并且转换结果在 `int` 类型的表示范围之内，那就转换为 `int` 类型数值 V。
- 否则：
  - 如果转换结果 V 的值太小（包括绝对值很大的负数以及负无穷大的情况），无法使用 T 类型表示，那转换结果取 `int` 或 `long` 类型所能表示的最小数值。
  - 如果转换结果 V 的值太大（包括很大的正数以及正无穷大的情况），无法使用 T 类型表示，那转换结果取 `int` 或 `long` 类型所能表示的最大数值。

⊖ 在高位字节的符号位被丢弃了。——译者注

从double类型到float类型做窄化转换的过程与IEEE 754中定义的一致，通过IEEE 754向最接近数舍入模式（见2.8.1小节）舍入得到一个可以使用float类型表示的数值。如果转换结果的绝对值太小无法使用float来表示，将返回float类型的正负0。如果转换结果的绝对值太大无法使用float来表示，将返回float类型的正负无穷大，double类型的NaN值将转换为float类型的NaN值。

尽管可能发生上限溢出、下限溢出和精度丢失等情况，但是Java虚拟机中数值类型的窄化转换永远不可能导致虚拟机抛出运行时异常（此处的异常是指Java虚拟机规范中定义的异常，请不要与IEEE 754中定义的浮点异常信号混淆）。

### 2.11.5 对象的创建与操作

虽然类实例和数组都是对象，但Java虚拟机对类实例和数组的创建与操作使用了不同的字节码指令：

- 创建类实例的指令：*new*。
- 创建数组的指令：*newarray*、*anewarray*、*multianewarray*。
- 访问类字段（static字段，或者称为类变量）和类实例字段（非static字段，或者称为实例变量）的指令：*getfield*、*putfield*、*getstatic*、*putstatic*。
- 把一个数组元素加载到操作数栈的指令：*baload*、*caload*、*saload*、*iaload*、*laload*、*faload*、*daload*、*aaload*。
- 将一个操作数栈的值存储到数组元素中的指令：*bastore*、*castore*、*sastore*、*iastore*、*lastore*、*fastore*、*dastore*、*aastore*。
- 取数组长度的指令：*arraylength*。
- 检查类实例或数组类型的指令：*instanceof*、*checkcast*。

### 2.11.6 操作数栈管理指令

Java虚拟机提供了一些用于直接控制操作数栈的指令，包括：*pop*、*pop2*、*dup*、*dup2*、*dup_x1*、*dup2_x1*、*dup_x2*、*dup2_x2*和*swap*。

### 2.11.7 控制转移指令

控制转移指令可以让Java虚拟机有条件或无条件地从指定指令而不是控制转移指令的下一条指令继续执行程序。控制转移指令包括：

- 条件分支：*ifeq*、*ifne*、*iflt*、*ifle*、*ifgt*、*ifge*、*ifnull*、*ifnonnull*、*if_icmpeq*、*if_icmpne*、*if_icmplt*、*if_icmple*、*if_icmpgt*、*if_icmpge*、*if_acmpeq*和*if_acmpne*。
- 复合条件分支：*tableswitch*、*lookupswitch*。
- 无条件分支：*goto*、*goto_w*、*jsr*、*jsr_w*、*ret*。

Java虚拟机中有专门的条件分支指令集用来处理int和reference类型的比较操作，而且也有专门的指令用来检测null值，所以无需用某个具体的值来表示null（见2.4节）。

boolean、byte、char 和 short 类型的条件分支比较操作，都使用 int 类型的比较指令来完成，而对于 long、float 和 double 类型的条件分支比较操作，则会先执行相应类型的比较运算指令（见 2.11.3 小节），运算指令会返回一个整型数值到操作数栈中，随后再执行 int 类型的条件分支比较操作来完成整个分支跳转。由于各种类型的比较最终都会转化为 int 类型的比较操作，所以基于 int 类型比较的重要性，Java 虚拟机提供了非常丰富的 int 类型的条件分支指令。

所有 int 类型的条件分支转移指令进行的都是有符号的比较操作。

### 2.11.8 方法调用和返回指令

以下 5 条指令用于方法调用：

- *invokevirtual* 指令用于调用对象的实例方法，根据对象的实际类型进行分派（虚方法分派）。这也是 Java 语言中最常见的方法分派方式。
- *invokeinterface* 指令用于调用接口方法，它会在运行时搜索由特定对象所实现的这个接口方法，并找出适合的方法进行调用。
- *invokespecial* 指令用于调用一些需要特殊处理的实例方法，包括实例初始化方法（见 2.9 节）、私有方法和父类方法。
- *invokestatic* 指令用于调用命名类中的类方法（static 方法）。
- *invokedynamic* 指令用于调用以绑定了 *invokedynamic* 指令的调用点对象（call site object）作为目标的方法。调用点对象是一个特殊的语法结构，当一条 *invokedynamic* 指令首次被 Java 虚拟机执行前，Java 虚拟机将会执行一个引导方法（bootstrap method）并以这个方法的运行结果作为调用点对象。因此，每条 *invokedynamic* 指令都有独一无二的链接状态，这是它与其他方法调用指令的一个差异。

方法返回指令根据返回值的类型进行区分，包括 *ireturn*（当返回值是 boolean、byte、char、short 和 int 类型时使用）、*lreturn*、*freturn*、*dreturn* 和 *areturn*，另外还有一条 *return* 指令供声明为 void 的方法、实例初始化方法、类和接口的类初始化方法使用。

### 2.11.9 抛出异常

在程序中显式抛出异常的操作由 *athrow* 指令实现，除了这种情况，还有别的异常会在其他 Java 虚拟机指令检测到异常状况时由虚拟机自动抛出。

### 2.11.10 同步

Java 虚拟机可以支持方法级的同步和方法内部一段指令序列的同步，这两种同步结构都是使用同步锁（monitor）来支持的。

方法级的同步是隐式的，即无需通过字节码指令来控制，它实现在方法调用和返回操作（见 2.11.8 小节）之中。虚拟机可以从方法常量池中的方法表结构（method_info structure，见

4.6 节）中的 ACC_SYNCHRONIZED 访问标志区分一个方法是否是同步方法。当调用方法时，调用指令将会检查方法的 ACC_SYNCHRONIZED 访问标志是否设置，如果设置了，执行线程将先持有同步锁，然后执行方法，最后在方法完成（无论是正常完成还是非正常完成）时释放同步锁。在方法执行期间，执行线程持有了同步锁，其他任何线程都无法再获得同一个锁。如果一个同步方法执行期间抛出了异常，并且在方法内部无法处理此异常，那这个同步方法所持有的锁将在异常抛到同步方法之外时自动释放。

指令序列的同步通常用来表示 Java 语言中的 synchronized 块，Java 虚拟机的指令集中有 *monitorenter* 和 *monitorexit* 两个指令来支持这种 synchronized 关键字的语义。正确实现 synchronized 关键字需要编译器与 Java 虚拟机两者协作支持（见 3.14 节）。

结构化锁定（structured locking）是指在方法调用期间每一个同步锁退出都与前面的同步锁进入相匹配的情形。因为无法保证所有提交给 Java 虚拟机执行的代码都满足结构化锁定，所以 Java 虚拟机允许（但不强制要求）通过以下两条规则来保证结构化锁定成立。假设 T 代表一个线程，M 代表一个同步锁，那么：

1. T 在方法执行时持有同步锁 M 的次数必须与 T 在方法执行（包括正常和非正常完成）时释放同步锁 M 的次数相等。
2. 在方法调用过程中，任何时刻都不会出现线程 T 释放同步锁 M 的次数比 T 持有同步锁 M 次数多的情况。

请注意，在调用同步方法时也认为自动持有和释放同步锁的过程是在方法调用期间发生。

## 2.12 类库

Java 虚拟机必须对 Java SE 平台下的类库实现提供充分的支持，因为其中有一些类库如果没有 Java 虚拟机的支持是根本无法实现的。

可能需要 Java 虚拟机特殊支持的类包括：

- 反射，例如在 java.lang.reflect 包中的各个类和 Class 类。
- 加载和创建类或接口的类，最显而易见的例子就是 ClassLoader 类。
- 连接和初始化类或接口的类，刚才说的 ClassLoader 也属于这样的类。
- 安全，例如在 java.security 包中的各个类和 SecurityManager 等其他类。
- 多线程，譬如 Thread 类。
- 弱引用，譬如在 java.lang.ref 包中的各个类。

上面列举的几点旨在简单说明而不是详细介绍这些类库，详细列举这些类及其功能已经超出了本书的范围。如果读者想了解这些类库，请阅读 Java 平台的类库说明书。

## 2.13 公有设计、私有实现

到目前为止，本书简单描绘了 Java 虚拟机应有的共同外观：class 文件格式以及字节码指令集等。这些内容与 Java 虚拟机的硬件独立性、操作系统独立性以及实现独立性都是密切相关的。虚拟机实现者可能更愿意把它们看做程序在各种 Java 平台实现之间安全交互的手段，而不是一张需要精确遵从的计划蓝图。

理解公有设计与私有实现之间的分界线是非常有必要的[⊖]，Java 虚拟机实现必须能够读取 class 文件并精确实现包含在其中的 Java 虚拟机代码的语义。根据本规范一成不变地逐字实现其中要求的内容当然是一种可行的途径，但实现者在本规范约束下对具体实现做出修改和优化也是完全可行的，并且也推荐这样做。只要优化后 class 文件依然可以正确读取，并且包含在其中的语义能得到保持，实现者就可以选择任何方式去实现这些语义，虚拟机内部如何处理 class 文件完全是实现者自己的事情，只要它在外部接口上看起来与规范描述的一致即可。

> 这里多少存在一些例外，例如，调试器（debugger）、性能监视器（profiler）和即时代码生成器（just-in-time code generator）等都可能需要访问一些通常被认为是虚拟机“内部”的元素。在适当的情况下，Oracle 会与其他 Java 虚拟机实现者以及工具提供商一起开发这类 Java 虚拟机工具的通用接口，并推广这些接口，令其可以在整个行业中通用。

实现者可以使用这种伸缩性来让 Java 虚拟机获得更高的性能、更低的内存消耗或者更好的可移植性，选择哪种改装方式取决于 Java 虚拟机实现的目标。虚拟机实现可以考虑的方式主要有以下两种：

- 将输入的 Java 虚拟机代码在加载时或执行时翻译成另外一种虚拟机的指令集。
- 将输入的 Java 虚拟机代码在加载时或执行时翻译成宿主机 CPU 的本地指令集（有时候称 **Just-In-Time 代码生成**或 **JIT 代码生成**）。

精确定义的虚拟机和目标文件格式不应当对虚拟机实现者的创造性产生太多的限制，Java 虚拟机支持众多不同的实现，并且各种实现可以在保持兼容性的同时提供不同的新的、有趣的解决方案。

---

⊖ 公有设计（public design）、私有实现（private implementation）可以理解为：统一设计、各自实现。——译者注

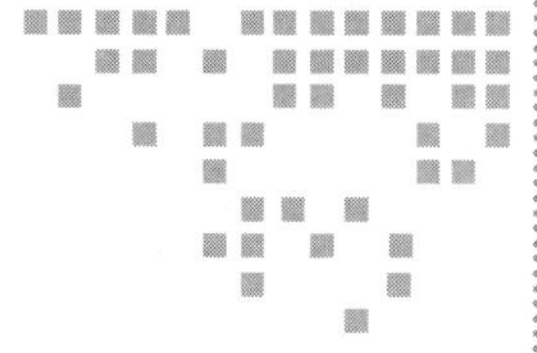

第3章 Chapter 3

# Java 虚拟机编译器

Java 虚拟机是为支持 Java 编程语言而设计的。Oracle 的 JDK 软件包括两部分内容：一部分是将 Java 源代码编译成 Java 虚拟机的指令集的编译器，另一部分是用于实现 Java 虚拟机的运行时环境。理解编译器是如何与 Java 虚拟机协同工作的，对编译器开发人员来说很有好处，同样也有助于理解 Java 虚拟机本身。本章内容用于示意，并不属于规范内容。

请注意，术语“编译器”（Compiler）在某些场景中专指把 Java 虚拟机的指令集转换为特定 CPU 指令集的翻译器。例如，即时代码生成器（Just-In-Time/JIT code generator）就是一种在 class 文件中的代码被 Java 虚拟机代码加载后，生成与平台相关的特定指令的编译器。但是本章讨论的编译器不考虑这类代码生成问题，只涉及那种把 Java 语言编写的源代码编译为 Java 虚拟机指令集的编译器。

## 3.1 示例的格式说明

本章中的示例主要包括源代码和带注解的 Java 虚拟机指令清单，其中，指令清单由 Oracle 的 1.0.2 版本的 JDK 的 javac 编译器生成。Java 虚拟机指令代码将使用 Oracle 的 `javap` 工具所生成的非正式“虚拟机汇编语言”（virtual machine assembly language）来描述。读者可以自行使用 `javap` 命令，根据已编译好的方法再生成一些例子。

如果读者阅读过汇编代码，应该很熟悉示例中的格式。所有指令的格式如下：

*<index><opcode> [<operand1> [<operand2>...]] [<comment>]*

*<index>* 是指令操作码在数组中的下标，该数组以字节形式来存储当前方法的 Java 虚拟机代码（见 4.7.3 小节）。也可以认为 *<index>* 是相对于方法起始处的字节偏移量。*<opcode>* 为指令的操作码的助记符号，*<operandN>* 是指令的操作数，一条指令可以有 0 至多个操作

数。<*comment*> 为行尾的注释，比如：

```
8    bipush 100      // Push int constant 100
```

注释中的某些部分由 javap 自动加入，其余部分由作者手动添加。每条指令之前的 <*index*> 可以作为控制转移指令（control transfer instruction）的跳转目标。例如，*goto 8* 指令表示跳转到索引为 8 的指令上继续执行。需要注意的是，Java 虚拟机的控制转移指令的实际操作数是在当前指令的操作码集合中的地址偏移量，但这些操作数会被 javap 工具按照更容易阅读的方式来显示（本章也以这种方式来表示）。

每一行中，表示运行时常量池索引的操作数前，会有井号（'#'），在指令后的注释中，会带有对这个操作数的描述，比如：

```
10   ldc #1          // Push float constant 100.0
```

或

```
9    invokevirtual #4    // Method Example.addTwo(II)I
```

本章主要目的是描述虚拟机的编译过程，我们将忽略一些诸如操作数容量等的细节问题。

## 3.2 常量、局部变量和控制结构的使用[㊀]

Java 虚拟机的代码展示了 Java 虚拟机的设计和类型使用所遵循的一些通用特性。从第一个例子我们就可以感受到许多这类特性，现详解如下。

spin 是很简单的方法，它进行了 100 次空循环：

```
void spin() {
    int i;
    for (i = 0; i < 100; i++) {
        ;    // Loop body is empty
    }
}
```

编译后可能会产生如下代码：

```
0    iconst_0        // Push int constant 0
1    istore_1        // Store into local variable 1 (i=0)
2    goto 8          // First time through don't increment
5    iinc 1 1        // Increment local variable 1 by 1 (i++)
8    iload_1         // Push local variable 1 (i)
9    bipush 100      // Push int constant 100
11   if_icmplt 5     // Compare and loop if less than (i < 100)
14   return          // Return void when done
```

Java 虚拟机是基于栈架构设计的，Java 虚拟机的大多数操作是从当前栈帧的操作数栈取出 1 个或多个操作数，或将结果压入操作数栈中。每调用一个方法，都会创建一个新的栈

㊀ 控制结构（control construct）是指控制程序执行路径的语句体。例如 for、while 等循环、条件分支等。——译者注

帧，并创建对应方法所需的操作数栈和局部变量表（见 2.6 节）。每个线程在运行的任意时刻，都会包含若干个由嵌套的方法调用而产生的栈帧，同时也会包含等量作数栈，但是只有当前栈帧中的操作数栈才是活动的。

Java 虚拟机指令集使用不同的字节码来区分不同的操作数类型，以操作各种类型的数据。在 spin 方法中，只有针对 int 类型的运算。因此在编译码里面，对类型数据进行操作的指令（*iconst_0*、*istore_1*、*iinc*、*iload_1*、*if_icmplt*）都是针对 int 类型的。

在 spin 方法中，0 和 100 两个常量分别使用了两条不同的指令压入操作数栈。对于 0 采用了 *iconst_0* 指令，它属于 *iconst_<i>* 指令族。而对于 100 则采用 *bipush* 指令，这个指令会获取它的直接操作数（immediate operand）[㊀]，并将其压入操作数栈中。

Java 虚拟机经常利用操作码来隐式地包含某些操作数，例如指令 *iconst_<i>* 可以压入 int 常量 *-1*、*0*、*1*、*2*、*3*、*4* 或 *5*。*iconst_0* 表示把 int 类型的 0 值压入操作数栈，这样 *iconst_0* 就不需要专门为入栈操作保存直接操作数的值了，而且也避免了操作数的读取和解析步骤。在本例中，把压入 0 这个操作的指令由 *iconst_0* 改为 *bipush 0* 也能获取正确的结果，但是 spin 的编译码会因此额外增加 1 个字节的长度。简单实现的虚拟机可能要在每次循环时消耗更多的时间用于获取和解析这个操作数。因此使用隐式操作数可让编译后的代码更简洁、更高效。

在 spin 方法中，int 类型的 i 保存在第一个局部变量中[㊁]。因为大部分 Java 虚拟机指令操作的都是从栈中弹出的值，而不是局部变量本身，所以在针对 Java 虚拟机所编译的代码中，经常见到在局部变量表和操作数栈之间传递值的指令。在指令集里，这类操作也有特殊的支持。spin 方法第一个局部变量的传递由 *istore_1* 和 *iload_1* 指令完成，这两个指令都默认是对第一个局部变量进行操作的。*istore_1* 指令的作用是从操作数栈中弹出一个 int 类型的值，并保存在第一个局部变量中。*iload_1* 指令作用是将第一个局部变量的值压入操作数栈。

如何使用（以及重用）局部变量是由编译器的开发者来决定的。由于有了专门定制的 *load* 和 *store* 指令，所以编译器的开发者应尽可能多地重用局部变量，这样会使得代码更高效、更简洁，占用的内存（当前栈帧的空间）更少。

某些频繁处理局部变量的操作在 Java 虚拟机中也有特别的指令来处理。*iinc* 指令的作用是对局部变量加上一个长度为 1 字节的有符号递增量。比如 spin 方法中的 *iinc* 指令，它的作用是对第一个局部变量（第一个操作数）的值增加 1（第二个操作数）。*iinc* 指令很适合实现循环结构。

spin 方法的循环部分由这些指令完成：

```
5    iinc 1 1         // Increment local variable 1 by 1 (i++)
8    iload_1          // Push local variable 1 (i)
9    bipush 100       // Push int constant 100
11   if_icmplt 5      // Compare and loop if less than (i < 100)
```

㊀ 在指令流中直接跟随在指令后面，而不是在操作数栈中的操作数称为直接操作数（也直译为立即操作数）。——译者注

㊁ 请注意，局部变量的编号从 0 开始。——译者注

*bipush* 指令将 int 类型的 100 压入操作数栈，然后 *if_icmplt* 指令将 100 从操作数栈中弹出并与 i 进行比较，如果满足条件（即 i 的值小于 100），将转移到索引为 5 的指令继续执行，开始下一轮循环的迭代。否则，程序将执行 *if_icmplt* 的下一条指令，即 *return* 指令。

如果在 spin 例子中的循环的计数器使用了非 int 类型，那么编译码也需要重新调整，以反映类型上面的区别。比如，在 spin 例子中使用 double 类型取代 int 类型：

```
void dspin() {
    double i;
    for (i = 0.0; i < 100.0; i++) {
        ;    // Loop body is empty
    }
}
```

编译后代码如下：

```
Method void dspin()
0   dconst_0        // Push double constant 0.0
1   dstore_1        // Store into local variables 1 and 2
2   goto 9          // First time through don't increment
5   dload_1         // Push local variables 1 and 2
6   dconst_1        // Push double constant 1.0
7   dadd            // Add; there is no dinc instruction
8   dstore_1        // Store result in local variables 1 and 2
9   dload_1         // Push local variables 1 and 2
10  ldc2_w #4       // Push double constant 100.0
13  dcmpg           // There is no if_dcmplt instruction
14  iflt 5          // Compare and loop if less than (i < 100.0)
17  return          // Return void when done
```

操作特定数据类型的指令已变成针对 double 类型数值的指令了。（*ldc2_w* 指令将在本章后面内容中讨论）。

前面提到过 double 类型数值占用两个局部变量的空间，但是只能通过两个局部变量中索引较小的一个进行访问（这种情况对 long 类型也一样）。例如，下面的例子展示了 double 类型数值的访问：

```
double doubleLocals(double d1, double d2) {
    return d1 + d2;
}
```

编译后代码如下：

```
Method double doubleLocals(double,double)
0   dload_1        // First argument in local variables 1 and 2
1   dload_3        // Second argument in local variables 3 and 4
2   dadd
3   dreturn
```

注意，局部变量表中使用了一对局部变量来存储 doubleLocals 方法中的 double 值，这一对局部变量不能分开操作。

在 Java 虚拟机中，操作码长度为 1 字节，这使得编译后的代码显得很紧凑。但是同样意味着 Java 虚拟机指令集必须保持一个较小的数量[㊀]。作为妥协，Java 虚拟机无法对每一种数据类型都提供相同的支持。换句话说，这套指令集并不能完全涵盖每一种数据类型的每一种操作（见表 2-2）。

举例来说，在 spin 方法的 for 循环语句中，对于 int 类型数值的比较可以统一用 *if_icmplt* 指令实现；但是，在 Java 虚拟机指令集中，对于 double 类型数值则没有这样的指令。所以，在 dspin 方法中，对于 double 类型数值的操作就必须通过在 *dcmpg* 指令后面追加 *iflt* 指令来实现。

Java 虚拟机支持直接对 int 类型的数据进行大部分操作。这在一定程度上是为了提高 Java 虚拟机操作数栈和局部变量表的实现效率。当然，也考虑了大多数程序都会对 int 类型数据进行频繁操作这一原因。Java 虚拟机对其余整型数据类型的直接支持比较少，在 Java 虚拟机指令集中，没有对 byte、char 和 short 类型的 *store*、*load* 和 *add* 等指令。譬如，用 short 类型来实现 spin 中的循环时：

```
void sspin() {
    short i;
    for (i = 0; i < 100; i++) {
        ;    // Loop body is empty
    }
}
```

针对 Java 虚拟机来编译上述代码时，必须使用操作其他数据类型的指令才行。我们很可能会使用操作 int 类型的指令来操作 short，并于必要的时候在 short 与 int 之间转换，以确保对 short 数据的操作结果能够处于适当的范围内：

```
Method void sspin()
0   iconst_0
1   istore_1
2   goto 10
5   iload_1          // The short is treated as though an int
6   iconst_1
7   iadd
8   i2s              // Truncate int to short
9   istore_1
10  iload_1
11  bipush 100
13  if_icmplt 5
16  return
```

在 Java 虚拟机中，因缺乏对 byte、char 和 short 类型数据的直接操作指令而带来的问题并不大，因为这些类型的值都会自动提升为 int 类型（byte 和 short 带符号扩展为 int 类型，char 零位扩展为 int 类型）。因此，对于 byte、char 和 short 类型的数据均可以用 int 的指令来操作。唯一额外的代价是要将操作结果截短到它们的有效范围内。

Java 虚拟机对于 long 和浮点类型（float 和 double）提供了中等程度的支持，比起 int 类型数据所支持的操作，它们仅缺少了条件转移指令部分，其他操作的支持程度都与

㊀ 不超过 256 条，即 1 字节所能表示的范围。——译者注

int 类型相同。

## 3.3 算术运算

Java 虚拟机通常基于操作数栈进行算术运算（只有 *iinc* 指令例外，它直接对局部变量进行自增操作）。譬如，下面的 align2grain 方法，它的作用是将 int 值对齐到某个 2 的幂：

```
int align2grain(int i, int grain) {
    return ((i + grain-1) & ~(grain-1));
}
```

算术运算使用到的操作数是从操作数栈中弹出的，运算结果被压回操作数栈中。在内部运算时，中间运算（arithmetic subcomputation）的结果可以被当做操作数使用。例如，~(grain-1) 的值是这样计算出来的：

```
5   iload_2         // Push grain
6   iconst_1        // Push int constant 1
7   isub            // Subtract; push result
8   iconst_m1       // Push int constant -1
9   ixor            // Do XOR; push result
```

首先，grain-1 的结果由第 2 个局部变量和 int 型的直接操作数 1 计算得出。参与运算的操作数会从操作数栈中弹出，然后它们的差会压回操作数栈中，并用作 *ixor* 指令的一个操作数（因为 ~x==-1^x）。相类似，*ixor* 指令的结果接下来也将作为 *iand* 指令的操作数使用。

整个方法的编译代码如下：

```
Method int align2grain(int,int)
0   iload_1
1   iload_2
2   iadd
3   iconst_1
4   isub
5   iload_2
6   iconst_1
7   isub
8   iconst_m1
9   ixor
10  iand
11  ireturn
```

## 3.4 访问运行时常量池

很多数值常量，以及对象、字段和方法，都是通过当前类的运行时常量池进行访问的。对象的访问将在稍后的 3.8 节中讨论。int、long、float 和 double 类型的数据，以及表示 String 实例的引用，将由 *ldc*、*ldc_w* 和 *ldc2_w* 指令来管理。

*ldc* 和 *ldc_w* 指令用于访问运行时常量池中的值，这包括类 *String* 的实例，但不包括

*double* 和 *long* 类型的值。当运行时常量池中的条目过多时[1]，需要使用 *ldc_w* 指令取代 *ldc* 指令来访问常量池。*ldc2_w* 指令用于访问类型为 `double` 和 `long` 的运行时常量池项，这个指令没有非宽索引的版本[2]。

`byte`、`char` 和 `short` 型的整数常量，以及比较小的 `int`，可以使用 *bipush*、*sipush* 或 *iconst_<i>* 指令（参见 3.2 节）来编译。某些比较小的浮点常量可以用 *fconst_<f>* 及 *dconst_<d>* 指令来编译。

上述各情况的编译都很简单。下面这个例子将这些规则汇总起来：

```
void useManyNumeric() {
    int i = 100;
    int j = 1000000;
    long l1 = 1;
    long l2 = 0xffffffff;
    double d = 2.2;
    ...do some calculations...
}
```

编译后代码如下：

```
Method void useManyNumeric()
0   bipush 100   // Push small int constant with bipush
2   istore_1
3   ldc #1       // Push large int constant (1000000) with ldc
5   istore_2
6   lconst_1     // A tiny long value uses small fast lconst_1
7   lstore_3
8   ldc2_w #6    // Push long 0xffffffff (that is, an int -1)
        // Any long constant value can be pushed with ldc2_w
11  lstore 5
13  ldc2_w #8    // Push double constant 2.200000
        // Uncommon double values are also pushed with ldc2_w
16  dstore 7
...do those calculations...
```

## 3.5 与控制结构有关的更多示例

3.2 节展示了 `for` 控制结构是如何编译的。在 Java 语言中还有很多其他的控制结构（`if-then-else`、`do`、`while`、`break` 以及 `continue`）也有明确的编译方式。本规范将在 3.10 节、3.12 节和 3.13 节中分别讨论关于 `switch` 语句块、异常和 `finally` 语句块的编译规则。

下面这个例子明确演示了 `while` 循环的编译规则，Java 虚拟机会根据数据类型的变化而生成不同的条件跳转语句，与通常情况一样，Java 虚拟机对 `int` 类型数据所提供的支持依然是最为完善的。

---

[1] 多于 256 个，即 1 个字节能表示的范围。——译者注

[2] 即没有 *ldc2* 指令。——译者注

```
void whileInt() {
    int i = 0;
    while (i < 100) {
        i++;
    }
}
```

编译后代码如下：

```
Method void whileInt()
0   iconst_0
1   istore_1
2   goto 8
5   iinc 1 1
8   iload_1
9   bipush 100
11  if_icmplt 5
14  return
```

注意，while 语句的条件判断（由 *if_icmplt* 指令实现）在 Java 虚拟机编译代码中位于循环最底部，这和 3.2 节中 spin 方法的条件判断位置一致。由于条件判断指令处在循环底部，所以在执行首轮迭代之前，必须先用一条 *goto* 指令跳转到这条 *if_icmplt* 指令才行。但如果初次判断即告失败，那么程序根本就不会进入循环体，也就等于浪费了这条 *goto* 指令。不过，while 循环通常都使用在会执行很多次迭代的场景之中（而不是用来当做 if 语句使用）。所以在接下来的迭代中，由于条件判断操作位于循环体底部，因此相当于在每次执行循环体时能够少运行一条 Java 虚拟机指令。如果将条件判断的操作放在循环体顶部，那循环体就必须在尾部额外增加一条 *goto* 指令，以便在循环体结束时跳转回顶部。

虚拟机对各种数据类型的控制结构采用了相似的编译方式，只是会根据不同数据类型使用不同的指令来访问。这么做多少会降低代码的效率，因为这样可能需要更多的 Java 虚拟机指令来实现，譬如：

```
void whileDouble() {
    double i = 0.0;
    while (i < 100.1) {
        i++;
    }
}
```

编译后代码如下：

```
Method void whileDouble()
0   dconst_0
1   dstore_1
2   goto 9
5   dload_1
6   dconst_1
7   dadd
8   dstore_1
9   dload_1
10  ldc2_w #4       // Push double constant 100.1
13  dcmpg           // To compare and branch we have to use...
14  iflt 5          // ...two instructions
17  return
```

每个浮点类型数据都有两条比较指令：对于float类型是*fcmpl*和*fcmpg*指令，对于double是*dcmpl*和*dcmpg*指令。这些指令语义相似，仅仅在对待NaN变量时有所区别。NaN是无序的（见2.3.2节），所以如果其中一个操作数为NaN，则所有浮点型的比较指令都失败[⊖]。编译器应该选用合适的比较指令来实现Java源代码中的比较操作，以确保该操作无论是在非NaN的值上面失败，还是因为遇到NaN而失败，程序都能得出相同结果，譬如：

```
int lessThan100(double d) {
    if (d < 100.0) {
        return 1;
    } else {
        return -1;
    }
}
```

编译后代码如下：

```
Method int lessThan100(double)
0   dload_1
1   ldc2_w #4       // Push double constant 100.0
4   dcmpg           // Push 1 if d is NaN or d > 100.0;
                    // push 0 if d == 100.0
5   ifge 10         // Branch on 0 or 1
8   iconst_1
9   ireturn
10  iconst_m1
11  ireturn
```

如果d不是NaN并且小于100.0，那么*dcmpg*指令会将int类型值-1压入操作数栈，*ifge*指令不会转入分支。如果d大于100.0或者d是NaN，那么*dcmpg*指令会将int类型值1压入操作数栈，而*ifge*则会转入分支。如果d等于100.0，那么*dcmpg*指令将int类型值0压入操作数栈，此时*ifge*指令也将转入分支。

如果比较逻辑相反，那么可以用*dcmpl*指令来实现正确的效果，譬如：

```
int greaterThan100(double d) {
    if (d > 100.0) {
        return 1;
    } else {
        return -1;
    }
}
```

编译后代码如下：

```
Method int greaterThan100(double)
0   dload_1
1   ldc2_w #4       // Push double constant 100.0
4   dcmpl           // Push -1 if d is NaN or d < 100.0;
                    // push 0 if d == 100.0
5   ifle 10         // Branch on 0 or -1
```

---

⊖ 请注意，“失败”（fail）的意思是：当操作数中有NaN时，比较指令返回“fail”（对于fcmpl为-1，而fcmpg为1）的结果到操作数栈，而不是抛出异常。在Java虚拟机指令集中，所有的算术比较指令都不会抛出异常。——译者注

```
8   iconst_1
9   ireturn
10  iconst_m1
11  ireturn
```

本例与上例相似：Java 源代码中的 `if (d > 100.0)` 判断语句无论是因为 d 小于等于 100 而失败，还是因为 d 是 NaN 而失败，*dcmpl* 指令都会把适当的 `int` 值推入操作数栈，使得 *iflt* 指令能够转入分支。假如要在没有 *dcmpl* 和 *dcmpg* 指令的前提下实现本例，那么编译器必须做更多的工作来检测 NaN 才行。

## 3.6 接收参数

如果传递了 *n* 个参数给某个实例方法，则当前栈帧会按照约定，依参数传递顺序来接收这些参数，将它们保存到方法的第 1 个至第 *n* 个局部变量之中。譬如：

```
int addTwo(int i, int j) {
    return i + j;
}
```

编译后代码如下：

```
Method int addTwo(int,int)
0   iload_1         // Push value of local variable 1 (i)
1   iload_2         // Push value of local variable 2 (j)
2   iadd            // Add; leave int result on operand stack
3   ireturn         // Return int result
```

按照约定，需要给实例方法传递一个指向该实例的引用作为方法的第 0 个局部变量。在 Java 语言中，自身实例可以通过 `this` 关键字来访问。

由于类（`static`）方法不需要传递实例引用，所以它们不需要使用第 0 个局部变量来保存 `this` 关键字，而是会用它来保存方法的首个参数。如果 `addTwo()` 是类方法，那么其参数的传递会与上例相似：

```
static int addTwoStatic(int i, int j) {
    return i + j;
}
```

编译后代码如下：

```
Method int addTwoStatic(int,int)
0   iload_0
1   iload_1
2   iadd
3   ireturn
```

两段代码唯一的区别是，后一种方法在保存参数到局部变量表中时，是从编号为 0 的局部变量开始而不是 1。

## 3.7　方法调用

普通实例方法调用是在运行时根据对象类型进行分派的（相当于 C++ 中所说的“虚方法”）。这类方法调用通过 *invokevirtual* 指令实现，*invokevirtual* 指令都会带有一个表示索引的参数，运行时常量池在该索引处的项为某个方法的符号引用，这个符号引用可以提供方法所在对象的类型的内部二进制名称、方法名称和方法描述符（见 4.3.3 小节）。下面这个例子定义了一个实例方法 add12and13() 来调用前面的 addTwo 方法，代码如下：

```
int add12and13() {
    return addTwo(12, 13);
}
```

编译后代码如下：

```
Method int add12and13()
0   aload_0              // Push local variable 0 (this)
1   bipush 12            // Push int constant 12
3   bipush 13            // Push int constant 13
5   invokevirtual #4     // Method Example.addtwo(II)I
8   ireturn              // Return int on top of operand stack;
                         // it is the int result of addTwo()
```

方法调用过程的第一步是将当前实例的自身引用 this 压入操作数栈中。传递给方法的 int 类型参数值 12 和 13 随后入栈。当调用 addTwo 方法时，Java 虚拟机会创建一个新的栈帧，传递给 addTwo 方法的参数值会成为新栈帧中对应局部变量的初始值。即由 add12and13 方法推入操作数栈的 this 和两个传递给 addTwo 方法的参数 12 与 13，会作为 addTwo 方法栈帧的第 0、1、2 个局部变量。

最后，当 addTwo 方法执行结束、方法返回时，int 类型的返回值被压入方法调用者的栈帧的操作数栈，即 add12and13 方法的操作数栈中。而这个返回值又会立即返回给 add12and13 的调用者。

add12and13 方法的返回过程由 add12and13 方法中的 *ireturn* 指令实现。由 addTwo 方法所返回的 int 类型值会压入当前操作数栈的栈顶，而 *ireturn* 指令则会把当前操作数栈的栈顶值（此处就是 addTwo 的返回值）压入 add12and13 方法的调用者的操作数栈。然后跳转至调用 add12and13 的那个方法的下一条指令继续执行，并将调用者的栈帧重新设为当前栈帧。Java 虚拟机对不同数据类型（包括声明为 void，即没有返回值的方法）的返回值提供了不同的方法返回指令，各种不同返回值类型的方法都使用这一组返回指令来返回。

*invokevirtual* 指令的操作数（前面示例中的运行时常量池索引 #4）不是类实例中方法指令的偏移量。编译器并不需要了解类实例的内部布局，它只需要产生方法的符号引用并保存于运行时常量池即可，这些运行时常量池项将会在执行时转换成调用方法的实际地址。在 Java 虚拟机指令集中，访问类实例的其他指令也采用相同的方式。

如果前一个例子所调用的实例方法 addTwo 变成类（static）方法，那么编译代码会有略微变化，代码如下：

```
int add12and13() {
    return addTwoStatic(12, 13);
}
```

编译代码中使用了另一个 Java 虚拟机调用指令 *invokestatic*：

```
Method int add12and13()
0   bipush 12
2   bipush 13
4   invokestatic #3     // Method Example.addTwoStatic(II)I
7   ireturn
```

类（`static`）方法调用和实例方法调用的编译代码很类似，两者的区别仅仅是实例方法需要调用者传递 `this` 参数而类方法不用。所以在两种方法的局部变量表中，序号为 0 的（首个）局部变量会有所区别（见 3.6 节）。*invokestatic* 指令用于调用类方法。

*invokespecial* 指令用于调用实例初始化方法（见 3.8 节），它也用来调用父类（`super`）方法和私有方法。例如，下面例子中的 `Near` 和 `Far` 两个类：

```
class Near {
    int it;
    public int getItNear() {
        return getIt();
    }
    private int getIt() {
        return it;
    }
}

class Far extends Near {
    int getItFar() {
        return super.getItNear();
    }
}
```

`Near` 类的 `getItNear` 方法会（调用私有方法）被编译为：

```
Method int getItNear()
0   aload_0
1   invokespecial #5    // Method Near.getIt()I
4   ireturn
```

`Far` 类的 `getItFar` 方法会（调用父类方法）被编译为：

```
Method int getItFar()
0   aload_0
1   invokespecial #4    // Method Near.getItNear()I
4   ireturn
```

请注意，所有使用 *invokespecial* 指令调用的方法都需要以 this 作为首个参数，保存在首个局部变量之中（通常是编号为 0 的局部变量）。

如果编译器要调用某个方法句柄的目标，那么必须先产生这个方法描述符，描述符记录了方法的实际参数和返回类型。编译器在方法调用时不会处理参数的类型转换问题，只是简单地将参数压入操作数栈，且不改变其类型。通常，编译器会先把指向方法句柄对象的引用压入操作数栈，方法参数则按顺序跟随这个对象之后入栈。编译器在生成 *invokevirtual* 指令时，也会生成这个指令所引用的描述符，这个描述符提供了方法参数和返回值的信息。由于在解析方法的时候有特殊设计（参见 5.4.3.3 小节），所以如果方法描述符的语法正确，并且描述符中的类型名称可以正确解析，那么 *invokevirtual* 指令总是能通过调用 `java.lang.invoke.MethodHandle` 的 `invokeExact` 或 `invoke` 方法而链接到正确的目标。

## 3.8 使用类实例

Java 虚拟机类实例通过 *Java* 虚拟机的 *new* 指令来创建。之前提到过，在 Java 虚拟机层面，构造函数会以一个由编译器提供的名为 `<init>` 的方法出现。这个名字特殊的方法也称作实例初始化方法（见 2.9 节）。一个类可以有多个构造函数，对应地也就会有多个实例初始化方法。在把类实例新建好，并将其实例变量（包括本类及其全部父类所定义的每个实例变量）都初始化为各自的默认值之后，接下来需要调用这个类实例的实例初始化方法。例如：

```
Object create() {
    return new Object();
}
```

编译后代码如下：

```
Method java.lang.Object create()
0   new #1              // Class java.lang.Object
3   dup
4   invokespecial #4    // Method java.lang.Object.<init>()V
7   areturn
```

在参数传递和方法返回时，类实例（作为 `reference` 类型）与普通的数值类型没有太大区别，不过 `reference` 类型有它自己专用的 Java 虚拟机指令，譬如：

```
int i;                                  // An instance variable
MyObj example() {
    MyObj o = new MyObj();
    return silly(o);
}
MyObj silly(MyObj o) {
    if (o != null) {
        return o;
    } else {
        return o;
    }
}
```

编译后代码如下：

```
Method MyObj example()
0   new #2              // Class MyObj
3   dup
4   invokespecial #5    // Method MyObj.<init>()V
7   astore_1
8   aload_0
9   aload_1
10  invokevirtual #4    // Method Example.silly(LMyObj;)LMyObj;
13  areturn

Method MyObj silly(MyObj)
0   aload_1
1   ifnull 6
4   aload_1
5   areturn
6   aload_1
7   areturn
```

类实例的字段（实例变量）将使用 *getfield* 和 *putfield* 指令进行访问，假设 `i` 是一个 `int` 类型的实例变量，且方法 `getIt` 和 `setIt` 的定义如下：

```
void setIt(int value) {
    i = value;
}
int getIt() {
    return i;
}
```

编译后代码如下：

```
Method void setIt(int)
0   aload_0
1   iload_1
2   putfield #4     // Field Example.i I
5   return

Method int getIt()
0   aload_0
1   getfield #4     // Field Example.i I
4   ireturn
```

与方法调用指令的操作数类似，*putfield* 及 *getfield* 指令的操作数（即本例中的运行时常量池索引 #4）也不代表该字段在类实例中的偏移量。编译器会为实例的这些字段生成符号引用，并保存在运行时常量池之中。这些运行时常量池项会在执行阶段解析为受引用对象中的真实字段位置。

## 3.9 数组

在 Java 虚拟机中，数组也使用对象来表示。数组由专门的指令集来创建和操作。*newarray* 指令用于创建元素类型为数值类型的数组。例如：

```
void createBuffer() {
    int buffer[];
    int bufsz = 100;
```

```
    int value = 12;
    buffer = new int[bufsz];
    buffer[10] = value;
    value = buffer[11];
}
```

编译后代码如下：

```
Method void createBuffer()
0   bipush 100      // Push int constant 100 (bufsz)
2   istore_2        // Store bufsz in local variable 2
3   bipush 12       // Push int constant 12 (value)
5   istore_3        // Store value in local variable 3
6   iload_2         // Push bufsz...
7   newarray int    // ...and create new int array of that length
9   astore_1        // Store new array in buffer
10  aload_1         // Push buffer
11  bipush 10       // Push int constant 10
13  iload_3         // Push value
14  iastore         // Store value at buffer[10]
15  aload_1         // Push buffer
16  bipush 11       // Push int constant 11
18  iaload          // Push value at buffer[11]...
19  istore_3        // ...and store it in value
20  return
```

*anewarray* 指令用于创建元素为对象引用的一维数组。譬如：

```
void createThreadArray() {
    Thread threads[];
    int count = 10;
    threads = new Thread[count];
    threads[0] = new Thread();
}
```

编译后代码如下：

```
Method void createThreadArray()
0   bipush 10              // Push int constant 10
2   istore_2               // Initialize count to that
3   iload_2                // Push count, used by anewarray
4   anewarray class #1     // Create new array of class Thread
7   astore_1               // Store new array in threads
8   aload_1                // Push value of threads
9   iconst_0               // Push int constant 0
10  new #1                 // Create instance of class Thread
13  dup                    // Make duplicate reference...
14  invokespecial #5       // ...for Thread's constructor
                           // Method java.lang.Thread.<init>()V
17  aastore                // Store new Thread in array at 0
18  return
```

*anewarray* 指令也可以用于创建多维数组的第一维。不过我们也可以选择采用 *multianewarray* 指令一次性创建多维数组。比如三维数组：

```
int[][][] create3DArray() {
    int grid[][][];
    grid = new int[10][5][];
    return grid;
}
```

编译后代码如下：

```
Method int create3DArray()[][][]
0   bipush 10                // Push int 10 (dimension one)
2   iconst_5                 // Push int 5 (dimension two)
3   multianewarray #1 dim #2 // Class [[[I, a three-dimensional
                             // int array; only create the
                             // first two dimensions
7   astore_1                 // Store new array...
8   aload_1                  // ...then prepare to return it
9   areturn
```

*multianewarray* 指令的第 1 个操作数是运行时常量池索引，它表示将要创建的数组类型。第 2 个操作数是需要创建的数组的实际维数。*multianewarray* 指令可以用于创建所有类型的多维数组，当然也包括 `create3DArray` 中所展示的数组。注意，多维数组也只是一个对象，所以使用 *aload_1* 指令加载，使用 *areturn* 指令返回。数组类的命名，请参见 4.4.1 小节。

所有的数组都有一个与之关联的长度属性，可通过 *arraylength* 指令访问。

## 3.10 编译 switch 语句

编译器会使用 *tableswitch* 和 *lookupswitch* 指令来生成 `switch` 语句的编译代码。*tableswitch* 指令用于表示 `switch` 结构中的 `case` 语句块，它可以高效地从索引表中确定 `case` 语句块的分支偏移量。当 `switch` 语句中的条件值不能对应于索引表中任何一个 `case` 语句块的分支偏移量时，`default` 分支将起作用。譬如：

```
int chooseNear(int i) {
    switch (i) {
        case 0:  return  0;
        case 1:  return  1;
        case 2:  return  2;
        default: return -1;
    }
}
```

编译后代码如下：

```
Method int chooseNear(int)
0   iload_1             // Push local variable 1 (argument i)
1   tableswitch 0 to 2: // Valid indices are 0 through 2
      0: 28             // If i is 0, continue at 28
      1: 30             // If i is 1, continue at 30
      2: 32             // If i is 2, continue at 32
      default:34        // Otherwise, continue at 34
28  iconst_0            // i was 0; push int constant 0...
29  ireturn             // ...and return it
30  iconst_1            // i was 1; push int constant 1...
31  ireturn             // ...and return it
32  iconst_2            // i was 2; push int constant 2...
33  ireturn             // ...and return it
34  iconst_m1           // otherwise push int constant -1...
35  ireturn             // ...and return it
```

Java 虚拟机的 *tableswitch* 和 *lookupswitch* 指令都只能支持 int 类型的条件值。选择支持 int 类型，是因为 byte、char 和 short 类型的值都会自行提升为 int 类型。如果 chooseNear 方法中使用 short 类型作为条件值，那编译出来的代码与使用 int 类型时是完全相同的。如果在 switch 中使用其他数值类型的条件值，那就必须窄化转换成 int 类型。

当 switch 语句中的 case 分支条件值比较稀疏时，*tableswitch* 指令的空间使用率偏低。这种情况下可以使用 *lookupswitch* 指令来替代。*lookupswitch* 指令的索引表项由 int 类型的键（来源于 case 语句块后面的数值）与对应的目标语句偏移量所构成。当 *lookupswitch* 指令执行时，switch 语句的条件值将和索引表中的键进行比较，如果某个键和条件值相符，那么将转移到这个键所对应的分支偏移量继续执行，如果没有键值符合，将执行 default 分支。例如：

```
int chooseFar(int i) {
    switch (i) {
        case -100: return -1;
        case 0:    return  0;
        case 100:  return  1;
        default:   return -1;
    }
}
```

编译后的代码如下，相比 chooseNear 方法的编译代码，仅仅是把 *tableswitch* 指令换成了 *lookupswitch* 指令：

```
Method int chooseFar(int)
0   iload_1
1   lookupswitch 3:
         -100: 36
            0: 38
          100: 40
      default: 42
36  iconst_m1
37  ireturn
38  iconst_0
39  ireturn
40  iconst_1
41  ireturn
42  iconst_m1
43  ireturn
```

Java 虚拟机规定：*lookupswitch* 指令的索引表必须根据键值排序，这样使用[㊀]将会比直接线性扫描更有效率。在从索引表确定分支偏移量的过程中，*lookupswitch* 指令必须把条件值与不同的键进行比较，而 *tableswitch* 指令则只需要对索引值进行一次范围检查。因此，如果不太需要考虑空间效率，那么 *tableswitch* 指令会比 *lookupswitch* 指令有更高的执行效率。

㊀ 如采用二分搜索。——译者注

## 3.11 使用操作数栈

Java 虚拟机为方便使用操作数栈，提供了大量不区分操作数类型的指令。这些指令都很有用，因为 Java 虚拟机是基于栈的虚拟机，它需要灵活地控制操作数栈。譬如：

```
public long nextIndex() {
    return index++;
}

private long index = 0;
```

编译后代码如下：

```
Method long nextIndex()
0   aload_0        // Push this
1   dup            // Make a copy of it
2   getfield #4    // One of the copies of this is consumed
                   // pushing long field index,
                   // above the original this
5   dup2_x1        // The long on top of the operand stack is
                   // inserted into the operand stack below the
                   // original this
6   lconst_1       // Push long constant 1
7   ladd           // The index value is incremented...
8   putfield #4    // ...and the result stored in the field
11  lreturn        // The original value of index is on top of
                   // the operand stack, ready to be returned
```

注意，Java 虚拟机不允许作用于操作数栈的指令去修改或者拆分那些不可拆分的操作数。

## 3.12 抛出异常和处理异常

程序中使用 `throw` 关键字来抛出异常，它的编译过程很简单，例如：

```
void cantBeZero(int i) throws TestExc {
    if (i == 0) {
        throw new TestExc();
    }
}
```

编译后代码如下：

```
Method void cantBeZero(int)
0   iload_1              // Push argument 1 (i)
1   ifne 12              // If i==0, allocate instance and throw
4   new #1               // Create instance of TestExc
7   dup                  // One reference goes to its constructor
8   invokespecial #7     // Method TestExc.<init>()V
11  athrow               // Second reference is thrown
12  return               // Never get here if we threw TestExc
```

`try-catch` 结构的编译也同样简单，例如：

```
void catchOne() {
    try {
        tryItOut();
    } catch (TestExc e) {
        handleExc(e);
    }
}
```

编译后代码如下：

```
Method void catchOne()
0    aload_0              // Beginning of try block
1    invokevirtual #6     // Method Example.tryItOut()V
4    return               // End of try block; normal return
5    astore_1             // Store thrown value in local var 1
6    aload_0              // Push this
7    aload_1              // Push thrown value
8    invokevirtual #5     // Invoke handler method:
                          // Example.handleExc(LTestExc;)V
11   return               // Return after handling TestExc
Exception table:
From     To       Target       Type
0        4        5            Class TestExc
```

仔细观察可发现，编译后 try 语句块似乎没有生成任何指令，就像它没有出现过一样。

```
Method void catchOne()
0    aload_0              // Beginning of try block
1    invokevirtual #6     // Method Example.tryItOut()V
4    return               // End of try block; normal return
```

如果在 try 语句块执行过程中没有异常抛出，那么程序犹如没有使用 try 结构一样：在 tryItOut 调用 catchOne 方法后就返回了。

在 try 语句块之后的 Java 虚拟机代码实现的那个 catch 语句：

```
5    astore_1             // Store thrown value in local var 1
6    aload_0              // Push this
7    aload_1              // Push thrown value
8    invokevirtual #5     // Invoke handler method:
                          // Example.handleExc(LTestExc;)V
11   return               // Return after handling TestExc
Exception table:
From     To       Target       Type
0        4        5            Class TestExc
```

在 catch 语句块里，调用 handleExc 方法的指令和正常的方法调用完全一样。不过，每个 catch 语句块的会使编译器在异常表中增加一个成员（即一个异常处理器，见 2.10 节和 4.7.3 小节）。catchOne 方法的异常表中有一个成员，这个成员对应于 catchOne 方法 catch 语句块中一个可捕获的异常参数（本例中为 TestExc 的实例）。在 catchOne 的执行过程中，如果编译好的代码里面第 0 ~ 4 句之间有 TestExc 异常实例被抛出，那么操作将转移至第 5 句继续执行，即进入 catch 语句块的实现步骤。如果抛出的异常不是 TestExc 实例，那么 catchOne 的 catch 语句块则不能捕获它，这个异常将被抛出给 catchOne 方法的调用者。

一个 try 结构中可包含多个 catch 语句块，例如：

```
void catchTwo() {
    try {
        tryItOut();
    } catch (TestExc1 e) {
        handleExc(e);
    } catch (TestExc2 e) {
        handleExc(e);
    }
}
```

如果给定的 try 语句包含多个 catch 语句块，那么在编译好的代码中，多个 catch 语句块的内容将连续排列，在异常表中也会有对应的连续排列的成员，它们的排列顺序和源码中 catch 语句块的出现顺序一致。

```
Method void catchTwo()
0   aload_0             // Begin try block
1   invokevirtual #5    // Method Example.tryItOut()V
4   return              // End of try block; normal return
5   astore_1            // Beginning of handler for TestExc1;
                        // Store thrown value in local var 1
6   aload_0             // Push this
7   aload_1             // Push thrown value
8   invokevirtual #7    // Invoke handler method:
                        // Example.handleExc(LTestExc1;)V
11  return              // Return after handling TestExc1
12  astore_1            // Beginning of handler for TestExc2;
                        // Store thrown value in local var 1
13  aload_0             // Push this
14  aload_1             // Push thrown value
15  invokevirtual #7    // Invoke handler method:
                        // Example.handleExc(LTestExc2;)V
18  return              // Return after handling TestExc2
Exception table:
From    To      Target      Type
0       4       5           Class TestExc1
0       4       12          Class TestExc2
```

catchTwo 在执行时，如果 try 语句块中（编译代码的第 0 ~ 4 句）抛出了一个异常，这个异常可以被多个 catch 语句块捕获（即这个异常的实例是一个或多个 catch 语句块的参数），则 Java 虚拟机将选择第 1 个（最上层）catch 语句块来处理这个异常。程序将转移至这个 catch 语句块对应的 Java 虚拟机代码块中继续执行。如果抛出的异常不是任何 catch 语句块的参数（即不能被捕获），那么 Java 虚拟机将把这个异常抛出给 catchTwo 方法的调用者，catchTwo 方法里所有 catch 语句块中的编译代码都不会执行。

try-catch 语句可以嵌套使用，编译后产生的编译代码和一个 try 语句对应多个 catch 语句的结构很相似，例如：

```
void nestedCatch() {
    try {
        try {
            tryItOut();
        } catch (TestExc1 e) {
            handleExc1(e);
```

```
            }
        } catch (TestExc2 e) {
            handleExc2(e);
        }
    }
```

编译后代码如下：

```
Method void nestedCatch()
0   aload_0              // Begin try block
1   invokevirtual #8     // Method Example.tryItOut()V
4   return               // End of try block; normal return
5   astore_1             // Beginning of handler for TestExc1;
                         // Store thrown value in local var 1
6   aload_0              // Push this
7   aload_1              // Push thrown value
8   invokevirtual #7     // Invoke handler method:
                         // Example.handleExc1(LTestExc1;)V
11  return               // Return after handling TestExc1
12  astore_1             // Beginning of handler for TestExc2;
                         // Store thrown value in local var 1
13  aload_0              // Push this
14  aload_1              // Push thrown value
15  invokevirtual #6     // Invoke handler method:
                         // Example.handleExc2(LTestExc2;)V
18  return               // Return after handling TestExc2
Exception table:
From    To      Target      Type
0       4       5           Class TestExc1
0       12      12          Class TestExc2
```

catch 语句的嵌套关系只体现在异常表之中。Java 虚拟机本身并不强制规定异常表中成员（见 2.10 节）的顺序，但由于 try-catch 语句是有结构顺序的，所以编译器总能根据 catch 语句在代码中的顺序对异常处理表进行排序，以保证在代码任何位置抛出的任何异常，都会被最里层且可以处理该异常的 catch 语句块所处理。

例如，如果在编译代码第 1 句，即 tryItOut 方法执行过程中抛出一个 TestExc1 异常的实例，这个异常实例将被调用 handleExc1 方法的 catch 语句块处理。这个异常固然发生在外层 catch 语句（捕获 TestExc2 异常的 catch 语句）的处理范围内，但即使外层 catch 语句同样声明能处理这类异常，程序也依然不会把它交给外部的 catch 语句来处理，因为它在异常处理表中的顺序在内部异常之后。

还有一个微妙之处需要注意，catch 语句块的处理范围包括 from 但不包括 to 所表示的偏移量本身（见 4.7.3 小节）。即 catch 语句块中，TestExc1 在异常表所对应的异常处理器并没有覆盖到字节偏移量为 4 的返回指令。不过，TestExc2 在异常表中对应的异常处理器却覆盖了偏移量为 11 处的返回指令。因此在此场景下，如果内部 catch 语句块中的返回指令抛出了异常，则将由外层的异常处理器进行处理。

## 3.13　编译 finally 语句块

本节假定：编译器所生成的 class 文件版本必定小于或等于 50.0，也就是说，可以使

用 *jsr* 指令来编译 finally 语句块。更多内容请参见 4.10.2.5 节[⊖]。

编译 `try-finally` 语句和编译 `try-catch` 语句基本相同。把控制权转移到 `try` 结构外围之前，首先要执行 `finally` 里的内容，无论 `try` 部分是正常执行完毕，还是在执行过程中抛出异常，都要如此。例如：

```
void tryFinally() {
    try {
        tryItOut();
    } finally {
        wrapItUp();
    }
}
```

编译后代码如下：

```
Method void tryFinally()
0   aload_0              // Beginning of try block
1   invokevirtual #6     // Method Example.tryItOut()V
4   jsr 14               // Call finally block
7   return               // End of try block
8   astore_1             // Beginning of handler for any throw
9   jsr 14               // Call finally block
12  aload_1              // Push thrown value
13  athrow               // ...and rethrow value to the invoker
14  astore_2             // Beginning of finally block
15  aload_0              // Push this
16  invokevirtual #5     // Method Example.wrapItUp()V
19  ret 2                // Return from finally block
Exception table:
From    To      Target      Type
0       4       8           any
```

有四种方式可以让程序退出 `try` 语句：①语句块内的所有语句正常执行结束；②通过 `return` 语句退出方法；③执行 `break` 或 `continue` 语句；④抛出异常。如果 `tryItOut` 正常结束（没有抛出异常）并返回，那么后面的 *jsr* 指令会使程序跳转到 `finally` 语句块继续执行。编译代码中的第 4 句指令 *jsr 14* 意思是"调用程序子片段"（subroutine call），这个指令使程序跳转至第 14 句的 `finally` 语句块（`finally` 语句块的内容被编译为一段程序子片段）的实现代码之中。当 `finally` 语句块运行结束，使用 *ret 2* 指令将程序返回至 *jsr* 指令（即第 4 句）的下一句继续执行。

调用程序子片段的过程详述如下：在本例中，*jsr* 指令将其下一条指令的地址（即第 7 句的 *return* 指令）在程序跳转前压入操作数栈。程序跳转后使用 *astore_2* 指令将栈顶的元素（即 *return* 指令的地址）保存在第 2 个局部变量中。然后，执行 `finally` 语句块（在这个例子中，`finally` 语句块的内容包括 *aload_0* 和 *invokevirtual* 两条指令）。当 `finally` 语句块的代码正常执行结束后，*ret* 指令使程序跳转至第 2 个局部变量所保存的地址（即 *return* 指令的地

⊖ 很早之前的 javac 就已经不再为 `finally` 语句生成 *jsr* 和 *ret* 指令了，而是改为在每个分支之后以冗余代码的形式来实现 `finally` 语句，所以在本节开头作者进行了特别说明。在版本号为 51.0（JDK 7 的 `class` 文件）的 `class` 文件中，甚至还明确禁止了指令流中出现 *jsr*、*jsr_w* 指令。——译者注

址）继续执行，至此 *tryFinally* 方法正常返回。

一个带有 finally 语句块的 try 语句，在编译时会生成一个特殊的异常处理器，这个异常处理器可以捕获 try 语句中抛出的所有异常。当 tryItOut 抛出异常时，Java 虚拟机会在 tryFinally 方法的异常处理器表中寻找合适的异常处理器。找到这个特殊的处理器后，会转到异常处理器的实现代码处（这个例子中为编译代码的第 8 句）继续执行。编译代码第 8 句的 *astore_1* 指令用于将抛出的异常保存在第 1 个局部变量中。接下来的 *jsr* 指令调用 finally 语句块的程序子片段。如果正常返回（finally 语句块正常运行结束），那么位于编译代码第 12 句的 *aload_1* 指令就会将抛出的异常压入操作数栈顶，接下来的 *athrow* 指令会将异常抛出给 tryFinally 方法的调用者。

同时带有 catch 和 finally 语句块的 try 语句编译起来更为复杂：

```
void tryCatchFinally() {
    try {
        tryItOut();
    } catch (TestExc e) {
        handleExc(e);
    } finally {
        wrapItUp();
    }
}
```

编译后代码如下：

```
Method void tryCatchFinally()
0   aload_0              // Beginning of try block
1   invokevirtual #4     // Method Example.tryItOut()V
4   goto 16              // Jump to finally block
7   astore_3             // Beginning of handler for TestExc;
                         // Store thrown value in local var 3
8   aload_0              // Push this
9   aload_3              // Push thrown value
10  invokevirtual #6     // Invoke handler method:
                         // Example.handleExc(LTestExc;)V
13  goto 16              // This goto is unnecessary, but was
                         // generated by javac in JDK 1.0.2
16  jsr 26               // Call finally block
19  return               // Return after handling TestExc
20  astore_1             // Beginning of handler for exceptions
                         // other than TestExc, or exceptions
                         // thrown while handling TestExc
21  jsr 26               // Call finally block
24  aload_1              // Push thrown value...
25  athrow               // ...and rethrow value to the invoker
26  astore_2             // Beginning of finally block
27  aload_0              // Push this
28  invokevirtual #5     // Method Example.wrapItUp()V
31  ret 2                // Return from finally block
Exception table:
From    To      Target      Type
0       4       7           Class TestExc
0       16      20          any
```

如果 try 语句块中所有指令都正常执行结束，那么第 4 句的 *goto* 指令将使程序跳转至第 16 句的 finally 语句块之中。从第 26 句开始的 finally 语句块执行完之后，程序将跳转回第 19 句的 *return* 指令，至此 tryCatchFinally 方法运行结束。

如果 tryItOut 方法中抛出了 TestExc 类型的异常实例，那么异常表中第一个（最里层那个）可处理该异常的处理器将会被用于处理该异常。这个异常处理器的处理代码开始于第 7 句，该处理器将把抛出的异常对象传递给 handleExec 方法，并在该方法正常返回的时候调用与刚才那种情况相同的程序子片段，使程序跳转到第 26 句的 finally 语句块，如果在 handleExec 方法中没有再抛出异常，那么 tryCatchFinally 方法将能够正常完成。

如果 tryItOut 方法中抛出了并非 TestExc 异常的异常实例，或者 catch 语句块中的 handleExc 抛出异常，那么异常处理器表中的第 2 个异常处理器就会生效（该处理器处理索引在 0 ~ 16 范围内的异常）。此时程序将跳转至第 20 句，进入这个异常处理器的代码，并将前面抛出的异常保存在第 1 个局部变量中，然后以程序了片段的形式调用第 26 句的 finally 语句块。在在 finally 块结束时，程序会获取 1 号局部变量中的异常，并通过 *athrow* 指令抛给方法调用者。如果在 finally 子句中有异常抛出，则 finally 语句块将停止运行，tryCatchFinally 方法也将异常退出，并把新异常抛给 tryCatchFinally 方法的调用者。

## 3.14 同步

Java 虚拟机中的同步（synchronization）是用 monitor 的进入和退出来实现的。无论显式同步（有明确的 *monitorenter* 和 *monitorexit* 指令），还是隐式同步（依赖方法调用和返回指令实现）都是如此。

在 Java 语言中，同步用得最多的地方可能是经 synchronized 所修饰的同步方法。同步方法并不是用 *monitorenter* 和 *monitorexit* 指令来实现的，而是由方法调用指令读取运行时常量池中方法的 ACC_SYNCHRONIZED 标志来隐式实现的（见 2.11.10 小节）。

*monitorenter* 和 *monitorexit* 指令用于编译同步语句块，例如：

```
void onlyMe(Foo f) {
    synchronized(f) {
        doSomething();
    }
}
```

编译后代码如下：

```
Method void onlyMe(Foo)
0   aload_1             // Push f
1   dup                 // Duplicate it on the stack
2   astore_2            // Store duplicate in local variable 2
3   monitorenter        // Enter the monitor associated with f
4   aload_0             // Holding the monitor, pass this and...
5   invokevirtual #5    // ...call Example.doSomething()V
8   aload_2             // Push local variable 2 (f)
9   monitorexit         // Exit the monitor associated with f
10  goto 18             // Complete the method normally
```

```
13  astore_3              // In case of any throw, end up here
14  aload_2               // Push local variable 2 (f)
15  monitorexit           // Be sure to exit the monitor!
16  aload_3               // Push thrown value...
17  athrow                // ...and rethrow value to the invoker
18  return                // Return in the normal case
Exception table:
From    To      Target      Type
4       10      13          any
13      16      13          any
```

编译器必须确保无论方法以何种方式完成，方法中调用过的每条 *monitorenter* 指令都必须有对应的 *monitorexit* 指令得到执行，不管这个方法是正常结束（见 2.6.4 小节）还是异常结束（见 2.6.5 小节）都应如此。为了保证在方法异常完成时，*monitorenter* 和 *monitorexit* 指令依然可以正确配对执行，编译器会自动产生一个异常处理器（见 2.10 节），这个异常处理器宣称自己可以处理所有的异常，它的代码用来执行 *monitorexit* 指令。

## 3.15　注解

本书 4.7.16 小节至 4.7.22 小节将描述注解（annotation）在 class 文件中的表示方式。那些小节将会明确指出应该如何表示添加于类、接口、字段、方法、方法参数及类型参数声明上面的注解，也会明确指出应该如何表示针对这些声明所用到的类型所写的注解。不过，给包声明所加的注解[⊖]还需遵循下面一些规则。

如果遇到某个添加了注解的包声明，而注解又必须能够在运行时得以访问，那么编译器要生成一份具备下列特征的 class 文件：

- 这个 class 文件是用来表示接口的，也就是说，ClassFile 结构（见 4.1 节）中的 ACC_INTERFACE 和 ACC_ABSTRACT 标志会开启。
- 如果 class 文件的版本号小于 50.0，那就不设置 ACC_SYNTHETIC 标志；若 class 文件的版本号大于等于 50.0，则设置 ACC_SYNTHETIC 标志。
- 该接口的访问权限是包级别访问权限（package access，JLS § 6.6.1）。
- 该接口的名称遵循 package-name.package-info 这一内部表示形式（见 4.2.1 小节）。
- 该接口没有父接口。
- 该接口所包含的成员，均是由《Java 语言规范（Java SE 8 版）》所定义的成员（参见 JSL § 9.2）。
- 在包声明层面所加的注解，保存于 ClassFile 结构 attributes 表中的 RuntimeVisibleAnnotations 属性及 RuntimeInvisibleAnnotations 属性里。

⊖ annotations on package declarations，这种注解通常应该添加在包下的 package-info.java 文件里。详情可参阅 JLS § 7.4.1。——译者注

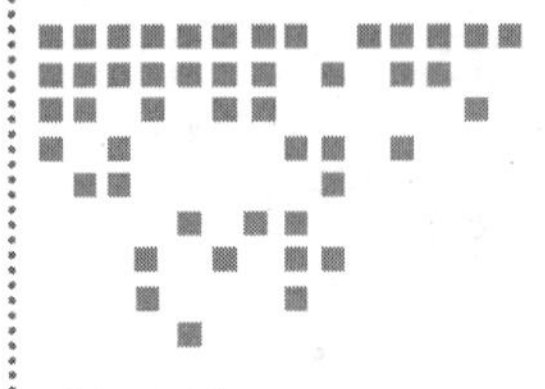

Chapter 4 第4章

# class 文件格式

本章将描述Java虚拟机中定义的class文件格式。每一个class文件都对应着唯一一个类或接口的定义信息，但是相对地，类或接口并不一定都必须定义在文件里（比如类或接口也可以通过类加载器直接生成）。在本章中，我们只是通俗地将任意一个有效的类或接口所应当满足的格式称为“class文件格式”，即使它不一定以磁盘文件的形式存在。

每个class文件都由字节流组成，每个字节含有8个二进制位所有16位、32位和64位长度的数据将通过构造成2个、4个和8个连续的8位字节来表示。多字节数据项总是按照big-endian（大端在前）[⊖]的顺序进行存储。在Java SDK中，可以使用java.io.DataInput、java.io.DataOutput等接口和java.io.DataInputStream和java.io.DataOutputStream等类来访问这种格式的数据。

本章还定义了一组专用的数据类型来表示class文件的内容，它们包括u1、u2和u4，分别代表1、2和4个字节的无符号数。在Java SE平台中，这些类型的数据可以通过java.io.DataInput接口中的readUnsignedByte、readUnsignedShort和readInt方法进行读取。

本章将采用类似C语言结构体的伪结构来描述class文件格式。为了避免与类的字段、类的实例等概念产生混淆，我们用项（item）来称呼class文件格式各结构体中的内容。在class文件中，各项按照严格顺序连续存放的，它们之间没有用任何填充或对齐作为各项间的分隔符号。

表（table）由任意数量的可变长度的项组成，用于表示class文件内容的一系列复合结

⊖ big-endian顺序是指按高位字节在地址最低位，低位字节在地址最高位来存储数据，它是SPARC、PowerPC等处理器的默认多字节存储顺序，而x86等处理器则使用了相反的little-endian顺序来存储数据。为了保证class文件在不同硬件上具备同样的含义，因此，在Java虚拟机规范中有必要严格规定数据存储顺序。——译者注

构。尽管我们采用类似 C 语言的数组语法来表示表中的项，但是你应当清楚意识到，表是由可变长数据组成的复合结构（表中每项的长度不固定），因此无法直接把表格索引转换为偏移量，并以此来访问表中的项。

而把一个数据结构描述为数组时，就意味着它含有 0 至多个长度固定的项，此时可以采用数组索引的方式访问它。

在本章中出现的所有 ASCII 字符都应当理解为这些 ASCII 字符所对应的 Unicode 码点。

## 4.1 ClassFile 结构

每个 class 文件对应一个如下所示的 ClassFile 结构。

```
ClassFile {
    u4             magic;
    u2             minor_version;
    u2             major_version;
    u2             constant_pool_count;
    cp_info        constant_pool[constant_pool_count-1];
    u2             access_flags;
    u2             this_class;
    u2             super_class;
    u2             interfaces_count;
    u2             interfaces[interfaces_count];
    u2             fields_count;
    field_info     fields[fields_count];
    u2             methods_count;
    method_info    methods[methods_count];
    u2             attributes_count;
    attribute_info attributes[attributes_count];
}
```

在 ClassFile 结构中，各项的含义描述如下：

❑ Magic（魔数）

Magic 的唯一作用是确定这个文件是否为一个能被虚拟机所接受的 class 文件。魔数值固定为 0xCAFEBABE，不会改变。

❑ minor_version（副版本号）、major_version（主版本号）

minor_version 和 major_version 的值分别表示 class 文件的副、主版本。它们共同构成了 class 文件的格式版本号。比如，某个 class 文件的主版本号为 M，副版本号为 m，那么这个 class 文件的格式版本号就确定为 M.m。class 文件格式版本号可按字面顺序来排序，例如：1.5<2.0<2.1。

假设一个 class 文件的格式版本号为 v，那么，当且仅当 Mi.0 ≤ v ≤ Mj.m 成立时，这个 class 文件才可以被此 Java 虚拟机支持。Java 虚拟机实现会遵从 Java SE 平台的某个发行版级别（the release level of the Java SE platform）[⊖]，而这个发行版级别决定

⊖ 所谓“Java SE 平台的某个发行版级别”，可以大致对应于 JDK 的版本号。例如，Java SE 8 相当于 JDK 1.8.0。——译者注

了本虚拟机所能支持的版本范围。

Oracle 的 JDK 在 1.0.2 版本时，Java 虚拟机所支持的 class 格式版本号范围为 45.0（含）~ 45.3（含）；JDK 版本在 1.1.x 时，支持的 class 格式版本号范围扩展至 45.0 ~ 45.65535（含两端）；JDK 版本为 1.k（k ≥ 2）时，对应的 class 文件格式版本号的范围为 45.0 ~ 44+k.0（含两端）。

- constant_pool_count（常量池计数器）

  constant_pool_count 的值等于常量池表中的成员数加 1。常量池表的索引值只有在大于 0 且小于 constant_pool_count 时才会认为是有效的[⊖]，对于 long 和 double 类型有例外情况，参见 4.4.5 小节。

- constant_pool[]（常量池）

  constant_pool 是一种表结构（见 4.4 节），它包含 class 文件结构及其子结构中引用的所有字符串常量、类或接口名、字段名和其他常量。常量池中的每一项都具备相同的特征——第 1 个字节作为类型标记，用于确定该项的格式，这个字节称为 tag byte（标记字节、标签字节）。

  常量池以 1 ~ constant_pool_count-1 为索引。

- access_flags（访问标志）

  access_flags 是一种由标志所构成的掩码，用于表示某个类或者接口的访问权限及属性。每个标志的取值及其含义如表 4-1 所示。

**表 4-1 类访问和属性修饰符标志**

| 标志名 | 值 | 含义 |
|---|---|---|
| ACC_PUBLIC | 0x0001 | 声明为 public，可以从包外访问 |
| ACC_FINAL | 0x0010 | 声明为 final，不允许有子类 |
| ACC_SUPER | 0x0020 | 当用到 invokespecial 指令时，需要对父类方法做特殊处理[①] |
| ACC_INTERFACE | 0x0200 | 该 class 文件定义的是接口而不是类 |
| ACC_ABSTRACT | 0x0400 | 声明为 abstract，不能被实例化 |
| ACC_SYNTHETIC | 0x1000 | 声明为 synthetic，表示该 class 文件并非由 Java 源代码所生成 |
| ACC_ANNOTATION | 0x2000 | 标识注解类型 |
| ACC_ENUM | 0x4000 | 标识枚举类型 |

①此处“特殊处理”是相对于 JDK 1.0.2 之前的 class 文件而言的，*invokespecial* 的语义、处理方式在 JDK 1.0.2 时发生了改变，为避免二义性，在 JDK 1.0.2 之后编译出的 class 文件都带有 ACC_SUPER 标志用以区分。——译者注

⊖ 虽然值为 0 的 constant_pool 索引是无效的，但其他用到常量池的数据结构可以使用索引 0 来表示“不引用任何一个常量池项”的意思。——译者注

带有 ACC_INTERFACE 标志的 class 文件表示的是接口而不是类，反之则表示的是类而不是接口。

如果一个 class 文件被设置了 ACC_INTERFACE 标志，那么同时也得设置 ACC_ABSTRACT 标志（JLS §9.1.1.1）。同时它不能再设置 ACC_FINAL、ACC_SUPER 或 ACC_ENUM 标志。

如果没有设置 ACC_INTERFACE 标志，那么这个 class 文件可以具有表 4-1 中除 ACC_ANNOTATION 外的其他所有标志。当然，ACC_FINAL 和 ACC_ABSTRACT 这类互斥的标志除外（JLS §8.1.1.2），这两个标志不得同时设置。

ACC_SUPER 标志用于确定类或接口里面的 *invokespecial* 指令使用的是哪一种执行语义。针对 Java 虚拟机指令集的编译器都应当设置这个标志。对于 Java SE 8 及后续版本来说，无论 class 文件中这个标志的实际值是什么，也不管 class 文件的版本号是多少，Java 虚拟机都认为每个 class 文件均设置了 ACC_SUPER 标志。

ACC_SUPER 标志是为了向后兼容由旧 Java 编译器所编译的代码而设计的。目前的 ACC_SUPER 标志在由 JDK 1.0.2 之前的编译器所生成的 access_flags 中是没有确定含义的，如果设置了该标志，那么 Oracle 的 Java 虚拟机实现会将其忽略。

ACC_SYNTHETIC 标志意味着该类或接口是由编译器生成的，而不是由源代码生成的。

注解类型必须设置 ACC_ANNOTATION 标志。如果设置了 ACC_ANNOTATION 标志，那么也必须设置 ACC_INTERFACE 标志。

ACC_ENUM 标志表明该类或其父类为枚举类型。

表 4-1 中没有使用的 access_flags 标志是为未来扩充而预留的，这些预留的标志在编译器中应该设置为 0，Java 虚拟机实现也应该忽略它们。

- this_class（类索引）

  this_class 的值必须是对常量池表中某项的一个有效索引值。常量池在这个索引处的成员必须为 CONSTANT_Class_info 类型结构体（见 4.4.1 小节），该结构体表示这个 class 文件所定义的类或接口。

- super_class（父类索引）

  对于类来说，super_class 的值要么是 0，要么是对常量池表中某项的一个有效索引值。如果它的值不为 0，那么常量池在这个索引处的成员必须为 CONSTANT_Class_info 类型常量（见 4.4.1 小节），它表示这个 class 文件所定义的类的直接超类。在当前类的直接超类，以及它所有间接超类的 ClassFile 结构体中，access_flags 里面均不能带有 ACC_FINAL 标志。

  如果 class 文件的 super_class 的值为 0，那这个 class 文件只可能用来表示 Object 类，因为它是唯一没有父类的类。

  对于接口来说，它的 class 文件的 super_class 项必须是对常量池表中某项的一个有效索引值。常量池在这个索引处的成员必须为代表 Object 类的 CONSTANT_

Class_info 结构。

- interfaces_count（接口计数器）

  interfaces_count 项的值表示当前类或接口的直接超接口数量。

- interfaces[]（接口表）

  interfaces[] 中每个成员的值必须是对常量池表中某项的有效索引值，它的长度为 interfaces_count。每个成员 interfaces[i] 必须为 CONSTANT_Class_info 结构（见 4.4.1 小节），其中 $0 \leq i <$ interfaces_count。在 interfaces[] 中，各成员所表示的接口顺序和对应的源代码中给定的接口顺序（从左至右）一样，即 interfaces[0] 对应的是源代码中最左边的接口。

- fields_count（字段计数器）

  fields_count 的值表示当前 class 文件 fields 表的成员个数。fields 表中每个成员都是一个 field_info 结构（见 4.5 节），用于表示该类或接口所声明的类字段或者实例字段[1]。

- fields[]（字段表）

  fields 表中的每个成员都必须是一个 fields_info 结构（见 4.5 节）的数据项，用于表示当前类或接口中某个字段的完整描述。fields 表描述当前类或接口声明的所有字段，但不包括从父类或父接口继承的那些字段。

- methods_count（方法计数器）

  methods_count 的值表示当前 class 文件 methods 表的成员个数。methods 表中每个成员都是一个 method_info 结构（见 4.5 节）。

- methods[]（方法表）

  methods 表中的每个成员都必须是一个 method_info 结构（见 4.6 节），用于表示当前类或接口中某个方法的完整描述。如果某个 method_info 结构的 access_flags 项既没有设置 ACC_NATIVE 标志也没有设置 ACC_ABSTRACT 标志，那么该结构中也应包含实现这个方法所用的 Java 虚拟机指令。

  method_info 结构可以表示类和接口中定义的所有方法，包括实例方法、类方法、实例初始化方法（见 2.9 节）和类或接口初始化方法（见 2.9 节）。methods 表只描述当前类或接口中声明的方法，不包括从父类或父接口继承的方法。

- attributes_count（属性计数器）

  attributes_count 的值表示当前 class 文件属性表的成员个数。属性表中每一项都是一个 attribute_info 结构（见 4.7 节）。

- attributes[]（属性表）

  属性表的每个项的值必须是 attribute_info 结构（见 4.7 节）。

---

[1] 类字段即被声明为 static 的字段，也称为类变量或者类属性，同样，实例字段是指未被声明为 static 的字段。——译者注

由本规范所定义，且能够出现在 ClassFile 结构体 attributes 表中的各项属性（attribute），列在表 4-8 里。

与 ClassFile 结构体 attributes 表里预定义的各项属性有关的规则，列在 4.7 节中。

与 ClassFile 结构体 attributes 表里非预定义的（non-predefined）各项属性有关的规则，列在 4.7.1 小节中。

## 4.2 各种名称的内部表示形式

### 4.2.1 类和接口的二进制名称

class 文件结构中出现的类或接口的名称，都通过全限定形式（fully qualified form）来表示，这被称作它们的**二进制名称**（JLS §13.1）。这个名称使用 CONSTANT_Utf8_info（见 4.4.7 小节）结构来表示，因此，如果忽略其他一些约束限制，那么这个名称可能会由整个 Unitcode 字符空间的任意字符组成。类和接口的二进制名称会被 CONSTANT_NameAndType_info（见 4.4.6 小节）结构所引用，以便构成它们的描述符（见 4.3 节），此外，所有的 CONSTANT_Class_info 结构体都会引用类或接口的名称。

由于历史原因，出现在 class 文件结构中的二进制名称的语法，和 JLS §13.1 中规定的二进制名称的语法，是有所差别的。在本规范规定的内部形式中，用来分隔各个标识符的符号不再是 ASCII 字符点号（.），而是 ASCII 字符斜杠（/），每个标识符都是一个非限定名（unqualified name，见 4.2.2 小节）[㊀]。

比如，类 Thread 的正常二进制名称是 java.lang.Thread。而在 class 文件里的描述符所用的内部表示形式中，对类 Thread 的引用则是通过一个代表字符串“java/lang/Thread”的 CONSTANT_Utf8_info 结构来实现的。

### 4.2.2 非限定名

方法名、字段名和局部变量名及形式参数名都采用**非限定名**进行存储。非限定名至少要含有 1 个 Unicode 字符，但不能包含 ASCII 字符“.”、“;”、“[”或“/”(也就是不能包含句点、分号、左方括号或斜杠)。

方法的非限定名还有一些额外的限制，除了实例初始化方法 <init> 和类初始化方法 <clinit> 以外（见 2.9 节），其他方法的非限定名中不能包含 ASCII 字符“<”或“>”(也就是不能包含左尖括号或右尖括号)。

㊀ 全限定名是在整个 JVM 中的绝对名称，例如 java.lang.Object，而非限定名是指当前环境（例如当前类）中的相对名称，例如 Object。——译者注

请注意：虽然字段名和接口方法名可以使用 `<init>` 或 `<clinit>`[㊀]，但是没有任何调用指令可以引用到 `<clinit>`，而且也只有 *invokespecial* 才可以引用 `<init>`。

## 4.3 描述符

**描述符**（descriptor）是一个描述字段或方法的类型的字符串。在 `class` 文件格式中，描述符使用改良的 UTF-8 字符串（见 4.4.7 小节）来表示。如果不考虑其他的约束，它可以使用 Unicode 字符空间中的任意字符。

### 4.3.1 语法符号

描述符和签名都是用特定的语法符号来表示的。这些语法是一组规则，用来表达怎样以一串字符构建出语法正确的各种描述符。在本规范中，语法的终止符号（terminal symbol）用定宽的字体表示。非终止符号（nonterminal symbol）用*斜体字*表示，非终止符的定义由被定义的非终止名后跟随一个冒号来表示。冒号下方会有一个或多个可供选用的非终止符定义，每个非终止符的定义占一行[㊁]。

规则右边的 *{x}* 表示 *x* 出现 0 次或多次。

如果某条规则的冒号右侧出现了“one of”（其中之一）字样，那就表明下面一行或下面几行所列出的每个终止符号，都是可供选用的定义（alternative definition）[㊂]。

### 4.3.2 字段描述符

**字段描述符**（field descriptor），用来表示类、实例或局部变量。

*FieldDescriptor:*
  *FieldType*

*FieldType:*
  *BaseType*
  *ObjectType*
  *ArrayType*

*BaseType:* `one of`
  `B C D F I J S Z`

*ObjectType:*
  `L` *ClassName* `;`

㊀ 这里是从 `class` 文件角度进行描述，而在编写 Java 程序时仍需遵循 JLS 的约束。——译者注

㊁ 由于中文、英文之间的排版差异，译文中某些地方没有完全遵循作者所描述的字体样式。——译者注

㊂ 也就是说，我们可以从列出的那些终止符号定义里选择某一个来终结整个语法。——译者注

*ArrayType:*
  [ *ComponentType*

*ComponentType:*
  *FieldType*

用来表示基本类型（*BaseType*）的各个字符、用来表示对象类型（*ObjectType*）的字符“L”和“;”，以及用来表示数组类型（*ArrayType*）的“[”字符都是 ASCII 编码的字符。

对象类型（*ObjectType*）中的 *ClassName* 表示一个类或接口二进制名称，它是以内部形式来编码的（见 4.2.1 小节）。

用来表示类型的字段描述符，其含义如表 4-2 所示。

如果某个字段描述符是用来表示数组类型的，那么只有当该数组类型的维数小于或等于 255 时，这个描述符才是有效的。

**表 4-2 字段描述符解释表**

| FieldType 中的字符 | 类型 | 含义 |
| --- | --- | --- |
| B | byte | 有符号的字节型数 |
| C | char | 基本多文种平面中的 Unicode 字符码点，UTF-16 编码 |
| D | double | 双精度浮点数 |
| F | float | 单精度浮点数 |
| I | int | 整型数 |
| J | long | 长整数 |
| L *ClassName*; | reference | *ClassName* 类的实例 |
| S | short | 有符号短整数 |
| Z | boolean | 布尔值 true/false |
| [ | reference | 一个一维数组 |

例如：描述 int 实例变量的描述符是 I。

Object 类型的实例，其描述符是 Ljava/lang/Object;。注意，这里用的是类 Object 的二进制名称的内部形式。

三维数组 double d[][][] 类型的实例变量，其描述符为 [[[D。

### 4.3.3 方法描述符

方法描述符（method descriptor）包含 0 个或多个参数描述符（parameter descriptor）以及 1 个返回值描述符（return descriptor）。参数描述符表示该方法所接受的参数类型，如果该方法有返回值的话，那么返回值描述符则表示该方法的返回值类型。

*MethodDescriptor:*
  ( {*ParameterDescriptor*} ) *ReturnDescriptor*

*ParameterDescriptor:*

*FieldType*

*ReturnDescriptor:*

*FieldType*

*VoidDescriptor*

*VoidDescriptor:*

V

字符 V 表示该方法不返回任何值（也就是说，该方法的结果是 void）。

例如，方法：

```
Object m(int i, double d, Thread t) {..}
```

的描述符为：(IDLjava/lang/Thread;)Ljava/lang/Object;。注意，这里使用内部形式来表示 Thread 和 Object 的二进制名称。

如果一个方法描述符是有效的，那么该方法的参数列表总长度就小于等于 255，对于实例方法和接口方法来说，this 也计算在总长度里面。参数列表长度的计算规则是：每个 long 或 double 类型参数的长度为 2，其余的都为 1，方法参数列表的总长度等于所有参数的长度之和。

无论某方法是静态方法还是实例方法，其方法描述符都是相同的。尽管实例方法除了传递自身定义的参数，还需要额外传递参数 this，但是这一点不是由方法描述符来表达的。参数 this 的传递由 Java 虚拟机中调用实例方法所使用的指令来实现（参见 2.6.1 小节及 4.11 节）。

## 4.4 常量池

Java 虚拟机指令不依赖于类、接口、类实例或数组的运行时布局，而是依赖常量池表中的符号信息。

常量池表中的所有的项都具有如下通用格式：

```
cp_info {
    u1 tag;
    u1 info[];
}
```

在常量池表中，每个 cp_info 项都必须以一个表示 cp_info 类型的单字节“tag”项开头。后面 info[] 数组的内容由 tag 的值所决定。有效的 tag 和对应的值在表 4-3 列出。每个 tag 字节之后必须有两个或更多的字节，这些字节用于指定这个常量的信息。附加信息的格式由 tag 的值决定。

表 4-3　常量池的 tag 项说明

| 常量类型 | 值 |
| --- | --- |
| CONSTANT_Class | 7 |
| CONSTANT_Fieldref | 9 |
| CONSTANT_Methodref | 10 |
| CONSTANT_InterfaceMethodref | 11 |
| CONSTANT_String | 8 |
| CONSTANT_Integer | 3 |
| CONSTANT_Float | 4 |
| CONSTANT_Long | 5 |
| CONSTANT_Double | 6 |
| CONSTANT_NameAndType | 12 |
| CONSTANT_Utf8 | 1 |
| CONSTANT_MethodHandle | 15 |
| CONSTANT_MethodType | 16 |
| CONSTANT_InvokeDynamic | 18 |

### 4.4.1　CONSTANT_Class_info 结构

CONSTANT_Class_info 结构用于表示类或接口，其格式如下：

```
CONSTANT_Class_info {
    u1 tag;
    u2 name_index;
}
```

下面列出 CONSTANT_Class_info 结构的各项：

- tag

  tag 项的值为 CONSTANT_Class(7)。

- name_index

  name_index 项的值必须是对常量池表的一个有效索引。常量池表在该索引处的成员必须是 CONSTANT_Utf8_info（见 4.4.7 小节）结构，此结构代表一个有效的类或接口二进制名称的内部形式（见 4.2.1 小节）。

因为数组也是对象，所以操作码 *anewarray* 和 *multianewarray*（但不包括操作码 new）可以通过常量池表中的 CONSTANT_Class_info（见 4.4.1 小节）结构来引用数组类。对于这些数组类，类的名字就是数组类型的描述符（见 4.3.2 小节）。

例如，二维数组类型 int[][] 的类名是 [[I，而一维数组类型 Thread[] 的类名则是 [Ljava/lang/Thread;。

一个有效的数组类型描述符中描述的数组，其维度必须小于等于 255。

### 4.4.2 CONSTANT_Fieldref_info、CONSTANT_Methodref_info 和 CONSTANT_InterfaceMethodref_info 结构

字段、方法和接口方法由类似的结构表示：

字段：

```
CONSTANT_Fieldref_info {
    u1 tag;
    u2 class_index;
    u2 name_and_type_index;
}
```

方法：

```
CONSTANT_Methodref_info {
    u1 tag;
    u2 class_index;
    u2 name_and_type_index;
}
```

接口方法：

```
CONSTANT_InterfaceMethodref_info {
    u1 tag;
    u2 class_index;
    u2 name_and_type_index;
}
```

这些结构中各项的说明如下：

- tag

  CONSTANT_Fieldref_info 结构的 tag 项的值为 CONSTANT_Fieldref(9)。

  CONSTANT_Methodref_info 结构的 tag 项的值为 CONSTANT_Methodref(10)。

  CONSTANT_InterfaceMethodref_info 结构的 tag 项的值为 CONSTANT_InterfaceMethodref(11)。

- class_index

  class_index 项的值必须是对常量池表的有效索引，常量池表在该索引处的项必须是 CONSTANT_Class_info（见 4.4.1 小节）结构，此结构表示一个类或接口，当前字段或方法是这个类或接口的成员。

  CONSTANT_Methodref_info 结构的 class_index 项，表示的必须是类（而不能是接口）。

  CONSTANT_InterfaceMethodref_info 结构的 class_index 项，表示的必须是接口类型。

  CONSTANT_Fieldref_info 结构的 class_index 项既可以表示类也可以表示接口。

- name_and_type_index

  name_and_type_index 项的值必须是对常量池表的有效索引，常量池表在该索引

处的项必须是 CONSTANT_NameAndType_info（见 4.4.6 小节）结构，它表示当前字段或方法的名字和描述符。

在 CONSTANT_Fieldref_info 结构中，给定的描述符必须是字段描述符（见 4.3.2 小节）。而 CONSTANT_Methodref_info 和 CONSTANT_InterfaceMethodref_info 中给定的描述符则必须是方法描述符（见 4.3.3 小节）。

如果一个 CONSTANT_Methodref_info 结构的方法名以“<”（'\u003c'）开头，那么，方法名必须是特殊的 <init>，即这个方法是实例初始化方法（见 2.9 节），它的返回类型必须为 void。

### 4.4.3 CONSTANT_String_info 结构

CONSTANT_String_info 结构用于表示 String 类型的常量对象，其格式如下：

```
CONSTANT_String_info {
    u1 tag;
    u2 string_index;
}
```

CONSTANT_String_info 结构各项的说明如下：

- tag

  CONSTANT_String_info 结构的 tag 项的值为 CONSTANT_String(8)。

- string_index

  string_index 项的值必须是对常量池表的有效索引，常量池表在该索引处的成员必须是 CONSTANT_Utf8_info（见 4.4.7 小节）结构，此结构表示 Unicode 码点序列，这个序列最终会被初始化为一个 String 对象。

### 4.4.4 CONSTANT_Integer_info 和 CONSTANT_Float_info 结构

CONSTANT_Integer_info 和 CONSTANT_Float_info 结构表示 4 字节（int 和 float）的数值常量：

```
CONSTANT_Integer_info {
    u1 tag;
    u4 bytes;
}

CONSTANT_Float_info {
    u1 tag;
    u4 bytes;
}
```

这些结构各项的说明如下：

- tag

  CONSTANT_Integer_info 结构的 tag 项的值是 CONSTANT_Integer(3)。

  CONSTANT_Float_info 结构的 tag 项的值是 CONSTANT_Float(4)。

- bytes

  CONSTANT_Integer_info 结构的 bytes 项表示 int 常量的值，该值按照 big-endian 的顺序存储（也就是先存储高位字节）。

  CONSTANT_Float_info 结构的 bytes 项按照 IEEE 754 单精度浮点格式（见 2.3.2 小节）来表示 float 常量的值，该值按照 big-endian 的顺序存储（也就是先存储高位字节）。

  CONSTANT_Float_info 结构所表示的值将按照下列方式来决定。bytes 项的值首先被转换成一个 int 常量 *bits*：

  - 如果 *bits* 的值为 0x7f800000，那么 float 值就是正无穷。
  - 如果 *bits* 的值为 0xff800000，那么 float 值就是负无穷。
  - 如果 *bits* 值在 0x7f800001 ~ 0x7fffffff 或者 0xff800001 ~ 0xffffffff 范围内，那么 float 值就是 NaN。
  - 在其他情况下，则要根据 bits 求出 s、e、m 这三个值：

  ```
  int s = ((bits >> 31) == 0) ? 1 : -1;
  int e = ((bits >> 23) & 0xff);
  int m = (e == 0) ?
            (bits & 0x7fffff) << 1 :
            (bits & 0x7fffff) | 0x800000;
  ```

  float 值等于数学表达式 $s \cdot m \cdot 2^{e-150}$ 的计算结果。

### 4.4.5 CONSTANT_Long_info 和 CONSTANT_Double_info 结构

CONSTANT_Long_info 和 CONSTANT_Double_info 结构表示 8 字节（long 和 double）的数值常量：

```
CONSTANT_Long_info {
    u1 tag;
    u4 high_bytes;
    u4 low_bytes;
}

CONSTANT_Double_info {
    u1 tag;
    u4 high_bytes;
    u4 low_bytes;
}
```

在 class 文件的常量池表中，所有的 8 字节常量均占两个表成员（项）的空间。如果一个 CONSTANT_Long_info 或 CONSTANT_Double_info 结构的项在常量池表中的索引为 *n*，则常量池表中下一个可用项的索引为 *n*+2，此时常量池表中索引为 *n*+1 的项仍然有效但必须视为不可用。

由于历史原因[㊀]，让 8 字节常量占用两个表元素空间是一个无奈的选择。现在看来，这样设计比较糟糕。

CONSTANT_Long_info 和 CONSTANT_Double_info 结构各项的说明如下：

㊀ 是指 JVM 开发时处于以 32 位机为主流的时代。——译者注

- tag

  CONSTANT_Long_info 结构的 tag 项的值是 CONSTANT_Long(5)。

  CONSTANT_Double_info 结构的 tag 项的值是 CONSTANT_Double(6)。

- high_bytes 和 low_bytes

  CONSTANT_Long_info 结构中的无符号的 high_bytes 和 low_bytes 项，用于共同表示 long 类型的常量

```
((long) high_bytes << 32) + low_bytes
```

  其中，high_bytes 和 low_bytes 都按照 big-endian 顺序存储。

  CONSTANT_Double_info 结构中的 high_bytes 和 low_bytes 共同按照 IEEE 754 双精度浮点格式（见 2.3.2 小节）来表示 double 常量的值。high_bytes 和 low_bytes 都按照 big-endian 顺序存储。

  CONSTANT_Double_info 结构所表示的值将按照下列方式来决定，high_bytes 和 low_bytes 首先被转换成一个 long 常量 *bits*：

```
((long) high_bytes << 32) + low_bytes
```

  - 如果 *bits* 值为 0x7ff0000000000000L，那么 double 值就是正无穷。
  - 如果 *bits* 值为 0xfff0000000000000L，那么 double 值就是负无穷。
  - 如果 *bits* 值在范围 0x7ff0000000000001L ~ 0x7fffffffffffffffL 或者 0xfff0000000000001L ~ 0xffffffffffffffffL 之内，那么 double 值就是 NaN。
  - 在其他情况下，设 s、e、m，则要根据 *bits* 求出 s、e、m 这三个值：

```
int s = ((bits >> 63) == 0) ? 1 : -1;
int e = (int)((bits >> 52) & 0x7ffL);
long m = (e == 0) ?
           (bits & 0xfffffffffffffL) << 1 :
           (bits & 0xfffffffffffffL) | 0x10000000000000L;
```

  double 值等于数学表达式 $s \cdot m \cdot 2^{e-1075}$ 的计算结果。

### 4.4.6 CONSTANT_NameAndType_info 结构

CONSTANT_NameAndType_info 结构用于表示字段或方法，但是和 4.4.2 小节中介绍的 3 个结构不同，CONSTANT_NameAndType_info 结构没有指明该字段或方法所属的类或接口，此结构的格式如下：

```
CONSTANT_NameAndType_info {
    u1 tag;
    u2 name_index;
    u2 descriptor_index;
}
```

CONSTANT_NameAndType_info 结构各项的说明如下：

- tag

  CONSTANT_NameAndType_info 结构的 tag 项的值为 CONSTANT_NameAndType(12)。

- name_index

  name_index 项的值必须是对常量池表的有效索引，常量池表在该索引处的成员必须是 CONSTANT_Utf8_info（见 4.4.7 小节）结构，这个结构要么表示特殊的方法名 <init>（见 2.9 节），要么表示一个有效的字段或方法的非限定名。

- descriptor_index

  descriptor_index 项的值必须是对常量池表的有效索引，常量池表在该索引处的成员必须是 CONSTANT_Utf8_info（见 4.4.7 小节）结构，这个结构表示一个有效的字段描述符（见 4.3.2 小节）或方法描述符（见 4.3.3 小节）。

### 4.4.7 CONSTANT_Utf8_info 结构

CONSTANT_Utf8_info 结构用于表示字符常量的值：

```
CONSTANT_Utf8_info {
    u1 tag;
    u2 length;
    u1 bytes[length];
}
```

CONSTANT_Utf8_info 结构各项的说明如下：

- tag

  CONSTANT_Utf8_info 结构的 tag 项的值为 CONSTANT_Utf8(1)。

- length

  length 项的值指明了 bytes[] 数组的长度（注意，不能等同于当前结构所表示的 String 对象的长度）。CONSTANT_Utf8_info 结构中的内容以 length 属性来确定长度，而不以 null 作字符串的终止符。

- bytes[]

  bytes[] 是表示字符串值的 byte 数组，bytes[] 中每个成员的 byte 值都不会是 0，也不在 0xf0 ~ 0xff 范围内。

字符常量采用改进过的 UTF-8 编码表示。对于这种修改过的 UTF-8 字符串编码方式来说，如果代码点序列（code point sequence）中只包含非空的 ASCII 字符，那么该序列里的每个代码点都只需 1 个字节即可表示出来，此外，凡是处在 Unicode 代码空间之内的代码点，都可以用这种编码方式表示出来。

- 码点在范围 '\u0001' ~ '\u007F' 内的字符用一个单字节表示：

| 0 | 位6-0 |
|---|---|

上述 byte 的后 7 位用来表示该码点的值。

- 字符为 '\u0000'（表示字符 'null'），或者在范围 '\u0080' ~ '\u07FF' 的字符用一对字节 x 和 y 表示：

| | | | | |
|---|---|---|---|---|
| x: | 1 | 1 | 0 | 位10 ~ 6 |
| y: | 1 | 0 | 位5 ~ 0 | |

根据 x 和 y 来计算码点值的公式为：

```
((x & 0x1f) << 6) + (y & 0x3f)
```

- 在范围 '\u0800' ~ '\uFFFF' 中的字符用 3 个字节 x、y 和 z 表示：

| | | | | | |
|---|---|---|---|---|---|
| x: | 1 | 1 | 1 | 0 | 位15 ~ 12 |
| y: | 1 | 0 | 位11 ~ 6 | | |
| z: | 1 | 0 | 位5 ~ 0 | | |

根据 x、y 和 z 来计算码点值的公式为：

```
((x & 0xf) << 12) + ((y & 0x3f) << 6) + (z & 0x3f)
```

- 代码点大于 U+FFFF 的字符（也就是**补充字符**，supplementary character），需要将它的 UTF-16 形式分别编码成两个代理代码单元（surrogate code unit）。每个代理代码单元占 3 个字节。这就意味着在我们的编码方式中，补充字符需要用 6 个字节来表示，它们是 u、v、w、x、y 和 z：

| | | | | | | | | |
|---|---|---|---|---|---|---|---|---|
| u: | 1 | 1 | 1 | 0 | 1 | 1 | 0 | 1 |
| v: | 1 | 0 | 1 | 0 | （位 20 ~ 16）–1 | | | |
| w: | 1 | 0 | 位 15 ~ 10 | | | | | |
| x: | 1 | 1 | 1 | 0 | 1 | 1 | 0 | 1 |
| y: | 1 | 0 | 1 | 1 | 位 9 ~ 6 | | | |
| z: | 1 | 0 | 位 5 ~ 0 | | | | | |

根据这 6 个字节来计算码点值的公式为：

```
0x10000 + ((v & 0x0f) << 16) + ((w & 0x3f) << 10) +
((y & 0x0f) << 6) + (z & 0x3f)
```

在 class 文件中，多字节字符中的各个字节按照 big-endian 顺序存储。

和“标准”版 UTF-8 格式相比，Java 虚拟机采用的改进版 UTF-8 格式有两点不同。第一，“null”字符（(char)0）用双字节格式编码来表示，而不使用单字节，因此，改进版 UTF-8 格式不会直接出现 null 值。第二，改进版的 UTF-8 只使用标准版 UTF-8 中的单字节、双字节和三字节格式。Java 虚拟机不能识别标准版 UTF-8 格式所定义的 4 字节格式，而是使用自定义的两个三字节（two-times-three-byte）格式[⊖]来代替。

更多关于标准版 UTF-8 格式的内容可以参考《The Unicode Standard》(版本 6.0.0）的 3.9 节“Unicode Encoding Forms”。

### 4.4.8 CONSTANT_MethodHandle_info 结构

CONSTANT_MethodHandle_info 结构用于表示方法句柄，结构如下：

```
CONSTANT_MethodHandle_info {
    u1 tag;
    u1 reference_kind;
    u2 reference_index;
}
```

CONSTANT_MethodHandle_info 结构各项的说明如下：

- tag

  CONSTANT_MethodHandle_info 结构的 tag 项的值为 CONSTANT_MethodHandle(15)。
- reference_kind

  reference_kind 项的值必须在范围 1 ~ 9（包括 1 和 9）之内，它表示方法句柄的**类型**（kind）。方法句柄类型决定句柄的字节码行为（bytecode behavior，见 5.4.3.5 小节）。
- reference_index

  reference_index 项的值必须是对常量池表的有效索引。该位置上的常量池表项，必须符合下列规则：
  - 如果 reference_kind 项的值为 1（REF_getField）、2（REF_getStatic）、3（REF_putField）或 4（REF_putStatic），那么常量池表在 reference_index 索引处的成员必须是 CONSTANT_Fieldref_info（见 4.4.2 小节）结构，此结构表示某个字段，本方法句柄，正是为这个字段而创建的。

---

⊖ 上页的图中，v 字节里 *(位 20 ~ 16) - 1* 的意思是：用补充字符的第 20 位 ~ 第 16 位这 5 个二进制位组成一个数字，再把该数字的值减 1，然后把相减的结果用 4 个二进制位表示出来，并放置在 v 字节里面靠右的那 4 个位置上。——译者注

- 如果reference_kind项的值是5（REF_invokeVirtual）或8（REF_newInvokeSpecial），那么该索引处的常量池成员必须是CONSTANT_Methodref_info结构（见4.2.2小节），此结构表示类中的某个方法或构造器（见2.9节），本方法句柄正是为了这个方法或构造器而创建的。
- 如果reference_kind项的值是6（REF_invokeStatic）或7（REF_invokeSpecial），且class文件的版本号小于52.0，那么该索引处的常量池成员必定是CONSTANT_Methodref_info结构，此结构表示类中的某个方法，本方法句柄正是为了这个方法而创建的；如果class文件的版本号大于或等于52.0，那么该索引处的常量池成员必须是CONSTANT_Methodref_info结构或CONSTANT_InterfaceMethodref_info结构（见4.2.2小节），此结构表示类或接口中的某个方法，本方法句柄正是为了这个方法而创建的。
- 如果reference_kind项的值是9（REF_invokeInterface），那么常量池表在reference_index索引处的成员必须是CONSTANT_InterfaceMethodref_info（见4.4.2小节）结构，此结构表示接口中的某个方法，本方法句柄正是为了这个方法而创建的。
- 如果reference_kind项的值是5（REF_invokeVirtual）、6（REF_invokeStatic）、7（REF_invokeSpecial）或9（REF_invokeInterface），那么由CONSTANT_Methodref_info结构或CONSTANT_InterfaceMethodref_info结构所表示的方法，其名称不能为<init>或<clinit>。
- 如果reference_kind项的值是8（REF_newInvokeSpecial），那么由CONSTANT_Methodref_info结构所表示的方法，其名称必须是<init>。

### 4.4.9 CONSTANT_MethodType_info结构

CONSTANT_MethodType_info结构用于表示方法类型：

```
CONSTANT_MethodType_info {
    u1 tag;
    u2 descriptor_index;
}
```

CONSTANT_NameAndType_info结构各项的说明如下：

- tag

  CONSTANT_MethodType_info结构的tag项的值为CONSTANT_MethodType(16)。
- descriptor_index

  descriptor_index项的值必须是对常量池表的有效索引，常量池表在该索引处的成员必须是CONSTANT_Utf8_info（见4.4.7小节）结构，此结构表示方法的描述符（见4.3.3小节）。

### 4.4.10 CONSTANT_InvokeDynamic_info 结构

CONSTANT_InvokeDynamic_info 用于表示 *invokedynamic* 指令（参见 6.5 节的 invokedynamic 小节）所用到的引导方法（bootstrap method）、引导方法所用到的动态调用名称（dynamic invocation name）、参数和返回类型，并可以给引导方法传入一系列称为**静态参数**（static argument）的常量。

```
CONSTANT_InvokeDynamic_info {
    u1 tag;
    u2 bootstrap_method_attr_index;
    u2 name_and_type_index;
}
```

CONSTANT_InvokeDynamic_info 结构各项的说明如下：

- tag

  CONSTANT_InvokeDynamic_info 结构的 tag 项的值为 CONSTANT_InvokeDynamic(18)。

- bootstrap_method_attr_index

  bootstrap_method_attr_index 项的值必须是对当前 class 文件中引导方法表（见 4.7.23 小节）的 bootstrap_methods 数组的有效索引。

- name_and_type_index

  name_and_type_index 项的值必须是对常量池表的有效索引，常量池表在该索引处的成员必须是 CONSTANT_NameAndType_info（见 4.4.6 小节）结构，此结构表示方法名和方法描述符（见 4.3.3 小节）。

## 4.5 字段

每个字段（field）都由 field_info 结构所定义。

在同一个 class 文件中，不会有两个字段同时具有相同的字段名和描述符（见 4.3.2 小节）。

field_info 结构格式如下：

```
field_info {
    u2             access_flags;
    u2             name_index;
    u2             descriptor_index;
    u2             attributes_count;
    attribute_info attributes[attributes_count];
}
```

field_info 结构各项的说明如下：

- access_flags

  access_flags 项的值是个由标志构成的掩码，用来表示字段的访问权限和基本属性。access_flags 中的每个标志，开启后的含义如表 4-4 所示。

表 4-4 表示字段访问权限和属性的各个标志

| 标志名 | 值 | 说明 |
| --- | --- | --- |
| ACC_PUBLIC | 0x0001 | 声明为 public，可以从包外访问 |
| ACC_PRIVATE | 0x0002 | 声明为 private，只能在定义该字段的类中访问 |
| ACC_PROTECTED | 0x0004 | 声明为 protected，子类可以访问 |
| ACC_STATIC | 0x0008 | 声明为 static |
| ACC_FINAL | 0x0010 | 声明为 final，对象构造好之后，就不能直接设置该字段了（JLS § 17.5） |
| ACC_VOLATILE | 0x0040 | 声明为 volatile，被标识的字段无法缓存 |
| ACC_TRANSIENT | 0x0080 | 声明为 transient，被标识的字段不会为持久化对象管理器所写入或读取 |
| ACC_SYNTHETIC | 0x1000 | 被表示的字段由编译器产生，而没有写源代码中 |
| ACC_ENUM | 0x4000 | 该字段声明为某个枚举类型（enum）的成员 |

class 文件中的字段可以设置多个如表 4-4 所示的标志。不过有些标志是互斥的，一个字段最多只能设置 ACC_PRIVATE，ACC_PROTECTED 和 ACC_PUBLIC（JLS § 8.3.1）3 个标志中的一个，也不能同时设置标志 ACC_FINAL 和 ACC_VOLATILE(JLS § 8.3.1.4)。接口中的所有字段都具有 ACC_PUBLIC、ACC_STATIC 和 ACC_FINAL 标志，也可以设置 ACC_SYNTHETIC 标志，但是不能含有表 4-4 中的其他标志（JLS § 9.3）。

如果字段带有 ACC_SYNTHETIC 标志，则说明这个字段不是由源码产生的，而是由编译器自动产生的。

如果字段带有 ACC_ENUM 标志，这说明这个字段是一个枚举类型的成员。

表 4-4 中没有出现的 access_flags 标志，是为了将来扩充而预留的，在生成的 class 文件中应设置成 0，Java 虚拟机实现也应该忽略它们。

- name_index

  name_index 项的值必须是对常量池表的一个有效索引。常量池表在该索引处的成员必须是 CONSTANT_Utf8_info（见 4.4.7 小节）结构，此结构表示一个有效的非限定名，这个名称对应于本字段（见 4.2.2 小节）。

- descriptor_index

  descriptor_index 项的值必须是对常量池表的一个有效索引。常量池表在该索引处的成员必须是 CONSTANT_Utf8_info（见 4.4.7 小节）结构，此结构表示一个有效的字段的描述符（见 4.3.2 小节）。

- attributes_count

  attributes_count 的项的值表示当前字段的附加属性（见 4.7 节）的数量。

- attributes[]

  属性表（attributes 表）中的每个成员，其值必须是 attribute_info 结构（见 4.7 节）。一个字段可以关联任意多个属性。

由本规范所定义，且可以出现在 field_info 结构 attributes 表里的各属性，列在表 4-8 中。

field_info 结构 attributes 表里的各项预定义属性，其规则在 4.7 节中给出。

field_info 结构 attributes 表里的各项非预定义（non-predefined）属性，其规则在 4.7.1 小节中给出。

## 4.6 方法

所有方法（method），包括实例初始化方法以及类或接口初始化方法（见 2.9 节）在内，都由 method_info 结构来定义。

在一个 class 文件中，不会有两个方法同时具有相同的方法名和描述符（见 4.3.3 小节）。

method_info 结构格式如下：

```
method_info {
    u2             access_flags;
    u2             name_index;
    u2             descriptor_index;
    u2             attributes_count;
    attribute_info attributes[attributes_count];
}
```

method_info 结构各项的说明如下：

- access_flags

  access_flags 项的值是由用于定义当前方法的访问权限和基本属性的各标志所构成的掩码。各标志开启之后的含义，如表 4-5 所示。

**表 4-5　表示方法访问权限及属性的各标志**

| 标志名 | 值 | 说明 |
| --- | --- | --- |
| ACC_PUBLIC | 0x0001 | 声明为 public，可以从包外访问 |
| ACC_PRIVATE | 0x0002 | 声明为 private，只能从定义该方法的类中访问 |
| ACC_PROTECTED | 0x0004 | 声明为 protected，子类可以访问 |
| ACC_STATIC | 0x0008 | 声明为 static |
| ACC_FINAL | 0x0010 | 声明为 final，不能被覆盖（见 5.4.5 小节） |
| ACC_SYNCHRONIZED | 0x0020 | 声明为 synchronized，对该方法的调用，将包装在同步锁（monitor）里 |
| ACC_BRIDGE | 0x0040 | 声明为 bridge 方法，由编译器产生 |
| ACC_VARARGS | 0x0080 | 表示方法带有变长参数 |
| ACC_NATIVE | 0x0100 | 声明为 native，该方法不是用 Java 语言实现的 |
| ACC_ABSTRACT | 0x0400 | 声明为 abstract，该方法没有实现代码 |
| ACC_STRICT | 0x0800 | 声明为 strictfp，使用 FP-strict 浮点模式 |
| ACC_SYNTHETIC | 0x1000 | 该方法是由编译器合成的，而不是由源代码编译出来的 |

class 文件中的方法可以设置多个如表 4-5 所示的标志，但是有些标志是互斥的：一个方法只能设置 ACC_PRIVATE、ACC_PROTECTED 和 ACC_PUBLIC 这 3 个标志中的一个（JLS § 8.4.3）。

接口方法可以设置表 4-5 里面除 ACC_PROTECTED、ACC_FINAL、ACC_SYNCHRONIZED 及 ACC_NATIVE 之外的标志（JLS § 9.4）。如果 class 文件的版本号小于 52.0，那么接口中的每个方法必须设置 ACC_PUBLIC 及 ACC_ABSTRACT 标志；如果 class 文件的版本号大于或等于 52.0，那么接口中的每个方法，必须设置 ACC_PUBLIC 或 ACC_PRIVATE 标志中的一个。

如果一个方法被设置 ACC_ABSTRACT 标志，则这个方法不能被设置 ACC_FINAL、ACC_NATIVE、ACC_PRIVATE、ACC_STATIC、ACC_STRICT 或 ACC_SYNCHRONIZED 标志（JLS § 8.4.3.1、JLS § 8.4.3.3、JLS § 8.4.3.4）。

实例初始化方法（见 2.9 节）只能被 ACC_PRIVATE、ACC_PROTECTED 和 ACC_PUBLIC 中的一个标识；还可以设置 ACC_STRICT、ACC_VARARGS 和 ACC_SYNTHETIC 标志，但是不能再设置表 4-5 中的其他标志了。

类或接口初始化方法（见 2.9 节）由 Java 虚拟机隐式自动调用，它们的 access_flags 项的值除了 ACC_STRICT 标志外，其他标志都将被忽略。

ACC_BRIDGE 标志用于说明这个方法是由 Java 编译器生成的桥接方法[⊖]。

ACC_VARARGS 标志用于说明方法在源码层的参数列表是否变长。如果是变长的，则在编译时，必须把方法的 ACC_VARARGS 标志置 1，其余方法的 ACC_VARARGS 标志必须置 0。

如果方法被 ACC_SYNTHETIC 标志标识，这说明这个方法是由编译器生成的并且不会在源码中出现，少量的例外情况将在 4.7.8 小节中提到。

表 4-5 中没有出现的 access_flags 标志位，是给将来预留的。它们在生成的 class 文件中应设置成 0，Java 虚拟机实现应该忽略它们。

- name_index

  name_index 项的值必须是对常量池表的一个有效索引。常量池表在该索引处的成员必须是 CONSTANT_Utf8_info（见 4.4.7 小节）结构，它要么表示一个特殊方法的名字（<init> 或 <clinit>，见 2.9 节），要么表示一个方法的有效非限定名（见 4.2.2 小节）。

- descriptor_index

  descriptor_index 项的值必须是对常量池表的一个有效索引。常量池表在该索引处的成员必须是 CONSTANT_Utf8_info（见 4.4.7 小节）结构，此结构表示一个有效的方法的描述符（见 4.3.3 小节）。

⊖ 桥接方法是 JDK 1.5 引入泛型后，为了使 Java 的范型方法生成的字节码和 1.5 版本前的字节码相兼容，由编译器自动生成的方法。——译者注本规范在未来的某个版本中可能会要求：当 access_flags 项的 ACC_VARARGS 标记被设置时，方法描述符中的最后一个参数描述符必须是数组类型。

- attributes_count
  attributes_count 的项的值表示当前方法的附加属性（见 4.7 节）的数量。
- attributes[]
  属性表的每个成员的值必须是 attribute（见 4.7 节）结构。
  一个方法可以有任意个关联属性。
  由本规范所定义，且可以出现在 method_info 结构 attributes 表（属性表）里的各属性，列在表 4-6 中。
  method_info 结构 attributes 表里的各项预定义属性，其规则在 4.7 节中给出。
  method_info 结构 attributes 表里的各项非预定义（non-predefined）属性，其规则在 4.7.1 小节中给出。

## 4.7 属性

属性（attribute）在 class 文件格式中的 ClassFile（见 4.1 节）结构、field_info（见 4.5 节）结构、method_info（见 4.6 节）结构和 Code_attribute（见 4.7.3 小节）结构都有使用。

所有属性的通用格式如下：

```
attribute_info {
    u2 attribute_name_index;
    u4 attribute_length;
    u1 info[attribute_length];
}
```

对于任意属性，attribute_name_index 必须是对当前 class 文件的常量池的有效 16 位无符号索引。常量池在该索引处的成员必须是 CONSTANT_Utf8_info（见 4.4.7 小节）结构，用以表示当前属性的名字。attribute_length 项的值给出了跟随其后的信息字节的长度，这个长度不包括 attribute_name_index 和 attribute_length 项的 6 个字节。

本规范预定义了 23 个属性。它们以 3 种排列形式印在 3 张表格中，为了查阅方便，现将这 3 张表格解说如下：

- 表 4-6 按照属性在本章的小节序号来排列。每个属性旁边还列出了该属性首次定义于哪个版本的 class 文件格式之中，以及该格式所对应的 Java SE 平台版本。（对于版本比较旧的 class 文件格式来说，列出的是该格式的 JDK 发行版本号，而不是 Java SE 平台的版本号。）
- 表 4-7 按照首次定义该属性的 class 文件格式版本号来排序。
- 表 4-8 按照每个属性在 class 文件中应该出现的位置来排序。

本规范提到的这些属性，也就是在 class 文件结构 attributes 表（属性表）里出现的这些预定义属性（predefined attribute），其名称是保留的，属性表中的自定义属性不能再使用这些名称。

凡是出现在 attributes 表中的预定义属性，本节都会专门用一个小节来指出其用法。若是没有另行说明，那就意味着该属性可以在 attributes 表中出现任意次。

这些预定义属性，可以按照用途分为下面三组：

1. 对 Java 虚拟机正确解读 class 文件起关键作用的 5 个属性：

- ConstantValue
- Code
- StackMapTable
- Exceptions
- BootstrapMethods

对于版本是 *V* 的 class 文件来说，如果 Java 虚拟机能够识别这个版本为 *V* 的 class 文件，而 *V* 又大于或等于首次定义某属性的 class 文件格式版本，同时这个属性还出现在它应该出现的位置上，那么，虚拟机必须能够识别并正确读取此属性。

2. 对 Java SE 平台的类库正确解读 class 文件起关键作用的 12 个属性：

- InnerClasses
- EnclosingMethod
- Synthetic
- Signature
- RuntimeVisibleAnnotations
- RuntimeInvisibleAnnotations
- RuntimeVisibleParameterAnnotations
- RuntimeInvisibleParameterAnnotations
- RuntimeVisibleTypeAnnotations
- RuntimeInvisibleTypeAnnotations
- AnnotationDefault
- MethodParameters

对于版本是 *V* 的 class 文件来说，如果 Java SE 平台的类库实现（an implementation of the class libraries）能够识别这个版本为 *V* 的 class 文件，而 *V* 又大于或等于首次定义某属性的 class 文件格式版本，同时这个属性还出现在它应该出现的位置上，那么，类库实现必须能够识别并正确读取此属性。

3. 对 Java 虚拟机或 Java SE 平台类库能够正确解读 class 文件虽然不起关键作用，但却可以作为实用工具来使用的 6 个属性：

- SourceFile
- SourceDebugExtension

- LineNumberTable
- LocalVariableTable
- LocalVariableTypeTable
- Deprecated

Java 虚拟机实现或 Java SE 平台类库实现可以有选择地使用这些属性。实现可以使用这些属性所包含的信息，但若不使用这些属性，则必须默默地忽略（silently ignore）它们。

表 4-6 **class** 文件中预定义的属性（按讲解该属性的章节排序）

| 属性名 | 章节 | class 文件 | Java SE |
|---|---|---|---|
| ConstantValue | 4.7.2 小节 | 45.3 | 1.0.2 |
| Code | 4.7.3 小节 | 45.3 | 1.0.2 |
| StackMapTable | 4.7.4 小节 | 50.0 | 6 |
| Exceptions | 4.7.5 小节 | 45.3 | 1.0.2 |
| InnerClasses | 4.7.6 小节 | 45.3 | 1.1 |
| EnclosingMethod | 4.7.7 小节 | 49.0 | 5.0 |
| Synthetic | 4.7.8 小节 | 45.3 | 1.1 |
| Signature | 4.7.9 小节 | 49.0 | 5.0 |
| SourceFile | 4.7.10 小节 | 45.3 | 1.0.2 |
| SourceDebugExtension | 4.7.11 小节 | 49.0 | 5.0 |
| LineNumberTable | 4.7.12 小节 | 45.3 | 1.0.2 |
| LocalVariableTable | 4.7.13 小节 | 45.3 | 1.0.2 |
| LocalVariableTypeTable | 4.7.14 小节 | 49.0 | 5.0 |
| Deprecated | 4.7.15 小节 | 45.3 | 1.1 |
| RuntimeVisibleAnnotations | 4.7.16 小节 | 49.0 | 5.0 |
| RuntimeInvisibleAnnotations | 4.7.17 小节 | 49.0 | 5.0 |
| RuntimeVisibleParameterAnnotations | 4.7.18 小节 | 49.0 | 5.0 |
| RuntimeInvisibleParameterAnnotations | 4.7.19 小节 | 49.0 | 5.0 |
| RuntimeVisibleTypeAnnotations | 4.7.20 小节 | 52.0 | 8 |
| RuntimeInvisibleTypeAnnotations | 4.7.21 小节 | 52.0 | 8 |
| AnnotationDefault | 4.7.22 小节 | 49.0 | 5.0 |
| BootstrapMethods | 4.7.23 小节 | 51.0 | 7 |
| MethodParameters | 4.7.24 小节 | 52.0 | 8 |

表 4-7 **class** 文件中预定义的属性（按 **class** 文件版本排序）

| 属性名 | class 文件 | Java SE | 章节 |
|---|---|---|---|
| ConstantValue | 45.3 | 1.0.2 | 4.7.2 小节 |
| Code | 45.3 | 1.0.2 | 4.7.3 小节 |
| Exceptions | 45.3 | 1.0.2 | 4.7.5 小节 |
| SourceFile | 45.3 | 1.0.2 | 4.7.10 小节 |

（续）

| 属性名 | class 文件 | Java SE | 章节 |
| --- | --- | --- | --- |
| LineNumberTable | 45.3 | 1.0.2 | 4.7.12 小节 |
| LocalVariableTable | 45.3 | 1.0.2 | 4.7.13 小节 |
| InnerClasses | 45.3 | 1.1 | 4.7.6 小节 |
| Synthetic | 45.3 | 1.1 | 4.7.8 小节 |
| Deprecated | 45.3 | 1.1 | 4.7.15 小节 |
| EnclosingMethod | 49.0 | 5.0 | 4.7.7 小节 |
| Signature | 49.0 | 5.0 | 4.7.9 小节 |
| SourceDebugExtension | 49.0 | 5.0 | 4.7.11 小节 |
| LocalVariableTypeTable | 49.0 | 5.0 | 4.7.14 小节 |
| RuntimeVisibleAnnotations | 49.0 | 5.0 | 4.7.16 小节 |
| RuntimeInvisibleAnnotations | 49.0 | 5.0 | 4.7.17 小节 |
| RuntimeVisibleParameterAnnotations | 49.0 | 5.0 | 4.7.18 小节 |
| RuntimeInvisibleParameterAnnotations | 49.0 | 5.0 | 4.7.19 小节 |
| AnnotationDefault | 49.0 | 5.0 | 4.7.22 小节 |
| StackMapTable | 50.0 | 6 | 4.7.4 小节 |
| BootstrapMethods | 51.0 | 7 | 4.7.23 小节 |
| RuntimeVisibleTypeAnnotations | 52.0 | 8 | 4.7.20 小节 |
| RuntimeInvisibleTypeAnnotations | 52.0 | 8 | 4.7.21 小节 |
| MethodParameters | 52.0 | 8 | 4.7.24 小节 |

表 4-8 **class** 文件中预定义的属性（按属性应该出现的位置排序）

| 属性名 | 位置 | class 文件 |
| --- | --- | --- |
| SourceFile | ClassFile | 45.3 |
| InnerClasses | ClassFile | 45.3 |
| EnclosingMethod | ClassFile | 49.0 |
| SourceDebugExtension | ClassFile | 49.0 |
| BootstrapMethods | ClassFile | 51.0 |
| ConstantValue | field_info | 45.3 |
| Code | method_info | 45.3 |
| Exceptions | method_info | 45.3 |
| RuntimeVisibleParameterAnnotations,<br>RuntimeInvisibleParameterAnnotations | method_info | 49.0 |
| AnnotationDefault | method_info | 49.0 |
| MethodParameters | method_info | 52.0 |
| Synthetic | ClassFile,<br>field_info,<br>method_info | 45.3 |

（续）

| 属性名 | 位置 | class 文件 |
| --- | --- | --- |
| Deprecated | ClassFile,<br>field_info,<br>method_info | 45.3 |
| Signature | ClassFile,<br>field_info,<br>method_info | 49.0 |
| RuntimeVisibleAnnotations,<br>RuntimeInvisibleAnnotations | ClassFile,<br>field_info,<br>method_info | 49.0 |
| LineNumberTable | Code | 45.3 |
| LocalVariableTable | Code | 45.3 |
| LocalVariableTypeTable | Code | 49.0 |
| StackMapTable | Code | 50.0 |
| RuntimeVisibleTypeAnnotations,<br>RuntimeInvisibleTypeAnnotations | ClassFile,<br>field_info,<br>method_info, Code | 52.0 |

### 4.7.1 自定义和命名新的属性

Java 虚拟机规范允许编译器在 class 文件的 class 文件结构、field_info 结构、method_info 结构以及 Code 属性的属性表中定义和发布新的属性。Java 虚拟机实现允许识别并使用这些属性表中出现的新属性。但是，所有未在 class 文件规范中定义的属性，不能影响 class 文件的语义。Java 虚拟机实现必须忽略它不能识别的自定义属性。

例如，编译器可以定义新的属性用于支持与特定发行者相关（vendor-specific）的调试，而不影响其他 Java 虚拟机实现。因为 Java 虚拟机实现必须忽略它们不能识别的属性，所以与特定发行者相关的虚拟机实现所使用的 class 文件也可以被别的 Java 虚拟机实现使用，即使这些 class 文件包含的附加调试信息不能被那些虚拟机实现所用。

Java 虚拟机规范明确禁止 Java 虚拟机实现仅仅因为 class 文件包含新属性而抛出异常或以其他形式拒绝使用 class 文件。当然，如果 class 文件没有包含所需的属性，那么某些工具可能无法正确操作这个 class 文件。

当两个不同的属性使用了相同的属性名且长度也相同时，无论虚拟机识别其中哪一个，都会引起冲突。本规范定义之外的自定义属性，必须按照《Java 语言规范（Java SE8 版）》（JLS §6.1）中所规定的包命名方式来命名。

本规范在未来的版本中可能会再增加一些预定义的属性。

### 4.7.2 ConstantValue 属性

ConstantValue 属性是定长属性，位于 field_info（见 4.5 节）结构的属性表中。ConstantValue 属性表示一个常量表达式（JLS §15.28）的值，其用法如下：

如果该字段为静态字段（即 field_info 结构的 access_flags 项设置了 ACC_STATIC 标志），则说明这个 field_info 结构所表示的字段，将赋值为它的 ConstantValue 属性所表示的值，这个过程也是该字段所在类或接口初始化阶段（见 5.5 节）的一部分。这个过程发生在调用类或接口的类初始化方法（见 2.9 节）之前。

- 如果 field_info 结构表示的非静态字段包含了 ConstantValue 属性，那么这个属性必须被虚拟机所忽略。

在 field_info 结构的属性表中，最多只能有一个 ConstantValue 属性。

ConstantValue 属性的格式如下：

```
ConstantValue_attribute {
    u2 attribute_name_index;
    u4 attribute_length;
    u2 constantvalue_index;
}
```

ConstantValue_attribute 结构各项的说明如下：

- attribute_name_index

  attribute_name_index 项的值必须是对常量池的一个有效索引。常量池表在该索引处的成员必须是 CONSTANT_Utf8_info（见 4.4.7 小节）结构，用以表示字符串“ConstantValue”。
- attribute_length

  ConstantValue_attribute 结构的 attribute_length 项的值固定为 2。
- constantvalue_index

  constantvalue_index 项的值必须是对常量池的一个有效索引。常量池表在该索引处的成员给出了该属性所表示的常量值。这个常量池项的类型必须适用于当前字段，适用关系见表 4-9。

**表 4-9　ConstantValue 属性的类型**

| 字段类型 | 项类型 |
|---|---|
| long | CONSTANT_Long |
| float | CONSTANT_Float |
| double | CONSTANT_Double |
| int、short、char、byte、boolean | CONSTANT_Integer |
| String | CONSTANT_String |

### 4.7.3 Code 属性

Code 属性是变长属性，位于 method_info（见 4.6 节）结构的属性表中。Code 属性中包含某个方法、实例初始化方法、类或接口初始化方法（见 2.9 节）的 Java 虚拟机指令及相关辅助信息。

如果方法声明为 native 或者 abstract 方法，那么 method_info 结构的属性绝不能有 Code 属性。在其他情况下，method_info 必须有且只能有一个 Code 属性。

Code 属性的格式如下：

```
Code_attribute {
    u2 attribute_name_index;
    u4 attribute_length;
    u2 max_stack;
    u2 max_locals;
    u4 code_length;
    u1 code[code_length];
    u2 exception_table_length;
    {   u2 start_pc;
        u2 end_pc;
        u2 handler_pc;
        u2 catch_type;
    } exception_table[exception_table_length];
    u2 attributes_count;
    attribute_info attributes[attributes_count];
}
```

Code_attribute 结构各项的说明如下：

- attribute_name_index

  attribute_name_index 项的值必须是对常量池表的一个有效索引。常量池表在该索引处的成员必须是 CONSTANT_Utf8_info（见 4.4.7 小节）结构，用以表示字符串“Code”。

- attribute_length

  attribute_length 项的值给出了当前属性的长度，不包括初始的 6 个字节。

- max_stack

  max_stack 项的值给出了当前方法的操作数栈在方法执行的任何时间点的最大深度（见 2.6.2 小节）。

- max_locals

  max_locals 项的值给出了分配在当前方法引用的局部变量表中的局部变量个数（见 2.6.1 小节），其中也包括调用此方法时用于传递参数的局部变量。

  long 和 double 类型的局部变量的最大索引是 max_locals-2，其他类型的局部变量的最大索引是 max_locals-1。

- code_length

  code_length 项的值给出了当前方法 code[] 数组的字节数。

  code_length 的值必须大于 0，即 code[] 数组不能为空。

- code[]

  code[] 数组给出了实现当前方法的 Java 虚拟机代码的实际字节内容。

  当一台可按字节寻址的（byte-addressable）机器把 code 数组读入内存时，如果 code[] 数组的第一个字节是按 4 字节边界对齐，那么 *tableswitch* 和 *lookupswitch* 指令中所有的 32 位偏移量也都是按 4 字节长度对齐的（关于 code[] 数组边界对齐方式对字节码的影响，请参考相关指令的描述）。

本规范对关于 code[] 数组内容的详细约束有很多，将在后面的 4.9 节中列出。

- exception_table_length

  exception_table_length 项的值给出了 exception_table 表的成员个数。

- exception_table[]

  exception_table[] 数组的每个成员表示 code[] 数组中的一个异常处理器。exception_table[] 的异常处理器顺序是有意义的（不能随意更改，详细内容见 2.10 节）。

  exception_table[] 的每个成员包含如下 4 项：

  - start_pc 和 end_pc

    start_pc 和 end_pc 两项的值表明了异常处理器在 code[] 中的有效范围。start_pc 的值必须是对当前 code[] 中某一指令操作码的有效索引，end_pc 的值要么是对当前 code[] 中某一指令操作码的有效索引，要么等于 code_length 的值，即当前 code[] 的长度。start_pc 的值必须比 end_pc 小。

    当程序计数器在范围 [start_pc, end_pc) 内时，异常处理器就将生效。即设 x 为异常处理器的有效范围内的值，x 应满足：start_pc ≤ x < end_pc。

end_pc 本身并不处在异常处理器的有效范围内，这一点属于 Java 虚拟机历史上的一个设计缺陷：如果 Java 虚拟机中某方法的 Code 属性长度刚好是 65 535 个字节，并且以一个单字节长度的指令结束，那么这个指令将不能被异常处理器所处理。不过编译器可以通过限制任何方法、实例初始化方法或静态初始化方法的 code[] 项最大长度为 65 534 来弥补这个 Bug。

  - handler_pc

    handler_pc 项的值表示一个异常处理器的起点。handler_pc 的值必须同时是对当前 code[] 和其中某一指令操作码的有效索引。

  - catch_type

    如果 catch_type 项的值不为 0，那么它必须是对常量池表的一个有效索引。常量池表在该索引处的成员必须是 CONSTANT_Class_info（见 4.4.1 小节）结构，用以表示当前异常处理器需要捕捉的异常类型。只有当抛出的异常是指定的类或其子类的实例时，才会调用异常处理器。

    验证器（verifier）会检查这个类是不是 Throwable 或 Throwable 的子类（见 4.9.2 小节）。

    如果 catch_type 项的值为 0，那么将会在所有异常抛出时都调用这个异常处理器。这可以用于实现 finally 语句（见 3.13 节）。

- attributes_count

  attributes_count 项的值给出了 Code 属性中 attributes[] 数组的成员个数。

- attributes[]

属性表（attributes 表）中的每个值都必须是 attribute_info 结构体（见 4.7 节）。

Code 属性可以关联任意多个属性。

由本规范所定义且可以出现在 Code 属性 attributes 表里的各属性列在表 4-8 里。

Code 属性 attributes 表里的各项预定义属性，其规则在 4.7 节中给出。

Code 属性 attributes 表里的各项非预定义（non-predefined）属性，其规则在 4.7.1 小节中给出。

### 4.7.4 StackMapTable 属性

StackMapTable 属性是变长属性，位于 Code（见 4.7.3 小节）属性的属性表中。这个属性用在虚拟机的类型检查验证阶段（见 4.10.1 小节）。

Code 属性的属性表（attributes 表）里面最多可以包含 1 个 StackMapTable 属性。

在版本号大于或等于 50.0 的 class 文件中，如果方法的 Code 属性中没有附带 StackMapTable 属性，那就意味着它带有一个**隐式的栈映射属性**（implicit stack map attribute）。这个隐式的栈映射属性的作用等同于 number_of_entries 值为 0 的 StackMapTable 属性。

StackMapTable 属性的格式如下：

```
StackMapTable_attribute {
    u2              attribute_name_index;
    u4              attribute_length;
    u2              number_of_entries;
    stack_map_frame entries[number_of_entries];
}
```

StackMapTable_attribute 结构各项的说明如下：

- attribute_name_index

  attribute_name_index 项的值必须是对常量池表的一个有效索引。常量池表在该索引处的成员必须是 CONSTANT_Utf8_info（见 4.4.7 小节）结构，用以表示字符串“StackMapTable”。

- attribute_length

  attribute_length 项的值表示当前属性的长度，不包括开头的 6 个字节。

- number_of_entries

  number_of_entries 项的值给出了 entries 表中的成员数量。entries 表中每个成员都是一个 stack_map_frame 结构。

- entries[]

  entries 表中的每一项都表示本方法的一个栈映射帧（stack map frame）。entries 表中各栈映射帧之间的顺序是很重要的。

**栈映射帧**（stack map frame）显式或隐式地指定了某个字节码偏移量（bytecode offset），用来表示该帧所针对的字节码位置，并且指定了此偏移量处的局部变量和操作数栈项

(operand stack entry) 所需的核查类型 (verification type)。

entries 表中的每个栈映射帧，其某些语义要依赖于它的前一个栈映射帧。方法的首个栈映射帧是隐式的，类型检查器 (type checker，见 4.10.1.6 小节) 会根据方法描述符来算出该帧。因此，stack_map_frame 结构体中的 entries[0] 描述的是方法的下一个[㊀]栈映射帧。

> 因为使用偏移量的增量，而没有直接使用实际的字节码偏移量，所以我们可以保证栈映射帧是按正确顺序存放的。此外，由于能通过公式 offset_delta + 1 来根据每个显式帧（不包括方法的首个帧，那个帧是隐式的）算出下一个显式帧的偏移量，因此可以避免重复。

**核查类型** (verification type) 指出了一个或两个存储单元 (location) 的类型，而存储单元是指单个的局部变量或单个的操作数栈项。核查类型由可辨识的联合体 (discriminated union) 来表示，此联合体名叫 verification_type_info，它包含长度为 1 个字节的标记 (tag)，用以指明当前使用联合体中的哪一项来表示核查类型，标记后面跟着 0 个或多个字节，用来给出与标记有关的更多信息。

```
union verification_type_info {
    Top_variable_info;
    Integer_variable_info;
    Float_variable_info;
    Long_variable_info;
    Double_variable_info;
    Null_variable_info;
    UninitializedThis_variable_info;
    Object_variable_info;
    Uninitialized_variable_info;
}
```

如果核查类型针对的是局部变量表或操作数栈中的某一个存储单元，那么可以用 verification_type_info 联合体中的下面几项之一来表示：

每个帧都显式或隐式地指明一个 offset_delta（偏移量的增量）值，用于计算每个帧在运行时的实际字节码偏移量。帧的字节码偏移量计算方法为：前一帧的字节码偏移量加上 offset_delta 的值再加 1，如果前一个帧是方法的初始帧 (initial frame)，那么这时候字节码偏移量就是 offset_delta。

在 Code 属性的 code[] 数组中，如果偏移量 *i* 的位置是某条指令的起点，同时这个 Code 属性包含 StackMapTable 属性，而它的 entries[] 数组中也有一个适用于偏移量 *i* 的 stack_map_frame 结构，那我们就说这条指令拥有与之相对应的栈映射帧。

- Top_variable_info 项说明这个局部变量拥有核查类型 top。

---

㊀ 原文为 second。如果把隐式的栈映射帧算作第 0 个，那么 entries[0] 描述的就是第 1 个栈映射帧；如果把隐式的栈映射帧算作第 1 个，那么 entries[0] 描述的就是第 2 个栈映射帧。——译者注

```
Top_variable_info {
    u1 tag = ITEM_Top; /* 0 */
}
```

- Integer_variable_info 项说明这个存储单元包含核查类型 int。

```
Integer_variable_info {
    u1 tag = ITEM_Integer; /* 1 */
}
```

- Float_variable_info 项说明存储单元包含核查类型 float。

```
Float_variable_info {
    u1 tag = ITEM_Float; /* 2 */
}
```

- Null_variable_info 项说明存储单元包含核查类型 null。

```
Null_variable_info {
    u1 tag = ITEM_Null; /* 5 */
}
```

- UninitializedThis_variable_info 项说明存储单元包含核查类型 uninitializedThis。

```
UninitializedThis_variable_info {
    u1 tag = ITEM_UninitializedThis; /* 6 */
}
```

- Object_variable_info 项说明存储单元的核查类型是某个类。该类由常量池在 cpool_index 索引处的 CONSTANT_Class_Info（见 4.4.1 小节）结构表示。

```
Object_variable_info {
    u1 tag = ITEM_Object; /* 7 */
    u2 cpool_index;
}
```

- Uninitialized_variable_info 项说明存储单元包含核查类型 uninitialized(offset)。

```
Uninitialized_variable_info {
    u1 tag = ITEM_Uninitialized /* 8 */
    u2 offset;
}
```

如果核查类型针对的是局部变量表或操作数栈中的某两个存储单元，那么可以用 verification_type_info 联合体中的下面几项之一来表示：

- Long_variable_info 项表示：这两个存储单元中的首个单元，拥有核查类型 long。

```
Long_variable_info {
    u1 tag = ITEM_Long; /* 4 */
}
```

- Double_variable_info 项表示：这两个存储单元中的首个单元，拥有核查类型 double。

```
Double_variable_info {
    u1 tag = ITEM_Double; /* 3 */
}
```

- Long_variable_info 项和 Double_variable_info 项也指明了这两个存储单元中的第二个单元，所拥有的核查类型：
  - 如果两个存储单元中的首个单元是局部变量，那么：
    - 首个单元不能是索引值最大的局部变量。
    - 编号比首个单元大 1 的那个局部变量，拥有核查类型 top。
  - 如果两个存储单元中的首个单元是操作数栈项，那么：
    - 首个单元不能位于栈顶。
    - 比首个单元更接近栈顶 1 个位置的那个存储单元，拥有核查类型 top。

栈映射帧由名为 stack_map_frame 的可辨识联合（discriminated union）来表示，该联合体包含长度为 1 字节的标记[㊀]（tag），用以指明当前使用的是联合体中的哪一项，其后跟着 0 个或多个字节，用来给出与标记有关的更多信息。

```
union stack_map_frame {
same_frame;
same_locals_1_stack_item_frame;
same_locals_1_stack_item_frame_extended;
chop_frame;
same_frame_extended;
append_frame;
full_frame;
}
```

类型标记用来表示栈映射帧的帧类型（frame type）：

- 帧类型 same_frame 的类型标记的取值范围是 0 ~ 63。如果类型标记所确定的帧类型是 same_frame 类型，则表明当前帧拥有和前一个栈映射帧完全相同的 locals[] 表，并且对应的 stack[] 表的成员个数为 0。当前帧的 offset_delta 值就使用 frame_type 项的值来表示[㊁]。

```
same_frame {
    u1 frame_type = SAME; /* 0-63 */
}
```

- 帧类型 same_locals_1_stack_item_frame 的类型标记的取值范围是 64 ~ 127。如果类型标记所确定的帧类型是 same_locals_1_stack_item_frame 类型，则说

---

㊀ 为了强调该标记的作用，译文有时将其称为类型标记。——译者注

㊁ 此处描述的 stack、locals 是 StackMapTable 属性 entries 数组里某个 stack_map_frarme 中的项，它们与运行时栈帧中的操作数栈、局部变量表有映射关系，但并非同一种东西。原文中它们将描述为“stack”和“operand stack”、“locals”和“local variables”，在本文中，指代属性项时使用 locals[] 表、stack[] 表来表示，而提到运行时栈帧时，则会明确翻译为操作数栈、局部变量表，也请读者根据上下文注意区分。——译者注

明当前帧拥有和前一个栈映射帧完全相同的 locals[] 表，同时对应的 stack[] 表的成员个数为 1。当前帧的 offset_delta 值为 frame_type-64。并且有一个 verification_type_info 项跟随在此帧类型之后，用于表示那一个栈项的成员。

```
same_locals_1_stack_item_frame {
    u1 frame_type = SAME_LOCALS_1_STACK_ITEM; /* 64-127 */
    verification_type_info stack[1];
}
```

- 范围在 128 ~ 246 的类型标记值是为未来使用而预留的。
- 帧类型 same_locals_1_stack_item_frame_extended 由值为 247 的类型标记表示，它表明当前帧拥有和前一个栈映射帧完全相同的 locals[] 表，同时对应的 stack[] 表的成员个数为 1。与帧类型 same_locals_1_stack_item_frame 不同，当前帧的 offset_delta 的值需要明确指定。有一个 stack[] 表的成员跟随在 offset_delta 项之后。

```
same_locals_1_stack_item_frame_extended {
    u1 frame_type = SAME_LOCALS_1_STACK_ITEM_EXTENDED; /* 247 */
    u2 offset_delta;
    verification_type_info stack[1];
}
```

- 帧类型 chop_frame 的类型标记的取值范围是 248 ~ 250。如果类型标记所确定的帧类型是 chop_frame，则说明对应的操作数栈为空，并且拥有和前一个栈映射帧相同的 locals[] 表，但是该表缺少最后的 k 个 locals 项。k 值由 251-frame_type 确定。这种类型的帧会明确给出 offset_delta 值。

```
chop_frame {
    u1 frame_type = CHOP; /* 248-250 */
    u2 offset_delta;
}
```

- 帧类型 same_frame_extended 由值为 251 的类型标记表示。如果类型标记所确定的帧类型是 same_frame_extended 类型，则说明当前帧有拥有和前一个栈映射帧完全相同的 locals[] 表，同时对应的 stack[] 表的成员个数为 0。与帧类型 same_frame 不同，这种类型的帧会明确给出 offset_delta 的值。

```
same_frame_extended {
    u1 frame_type = SAME_FRAME_EXTENDED; /* 251 */
    u2 offset_delta;
}
```

- 帧类型 append_frame 的类型标记的取值范围是 252 ~ 254。如果类型标记所确定的帧类型为 append_frame，则说明对应操作数栈为空，并且拥有和前一个栈映射帧相同的 locals[] 表，此外还附加了 k 个已定义的 locals 项。k 值由 frame_type-251 确定。这种类型的帧会明确给出 offset_delta 值。

```
append_frame {
    u1 frame_type = APPEND; /* 252-254 */
    u2 offset_delta;
    verification_type_info locals[frame_type - 251];
}
```

locals[] 表中的第 0 项，表示首个附加局部变量的核查类型。如果 locals[M] 表示的是第 N 个局部变量，那么：

- 若 locals[M] 是 Top_variable_info、Integer_variable_info、Float_variable_info、Null_variable_info、UninitializedThis_variable_info、Object_variable_info 或 Uninitialized_variable_info 之一，则 locals[M+1] 表示第 N+1 个局部变量；
- 若 locals[M] 是 Long_variable_info 或 Double_variable_info， 则 locals[M+1] 表示第 N+2 个局部变量。

对于任意的索引 *i*，locals[*i*] 所表示的局部变量，其索引都不能大于此方法的局部变量表的最大索引值。

- 帧类型 full_frame 由值为 255 的类型标志表示。这种类型的帧会明确给出 offset_delta 值。

```
full_frame {
    u1 frame_type = FULL_FRAME; /* 255 */
    u2 offset_delta;
    u2 number_of_locals;
    verification_type_info locals[number_of_locals];
    u2 number_of_stack_items;
    verification_type_info stack[number_of_stack_items];
}
```

locals[] 表中的第 0 项表示 0 号局部变量的核查类型。如果 locals[M] 表示的是第 N 个局部变量，那么：

- 若 locals[M] 是 Top_variable_info、Integer_variable_info、Float_variable_info、Null_variable_info、UninitializedThis_variable_info、Object_variable_info 或 Uninitialized_variable_info 之一，则 locals[M+1] 表示第 N+1 个局部变量；
- 若 locals[M] 是 Long_variable_info 或 Double_variable_info， 则 locals[M+1] 表示第 N+2 个局部变量。

对于任意的索引 *i*，locals[*i*] 所表示的局部变量，其索引都不能大于此方法的局部变量表的最大索引值。

stack[] 表中的第 0 项表示操作数栈底部那一个元素的核查类型，stack[] 表中后续各项表示离栈顶较近的那些元素的核查类型。我们把操作数栈底部那一个元素称作 0 号（第 0 个）栈元素，并把操作数栈中后续各元素，分别称作 1 号（第 1 个）、2 号（第 2 个）栈元素，依此类推。如果 stack[M] 表示的是第 N 个栈元素，那么：

- 若 stack[M] 是 Top_variable_info、Integer_variable_info、

Float_variable_info、Null_variable_info、UninitializedThis_variable_info、Object_variable_info 或 Uninitialized_variable_info 之一，则 stack[M+1] 表示第 N+1 个栈元素；

- 若 stack[M] 是 Long_variable_info 或 Double_variable_info，则 stack[M+1] 表示第 N+2 个栈元素。

对于任意的索引 *i*，stack[*i*] 所表示的栈元素的索引都不能大于此方法操作数栈的最大深度。

### 4.7.5 Exceptions 属性

Exceptions 属性是变长属性，位于 method_info（见 4.6 节）结构的属性表中。Exceptions 属性指出了一个方法可能抛出的受检异常（checked exception）[⊖]。

一个 method_info 结构的属性表中最多只能有一个 Exceptions 属性。

Exceptions 属性的格式如下：

```
Exceptions_attribute {
    u2 attribute_name_index;
    u4 attribute_length;
    u2 number_of_exceptions;
    u2 exception_index_table[number_of_exceptions];
}
```

Exceptions_attribute 结构各项的说明如下：

- ❑ attribute_name_index

  attribute_name_index 项的值必须是对常量池表的一个有效索引。常量池在该索引处的成员必须是 CONSTANT_Utf8_info（见 4.4.7 小节）结构，用以表示字符串“Exceptions”。

- ❑ attribute_length

  attribute_length 项的值给出了当前属性的长度，不包括初始的 6 个字节。

- ❑ number_of_exceptions

  number_of_exceptions 项的值给出了 exception_index_table[] 中成员的数量。

- ❑ exception_index_table[]

  exception_index_table 数组的每个成员的值都必须是对常量池表的一个有效索引。常量池表在这些索引处的成员都必须是 CONSTANT_Class_info（见 4.4.1 小节）结构，表示这个方法声明要抛出的异常所属的类的类型。

如果一个方法要抛出异常，必须至少满足下列三个条件之一：

- ❑ 要抛出的是 RuntimeException 或其子类的实例。

⊖ 受检异常这一术语的定义，请参阅《Java 语言规范》(Java SE 8 版) 11.1.1 小节。——译者注

- 要抛出的是 Error 或其子类的实例。
- 要抛出的是在 exception_index_table 数组中声明的异常类或其子类的实例。

这些要求并不在 Java 虚拟机中进行强制检查，它们只在编译时进行强制检查。

### 4.7.6 InnerClasses 属性

InnerClasses 属性是变长属性，位于 ClassFile（见 4.1 节）结构的属性表中。

本小节为了方便说明，特别定义一个表示类或接口的 class 格式为 C。如果类或接口 C 的常量池中包含某个 CONSTANT_Class_info 成员，且这个成员所表示的类或接口不属于任何一个包，那么 C 的 ClassFile 结构的属性表中就必须含有且只能含有 1 个 InnerClasses 属性。

InnerClasses 属性的格式如下：

```
InnerClasses_attribute {
    u2 attribute_name_index;
    u4 attribute_length;
    u2 number_of_classes;
    {   u2 inner_class_info_index;
        u2 outer_class_info_index;
        u2 inner_name_index;
        u2 inner_class_access_flags;
    } classes[number_of_classes];
}
```

InnerClasses_attribute 结构各项的说明如下：

- attribute_name_index

  attribute_name_index 项的值必须是对常量池表的一个有效索引。常量池表在该索引处的成员必须是 CONSTANT_Utf8_info（见 4.4.7 小节）结构，用以表示字符串“InnerClasses”。

- attribute_length

  attribute_length 项的值给出了当前属性的长度，不包括初始的 6 个字节。

- number_of_classes

  number_of_classes 项的值表示 classes[] 数组的成员数量。

- classes[]

  常量池表中表示类或接口 C，同时又不是某个包成员的每个 CONSTANT_Class_info 项，都必须对应于 classes 数组里的一项。

  如果类或接口的成员中又包含某些类或接口，那么它的常量池表（以及对应的 InnerClasses 属性）必须包含这些成员，即使那些类或接口没有被这个 class 使用过（JLS. § 13.1）。

  此外，常量池表中的每个嵌套类（nested class）[1]和嵌套接口（nested interface）都必须引用其外围类（enclosing class），因此，这些嵌套类和嵌套接口的 InnerClasses 属

[1] 在不致混淆的情况下，嵌套类和内部类这两个词可以互换。——译者注

性里面，既有其外围类的信息，也有其本身的嵌套类及嵌套接口的信息。

class[] 数组中每个成员包含以下 4 项：

- inner_class_info_index

  inner_class_info_index 项的值必须是对常量池表的一个有效索引。常量池表在该索引处的成员必须是 CONSTANT_Class_info（见 4.4.1 小节）结构，用以表示类或接口 *C*。class 数组的另外 3 项用于描述 *C* 的信息。

- outer_class_info_index

  如果 *C* 不是类或接口的成员（也就是 *C* 为顶层类或接口（JLS §7.6）、局部类（JLS §14.3）或匿名类（JLS §15.9.5）），那么 outer_class_info_index 项的值为 0。

  否则这个项的值必须是对常量池表的一个有效索引，常量池表在该索引处的成员必须是 CONSTANT_Class_info（见 4.4.1 小节）结构，代表一个类或接口，*C* 为这个类或接口的成员。

- inner_name_index

  如果 *C* 是匿名类（JLS §15.9.5），inner_name_index 项的值则必须为 0。

  否则这个项的值必须是对常量池表的一个有效索引，常量池表在该索引处的成员必须是 CONSTANT_Utf8_info（见 4.4.7 小节）结构，用以表示由与 *C* 的 class 文件相对应的源文件所定义的 *C* 的原始简单名称（original simple name）。

- inner_class_access_flags

  inner_class_access_flags 项的值是一个标志掩码，用于定义由与 class 文件对应的源文件所声明的 *C* 的访问权和基本属性。当编译器无法访问源文件时可用来恢复 *C* 的原始信息。inner_class_access_flags 项中的各标志，见表 4-10。

**表 4-10　嵌套类的访问权标志及属性标志**

| 标志 | 值 | 含义 |
|---|---|---|
| ACC_PUBLIC | 0x0001 | 该嵌套类型在源文件中标注为 public，或默认就是 public |
| ACC_PRIVATE | 0x0002 | 该类型在源文件中标注为 private |
| ACC_PROTECTED | 0x0004 | 在源文件中标注为 protected |
| ACC_STATIC | 0x0008 | 在源文件中标注为 static，或默认就是 static |
| ACC_FINAL | 0x0010 | 在源文件中标注为 final |
| ACC_INTERFACE | 0x0200 | 是源文件中定义的 interface（接口） |
| ACC_ABSTRACT | 0x0400 | 在源文件中标注为 abstract，或默认就是 abstract |
| ACC_SYNTHETIC | 0x1000 | 声明为 synthetic（合成），意味着源文件中没有这个类型 |
| ACC_ANNOTATION | 0x2000 | 声明为 annotation（注解）类型 |
| ACC_ENUM | 0x4000 | 声明为 enum（枚举）类型 |

所有表 4-10 中没有定义的 inner_class_access_flags 项，都是为未来使用而预留的。这些二进制位在生成的 class 文件中应设置为 0，Java 虚拟机实现应忽略它们。

如果 class 文件的版本号为 51.0 或更高，且属性表中又有 InnerClasses 属性，那么若 InnerClasses 属性的 classes[] 中某个 inner_name_index 项的值为 0，则它对应的 outer_class_info_index 项的值也必须为 0。

Oracle 的 Java 虚拟机实现不会检查 InnerClasses 属性和该属性所引用的类或接口的 class 文件是否一致性。

### 4.7.7 EnclosingMethod 属性

EnclosingMethod 属性是可选的定长属性，位于 ClassFile（见 4.1 节）结构的属性表中。当且仅当 class 为局部类或者匿名类（JLS §14.3，JLS §15.9.5）时，才能具有 EnclosingMethod 属性。

ClassFile 结构的属性表中，最多只能有一个 EnclosingMethod 属性。

EnclosingMethod 属性格式如下：

```
EnclosingMethod_attribute {
    u2 attribute_name_index;
    u4 attribute_length;
    u2 class_index;
    u2 method_index;
}
```

EnclosingMethod_attribute 结构各项的说明如下：

- attribute_name_index

  attribute_name_index 项的值必须是对常量池表的一个有效索引。常量池表在该索引处的成员必须是 CONSTANT_Utf8_info（见 4.4.7 小节）结构，用以表示字符串“EnclosingMethod”。

- attribute_length

  attribute_length 项的值固定为 4。

- class_index

  class_index 项的值必须是对常量池表的一个有效索引。常量池表在该索引处的成员必须是 CONSTANT_Class_info（见 4.4.1 小节）结构，用以表示包含当前类声明的最内层类。

- method_index

  如果当前类不是直接包含（enclose）在某个方法或构造器中，那么 method_index 项的值必须为 0。

特别需要说明的是，如果当前类在源代码中直接处于实例初始化器（instance initializer）、静态初始化器（static initializer）、实例变量初始化器（instance variable initializer）或类变量初始化器（class variable initializer）之中，那么 method_index 必须为 0。（前两种情况涉及局部类和匿名类，后两种情况只涉及声明在字段赋值（field assignment）语句右侧的匿名类。）

否则 method_index 项的值必须是对常量池表的一个有效索引，常量池表在该索引处的项必须是 CONSTANT_NameAndType_info（见 4.4.6 小节）结构，表示由 class_index 属性引用的类的对应方法的方法名和方法类型。

Java 编译器有责任保证：通过 method_index 所确定的方法，在语法上最接近那个包含 EnclosingMethod 属性的类。

### 4.7.8 Synthetic 属性

Synthetic 属性是定长属性，位于 ClassFile（见 4.1 节）、field_infor（见 4.5 节）或 method_info（见 4.6 节）的属性表中。如果一个类成员没有在源文件中出现，则必须标记带有 Synthetic 属性，或者设置 ACC_SYNTHETIC 标志。唯一的例外是某些与人工实现无关的、由编译器自动产生的方法，也就是指 Java 语言默认的实例初始化方法（无参数的默认构造器，见 2.9 节）、类初始化方法（见 2.9 节），以及 Enum.values 和 Enum.valueOf 方法。

Synthetic 属性是在 JDK 1.1 中为了支持内部类或接口而引入的。

Synthetic 属性的格式如下：

```
Synthetic_attribute {
    u2 attribute_name_index;
    u4 attribute_length;
}
```

Synthetic_attribute 结构各项的说明如下：

- attribute_name_index
  attribute_name_index 项的值必须是对常量池表的一个有效索引，常量池表在该索引处的成员必须是 CONSTANT_Utf8_info（见 4.4.7 小节）结构，用以表示字符串“Synthetic”。
- attribute_length
  attribute_length 项的值固定为 0。

### 4.7.9 Signature 属性

Signature 属性是可选的定长属性，位于 ClassFile（见 4.1 节）、field_info（见 4.5 节）或 method_info（见 4.6 节）结构的属性表中。在 Java 语言中，任何类、接口、构造器方法或字段的声明如果包含了类型变量（type variable）或参数化类型（parameterized type），则 Signature 属性会为它记录泛型签名信息。这些类型的详情可参阅《Java 语言规范》(Java SE 8 版)。

Signature 属性的格式如下：

```
Signature_attribute {
    u2 attribute_name_index;
    u4 attribute_length;
    u2 signature_index;
}
```

Signature_attribute 结构各项的说明如下：

- attribute_name_index

  attribute_name_index 项的值必须是对常量池表的一个有效索引。常量池在该索引处的成员必须是 CONSTANT_Utf8_info（见 4.4.7 小节）结构，用以表示字符串“Signature”。
- attribute_length

  Signature_attribute 结构的 attribute_length 项的值必须为 2。
- signature_index

  signature_index 项的值必须是对常量池表的一个有效索引。常量池表在该索引处的成员必须是 CONSTANT_Utf8_info（见 4.4.7 小节）结构，用以表示类签名、方法类型签名或字段类型签名：如果当前的 Signature 属性是 ClassFile 结构的属性，则这个结构表示类签名；如果当前的 Signature 属性是 method_info 结构的属性，则这个结构表示方法类型签名；如果当前的 Signature 属性是 field_info 结构的属性，则这个结构表示字段类型签名。

  Oracle 的 Java 虚拟机实现在加载类或链接类的过程中并不检查 Signature 属性。Java SE 平台的某些类库能够查询类、接口、构造器、方法及字段的泛型签名，而 Signature 属性的正确性就是由这些类库来检查的。比方说，Class 类的 getGenericSuperclass 方法及 java.lang.reflect.Executable 类的 toGenericString 方法，就可以查询泛型签名。

### 签名

**签名**（Signature）用来编码以 Java 语言所写的声明，这些声明使用了 Java 虚拟机类型系统之外的类型。在只能访问 class 文件的情况下，签名有助于实现反射、调试及编译。

如果类、接口、构造器、方法或字段的声明使用了类型变量或参数化类型，那么 Java 编译器就必须为此生成签名。具体来说，Java 编译器在这些情况下必须生成签名：

- 当类声明或接口声明(1)具备泛型形式，或者(2)其超类或超接口是参数化类型，又或者前两条兼备时，必须生成类签名。
- 当方法声明或构造器声明(1)具备泛型形式，或者(2)其形式参数类型或返回类型是类型变量或参数化类型，(3)或者在 throws 子句中使用了类型变量，又或者前述三条具备两条或三者兼备时，必须生成方法签名。

如果方法声明或构造器声明的 throws 子句不涉及类型变量，那么编译器在生成方法签名时，可以将该声明视为不含 throws 子句的声明。

- 当字段声明、形式参数声明或局部变量声明中的类型使用了类型参数或参数化类型时，必须为该声明生成字段签名。

本规范采用 4.3.1 小节中的语法符号来指定签名。此外，还用到了下面一些记法：

- 出现在规则右侧的 *[x]* 写法，表示 *x* 可以出现 0 次或 1 次。也就是说，*x* 是可选符号（optional symbol）。带有可选符号的规则，实际上是定义了两种格式：一种不包含可选符号，另一种包含可选符号。

- 如果规则的右侧特别长，那么可以写到下一行去，此时，那一行会有明确的缩进。

带有终止符号 *Identifier* 的语法规则用来表示 Java 编译器为类型、字段、方法、形式参数、局部变量或类型变量所生成的名称。这种名称里不能包含 .;[/<>: 这七个 ASCII 字符中的任意一个字符（也就是说，既不能使用方法名（参见 4.2.2 小节）所禁止的字符，又不能使用冒号），但是可以包含不能出现在 Java 语言标识符中的字符（参见 JLS §3.8）。

签名依赖于由非终止符号（nonterminal）所构成的体系，这些非终止符号，称为**类型签名**（type signature）：

- Java **类型签名**（Java type signature）表示引用类型或 Java 语言中的原始类型。

*JavaTypeSignature:*

　　*ReferenceTypeSignature*

　　*BaseType*

为了便于查阅，本规范把 4.3.2 小节对于 BaseType 的定义列在下面：

*BaseType:* one of

　　`B C D F I J S Z`

- **引用类型签名**（reference type signature）表示 Java 语言的引用类型，也就是类或接口类型、类型变量，或者数组类型。

**类的类型签名**（class type signature）表示（可能已经参数化了的）类或接口类型。类的类型签名必须遵循固定的格式，也就是说，在把类型参数擦除掉，并把每个 . 字符换成 $ 字符之后，它必须能够准确地与该类的二进制名称对应起来。

**类型变量签名**（type variable signature）用来表示类型变量。

**数组类型签名**（array type signature）用来表示数组类型的一个维度。

*ReferenceTypeSignature:*

　　*ClassTypeSignature*

　　*TypeVariableSignature*

　　*ArrayTypeSignature*

*ClassTypeSignature:*

　　`L` *[PackageSpecifier]*

　　　　*SimpleClassTypeSignature {ClassTypeSignatureSuffix} ;*

*PackageSpecifier:*

　　*Identifier / {PackageSpecifier}*

*SimpleClassTypeSignature:*

　　*Identifier [TypeArguments]*

*TypeArguments:*

< *TypeArgument {TypeArgument}* >

*TypeArgument:*

*[WildcardIndicator] ReferenceTypeSignature*

*

*WildcardIndicator:*

+

–

*ClassTypeSignatureSuffix:*

. *SimpleClassTypeSignature*

*TypeVariableSignature:*

`T` *Identifier ;*

*ArrayTypeSignature:*

[ *JavaTypeSignature*

**类签名**（class signature）用来编码类声明的类型信息（这个类可能是泛型类）。它描述了该类的类型参数，如果该类有直接超类或直接超接口（超类或超接口可能是参数化了的类或接口），那么类签名还会列出它们。类型参数通过其名称来描述，名称后面跟有任意的类限制（class bound）或接口限制（interface bound）。

*ClassSignature:*

*[TypeParameters] SuperclassSignature {SuperinterfaceSignature}*

*TypeParameters:*

< *TypeParameter {TypeParameter}* >

*TypeParameter:*

*Identifier ClassBound {InterfaceBound}*

*ClassBound:*

: *[ReferenceTypeSignature]*

*InterfaceBound:*

: *ReferenceTypeSignature*

*SuperclassSignature:*

*ClassTypeSignature*

*SuperinterfaceSignature:*

*ClassTypeSignature*

**方法签名**（method signature）用来编码方法声明的类型信息（此方法可能是泛型方法）。它描述了方法可能带有的类型参数、（可能已经参数化了的）形式参数类型、（可能已经参数化了的）返回类型，以及声明在方法 `throws` 子句中的异常类型。

*MethodSignature:*

*[TypeParameters] ( {JavaTypeSignature} ) Result {ThrowsSignature}*

*Result:*

*JavaTypeSignature*

*VoidDescriptor*

*ThrowsSignature:*

^ *ClassTypeSignature*

^ *TypeVariableSignature*

为了便于查阅，本规范把 4.3.3 小节对于 VoidDescriptor 的定义列在下面：

*VoidDescriptor:*

`V`

由于各种编译器在生成方法签名时所用的机理不同，因此某方法的方法签名，未必会与该方法的方法描述符（参见 4.3.3 小节）完全匹配。尤其是方法签名中形式参数类型的个数，可能比方法描述符中参数描述符的个数要少。

**字段签名**（field signature）用来编码字段声明、形式参数声明或局部变量声明中（可能已经参数化了）的类型。

*FieldSignature:*

*ReferenceTypeSignature*

### 4.7.10 SourceFile 属性

`SourceFile` 属性是可选的定长属性，位于 `ClassFile`（见 4.1 节）结构的属性表中。一个 `ClassFile` 结构的属性表中最多只能包含一个 `SourceFile` 属性。

`SourceFile` 属性的格式如下：

```
SourceFile_attribute {
    u2 attribute_name_index;
    u4 attribute_length;
    u2 sourcefile_index;
}
```

SourceFile_attribute 结构各项的说明如下：

- attribute_name_index

  attribute_name_index 项的值必须是对常量池表的一个有效索引。常量池表在该索引处的成员必须是 CONSTANT_Utf8_info（见 4.4.7 小节）结构，用以表示字符串“SourceFile”。
- attribute_length

  SourceFile_attribute 结构的 attribute_length 项的值必须为 2。
- sourcefile_index

  sourcefile_index 项的值必须是对常量池表的一个有效索引。常量池表在该索引处的成员必须是 CONSTANT_Utf8_info（见 4.4.7 小节）结构，用来表示一个字符串。

  sourcefile_index 项引用的字符串表示被编译的 class 文件的源文件的名字。不要把它理解成源文件所在目录的目录名或源文件的绝对路径名。这些与平台相关的附加信息，必须由运行时解释器（runtime interpreter）或开发工具在实际使用文件名时提供。

### 4.7.11 **SourceDebugExtension** 属性

SourceDebugExtension 属性是可选属性，位于 ClassFile（见 4.1 节）结构的属性表中。

一个 ClassFile 结构的属性表中最多只能包含一个 SourceDebugExtension 属性。

SourceDebugExtension 属性的格式如下：

```
SourceDebugExtension_attribute {
    u2 attribute_name_index;
    u4 attribute_length;
    u1 debug_extension[attribute_length];
}
```

SourceDebugExtension_attribute 结构各项的说明如下：

- attribute_name_index

  attribute_name_index 项的值必须是对常量池表的一个有效索引。常量池在该索引处的成员必须是 CONSTANT_Utf8_info（见 4.4.7 小节）结构，用以表示字符串“SourceDebugExtension”。
- attribute_length

  attribute_length 项的值给出了当前属性的长度，不包括初始的 6 个字节。
- debug_extension[]

debug_extension[] 用于保存扩展调试信息，扩展调试信息对于 Java 虚拟机来说没有实际的语义。这个信息用改进版的 UTF-8 编码的字符串（见 4.4.7 小节）表示，这个字符串不包含 byte 值为 0 的终止符。

需要注意的是，debug_extension[] 数组表示的字符串可以比 String 类的实例所能表示的字符串更长。

### 4.7.12 LineNumberTable 属性

LineNumberTable 属性是可选的变长属性，位于 Code（见 4.7.3 小节）结构的属性表中。它被调试器用于确定源文件中由给定的行号所表示的内容，对应于 Java 虚拟机 code[] 数组中的哪一部分。

在 Code 属性的属性表中，LineNumberTable 属性可以按照任意顺序出现。

在 Code 属性 attributes 表中，可以有不止一个 LineNumberTable 属性对应于源文件中的同一行。也就是说，多个 LineNumberTable 属性可以合起来表示源文件中的某行代码，属性与源文件的代码行之间不必有一一对应的关系。

LineNumberTable 属性的格式如下：

```
LineNumberTable_attribute {
    u2 attribute_name_index;
    u4 attribute_length;
    u2 line_number_table_length;
    {   u2 start_pc;
        u2 line_number;
    } line_number_table[line_number_table_length];
}
```

LineNumberTable_attribute 结构各项的说明如下：

- attribute_name_index

  attribute_name_index 项的值必须是对常量池表的一个有效索引。常量池在该索引处的成员必须是 CONSTANT_Utf8_info（见 4.4.7 小节）结构，用来表示字符串“LineNumberTable”。

- attribute_length

  attribute_length 项的值给出了当前属性的长度，不包括初始的 6 个字节。

- line_number_table_length

  line_number_table_length 项的值给出了 line_number_table[] 数组的成员个数。

- line_number_table[]

  line_number_table[] 数组的每个成员都表明源文件中的行号会在 code 数组中的哪一条指令处发生变化。line_number_table 的每个成员都具有如下两项：

  - start_pc

start_pc 项的值必须是 code[] 数组的一个索引，code[] 在该索引处的指令码，表示源文件中新的行的起点。

start_pc 项的值必须小于当前 LineNumberTable 属性所在的 Code 属性的 code_length 项的值。

- line_number

  line_number 项的值必须与源文件中对应的行号相匹配。

### 4.7.13 LocalVariableTable 属性

LocalVariableTable 属性是可选变长属性，位于 Code（见 4.7.3 小节）属性的属性表中。调试器在执行方法的过程中可以用它来确定某个局部变量的值。

在 Code 属性的属性表中，多个 LocalVariableTable 属性可以按照任意顺序出现。

Code 属性 attributes 表中的每个局部变量，最多只能有一个 LocalVariableTable 属性。

LocalVariableTable 属性的格式如下：

```
LocalVariableTable_attribute {
    u2 attribute_name_index;
    u4 attribute_length;
    u2 local_variable_table_length;
    {   u2 start_pc;
        u2 length;
        u2 name_index;
        u2 descriptor_index;
        u2 index;
    } local_variable_table[local_variable_table_length];
}
```

LocalVariableTable_attribute 结构各项的说明如下：

- attribute_name_index

  attribute_name_index 项的值必须是对常量池表的一个有效索引。常量池在该索引处的成员必须是 CONSTANT_Utf8_info（见 4.4.7 小节）结构，用以表示字符串“LocalVariableTable”。

- attribute_length

  attribute_length 项的值给出了当前属性的长度，不包括初始的 6 个字节。

- local_variable_table_length

  local_variable_table_length 项的值给出了 local_variable_table[] 数组的成员数量。

- local_variable_table[]

  local_variable_table 数组中的每一项，都以偏移量的形式给出了 code 数组中的某个范围，当局部变量处在这个范围内的时候，它是有值的。此项还会给出局部变量在当前帧的局部变量表（local variable array）中的索引。local_variable_ table[] 的每个成员都有如下 5 个项：

- start_pc 和 length

  当给定的局部变量处在 code 数组的 [start_pc, start_pc + length) 范围内，也就是处在由偏移量大于等于 start_pc 且小于 start_pc + length 的字节码所构成的范围内时，该局部变量必定具备某个值[⊖]。

  start_pc 的值必须是对当前 Code 属性的 code[] 的一个有效索引，code[] 在这个索引处必须是一条指令的操作码。

  start_pc+length 要么是当前 Code 属性的 code[] 数组的有效索引，且 code[] 在该索引处必须是一条指令的操作码，要么是刚超过 code[] 数组末尾的首个索引值。

- name_index

  name_index 项的值必须是对常量池表的一个有效索引。常量池在该索引处的成员必须是 CONSTANT_Utf8_info（见 4.4.7 小节）结构，用来表示一个有效的非限定名，以指代这个局部变量（见 4.2.2 小节）。

- descriptor_index

  descriptor_index 项的值必须是对常量池表的一个有效索引。常量池在该索引处的成员必须是 CONSTANT_Utf8_info（见 4.4.7 小节）结构，此结构是个用来表示源程序中局部变量类型的字段描述符（见 4.3.2 小节）。

- index

  index 为此局部变量在当前栈帧的局部变量表中的索引。

  如果在 index 索引处的局部变量是 long 或 double 类型，则占用 index 和 index+1 两个位置。

### 4.7.14 LocalVariableTypeTable 属性

LocalVariableTypeTable 属性是可选的变长属性，位于 Code（见 4.7.3 小节）的属性表中。调试器在执行方法的过程中，可以用它来确定某个局部变量的值。

在 Code 属性的属性表中，多个 LocalVariableTable 属性可以按照任意顺序出现。

Code 属性 attributes 表中的每个局部变量最多只能有一个 LocalVariableTable 属性。

LocalVariableTypeTable 属性和 LocalVariableTable 属性（见 4.7.13 小节）并不相同，Local-VariableTypeTable 提供的是签名信息而不是描述符信息。这仅仅对使用类型变量或参数化类型来做其类型的变量有意义。这种变量会同时出现在 LocalVariableTable 属性和 LocalVariableTypeTable 属性中，其他的变量仅出现在 LocalVariableTable 表中。

---

⊖ 这种说法可以理解为：当程序执行到 code 数组的 [start_pc, start_pc + length) 范围内时，该局部变量是有效的。——译者注

LocalVariableTypeTable 属性的格式如下：

```
LocalVariableTypeTable_attribute {
    u2 attribute_name_index;
    u4 attribute_length;
    u2 local_variable_type_table_length;
    {   u2 start_pc;
        u2 length;
        u2 name_index;
        u2 signature_index;
        u2 index;
    } local_variable_type_table[local_variable_type_table_length];
}
```

LocalVariableTypeTable_attribute 结构各项的说明如下：

- attribute_name_index

  attribute_name_index 项的值必须是对常量池表的一个有效索引。常量池在该索引处的成员必须是 CONSTANT_Utf8_info（见 4.4.7 小节）结构，用以表示字符串“LocalVariableTypeTable”。

- attribute_length

  attribute_length 项的值给出了当前属性的长度，不包括初始的 6 个字节。

- local_variable_type_table_length

  local_variable_type_table_length 项的值给出了 local_variable_type_table[] 数组的成员数量。

- local_variable_type_table[]

  local_variable_type_table 数组中的每一项都以偏移量的形式给出了 code 数组中的某个范围，当局部变量处在这个范围内的时候，它是有值的。此项还会给出局部变量在当前帧的局部变量表（local variable array）中的索引。local_variable_type_table[] 的每个成员都有如下 5 个项：

  - start_pc 和 length

    当给定的局部变量处在 code 数组的 [start_pc, start_pc + length) 范围内，也就是处在由偏移量大于等于 start_pc 且小于 start_pc + length 的字节码所构成的范围内时，该局部变量必定具备某个值。

    start_pc 的值必须是对当前 Code 属性的 code[] 的一个有效索引，code[] 在这个索引处必须是一条指令的操作码。

    start_pc+length 要么是当前 Code 属性的 code[] 数组的有效索引，且 code[] 在该索引处必须是一条指令的操作码，要么是刚超过 code[] 数组末尾的首个索引值。

  - name_index

    name_index 项的值必须是对常量池表的一个有效索引。常量池在该索引处的成员必须是 CONSTANT_Utf8_info（见 4.4.7 小节）结构，用来表示一个有效的非限定名，以指代这个局部变量（见 4.2.2 小节）。

- signature_index

  signature_index 项的值必须是对常量池表的一个有效索引。常量池在该索引处的成员必须是 CONSTANT_Utf8_info（见 4.4.7 小节）结构，此结构是个用来表示源程序中局部变量类型的字段签名（见 4.7.9.1 子小节）。

- index

  index 为此局部变量在当前栈帧的局部变量表中的索引。

  如果在 index 索引处的局部变量是 long 或 double 类型，则占用 index 和 index+1 两个位置。

### 4.7.15 Deprecated 属性

Deprecated 属性是可选定长属性，位于 ClassFile（见 4.1 节）、field_info（见 4.5 节）或 method_info（见 4.6 节）结构的属性表中。类、接口、方法或字段都可以带有 Deprecated 属性。如果类、接口、方法或字段标记了此属性，则说明它将会在后续某个版本中被取代。

在运行时解释器或工具（比如编译器）读取 class 文件格式时，可以用 Deprecated 属性来告诉使用者避免使用这些类、接口、方法或字段，选择其他更好的方式。Deprecated 属性的出现不会修改类或接口的语义。

Deprecated 属性的格式如下：

```
Deprecated_attribute {
    u2 attribute_name_index;
    u4 attribute_length;
}
```

Deprecated_attribute 结构各项的说明如下：

- attribute_name_index
- attribute_name_index 项的值必须是对常量池表的一个有效索引。常量池在该索引处的成员必须是 CONSTANT_Utf8_info（见 4.4.7 小节）结构，用以表示字符串“Deprecated”。
- attribute_length

  attribute_length 项的值固定为 0。

### 4.7.16 RuntimeVisibleAnnotations 属性

RuntimeVisibleAnnotations 属性是变长属性，位于 ClassFile（见 4.1 节）、field_info（见 4.5 节）或 method_info（见 4.6 节）结构的属性表中。RuntimeVisibleAnnotations 属性记录了添加在类声明、字段声明或方法声明上面[1]，且于运行时可见

[1] 这里的上面只是一种泛称。有些注解可以添加在待注元素的左侧。具体位置请参阅《Java 语言规范》中的相关内容。——译者注

的注解。Java 虚拟机必须令这些注解可供取用，以便使某些合适的反射 API 能够把它们返回给调用者。

ClassFile、field_info 或 method_info 结构的属性表中，最多只能有一个 RuntimeVisibleAnnotations 属性。

RuntimeVisibleAnnotations 属性的格式如下：

```
RuntimeVisibleAnnotations_attribute {
    u2         attribute_name_index;
    u4         attribute_length;
    u2         num_annotations;
    annotation annotations[num_annotations];
}
```

RuntimeVisibleAnnotations_attribute 结构各项的说明如下：

- attribute_name_index

  attribute_name_index 项的值必须是对常量池表的一个有效索引。常量池在该索引处的成员必须是 CONSTANT_Utf8_info（见 4.4.7 小节）结构，用以表示字符串“RuntimeVisibleAnnotations”。

- attribute_length

  attribute_length 项的值给出了当前属性的长度，不包括初始的 6 个字节。

  attribute_length 项的值由当前结构的运行时可见注解的数量和值决定。

- num_annotations

  num_annotations 项的值给出了当前结构所表示的运行时可见注解的数量。

- annotations[]

  annotations 数组的每个成员，都表示一条添加在声明上面的运行时可见注解。

  annotation 结构的格式如下：

```
annotation {
    u2 type_index;
    u2 num_element_value_pairs;
    {   u2            element_name_index;
        element_value value;
    } element_value_pairs[num_element_value_pairs];
}
```

  annotation 结构各项的说明如下：

  - type_index

    type_index 项的值必须是对常量池表的一个有效索引。常量池在该索引处的成员必须是 CONSTANT_Utf8_info（见 4.4.7 小节）结构，用来表示一个字段描述符，这个字段描述符表示一个注解类型，它和当前 annotation 结构所表示的注解一致。

  - num_element_value_pairs

    num_element_value_pairs 项的值给出了当前 annotation 结构所表示的

注解中的键值对个数。

- element_value_pairs[]

  element_value_pairs[] 数组每个成员的值都对应于当前 annotation 结构所表示的注解中的一个键值对。element_value_pairs 数组的每个成员都包含如下两个项：

  - element_name_index

    element_name_index 项的值必须是对常量池表的一个有效索引。常量池在该索引处的成员必须是 CONSTANT_Utf8_info（见 4.4.7 小节）结构，此结构用来指代 element_value_pairs 数组成员所表示的键值对中那个键的名字。*换句话说，这个 CONSTANT_Utf8_info 结构用来指代由 type_index 所表示的那个注解类型中的一个元素（element）*[㊀]*名称。*

  - value

    value 项的值给出了由 element_value_pairs 成员所表示的键值对中的那个 element_value 值。

### element_value 结构

element_value 结构是一个可辨识联合体（discriminated union）[㊁]，用于表示“元素 - 值”的键值对中的值。element_value 结构的格式如下：

```
element_value {
    u1 tag;
    union {
        u2 const_value_index;

        {   u2 type_name_index;
            u2 const_name_index;
        } enum_const_value;

        u2 class_info_index;

        annotation annotation_value;

        {   u2            num_values;
            element_value values[num_values];
        } array_value;
    } value;
}
```

tag 项使用一个 ASCII 字符来表示键值对中的值是什么类型。这个 tag 决定了键值对中值的格式与 value 联合体里的哪一项相符。表 4-11 列出了 tag 项的每一种有效字符，还列出了每个字符所表示的值类型，以及 value 联合体中与该字符相对应的项。在讲解 value 联合体中的每个项目时，我们会在该项下方的描述信息中用到

㊀ 注解中的元素也称为配置参数或属性（attribute），它的名称对应于键值对（element value pair）里的键（element_name_index）；它的值对应于键值对里的值（value）。——译者注

㊁ “discriminated union”是一种数据结构，用于表示若干种具有独立特征的同类项集合。——译者注

表格的第 4 列。

表 4-11 tag 值的含义及其所表示的类型

| tag 项 | 类型 | value 联合体中的项 | 常量类型 |
|---|---|---|---|
| B | byte | const_value_index | CONSTANT_Integer |
| C | char | const_value_index | CONSTANT_Integer |
| D | double | const_value_index | CONSTANT_Double |
| F | float | const_value_index | CONSTANT_Float |
| I | int | const_value_index | CONSTANT_Integer |
| J | long | const_value_index | CONSTANT_Long |
| S | short | const_value_index | CONSTANT_Integer |
| Z | boolean | const_value_index | CONSTANT_Integer |
| s | String | const_value_index | CONSTANT_Utf8 |
| e | 枚举类型 | enum_const_value | 不适用 |
| c | Class | class_info_index | 不适用 |
| @ | 注解类型 | annotation_value | 不适用 |
| [ | 数组类型 | array_value | 不适用 |

value 项表示键值对中的值。此值是个联合体，它里面的各项如下：

- const_value_index

  如果使用联合体中的 const_value_index 项，那就表示键值对里的值是个原始类型的常量值或 String 类型的字面量。

  const_value_index 项的值必须是对常量池表的一个有效索引。常量池在该索引处的成员，其类型必须与 tag 项相符，如表 4-11 所示。

- enum_const_value

  如果使用联合体中的 enum_const_value 项，那就表示键值对里的值是个枚举常量。

  enum_const_value 项包含如下两项：

  - type_name_index

    type_name_index 项的值必须是对常量池表的一个有效索引。常量池在该索引处的成员必须是 CONSTANT_Utf8_info（见 4.4.7 小节）结构，用以表示一个有效的字段描述符（见 4.3.2 小节），这个字段描述符给出了当前 element_value 结构所表示的枚举常量类型的二进制名称的内部形式（见 4.2.1 小节）。

  - const_name_index

    const_name_index 项的值必须是对常量池表的一个有效索引。常量池在该索引处的成员必须是 CONSTANT_Utf8_info（见 4.4.7 小节）结构，此结构给出了当前 element_value 结构所表示的枚举常量的简单名称。

- class_info_index

如果使用联合体中的 class_info_index 项，那就表示键值对里的值是个类字面量（class literal）。

class_info_index 项必须是指向常量池表项的有效索引。该索引处的常量池项必须是 CONSTANT_Utf8_info 结构（见 4.4.7 小节），用以表示返回描述符（见 4.3.3 小节）。返回描述符给出了与该 element_value 结构所表示的类字面量相对应的类型。类型与字面量的对应关系如下：

- 如果类字面量是 *C*.class，且 *C* 是类、接口或数组类型的名字，那么对应的类型就是 *C*。常量池中的返回描述符会是 *ObjectType* 或 *ArrayType*。
- 如果类字面量是 *p*.class，且 *p* 是原始类型的名称，那么对应的类型就是 *p*。常量池中的返回描述符会是一个 *BaseType* 字符。
- 如果类字面量是 void.class，那么对应的类型就是 void。常量池中的返回描述符会是 *V*。

例如，类字面量 Object.class 对应于类型 Object，因此常量池项就是 Ljava/lang/Object;，而类字面量 int.class 对应于类型 int，所以常量池项就是 I。

类字面量 void.class 对应于 void，因此常量池项是 *V*，而类字面量 Void.class 对应于类型 Void，所以常量池项是 Ljava/lang/Void;。

- annotation_value

  如果使用联合体中的 annotation_value 项，那就表示键值对里的值本身又是个注解。

  annotation_value 项的值是个 annotation 结构（见 4.7.16 节），它给出了当前这个 element_value 结构所表示的注解。

- array_value

  如果使用联合体中的 array_value 项，那就表示键值对里的值是个数组。

  array_value 项包含如下两项：

  - num_values

    num_values 项的值给出了由当前 element_value 结构所表示的数组的成员数量。

  - values

    values 表的每个成员的值对应了当前 element_value 结构所表示的数组中的一个元素。

### 4.7.17 RuntimeInvisibleAnnotations 属性

RuntimeInvisibleAnnotations 属性是变长属性，位于 ClassFile（见 4.1 节）、field_info（见 4.5 节）或 method_info（见 4.6 节）结构的属性表中。它用于保存 Java 语言中标注在类、方法或字段声明上面的运行时非可见注解。

每个 ClassFile、field_info 和 method_info 结构的属性表中最多只能含有一个 Runtime-InvisibleAnnotations 属性。

> RuntimeInvisibleAnnotations 属性和 RuntimeVisibleAnnotations 属性（见 4.7.16 小节）相似，但不同的是，RuntimeInvisibleAnnotations 表示的注解不能被反射 API 访问，除非 Java 虚拟机通过与实现相关的特殊方式（比如特定的命令行标志参数）保留这些注解。否则，Java 虚拟机将忽略 RuntimeInvisibleAnnotations 属性。

RuntimeInvisibleAnnotations 属性的格式如下：

```
RuntimeInvisibleAnnotations_attribute {
    u2         attribute_name_index;
    u4         attribute_length;
    u2         num_annotations;
    annotation annotations[num_annotations];
}
```

RuntimeInvisibleAnnotations_attribute 结构各项的说明如下：

- attribute_name_index

  attribute_name_index 项的值必须是对常量池表的一个有效索引。常量池在该索引处的成员必须是 CONSTANT_Utf8_info（见 4.4.7 小节）结构，用来表示字符串“RuntimeInvisibleAnnotations”。
- attribute_length

  attribute_length 项的值给出了当前属性的长度，不包括初始的 6 个字节。
- num_annotations

  num_annotations 项的值给出了当前结构所表示的运行时不可见注解的数量。
- annotations

  annotations 表中的每一项都表示标注在声明上面的一条运行时不可见注解。annotation 结构定义在 4.7.16 小节中。

### 4.7.18 RuntimeVisibleParameterAnnotations 属性

RuntimeVisibleParameterAnnotations 属性是变长属性，位于 method_info（见 4.6 节）结构的属性表中。RuntimeVisibleParameterAnnotations 属性记录了标注在对应方法的形式参数声明上面的运行时可见注解。Java 虚拟机必须保证这些注解可供取用，以便令合适的反射 API 能够将它们返回给调用者。

每个 method_info 结构的属性表中最多只能包含一个 RuntimeVisibleParameterAnnotations 属性。

RuntimeVisibleParameterAnnotations 属性的格式如下：

```
RuntimeVisibleParameterAnnotations_attribute {
    u2 attribute_name_index;
    u4 attribute_length;
    u1 num_parameters;
    {   u2         num_annotations;
        annotation annotations[num_annotations];
    } parameter_annotations[num_parameters];
}
```

RuntimeVisibleParameterAnnotations_attribute 结构各项的说明如下：

- attribute_name_index

  attribute_name_index 项的值必须是对常量池表的一个有效索引。常量池在该索引处的成员必须是 CONSTANT_Utf8_info（见 4.4.7 小节）结构，用以表示字符串“RuntimeVisibleParameterAnnotations”。

- attribute_length

  attribute_length 项的值给出了当前属性的长度，不包括初始的 6 个字节。

- num_parameters

  num_parameters 项的值给出了由 method_info 结构所表示的方法中形式参数的个数，注解正是添加在这个方法的参数上面。

  此信息也可从方法描述符中查出。

- parameter_annotations

  parameter_annotations 表中的每个成员都表示一个形式参数的所有运行时可见注解。parameter_annotations 表中的第 *i* 项，对应于方法描述符中的第 *i* 个形式参数（见 4.3.3 小节）。每个 parameter_annotations 成员都包含如下两项：

  - num_annotations

    num_annotations 项的值，表示标注在与当前这个 parameter_annotations 项相对应的那个形式参数声明上面的运行时可见注解个数。

  - annotations

    annotations 表中的每一项，都表示标注在与当前这个 parameter_annotations 项相对应的那个形式参数声明上面的一条运行时可见注解。annotation 结构参见 4.7.16 小节。

### 4.7.19 **RuntimeInvisibleParameterAnnotations** 属性

RuntimeInvisibleParameterAnnotations 属性是变长属性，位于 method_info（见 4.6 节）结构的属性表中。它用于保存标注在对应方法的形式参数声明上面的运行时不可见注解。

每个 method_info 结构的属性表中最多只能含有一个 RuntimeInvisibleParameterAnnotations 属性。

RuntimeInvisibleParameterAnnotations 属性和 RuntimeVisibleParame terAnnotations 属性（见 4.7.18 小节）类似，区别是 RuntimeInvisibleParameterAnnotations 属性表示的注解不能被反射的 API 访问，除非 Java 虚拟机通过与实现相关的特殊方式（比如特定的命令行标志参数）保留这些注解。否则，Java 虚拟机将忽略 RuntimeInvisibleParameterAnnotations 属性。

RuntimeInvisibleParameterAnnotations 属性的格式如下：

```
RuntimeInvisibleParameterAnnotations_attribute {
    u2 attribute_name_index;
    u4 attribute_length;
    u1 num_parameters;
    {   u2          num_annotations;
        annotation annotations[num_annotations];
    } parameter_annotations[num_parameters];
}
```

RuntimeInvisibleParameterAnnotations_attribute 结构各项的说明如下：

- attribute_name_index

  attribute_name_index 项的值必须是对常量池表的一个有效索引。常量池在该索引处的成员必须是 CONSTANT_Utf8_info（见 4.4.7 小节）结构，用以表示字符串“RuntimeInvisibleParameterAnnotations”。

- attribute_length

  attribute_length 项的值给出了当前属性的长度，不包括初始的 6 个字节。

- num_parameters

  num_parameters 项的值给出了由 method_info 结构所表示的方法中形式参数的个数，注解正是添加在这个方法的参数上面。

  此信息也可从方法描述符中查出。

- parameter_annotations

  parameter_annotations 表中的每个成员都表示一个形式参数的所有运行时非可见注解。parameter_annotations 表中的第 *i* 项，对应于方法描述符中的第 *i* 个形式参数（见 4.3.3 小节）。每个 parameter_annotations 成员都包含如下两项：

  - num_annotations

    num_annotations 项的值，表示标注在与当前这个 parameter_annotations 项相对应的那个形式参数声明上面的运行时非可见注解个数。

  - annotations

    annotations 表中的每一项，都表示标注在与当前这个 parameter_annotations 项相对应的那个形式参数声明上面的一条运行时不可见注解。annotation 结构参见 4.7.16 小节。

### 4.7.20 RuntimeVisibleTypeAnnotations 属性

RuntimeVisibleTypeAnnotations 属性是 ClassFile（见 4.1 节）、field_info（见 4.5 节）、method_info（见 4.6 节）结构或 Code 属性（见 4.7.3 小节）attributes 表中的变长属性。RuntimeVisibleTypeAnnotations 属性记录了标注在对应类声明、字段声明或方法声明所使用的类型上面的运行时可见注解，也记录了标注在对应方法体中某个表达式所使用的类型上面的运行时可见注解。此外，它还记录了标注在泛型类、接口、方法及构造器的类型参数声明上面的运行时可见注解。Java 虚拟机必须使这些注解可供取用，以便令合适的反射 API 能够将它们返回给调用者。

在 ClassFile 结构、field_info 结构、method_info 结构或 Code 属性的属性表中，最多只能有 1 个 RuntimeVisibleTypeAnnotations 属性。

只有当某个属性表的上级结构体或上级属性所对应的声明或表达式中带有加了注解的类型时，该属性表才可以包含 RuntimeVisibleTypeAnnotations 属性。

> 例如，对某个类声明的 implements 子句里的各类型所加的全部注解，都会记录在该类 ClassFile 结构体的 RuntimeVisibleTypeAnnotations 属性里。而对某个字段声明中的类型所加的全部注解，则会记录在该字段 field_info 结构体的 RuntimeVisibleTypeAnnotations 属性里。

RuntimeVisibleTypeAnnotations 属性的格式如下：

```
RuntimeVisibleTypeAnnotations_attribute {
    u2              attribute_name_index;
    u4              attribute_length;
    u2              num_annotations;
    type_annotation annotations[num_annotations];
}
```

RuntimeVisibleTypeAnnotations_attribute 结构体的各项，其含义如下：

- attribute_name_index

  attribute_name_index 项的值必须是指向常量池表项的有效索引。该索引处的常量池项，必须是个 CONSTANT_Utf8_info 结构，用以表示字符串 "RuntimeVisibleTypeAnnotations"。

- attribute_length

  attribute_length 项的值表示本属性的长度，它不包括开头的 6 个字节。

- num_annotations

  num_annotations 项的值，给出了本结构所代表的运行时可见的类型注解（runtime visible type annotations）的数量。

- annotations[]

  annotations 表中的每项都表示标注于声明或表达式所使用的类型上面的一条运行时可见注解。type_annotation 结构体的格式如下：

```
type_annotation {
    u1 target_type;
    union {
        type_parameter_target;
        supertype_target;
        type_parameter_bound_target;
        empty_target;
        method_formal_parameter_target;
        throws_target;
        localvar_target;
        catch_target;
        offset_target;
        type_argument_target;
    } target_info;
    type_path target_path;
    u2        type_index;
    u2        num_element_value_pairs;
    {   u2            element_name_index;
        element_value value;
    } element_value_pairs[num_element_value_pairs];
}
```

type_annotation 的前 3 项，也就是 target_type、target_info 及 target_path，指出了带注解的类型所在的精确位置。而后 3 项，也就是 type_index、num_element_value_pairs、element_value_pairs[]，则指出了注解本身的类型及键值对。

type_annotation 结构各项的含义如下：

- target_type

target_type 项的值指明了注解的目标是何种类。有很多种目标对应于 Java 语言的各种类型语境（type context），而 RuntimeVisibleTypeAnnotations 属性所描述的注解，就添加在某种类型语境中的声明及表达式所使用的类型上面（JLS §4.11）。

表 4-12 与表 4-13 列出了 target_type 的合法取值。每个值都是长度为 1 个字节的标记，用来指出当前使用的是 target_type 之后那个 target_info 联合体里的哪一项。联合体中正在使用的那一项给出了与注解目标有关的详细信息。

表 4-12 与表 4-13 中的每一种目标，对应于 JLS §4.11 里的一个类型语境。也就是说，值在 0x10 ~ 0x17 及 0x40 ~ 0x42 之间的 target_type，对应于 1 ~ 10 号目标语境，而值在 0x43 ~ 0x4B 之间的 target_type，则对应于 11 至 15 号类型语境。

target_type 项决定了 RuntimeVisibleTypeAnnotations 属性中的 type_annotation 结构应该出现在 ClassFile 结构、field_info 结构、method_info 结构还是 Code 属性中。表 4-14 指出了每个合法的 target_type 值所在的 type_annotation 结构体应该出现在谁的 RuntimeVisibleTypeAnnotations 属性之中。

- target_info

target_info 项的值准确地指出了本条注解添加在声明或表达式中的哪个类型上面。

target_info 联合体的各项，列在 4.7.20.1 小节里。

- target_path

  target_path 项的值准确地指出了本条注解添加在由 target_info 所指出的类型的哪一部分上面。

  type_path 结构体的格式，列在 4.7.20.2 小节里。

- type_index、num_element_value_pairs 及 element_value_pairs[]

  type_annotation 结构体里面的这些项，其含义与它们在 annotation 结构体中的含义（见 4.7.16 小节）相同。

**表 4-12　target_type 值的含义（第 1 部分）**

| 值 | 目标的种类 | target_info 项 |
|---|---|---|
| 0x00 | 泛型类或接口的类型参数声明 | type_parameter_target |
| 0x01 | 泛型方法或构造器的类型参数声明 | type_parameter_target |
| 0x10 | 类或接口声明（也包括匿名类声明中的直接超类声明）中的 extends 子句里的类型，或者接口声明中的 implements 子句里的类型 | supertype_target |
| 0x11 | 在声明泛型类或接口的类型参数界限时，所用到的类型 | type_parameter_bound_target |
| 0x12 | 在声明泛型方法或构造器的类型参数界限时，所用到的类型 | type_parameter_bound_target |
| 0x13 | 字段声明中的类型 | empty_target |
| 0x14 | 方法的返回值类型，或者新构建好的对象的类型 | empty_target |
| 0x15 | 方法或构造器的接收者（receiver）类型 | empty_target |
| 0x16 | 方法、构造器或 lambda 表达式的形式参数声明中的类型 | formal_parameter_target |
| 0x17 | 方法或构造器 throws 子句中的类型 | throws_target |

**表 4-13　target_type 值的含义（第 2 部分）**

| 值 | 目标的种类 | target_info 项 |
|---|---|---|
| 0x40 | 局部变量声明中的类型 | localvar_target |
| 0x41 | 资源变量声明中的类型 | localvar_target |
| 0x42 | 异常参数声明中的类型 | catch_target |
| 0x43 | *instanceof* 表达式中的类型 | offset_target |
| 0x44 | *new* 表达式中的类型 | offset_target |
| 0x45 | 以 ::*new* 的形式来表述的方法引用表达式中的类型 | offset_target |
| 0x46 | 以 ::*Identifier* 的形式来表述的方法引用表达式中的类型 | offset_target |
| 0x47 | 类型转换表达式中的类型 | type_argument_target |

（续）

| 值 | 目标的种类 | target_info 项 |
| --- | --- | --- |
| 0x48 | *new* 表达式中的泛型构造器或显式构造器调用语句中的类型参数 | type_argument_target |
| 0x49 | 方法调用表达式中的泛型方法的类型参数 | type_argument_target |
| 0x4A | 在以 ::*new* 的形式来表述的方法引用表达式中，泛型构造器的类型参数 | type_argument_target |
| 0x4B | 在以 ::*Identifier* 的形式来表述的方法引用表达式中，泛型方法的类型参数 | type_argument_target |

表 4-14 target_type 值所在的 RuntimeVisibleTypeAnnotations 属性应该出现的位置

| 值 | 目标的种类 | 位置 |
| --- | --- | --- |
| 0x00 | 泛型类或接口的类型参数声明 | ClassFile |
| 0x01 | 泛型方法或构造器的类型参数声明 | method_info |
| 0x10 | 类或接口声明中的 extends 子句里的类型，或者接口声明中的 implements 子句里的类型 | ClassFile |
| 0x11 | 在声明泛型类或接口的类型参数界限时，所用到的类型 | ClassFile |
| 0x12 | 在声明泛型方法或构造器的类型参数界限时，所用到的类型 | method_info |
| 0x13 | 字段声明中的类型 | field_info |
| 0x14 | 方法或构造器的返回值类型 | method_info |
| 0x15 | 方法或构造器的接收者类型 | method_info |
| 0x16 | 方法、构造器或 lambda 表达式的形式参数声明中的类型 | method_info |
| 0x17 | 方法或构造器 throws 子句中的类型 | method_info |
| 0x40-0x4B | 局部变量声明、资源变量声明、异常参数声明及表达式中所用到的类型 | Code |

#### 4.7.20.1 target_info 联合体

target_info 联合体中的项精确地指出了本条注解添加在声明或表达式中的哪个类型上面。然而第一项却例外，它不是指出声明或表达式中的某个类型，而是指出哪一个类型参数的声明上面添加了注解。联合体中各项的含义如下：

- 如果使用 target_info 联合体中的 type_parameter_target 项，那就意味着：本条注解添加在泛型类、泛型接口、泛型方法或泛型构造器的第 $i$ 个类型参数声明上面。

  ```
  type_parameter_target {
        u1 type_parameter_index;
  }
  ```

  type_parameter_index 项的值指出了本条注解添加在哪个类型参数的声明上面。它的值如果 0，那就表示本条注解添加在首个类型参数声明上面。

- 如果使用 target_info 联合体中的 supertype_target 项，那就意味着：本条注解添加在类声明或接口声明的 extends 子句或 implements 子句里的某个类型上面。

```
supertype_target {
    u2 supertype_index;
}
```

supertype_index 的值如果是 65535，那就表示本条注解添加在类声明的 extends 子句中的那个超类名称上。

除了 65535 之外的其他 supertype_index 值，都是对外围 ClassFile 结构 interfaces 数组的索引，该索引处的元素要么是类声明的 implements 子句中的某个超接口，要么是接口声明的 extends 子句中的某个超接口，本条注解就添加在那个超接口上面。

- 如果使用 target_info 联合体中的 type_parameter_bound_target 项，那就意味着：本条注解添加在泛型类、泛型接口、泛型方法或泛型构造器第 $j$ 个类型参数声明中的第 $i$ 个界限上面。

```
type_parameter_bound_target {
    u1 type_parameter_index;
    u1 bound_index;
}
```

type_parameter_index 项的值指出了带有注解的那个界限是针对哪一个类型参数声明而言的。type_parameter_index 的值如果是 0，那就表示该界限针对的是首个类型参数声明。

bound_index 项的值指出了在由 type_parameter_index 所确定的那个类型参数声明中，究竟是哪一个界限上面添加了本条注解。bound_index 的值如果是 0，那就表示本注解添加在类型参数声明中的首个界限上面。

type_parameter_bound_target 项可以说明某个界限添加了注解，但它并没有记录该界限所指的类型。此类型可以从保存在适当的 Signature 属性中的类签名或方法签名里面查出。

- 如果使用 target_info 联合体中的 empty_target 项，那就意味着：本注解添加在字段声明、方法的返回值类型、新构造的对象的类型或是方法或构造器的接收者类型上面。

```
empty_target {
}
```

由于这些位置上面都只会出现一个类型，所以当 target_info 联合体表示的是 empty_target 时，不需要再给出类型语境中每个类型的信息。

- 如果使用 target_info 联合体中的 formal_parameter_target 项，那就意味着：本注解添加在方法、构造器或 lambda 表达式的形式参数声明中的类型上面。

```
formal_parameter_target {
    u 1 formal_parameter_index;
}
```

formal_parameter_index 项的值指出了带有注解的类型位于哪一个形式参数声明之中。如果 formal_parameter_index 的值是 0，那就表示该类型处在首个形式参数的声明之中。

formal_parameter_target 项可以说明某个形式参数的类型是带有注解的，但它并没有记录那个类型本身是什么。我们可以通过 RuntimeVisibleTypeAnnotations 属性外围的 method_info 结构中的方法描述符（见 4.3.3 小节）来检视该类型。formal_parameter_index 的值如果是 0，那就表示该类型由方法描述符中的首个参数描述符来描述。

- 如果使用 target_info 联合体中的 throws_target 项，那就意味着：本注解添加在方法声明或构造器声明的 throws 子句所提到的第 *i* 个类型上面。

```
throws_target {
    u2 throws_type_index;
}
```

throws_type_index 项的值是对 exception_index_table 数组的索引，该数组位于 RuntimeVisibleTypeAnnotations 属性外围的 method_info 结构中的 Exceptions 属性里。

- 如果使用 target_info 联合体中的 localvar_target 项，那就意味着：本注解添加在局部变量声明中的类型上面（这里所说的局部变量，也包括声明在 try-with-resources 语句结构中的资源变量）。

```
localvar_target {
    u2 table_length;
    {
        u2 start_pc;
        u2 length;
        u2 index;
    } table[table_length];
}
```

table_length 项的值给出了 table 数组中的元素个数。table 数组的每个元素都以字节码在 code 数组中的偏移量来限定某个范围，此局部变量在这个范围内是有值的。数组元素还指出了此局部变量在当前帧的局部变量表中的索引。table 数组的每个元素含有下列 3 项：

start_pc 和 length

当给定的局部变量位于 code 数组的 [ start_pc , start_pc + length ) 范围内，也就是处在由偏移量大于等于 start_pc 且小于 start_pc + length

的字节码所构成的范围内时，该局部变量是有值的。

index

在当前帧的局部变量表中，给定的局部变量必定位于索引为 index 的位置上。

如果 index 所指的局部变量是 double 型或 long 型，那么该局部变量会占据 index 及 index + 1 这两个位置。

一个局部变量是可以有多个活跃范围（live range）的，而这些范围可以用局部变量表中的多个索引项来表示[㊀]，因此，其类型添加了注解的局部变量，必须用一整张表格才能完全表述出来。表格中每个元素的 start_pc、length 及 index 项所包含的信息，与 LocalVariableTable 属性中的这些项所包含的信息相同。localvar_target 项可以说明局部变量的类型加了注解，但它并没有记录这个类型本身。我们可从适当的 LocalVariableTable 属性中查出该类型。

- 如果使用 target_info 联合体中的 catch_target 项，那就意味着：本注解添加在异常参数声明中的第 *i* 个类型上面。

```
catch_target {
    u2 exception_table_index;
}
```

exception_table_index 项的值是对 exception_table 数组的索引，该数组位于 RuntimeVisibleTypeAnnotations 属性外围的 Code 属性中。

如果 try 语句带有 multi-catch 子句[㊁]，那么异常参数声明里面就会出现多个类型，此时，异常参数的类型就是这些类型的并集（参见 JLS § 14.20）。对于并集中的每个类型来说，编译器通常会在 exception_table 中创建与之对应的元素，而我们可以通过 catch_target 项中的 exception_table_index 来区分这些元素。如此一来，就能保持类型与注解之间的对应关系了。

- 如果使用 target_info 联合体中的 offset_target 项，那就意味着：本注解要么添加在 *instanceof* 表达式或 *new* 表达式的类型上面，要么添加在方法引用表达式的 :: 符号前方的类型上面。

```
offset_target {
    u2 offset;
}
```

offset 项的值用来描述与 *instanceof* 表达式相对应的 *instanceof* 字节码指令在 code 数组里的偏移量、与 *new* 表达式相对应的 *new* 字节码指令在 code 数组里的偏移量，

㊀ 这种情况的详细信息，可参阅《Type Annotations Specification (JSR 308)》（http://types.cs.washington.edu/jsr308/specification/java-annotation-design.html）的 3.3.7 小节。——译者注

㊁ 可以同时捕获多种异常的 catch 子句，例如：catch (ClassNotFoundException | IllegalAccess-Exception ex){...}。——译者注

或是与方法引用表达式相对应的字节码指令在 code 数组里的偏移量。

- 如果使用 target_info 联合体中的 type_argument_target 项，那就意味着：本条注解要么添加在类型转换表达式的第 *i* 个类型上面，要么添加在显式类型参数列表的第 *i* 个类型参数上面。这种参数列表针对的是 *new* 表达式、显式构造器调用语句、方法调用表达式或方法引用表达式。

```
type_argument_target {
    u2 offset;
    u1 type_argument_index;
}
```

offset 项的值是某条字节码指令相对于 code 数组的偏移量。该指令可能是与类型转换表达式相对应的指令、与 *new* 表达式相对应的 *new* 指令、与显式构造器调用语句相对应的指令、与方法调用表达式相对应的指令，或与方法引用表达式相对应的指令。对于类型转换表达式来说，type_argument_index 项的值表示本条注解添加在类型转换操作符里的哪个类型上面。type_argument_index 的值如果是 0，那就表示本注解添加在类型转换操作符的首个（或唯一的那个）类型上面。

在向交集类型（intersection type）转换的时候，转型表达式中会出现多个类型。

对于显式类型参数列表来说，type_argument_index 项的值表示本条注解添加在哪个类型参数上面。type_argument_index 的值如果是 0，那就表示添加在首个类型参数上。

#### 4.7.20.2 type_path 结构体

对于声明或表达式里面用到的某个类型来说，type_path 结构体可以指出该类型的哪一部分加了注解。注解可能会直接添加到该类型本身，但如果此类型是个引用类型的话，那么注解还可以添加在该类型的其他位置上：

- 如果声明或表达式里用到了数组类型 T[]，那么注解可以添加在它的任何组件类型上面，这其中也包括该数组类型的元素类型。
- 如果声明或表达式里用到了嵌套类型 T1.T2，那么注解既可以添加在顶级类型的名称上面，也可以添加在任何成员类型的名称上面。
- 如果声明或表达式里用到了参数化类型 *T*<*A*>、*T*<? *extends A*> 或 *T*<? *super A*>，那么注解既可以添加在类型参数上，也可以添加在任何通配符类型参数（wildcard type argument）的边界上。

例如，String[][] 这个类型的不同部分可以分别添加注解：

```
@Foo String[][]     // Annotates the class type String
String @Foo [][]    // Annotates the array type String[][]
String[] @Foo []    // Annotates the array type String[]
```

Outer.Middle.Inner 这个嵌套类型的不同部分可以分别添加注解：

```
@Foo Outer.Middle.Inner
```

```
Outer.@Foo Middle.Inner
Outer.Middle.@Foo Inner
```

参数化类型 Map<String,Object> 及 List<...> 的不同部位，也可以分别添加注解：

```
@Foo Map<String,Object>
Map<@Foo String,Object>
Map<String,@Foo Object>

List<@Foo ? extends String>
List<? extends @Foo String>
```

type_path 结构的格式如下：

```
type_path {
    u1 path_length;
    {   u1 type_path_kind;
        u1 type_argument_index;
    } path[path_length];
}
```

path_length 项的值给出了 path 数组中的元素个数：

- 如果 path_length 的值是 0，那就表示注解是直接添加在类型本身上面的。
- 如果 path_length 的值不是 0，那么 path 数组中的每个元素就从左至右逐步深入地指出本条注解在数组类型、嵌套类型或参数化类型里的精确位置。（对于数组类型来说，先看注解是不是添加在数组类型自身上面，然后看是不是加在它的组件类型上面，接下来看是不是加在组件类型的组件类型上面，依此类推，直到元素类型为止。）path 数组里的每个元素含有下列两项：

  type_path_kind

  type_path_kind 项的合法取值列在表 4-15 之中。

表 4-15 各种 **type_path_kind** 取值的含义

| 值 | 含义 |
|---|---|
| 0 | 注解位于数组类型的深处 |
| 1 | 注解位于嵌套类型的深处 |
| 2 | 注解添加在参数化类型中某个通配符类型参数的边界上 |
| 3 | 注解添加在参数化类型中的某个类型参数上 |

  type_argument_index

  type_path_kind 项的值如果是 0、1 或 2，那么 type_argument_index 项的值就是 0。

  type_path_kind 项的值如果是 3，那么 type_argument_index 项的值会指出参数化类型中带有注解的那个类型参数，0 表示本条注解添加在参数化类型中的首个类型参数上面。

表 4-16 以 **@A Map<@B ? extends @C String, @D List<@E Object>>** 中的各注解为例来演示 **type_path** 结构体

| 注解 | path_length | path |
|---|---|---|
| @A | 0 | [] |
| @B | 1 | [{type_path_kind: 3; type_argument_index: 0}] |
| @C | 2 | [{type_path_kind: 3; type_argument_index: 0}, {type_path_kind: 2; type_argument_index: 0}] |
| @D | 1 | [{type_path_kind: 3; type_argument_index: 1}] |
| @E | 2 | [{type_path_kind: 3; type_argument_index: 1}, {type_path_kind: 3; type_argument_index: 0}] |

表 4-17 以 **@I String @F [] @G [] @H []** 中的各注解为例来演示 **type_path** 结构体

| 注解 | path_length | path |
|---|---|---|
| @F | 0 | [] |
| @G | 1 | [{type_path_kind: 0; type_argument_index: 0}] |
| @H | 2 | [{type_path_kind: 0; type_argument_index: 0}, {type_path_kind: 0; type_argument_index: 0}] |
| @I | 3 | [{type_path_kind: 0; type_argument_index: 0}, {type_path_kind: 0; type_argument_index: 0}, {type_path_kind: 0; type_argument_index: 0}] |

表 4-18 以 **@A List<@B Comparable<@F Object @C [] @D [] @E []>>** 中的各注解为例来演示 **type_path** 结构体

| 注解 | path_length | path |
|---|---|---|
| @A | 0 | [] |
| @B | 1 | [{type_path_kind: 3; type_argument_index: 0}] |
| @C | 2 | [{type_path_kind: 3; type_argument_index: 0}, {type_path_kind: 3; type_argument_index: 0}] |
| @D | 3 | [{type_path_kind: 3; type_argument_index: 0}, {type_path_kind: 3; type_argument_index: 0}, {type_path_kind: 0; type_argument_index: 0}] |
| @E | 4 | [{type_path_kind: 3; type_argument_index: 0}, {type_path_kind: 3; type_argument_index: 0}, {type_path_kind: 0; type_argument_index: 0}, {type_path_kind: 0; type_argument_index: 0}] |
| @F | 5 | [{type_path_kind: 3; type_argument_index: 0}, {type_path_kind: 3; type_argument_index: 0}, {type_path_kind: 0; type_argument_index: 0}, {type_path_kind: 0; type_argument_index: 0}, {type_path_kind: 0; type_argument_index: 0}] |

表 4-19 以 @C Outer . @B Middle . @A Inner 中的各注解为例来演示 type_path 结构体

| 注解 | path_length | path |
|---|---|---|
| @A | 2 | [{type_path_kind: 1; type_argument_index: 0}, {type_path_kind: 1; type_argument_index: 0}] |
| @B | 1 | [{type_path_kind: 1; type_argument_index: 0}] |
| @C | 0 | [] |

表 4-20 以 Outer . Middle<@D Foo . @C Bar> . Inner<@B String @A []> 中的各注解为例来演示 type_path 结构体

| 注解 | path_length | path |
|---|---|---|
| @A | 3 | [{type_path_kind: 1; type_argument_index: 0}, {type_path_kind: 1; type_argument_index: 0}, {type_path_kind: 3; type_argument_index: 0}] |
| @B | 4 | [{type_path_kind: 1; type_argument_index: 0}, {type_path_kind: 1; type_argument_index: 0}, {type_path_kind: 3; type_argument_index: 0}, {type_path_kind: 0; type_argument_index: 0}] |
| @C | 3 | [{type_path_kind: 1; type_argument_index: 0}, {type_path_kind: 3; type_argument_index: 0}, {type_path_kind: 1; type_argument_index: 0}] |
| @D | 2 | [{type_path_kind: 1; type_argument_index: 0}, {type_path_kind: 3; type_argument_index: 0}] |

### 4.7.21 RuntimeInvisibleTypeAnnotations 属性

RuntimeInvisibleTypeAnnotations 属性是 ClassFile（见 4.1 节）、field_info（见 4.5 节）、method_info（见 4.6 节）结构或 Code 属性（见 4.7.3 小节）attributes 表中的变长属性。RuntimeInvisibleTypeAnnotations 属性记录了标注在对应类声明、字段声明或方法声明所使用的类型上面的运行时不可见注解，也记录了标注在对应方法体中某个表达式所使用的类型上面的运行时不可见注解。此外，它还记录了标注在泛型类、接口、方法及构造器的类型参数声明上面的运行时不可见注解。

在 ClassFile 结构、field_info 结构、method_info 结构或 Code 属性的属性表中，最多只能有 1 个 RuntimeInvisibleTypeAnnotations 属性。

只有当某个属性表的上级结构体或上级属性所对应的声明或表达式中带有加了注解的类型时，该属性表才可以包含 RuntimeInvisibleTypeAnnotations 属性。

RuntimeInvisibleTypeAnnotations 属性的格式如下：

```
RuntimeInvisibleTypeAnnotations_attribute {
    u2          attribute_name_index;
    u4          attribute_length;
    u2          num_annotations;
```

```
    type_annotation annotations[num_annotations];
}
```

RuntimeInvisibleTypeAnnotations_attribute 结构体的各项，其含义如下：

- attribute_name_index

  attribute_name_index 项的值必须是指向常量池表项的有效索引。该索引处的常量池项，必须是个 CONSTANT_Utf8_info 结构，用以表示字符串 "RuntimeInvisibleTypeAnnotations_attribute"。

- attribute_length

  attribute_length 项的值表示本属性的长度，它不包括开头的 6 个字节。

- num_annotations

  num_annotations 项的值，给出了本结构所代表的运行时不可见的类型注解（run-time invisible type annotations）的数量。

- annotations[]

  annotations 表中的每项，都表示标注于声明或表达式所使用的类型上面的一条运行时不可见注解。type_annotation 结构体的格式定义在 4.7.20 小节中。

### 4.7.22 AnnotationDefault 属性

AnnotationDefault 属性是个长度可变的属性，它出现在某些 method_info 结构体（见 4.6 节）的属性表里，而那种 method_info 结构体，则用来表示注解类型中的元素（JLS §9.6.1）。AnnotationDefault 属性记录了由 method_info 结构所表示的那个元素的默认值（JLS §9.6.2）。Java 虚拟机必须令默认值可供取用，以便使合适的反射 API 能够将其提供给调用者。

如果某个 method_info 结构体用来描述注解类型里的元素，那么该结构体的属性表中最多只能有 1 个 AnnotationDefault 属性。

AnnotationDefault 属性的格式如下：

```
AnnotationDefault_attribute {
    u2            attribute_name_index;
    u4            attribute_length;
    element_value default_value;
}
```

AnnotationDefault_attribute 结构各项的说明如下：

- attribute_name_index

  attribute_name_index 项的值必须是对常量池表的一个有效索引。常量池在该索引处的成员必须是 CONSTANT_Utf8_info（见 4.4.7 小节）结构，用以表示字符串 “AnnotationDefault”。

- attribute_length

  attribute_length 项的值给出了当前属性的长度，不包括初始的 6 个字节。

- default_value

  default_value 项表示由 AnnotationDefault 属性外围的 method_info 结构所描述的那个注解类型元素的默认值。

### 4.7.23 BootstrapMethods 属性

BootstrapMethods 属性是变长属性，位于 ClassFile（见 4.1 节）结构的属性表中。它用于保存由 *invokedynamic* 指令（见 6.5 节的 invokedynamic 小节）引用的引导方法限定符。

如果某个 ClassFile 结构的常量池表中有至少一个 CONSTANT_InvokeDynamic_info（见 4.4.10 小节）成员，那么这个 ClassFile 结构的属性表就必须包含，且只能包含一个 BootstrapMethods 属性。

ClassFile 结构的属性表中最多只能有一个 BootstrapMethods 属性。

BootstrapMethods 属性的格式如下：

```
BootstrapMethods_attribute {
    u2 attribute_name_index;
    u4 attribute_length;
    u2 num_bootstrap_methods;
    {   u2 bootstrap_method_ref;
        u2 num_bootstrap_arguments;
        u2 bootstrap_arguments[num_bootstrap_arguments];
    } bootstrap_methods[num_bootstrap_methods];
}
```

BootstrapMethods_attribute 结构各项的说明如下：

- attribute_name_index

  attribute_name_index 项的值必须是对常量池表的一个有效索引。常量池在该索引处的成员必须是 CONSTANT_Utf8_info（见 4.4.7 小节）结构，用以表示字符串“BootstrapMethods”。

- attribute_length

  attribute_length 项的值给出了当前属性的长度，不包括初始的 6 个字节。

  attribute_length 项的值由 ClassFile 结构中 *invokedynamic* 指令的数量决定。

- num_bootstrap_methods

  num_bootstrap_methods 项的值给出了 bootstrap_methods 数组中的引导方法限定符的数量。

- bootstrap_methods[]

  bootstrap_methods[] 数组的每个成员包含一个指向 CONSTANT_MethodHandle_info（见 4.4.8 小节）结构的索引值，该结构指明了一个引导方法，并指明了一个由索引组成的序列（可能是空序列），此序列里的索引指向该引导方法的**静态参数**（static argument）。

bootstrap_methods[] 数组每个成员必须包含以下 3 项：

- bootstrap_method_ref

  bootstrap_method_ref 项的值必须是对常量池表的一个有效索引。常量池在该索引处的值必须是一个 CONSTANT_MethodHandle_info（见 4.4.8 小节）结构。

方法句柄的形式，由 *invokedynamic*（参见 6.5 节的 invokedynamic 小节）指令中调用点限定符（call site specifier）的持续解析过程来决定，java.lang.invoke.MethodHandle 类的 invoke 方法在执行的时候，要求引导方法的句柄必须能按传入的实际参数做出调整，就好似通过 java.lang.invoke.MethodHandle.asType 来调用一般。与之相应，CONSTANT_MethodHandle_info 结构 reference_kind 项的值应该是 6 或 8（见 5.4.3.5 子小节），而 reference_index 项则应指明一个静态方法或构造器，它依次接受三个类型分别为 java.lang.invoke.MethodHandles.Lookup、String 及 java.lang.invoke.MethodType 的参数。如果不符合上述要求，那么在调用点限定符的解析过程中，对引导方法句柄的调用就会失败。

- num_bootstrap_arguments

  num_bootstrap_arguments 项的值给出了 bootstrap_arguments 数组的元素个数。

- bootstrap_arguments

  bootstrap_arguments 数组的每个成员必须是对常量池表的一个有效索引。常量池表在该索引处必须是下列结构之一：CONSTANT_String_info(见 4.4.3 小节)、CONSTANT_Class_info（见 4.4.1 小节）、CONSTANT_Integer_info（见 4.4.4 小节）、CONSTANT_Long_info（见 4.4.5 小节）、CONSTANT_Float_info（见 4.4.4 小节），CONSTANT_Double_info（见 4.4.5 小节）、CONSTANT_MethodHandle_info（见 4.4.8 小节）或 CONSTANT_MethodType_info（见 4.4.9 小节）。

### 4.7.24 MethodParameters 属性

MethodParameters 属性是 method_info 结构（见 4.6 节）属性表中的变长属性。MethodParameters 属性记录了与形式参数有关的信息，例如参数名称等等。

method_info 结构的属性表中，最多只能有 1 个 MethodParameters 属性。

MethodParameters 属性的格式如下：

```
MethodParameters_attribute {
    u2 attribute_name_index;
    u4 attribute_length;
    u1 parameters_count;
    {   u2 name_index;
        u2 access_flags;
    } parameters[parameters_count];
}
```

MethodParameters_attribute 结构各项的含义如下：

- attribute_name_index

  attribute_name_index 项的值必须是指向常量池表的有效索引。常量池在该索引处的项，必须是个 CONSTANT_Utf8_info 结构，用以表示字符串 "MethodParameters"。

- attribute_length

  attribute_length 项的值给出了该属性的长度，此长度不计算前 6 个字节。

- parameters_count

  parameters_count 项的值指出了在由本属性外围 method_info 结构里的 descriptor_index 所引用的那个方法描述符中，有多少个参数描述符。

  Java 虚拟机实现在执行格式检查（见 4.8 节）时，并不一定要保证该项的正确性。检查方法描述符里的参数描述符与下面要介绍的 parameters 数组里的项是否匹配，那是 Java SE 平台反射库的任务。

- parameters[]

  parameters 数组中的每个元素都包含下列两项：

- name_index

  name_index 项的值要么是 0，要么是指向常量池表的有效索引。

  如果 name_index 项的值是 0，那就表示 parameters 数组里的这个元素，描述的是个没有名称的形式参数。

  如果 name_index 项的值不是 0，那么该索引处的常量池项必须是个 CONSTANT_Utf8_info 结构，此结构表示一个有效的非限定名，用来指代某个形式参数（见 4.2.2 小节）。

- access_flags

  access_flags 项的各种取值，其含义如下：

  0x0010 (ACC_FINAL)

  表示这个形式参数声明为 final。

  0x1000 (ACC_SYNTHETIC)

  表示这个形式参数并没有显式或隐式地声明在源代码中，此判断是根据编写源代码所用的编程语言的规范书做出的（JLS §13.1）。（也就是说，这个形式参数由制作这份 class 文件的编译器生成。）

  0x8000 (ACC_MANDATED)

  表示这个形式参数隐式地声明在源代码中，此判断是根据编写源代码所用的编程语言的规范书做出的（JLS §13.1）（也就是说，某种编程语言的规范书，强制要求所有针对该语言的编译器都必须生成这个形式参数）。

parameters 数组的第 *i* 项，对应于外围方法的描述符里的第 *i* 个参数描述符。（由于方法描述符最多只能有 255 个参数，因此 parameters_count 项只需占用 1 字节即可。）实际上，这就意味着 parameters 数组保存了本方法所有参数的信息。也可以使用另一种存储方式，那就是令 parameters 数组里的项指出与之相对应的参数描述符，但那样做会使 MethodParameters 属性过于复杂。

parameters 数组的第 *i* 项，可能与外围方法 Signature 属性（如果有的话）的第 *i* 个类型，或外围方法参数注解中的第 *i* 个注解相对应，也可能不与之对应。

## 4.8 格式检查

如果 Java 虚拟机准备加载（见 5.3 节）某个 class 文件，那么它首先应保证这个文件符合 class 文件（见 4.1 节）的基本格式，这个过程就称为**格式检查**（format checking）。所需验证的事项有：

- 前四个字节必须是正确的魔数（magic number）。
- 能够辨识出来的所有属性都必须具备合适的长度。
- class 文件的内容不能缺失，尾部也不能有多余字节。
- 常量池必须符合 4.4 节所规定的各项约束。

例如，常量池中每个 CONSTANT_Class_info 结构的 name_index 项，都必须是指向常量池里某个 CONSTANT_Utf8_info 结构的有效索引。

- 常量池中的所有字段引用及方法引用，都必须具备有效的名称、有效的类及有效的描述符（见 4.3 节）。

格式检查并不确保某字段或某方法真的在某个类中，也不确保某描述符会指向真实的类。格式检查只保证这些项的格式是正确的。而更为详细的检查，则是在验证字节码本身及解析环节里面执行的。

凡是要解读 class 文件的内容，就必须执行基本的 class 文件完整性检查。由于格式检查与字节码验证均是完整性检查的一种形式，因此这二者一直都容易混淆起来，然而，它们毕竟是互不相同的两件事。

## 4.9 Java 虚拟机代码约束

Java 虚拟机将普通方法、实例初始化方法或类和接口初始化方法（见 2.9 节）的代码存储在 class 文件 method_info 结构里的 Code 属性的 code 数组中（见 4.7.3 小节）。本节将会描述与 Code_attribute 结构内容相关的约束情况。

### 4.9.1 静态约束

class 文件的**静态约束**（static constraint）是一系列用来定义文件是否编排良好的约束。除了对 class 文件里的代码所施加的静态约束之外，其余约束都已在前面各章节中讲过了。对 class 文件中的代码所施加的静态约束确定了 Java 虚拟机指令在 code 数组中是如何排列的，以及某些特殊的指令必须带有哪些操作数等。

code 数组中指令的静态约束情况如下：

- code 数组中只能出现 6.5 节中所列的指令。使用了那些保留的（见 6.2 节）或没有列在本规范中的操作码的指令，不允许出现在 code 数组中。

  如果 class 文件的版本号等于或高于 51.0，那么 *jsr* 和 *jsr_w* 这两个操作码也不能出现在 code 数组中。
- code 数组中第一条指令的操作码是从数组中索引为 0 处开始的。
- 对于 code 数组中除最后一条指令外的其他指令来说，后一条指令的操作码的索引等于当前指令操作码的索引加上当前指令的长度（包含指令带有的操作数）。

  *wide* 指令在这种情况下将与其他的指令使用相同的规则进行处理：跟随在 *wide* 指令之后的操作码用于表示 *wide* 指令所要修饰的操作，该操作码将会被视为 *wide* 指令的操作数。程序跳转时不能被直接跳转到该操作码。
- code 数组中最后一条指令的最后一个字节的索引必须等于 code_length-1。

  code 数组中指令的操作数的静态约束情况如下：
- 所有跳转和分支指令（*jsr*、*jsr_w*、*goto*、*goto_w*、*ifeq*、*ifne*、*ifle*、*iflt*、*ifgt*、*ifnull*、*ifnonnull*、*if_icmpeq*、*if_icmpne*、*if_icmple*、*if_icmplt*、*if_icmpge*、*if_icmpgt*、*if_acmpeq*、*if_acmpne*）的跳转目标必须是本方法内某个指令的操作码。

  但跳转与分支指令的目标一定不能是某条被 *wide* 指令所修饰的指令的操作码；跳转与分支指令的跳转目标可以是 *wide* 指令本身。
- 每个 *tableswitch* 指令的跳转目标（包含 default 目标）都必须是当前方法内某个指令的操作码。

  每个 *tableswitch* 指令必须在它的跳转表中包含与自己的 *low* 和 *high* 跳转表操作数的值相等的条目，并且 *low* 值必须小于等于 *high* 值。

  *tableswitch* 指令的跳转目标也不能是某条被 *wide* 指令所修饰的指令的操作码；*tableswitch* 的跳转目标可以是 *wide* 指令本身。
- 每个 *lookupswitch* 指令的跳转目标（包含 default 目标）都必须是当前方法内某个指令的操作码。

  每个 *lookupswitch* 指令都必须包含与自己的 *npairs* 操作数的值数量相等的 *match-offset* 值对。这些 *match-offset* 值对，必须根据带符号的 *match* 值，以递增顺序排列。

  *lookupswitch* 指令的跳转目标也不能是某条被 *wide* 指令所修饰的指令的操作码；*lookupswitch* 指令的跳转目标可以是 *wide* 指令本身。

- 每个 *ldc* 和 *ldc_w* 指令的操作数都必须是常量池表中的一个有效索引。被此索引所引用的常量池成员，其类型必须符合下列规则：
  - 如果 class 文件版本号小于 49.0，那就必须是 CONSTANT_Integer、CONSTANT_Float 或 CONSTANT_String。
  - 如果 class 文件版本号是 49.0 或 50.0，那就必须是 CONSTANT_Integer、CONSTANT_Float、CONSTANT_String 或 CONSTANT_Class。
  - 如果 class 文件版本号大于等于 51.0，那就必须是 CONSTANT_Integer、CONSTANT_Float、CONSTANT_String、CONSTANT_Class、CONSTANT_MethodType 或 CONSTANT_MethodHandle。
- 每个 *ldc2_w* 指令的操作数都必须是常量池表内的一个有效索引。被此索引所引用的常量池成员必须是 CONSTANT_Long 或 CONSTANT_Double。

  另外，紧随其后的那个常量池索引也必须是对常量池的一个有效索引，并且该索引处的常量池成员不允许使用。
- 每个 *getfield*、*putfield*、*getstatic* 和 *putstatic* 指令的操作数都必须是常量池表内的一个有效索引。由这些索引所引用的常量池成员必须是 CONSTANT_Fieldref 类型。
- *invokevirtual* 指令的 *indexbyte* 操作数[⊖]，必须表示指向常量池表的有效索引。该索引所引用的常量池项，其类型必须是 CONSTANT_Methodref。
- *invokespecial* 指令及 *invokestatic* 指令的索引字节操作数，必须表示指向常量池表的有效索引。如果 class 文件的版本号小于 52.0，那么该索引所引用的常量池项，其类型必须 CONSTANT_Methodref；如果 class 文件的版本号大于或等于 52.0，那么该索引所引用的常量池项，其类型必须是 CONSTANT_Methodref 或 CONSTANT_InterfaceMethodref。
- 每个 *invokeinterface* 指令的索引操作数都必须表示对常量池表的有效索引。被此索引所引用的常量池成员必须是 CONSTANT_InterfaceMethodref 类型。

  每个 *invokeinterface* 指令的 *count* 操作数的值必须真实反映出用来保存传入接口方法的参数所需的局部变量个数，它由 CONSTANT_InteraceMethodref 项所引用的 CONSTANT_NameAndType_info 结构的描述符所暗示。

  所有 *invokeinterface* 指令的第四个操作数字节必须是 0。
- 每个 *invokedynamic* 指令的**索引操作数**必须表示对常量池表的有效索引。此索引所引用的常量池成员必须是 CONSTANT_InvokeDynamic 类型。

  所有 *invokedynamic* 指令的第三个和第四个操作数字节必须是 0。
- 只有 *invokespecial* 指令可以调用实例初始化方法（见 2.9 节）。

  其他所有以 '<'（'\u003c'）字符开头的方法都不能被方法调用指令所调用。需要特别说明的是，被命名为 <clinit> 的类或接口初始化方法，决不会明确地被 Java 虚拟机指令所调用，而是要由 Java 虚拟机自己来隐式调用。

---

⊖ 译文称其为索引操作数或索引字节操作数。——译者注

- *instanceof*、*checkcast*、*new* 和 *anewarray* 指令的操作数与 *multianewarray* 指令的索引操作数都必须表示对常量池表的有效索引。由这些索引所引用的常量池成员必须是 `CONSTANT_Class` 类型。
- 由 *new* 指令所引用的那个类型为 `CONSTANT_Class` 的常量值项，所表示的不能是数组类型（见 4.3.2 小节）。也就是说，*new* 指令不能用于创建数组。
- *anewarray* 指令不能用于创建维度超过 255 维的数组。
- *multianewarray* 指令只能用来创建维度大于或等于其 *dimensions* 操作数的数组。那就是说，*multianewarray* 指令创建的数组，其维度可以比 *indexbyte* 操作数所表示的数组类型小，但是它所创建的数组维度绝对不能比操作数中所示的维度多。

  *multianewarray* 指令的 *dimensions* 操作数必须不为 0。
- 每个 *newarray* 指令的 *atype* 操作数必须取下列值之一：`T_BOOLEAN (4)`、`T_CHAR (5)`、`T_FLOAT (6)`、`T_DOUBLE (7)`、`T_BYTE (8)`、`T_SHORT (9)`、`T_INT (10)` 或 `T_LONG (11)`。
- 所有 *iload*、*fload*、*aload*、*istore*、*fstore*、*astore*、*iinc* 和 *ret* 指令的**索引**操作数必须是非负整数且不能大于 `max_locals-1`。

  所有 *iload_<n>*、*fload_<n>*、*aload_<n>*、*istore_<n>*、*fstore_<n>*、*astore_<n>* 指令默认包含的索引必须小于等于 `max_locals-1`。
- 所有 *iload*、*dload*、*lstore* 和 *dstore* 指令的**索引**操作数必须小于等于 `max_locals-2`。

  所有 *iload_<n>*、*dload_<n>*、*lstore_<n>*、*dstore_<n>* 指令默认包含的索引必须小于等于 `max_locals-2`。
- 修饰 *iload*、*fload*、*aload*、*istore*、*fstore*、*astore*、*ret* 或 *innc* 指令的 *wide* 指令，其**索引字节**操作数必须表示非负整数且小于等于 `max_locals-1`。

  修饰 *iload*、*dload*、*lstore* 和 *dstore* 指令的 *wide* 指令，其**索引字节**操作数必须表示非负整数且小于等于 `max_locals-2`。

### 4.9.2 结构化约束

`code` 数组上的结构化约束是为了限定 Java 虚拟机指令之间的关系。结构化约束如下所示：

- 所有指令都只能在操作数栈和局部变量表中具备类型及数量均合适的操作数时执行，但不用关心调用它的执行路径。

  如果指令可以操作 `int` 类型的值，那它同样也可以操作 `boolean`、`byte`、`char` 及 `short` 类型的值。

  （在 2.3.4 小节和 2.11.1 小节曾经提到，Java 虚拟机内部会将 `boolean`、`byte`、`char` 及 `short` 转成 `int` 类型。）
- 如果某个指令可以通过几个不同的执行路径执行，那么在执行指令之前，不管采用的是哪条执行路径，操作数栈必须有相同的深度（见 2.6.2 小节）。

- 在执行过程中，操作数栈不允许增长到超过 max_stack 项的值的深度（见 2.6.2 小节）。
- 在执行过程中，不允许从操作数栈中取出比它包含的全部数据还多的数据。
- 在执行过程中，表示 long 或 double 类型的值的局部变量表值对，其存储顺序绝不可以倒置或割裂。这样的局部变量值对也绝不可以分开单独使用。
- 在正式赋值之前，不可以访问局部变量（也不可以访问用来表示 long 或 double 类型值的局部变量值对）。
- 每条 *invokespecial* 指令都必须指明下列方法之一：实例初始化方法（见 2.9 节）、当前类或接口中的方法、当前类的超类中的方法、当前类或接口的直接超接口中的方法、Object 中的方法。

  调用实例初始化方法的时候，操作数栈的适当位置上必须有一个尚未初始化的类实例。不能在已经初始化过的类实例上面调用实例初始化方法。

  如果 *invokespecial* 指令要调用某个实例初始化方法，且操作数栈上面的目标引用（target reference）是个针对当前类但尚未初始化的类实例，那么该指令所指的那个实例初始化方法，就必须是当前类或其直接超类的方法。

  如果 *invokespecial* 指令要调用某个实例初始化方法，且操作数栈上面的目标引用是个由早前的 *new* 指令所创建的类实例，那么该指令所指的那个实例初始化方法，就必须是类实例所属的类中的方法。

  如果 *invokespecial* 指令所要调用的方法不是实例初始化方法，那么操作数栈上面的目标引用，其类型必须与当前类相兼容（§ 5.2）[⊖]。
- 除了从 Object 类的构造器继承下来的实例初始化方法之外，所有实例初始化方法在访问实例成员之前都必须通过 this 来调用该类中的其他初始化方法，或通过 super 来调用它的直接父类的实例初始化方法。

  然而，在调用任何实例初始化方法之前，可以给声明在当前类中的实例字段赋值。
- 在调用任意实例的方法或访问任意实例变量之前，包含此实例方法或实例变量的实例对象必须是已经初始化过的。
- 当执行 *jsr* 或 *jsr_w* 指令时，在操作数栈或局部变量表中不允许出现未初始化的类实例。
- 方法调用指令的目标实例的类型必须与指令所指定的类或接口的类型相兼容（JLS § 5.2）。
- 所有方法调用的参数，其类型都必须与方法描述符（见 4.3.3 小节）相兼容（JLS § 5.3）。
- 所有返回指令都必须与方法的返回类型匹配。
  - 如果方法的返回类型是 boolean、byte、char、short 或 int，那么只能使用

---

⊖ 如果甲表达式的类型 A 可以通过赋值转换操作，转化成乙变量的类型 B，那么 A 类型就具备对 B 类型的赋值兼容性（A is assignment compatible with B）。例如通过 Object o= new Integer(1); 可知，Integer 具备对 Object 的赋值兼容性，或者说 Integer 能够兼容 Object、Integer 与 Object 相兼容、Integer 对 Object 可赋值。——译者注

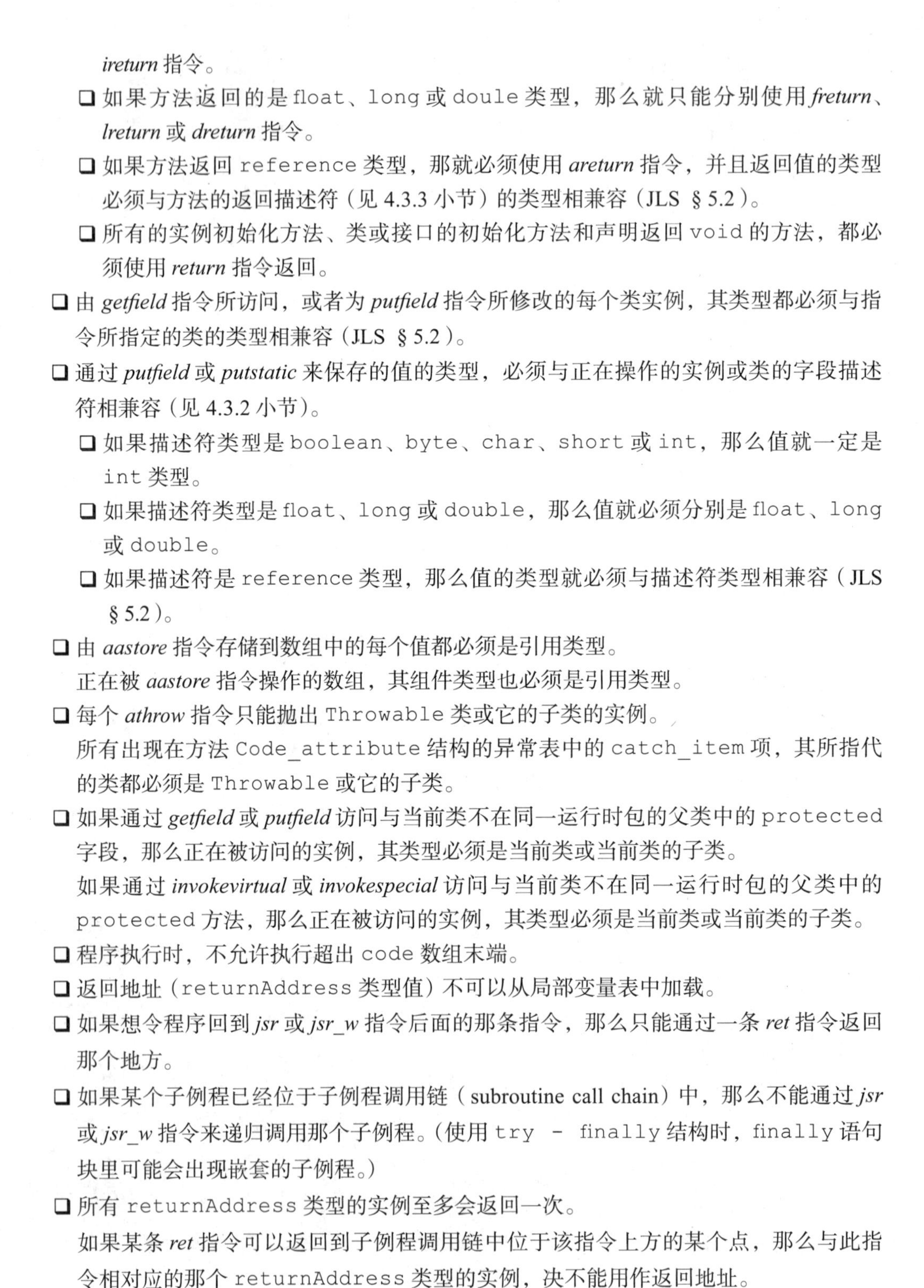

*ireturn* 指令。

- 如果方法返回的是 float、long 或 doule 类型，那么就只能分别使用 *freturn*、*lreturn* 或 *dreturn* 指令。
- 如果方法返回 reference 类型，那就必须使用 *areturn* 指令，并且返回值的类型必须与方法的返回描述符（见 4.3.3 小节）的类型相兼容（JLS §5.2）。
- 所有的实例初始化方法、类或接口的初始化方法和声明返回 void 的方法，都必须使用 *return* 指令返回。

- 由 *getfield* 指令所访问，或者为 *putfield* 指令所修改的每个类实例，其类型都必须与指令所指定的类的类型相兼容（JLS §5.2）。
- 通过 *putfield* 或 *putstatic* 来保存的值的类型，必须与正在操作的实例或类的字段描述符相兼容（见 4.3.2 小节）。
  - 如果描述符类型是 boolean、byte、char、short 或 int，那么值就一定是 int 类型。
  - 如果描述符类型是 float、long 或 double，那么值就必须分别是 float、long 或 double。
  - 如果描述符是 reference 类型，那么值的类型就必须与描述符类型相兼容（JLS §5.2）。
- 由 *aastore* 指令存储到数组中的每个值都必须是引用类型。

  正在被 *aastore* 指令操作的数组，其组件类型也必须是引用类型。
- 每个 *athrow* 指令只能抛出 Throwable 类或它的子类的实例。

  所有出现在方法 Code_attribute 结构的异常表中的 catch_item 项，其所指代的类都必须是 Throwable 或它的子类。
- 如果通过 *getfield* 或 *putfield* 访问与当前类不在同一运行时包的父类中的 protected 字段，那么正在被访问的实例，其类型必须是当前类或当前类的子类。

  如果通过 *invokevirtual* 或 *invokespecial* 访问与当前类不在同一运行时包的父类中的 protected 方法，那么正在被访问的实例，其类型必须是当前类或当前类的子类。
- 程序执行时，不允许执行超出 code 数组末端。
- 返回地址（returnAddress 类型值）不可以从局部变量表中加载。
- 如果想令程序回到 *jsr* 或 *jsr_w* 指令后面的那条指令，那么只能通过一条 *ret* 指令返回那个地方。
- 如果某个子例程已经位于子例程调用链（subroutine call chain）中，那么不能通过 *jsr* 或 *jsr_w* 指令来递归调用那个子例程。（使用 try - finally 结构时，finally 语句块里可能会出现嵌套的子例程。）
- 所有 returnAddress 类型的实例至多会返回一次。

  如果某条 *ret* 指令可以返回到子例程调用链中位于该指令上方的某个点，那么与此指令相对应的那个 returnAddress 类型的实例，决不能用作返回地址。

## 4.10 class 文件校验

在前面章节中提到了许多规则和约束，Java 语言编译器需要遵循这些规则来生成代码，以保证所生成的 class 文件符合静态和结构化约束。但是 Java 虚拟机无法保证它将要加载的所有 class 文件都来自正确实现的编译器或者是有正确的格式。某些应用程序，譬如网络浏览器并不会先下载程序的源码，然后将它们编译为 class 文件，而是会直接下载已编译过的 class 文件。这些应用程序需要确定 class 文件是否来自值得信赖的编译器，或是否来自想恶意破坏 Java 虚拟机的人。

> 如果仅做编译时检查的话，那么还存在另外一个问题：即版本偏差（version skew）。假设有一个用户成功编译了名为 PurchaseStockOptions 的类，它是 TradingClass 的子类。但是 TradingClass 的内容很可能在上次编译之后又发生了变化，从而导致无法与以前存在的二进制内容相兼容。如原来存在的方法可能被删除、返回值类型可能被修改、字段的类型被改变、字段从实例变量修改为类变量、方法或变量的访问修饰符可能从 public 修改为 private 等。《Java 语言规范 Java SE 8 版》第 13 章中详细讨论了这些问题。

鉴于上述潜在问题，Java 虚拟机需要为自己来校验准备载入的 class 文件能否满足规定的约束条件。Java 虚拟机实现会在链接阶段（见 5.4 节）对 class 文件进行校验以判断其是否满足必要的约束。

链接期校验还有助于增强解释器的运行期执行性能，因为解释器在运行期无需再对每个执行指令进行检查（假如要在运行期排除掉不满足约束的指令，那么解释器必须校验每一条解释出来的指令，那样做开销会比较大）。Java 虚拟机在运行期可以假定这些校验都已经做过了。例如，Java 虚拟机可以确保以下内容：

- 操作数栈不会发生上限或下限溢出。
- 所有局部变量的使用和存储都是有效的。
- 所有 Java 虚拟机指令都拥有正确的参数类型。

Java 虚拟机可以使用两种不同的校验策略：

- 对于版本号大于或等于 50.0 的 class 文件，必须使用类型检查来校验。
- 有些 Java 虚拟机要遵循 Java ME CLDC 平台或 Java Card 平台的规范，而除此之外的其他 Java 虚拟机，则必须能够通过类型推导（type inference）来进行校验，以便支持版本号小于 50.0 的 class 文件。

  用于 Java ME CLDC 和 Java Card 平台的虚拟机，其校验过程要遵循它们自身的规范。

这两种校验策略，主要是为了确保 Code 属性（见 4.7.3 小节）的 code 数组能够符合 4.9 节所讲的那些静态约束与结构化约束。然而，在校验过程中，还需要对 Code 属性之外的内容进行下列三项检查：

- 确保 final 类没有子类。

- 确保 final 方法没有为其他方法所覆写（见 5.4.5 小节）。
- 确保除 Object 类之外的其他类，都有直接超类。

### 4.10.1 类型检查验证

版本号大于等于 50.0（见 4.1 节）的 class 文件必须使用本节所给出的类型检查规则进行验证。

当且仅当 class 文件的版本号等于 50.0 时，如果类型检查失败，那么 Java 虚拟机实现可以尝试通过类型推导（type inference，见 4.10.2 小节）来完成验证过程。

> 这是一项相当务实的策略，它使开发者能够更加容易地迁移到新的验证规则上面。许多操作 class 文件的工具都可能会修改方法的字节码，而这种修改方式还需调整方法的栈映射帧才行。如果某工具没有对栈映射帧做出必要的调整，那么即便字节码在原则上是有效的，也依然有可能会通不过类型检查（这种字节码要是按照旧式的类型推断来验证，那就可以通过校验了）。为了使工具的实现者有机会改编其工具，Java 虚拟机在这种情况下将回落到旧的验证规则，不过，此策略只会持续比较短的一段时间。
>
> 类型检查失败但类型推演导得以运用并成功的验证模式会导致一定程度的性能损耗，这种损耗是不可避免的。这对于工具厂商来说也是一个信号，使其明白工具应该进行调整了，同时，它也可以鼓励开发商尽快做出这些调整。
>
> 总而言之，在类型检查失败时将流程转换为类型推演验证策略的做法，既使得栈映射帧能够在 Java SE 平台上的逐步铺开（如果在一个 50.0 版本的 class 文件中没有出现栈映射帧，则备用验证方案将会生效），同时也实现了 *jsr* 和 *jsr_w* 指令在 Java SE 平台（如果在一个 50.0 版本的 class 文件中出现了这些指令，则备用验证方案将会生效）上的逐步退出。

一旦 Java 虚拟机实现对 50.0 版本的 class 文件执行了类型推导验证，则该实现必须对所有类型检查失败的情况都按上述流程来处理。

> 这一规定意味着，Java 虚拟机实现失去了一定的自主权，即不能选择对某些情况使用类型推导，而在其他一些情况下又不使用。所以，Java 虚拟机要么就总是直接拒绝未通过类型检查的 class 文件，要么就总是在类型检查失败时回退到类型推导验证模式。

类型检查器所规定类型规则由 Prolog 语句进行描述。英语文本经常用作类型规则的非正式描述，而 Prolog 语句则提供了正式的规则描述。

对于每一个带有 Code 属性（见 4.7.3 小节）的方法，类型检查器都需要一组栈映射帧，而这些栈映射帧则来源于 Code 属性的 StackMapTable 属性（见 4.7.4 小节）。这样设计是为了保证：在一个方法里，每个基本块的起始处都必须有一个栈映射帧。这些栈映射帧提供了位于每个基本块起始处的所有操作数栈项和局部变量的验证类型。类型检查器会读取每个带有 Code 属性的方法的栈映射帧，并使用这些映射来为那些 Code 属性中的指令生成类型安全的证明。

如果一个类的所有方法都是类型安全的且没有继承自任何 final 类，则这个类是类型安全的。

```
classIsTypeSafe(Class) :-
    classClassName(Class, Name),
    classDefiningLoader(Class, L),
    superclassChain(Name, L, Chain),
    Chain \= [],
    classSuperClassName(Class, SuperclassName),
    loadedClass(SuperclassName, L, Superclass),
    classIsNotFinal(Superclass),
    classMethods(Class, Methods),
    checklist(methodIsTypeSafe(Class), Methods).

classIsTypeSafe(Class) :-
    classClassName(Class, 'java/lang/Object'),
    classDefiningLoader(Class, L),
    isBootstrapLoader(L),
    classMethods(Class, Methods),
    checklist(methodIsTypeSafe(Class), Methods).
```

在 Prolog 的谓词 classIsTypeSafe 中，Prologs 项 Class 用于表示一个已经成功解析并载入的二进制类。虽然本规范并未强制规定其具体结构，但本规范要求：某些谓词必须基于 Class 来定义。

> 例如，假设有这样一个谓词：classMethods(Class, Methods)。那么它的第一个参数就是上面所说的 Class 项，这个项用来表示某个类。而该谓词会把第二个参数绑定到由那个类的全部方法所构成的列表上面。稍后我们会给出一种方便的形式，用以描述此列表。

当且仅当谓词 classIsTypeSafe 返回 false 时，类型检查器才必须抛出 VerifyError 异常来表示该 class 文件的结构是有问题的。否则即说明 class 文件通过了类型检查且字节码验证也成功完成。

本节余下的部分将阐述类型检查过程的细节：

- 第一，我们会给出针对 Class 和 Method（见 4.10.1.1 小节）这样的 Java 虚拟机核心构件的 Prolog 谓词。
- 第二，我们将详细说明与类型检查器相关的类型系统（见 4.10.1.2 小节）。
- 第三，我们将详细说明如何用 Prolog 来表示指令及栈映射帧（见 4.10.1.3 小节和 4.10.1.4 小节）。
- 第四，我们将详细说明如何对一个方法进行类型检查，包括无代码的方法（见 4.10.1.5 小节）和有代码的方法（见 4.10.1.6 小节）。
- 第五，我们将会讨论所有加载和存储指令都经常会遇到的类型检查问题（见 4.10.1.7

小节)，以及访问 protected 成员时的一些问题（见 4.10.1.8 小节）。

- 第六，我们将详细说明每条指令的类型检查规则（见 4.10.1.9 小节）。

#### 4.10.1.1 Java 虚拟机构件存取器

下面我们规定 26 个 Prolog 谓词（“存取器”），每个谓词都应该有它特定的行为，而其正式定义则未在本规范中给出。

```
classClassName(Class, ClassName)
```

获取类 Class 的名称，将结果保存在 ClassName 中。

```
classIsInterface(Class)
```

当且仅当类 Class 是一个接口时，才返回 true。

```
classIsNotFinal(Class)
```

当且仅当类 Class 不是 final 时，才返回 true。

```
classSuperClassName(Class, SuperClassName)
```

获取类 Class 的父类的名称，并把结果保存在 SuperClassName 中。

```
classInterfaces(Class, Interfaces)
```

获取类 Class 直接实现的超接口列表，并把结果保存在 Interfaces 中。

```
classMethods(Class, Methods)
```

获取一份包含类 Class 中声明的所有方法的列表，并把结果保存在 Methods 中。

```
classAttributes(Class, Attributes)
```

获取一份包含类 Class 的所有属性的列表，并把结果保存在 Attributes 中。

每个属性都是形如 attribute(AttributeName,AttributeContents) 的函子应用（functor application），其中 AttributeName 为属性名，而属性内容的格式则未做规定。

```
classDefiningLoader(Class, Loader)
```

获取类 Class 的类加载器，将结果保存在 Loader 中。

```
isBootstrapLoader(Loader)
```

当且仅当类加载器 Loader 为启动类加载器时返回 true。

```
loadedClass(Name, InitiatingLoader, ClassDefinition)
```

当且仅当存在一个名为 Name 的类且该类被 InitiatingLoader 载入之后的表现形式（依据本规范中的定义）为 ClassDefinition 时返回 true。

methodName(Method, Name)

获取方法 Method 的名字，将结果保存在 Name 中。

methodAccessFlags(Method, AccessFlags)

获取方法 Method 的访问标志，将结果保存在 AccessFlags 中。

methodDescriptor(Method, Descriptor)

获取方法 Method 的描述符，将结果保存在 Descriptor 中。

methodAttributes(Method, Attributes)

获取方法 Method 的属性列表，将结果保存在 Attributes 中。

isNotFinal(Method, Class)

当且仅当类 Class 中的方法 Method 不是 final 时返回 true。

isStatic(Method, Class)

当且仅当类 Class 中的方法 Method 是 static 时，才返回 true。

isNotStatic(Method, Class)

当且仅当类 Class 中的方法 Method 不是 static 时，才返回 true。

isPrivate(Method, Class)

当且仅当类 Class 中的方法 Method 是 private 时，才返回 true。

isNotPrivate(Method, Class)

当且仅当类 Class 中的方法 Method 不是 private 时，才返回 true。

isProtected(MemberClass, MemberName, MemberDescriptor)

当且仅当类 MemberClass 有一个名为 MemberName 且描述符为 MemberDescriptor 的 protected 成员时返回 true。

isNotProtected(MemberClass, MemberName, MemberDescriptor)

当且仅当类 MemberClass 有一个名为 MemberName、描述符为 MemberDescriptor 的成员且该成员不是 protected 时返回 true。

parseFieldDescriptor(Descriptor, Type)

将字段描述符 Descriptor 转换为对应的验证类型 Type（见 4.10.1.2 小节）。

```
parseMethodDescriptor(Descriptor, ArgTypeList, ReturnType)
```

将方法描述符 Descriptor 转换为一个对应于各参数类型的验证类型列表 ArgTypeList 和一个对应于返回值类型的验证类型 ReturnType。

```
parseCodeAttribute(Class, Method, FrameSize, MaxStack, ParsedCode,
Handlers, StackMap)
```

获取 Class 中定义的方法 Method 的指令流，把结果保存在 ParsedCode 中。同时也会返回操作数栈尺寸的最大值 MaxStack、局部变量数量的最大值 FrameSize、异常处理器 Handlers 以及栈映射 StackMap。

指令流和栈映射属性的表现形式必须与 4.10.1.3 小节和 4.10.1.4 小节所述的形式相符。

```
samePackageName(Class1, Class2)
```

当且仅当 Class1 和 Class2 的包名相同时返回 true。

```
differentPackageName(Class1, Class2)
```

当且仅当 Class1 和 Class2 的包名不同时返回 true。

在对方法的方法体进行类型检查时，如果类型检查器能够访问方法信息，就会比较方便。为了实现这一目的，我们定义了名为 *environment* 的六元组，其元素包括：

- 一个类
- 一个方法
- 方法声明的返回类型
- 方法中的所有指令
- 操作数栈尺寸的最大值
- 异常处理器列表

我们提供了几个存取器（accessor）用来从 *environment* 中提取相关的信息：

```
allInstructions(Environment, Instructions) :-
    Environment = environment(_Class, _Method, _ReturnType,
                              Instructions, _, _).

exceptionHandlers(Environment, Handlers) :-
    Environment = environment(_Class, _Method, _ReturnType,
                              _Instructions, _, Handlers).

maxOperandStackLength(Environment, MaxStack) :-
    Environment = environment(_Class, _Method, _ReturnType,
                              _Instructions, MaxStack, _Handlers).
```

```
thisClass(Environment, class(ClassName, L)) :-
    Environment = environment(Class, _Method, _ReturnType,
                              _Instructions, _, _),
    classDefiningLoader(Class, L),
    classClassName(Class, ClassName).

thisMethodReturnType(Environment, ReturnType) :-
    Environment = environment(_Class, _Method, ReturnType,
                              _Instructions, _, _).
```

除了上面几个存取器之外，我们还提供了几个谓词，用以从 environment 中提取更高层级的信息。

```
offsetStackFrame(Environment, Offset, StackFrame) :-
    allInstructions(Environment, Instructions),
    member(stackMap(Offset, StackFrame), Instructions).

currentClassLoader(Environment, Loader) :-
    thisClass(Environment, class(_, Loader)).
```

最后，我们提供了一个在整个类型规则中都会用到的通用谓词：

```
notMember(_, []).
notMember(X, [A | More]) :- X \= A, notMember(X, More).
```

有些存取器我们仅作了大致的规定，而另一些则给出了详细说明，这样做是因为我们不希望把 class 文件的表现形式限制得过于死板。如果要给 Class 或 Method 提供专门的 Prolog 存取器，那我们将不得不用一个 Prolog 项来表示 class 文件，并完整地指定其格式。

#### 4.10.1.2 验证类型系统

如下图所示，类型检查器规定：类型系统必须基于一套**验证类型**（verification type）体系。

大部分验证类型都直接对应于表 4.3-A 中的字段描述符所表示的原始类型及引用类型：

- 由字段描述符 D、F、I 和 J 所表示的原始类型 double、float、int 及 long，分别对应于同名的验证类型。
- 由字段描述符 B、C、S 和 Z 所表示的原始类型 byte、char、short 及 boolean，均对应于验证类型 int。
- 类和接口类型对应于使用函子 class 的验证类型。class(*N*, *L*) 这个验证类型用来表示由加载器 *L* 所加载且二进制名称为 *N* 的类。请注意，对于 class(*N*, *L*) 所表示的类来说，*L* 是它的初始加载器（initiating loader，见 5.3 节），这个加载器有可能是该类的定义加载器（defining loader），也有可能不是。

例如，Object 类可以表示为 class('java/lang/Object', BL)，其中，BL

是引导加载器（bootstrap loader）。

- 数组类型对应于使用函子 `arrayOf` 的验证类型。验证类型 `arrayOf(T)` 用来表示数组类型，这个数组类型的组件类型是验证类型 *T*。
  例如，`int[]` 类型和 `Object[]` 类型可以分别表示为 `arrayOf(int)` 和 `arrayOf(class('java/lang/Object', BL))`。

验证类型层级结构：

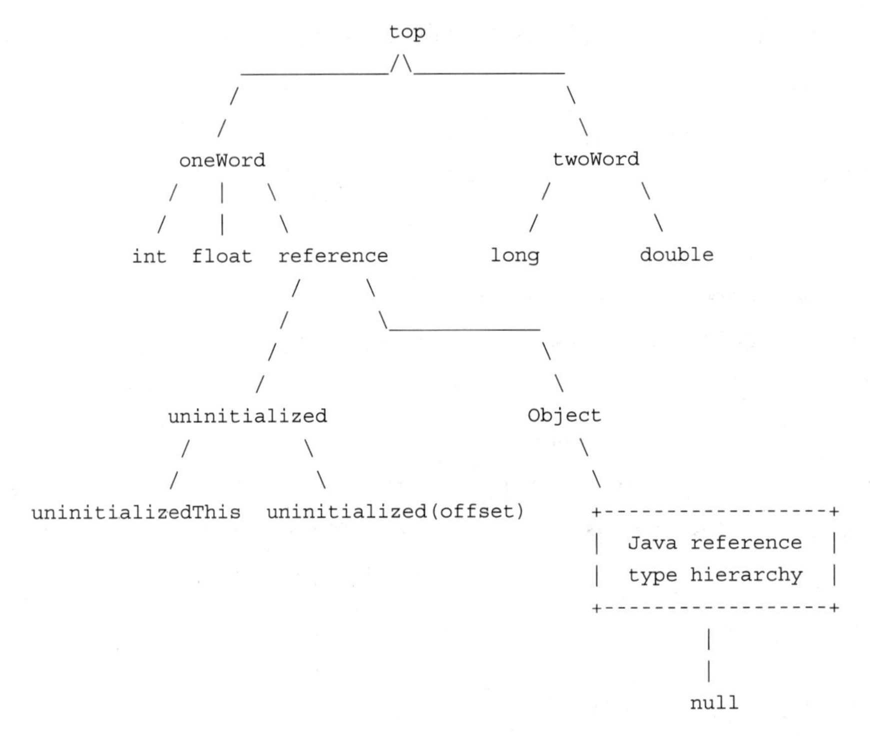


把函子 `uninitialized` 运用到表示 `Offset` 数值的参数上面，即可用来表示验证类型 `uninitialized(Offset)`。

其他验证类型，用 Prolog 里指代该验证类型名称的 atom（原子、元素）来表示。

针对验证类型的 subtyping 规则如下。

subtyping[1]是自反的（reflexive）[2]

```
isAssignable(X, X).
```

在 Java 语言中，所有非引用类型的验证类型都满足如下形式的子类型规则：

---

[1] 由于翻译后 subtyping（子类型）和 subclassing（子类）太容易混淆，所以后面出现这两个词的时候都使用英文原文。——译者注

[2] 即自己是自己的子类型。——译者注

```
isAssignable(v, X) :- isAssignable(the_direct_supertype_of_v, X).
```

也就是说，如果 v 的直接父类型是 x 的子类型，则 v 也是 x 的子类型。验证类型层级中元素之间的关系如下所示：

```
isAssignable(oneWord, top).
isAssignable(twoWord, top).

isAssignable(int, X)    :- isAssignable(oneWord, X).
isAssignable(float, X)  :- isAssignable(oneWord, X).
isAssignable(long, X)   :- isAssignable(twoWord, X).
isAssignable(double, X) :- isAssignable(twoWord, X).


isAssignable(reference, X)   :- isAssignable(oneWord, X).
isAssignable(class(_, _), X) :- isAssignable(reference, X).
isAssignable(arrayOf(_), X)  :- isAssignable(reference, X).

isAssignable(uninitialized, X)     :- isAssignable(reference, X).
isAssignable(uninitializedThis, X) :- isAssignable(uninitialized, X).
isAssignable(uninitialized(_), X)  :- isAssignable(uninitialized, X).

isAssignable(null, class(_, _)).
isAssignable(null, arrayOf(_)).
isAssignable(null, X) :- isAssignable(class('java/lang/Object', BL), X),
                         isBootstrapLoader(BL).
```

上面这些子类型规则并非是 subtyping 的最佳表现形式。实际上，在 Java 语言引用类型与其他验证类型的 subtyping 规则之间，存在一个非常清晰的划分，使我们可以很容易地定义出 Java 引用类型与其他验证类型的通用 subtyping 关系。无论 Java 引用类型在类型体系中位于何处，这些关系都成立，它使得 Java 虚拟机实现不用载入过多的类。例如，当要完成一个形如 `class(foo,L)<:twoWord` 的查询时，我们其实并不想沿着 foo 的 Java 父类层级一步一步向上查找。

根据前面的定义我们知道，subtyping 是自反的，所以上述这些规则已经可以覆盖到绝大多数非 Java 引用类型的验证类型了。

Java 引用类型的子类型规则是用 `isJavaAssignable` 递归定义的。

```
isAssignable(class(X, Lx), class(Y, Ly)) :-
    isJavaAssignable(class(X, Lx), class(Y, Ly)).

isAssignable(arrayOf(X), class(Y, L)) :-
    isJavaAssignable(arrayOf(X), class(Y, L)).

isAssignable(arrayOf(X), arrayOf(Y)) :-
    isJavaAssignable(arrayOf(X), arrayOf(Y)).
```

对于赋值操作而言，接口与 Object 的处理过程是类似的。

```
isJavaAssignable(class(_, _), class(To, L)) :-
    loadedClass(To, L, ToClass),
    classIsInterface(ToClass).

isJavaAssignable(From, To) :-
    isJavaSubclassOf(From, To).
```

数组类型是 Object 的子类型，同时也是 Cloneable 和 java.io.Serializable 的子类型。

```
isJavaAssignable(arrayOf(_), class('java/lang/Object', BL)) :-
    isBootstrapLoader(BL).

isJavaAssignable(arrayOf(_), X) :-
    isArrayInterface(X).

isArrayInterface(class('java/lang/Cloneable', BL)) :-
    isBootstrapLoader(BL).

isArrayInterface(class('java/io/Serializable', BL)) :-
    isBootstrapLoader(BL).
```

对于基本类型的数组来说，它们之间的 subtyping 关系具备同一性（identity）[⊖]。

```
isJavaAssignable(arrayOf(X), arrayOf(Y)) :-
    atom(X),
    atom(Y),
    X = Y.
```

引用类型的数组之间的 subtyping 是协变的（covariant）。

```
isJavaAssignable(arrayOf(X), arrayOf(Y)) :-
    compound(X), compound(Y), isJavaAssignable(X, Y).
```

Subclassing 是自反的。

```
isJavaSubclassOf(class(SubclassName, L), class(SubclassName, L)).

isJavaSubclassOf(class(SubclassName, LSub), class(SuperclassName, LSuper)) :-
    superclassChain(SubclassName, LSub, Chain),
    member(class(SuperclassName, L), Chain),
    loadedClass(SuperclassName, L, Sup),
    loadedClass(SuperclassName, LSuper, Sup).
```

---

⊖ 也就是说，其元素为某个基本类型的一维数组类型，只是该数组类型本身的子类型。例如 long 数组类型只是 long 数组类型的子类型，而不是 float 数组类型等其他数组类型的子类型。——译者注

```
superclassChain(ClassName, L, [class(SuperclassName, Ls) | Rest]) :-
    loadedClass(ClassName, L, Class),
    classSuperClassName(Class, SuperclassName),
    classDefiningLoader(Class, Ls),
    superclassChain(SuperclassName, Ls, Rest).

superclassChain('java/lang/Object', L, []) :-
    loadedClass('java/lang/Object', L, Class),
    classDefiningLoader(Class, BL),
    isBootstrapLoader(BL).
```

#### 4.10.1.3 指令的表示

单独的字节码指令都是用 Prolog 项表示的，其函子（functor）就是指令的名字，而参数则是其操作数。

例如，*aload* 指令可以被表示为 load(N)，其中索引 N 是该指令的操作数。

多个指令可以整体用一组 Prolog 项来表示，其格式为：

```
instruction(Offset, AnInstruction)
```

例如，instruction(21,aload(1))。

上述列表中，所有指令的顺序必须与在 class 文件中的顺序一致。

某些指令的操作数含有用来表示字段、方法和动态调用点的常量池成员。在常量池中，字段用 CONSTANT_Fieldref_info 结构表示，方法用 CONSTANT_InterfaceMethodref_info 结构（针对接口方法）或 CONSTANT_Methodref_info 结构（针对类成员方法）表示，而动态调用点则用 CONSANT_InvokeDynamic_info 结构来表示（见 4.4.2 小节和 4.4.10 小节）。上述这些结构可以分别表示成下列形式的函子应用：

- field(FieldClassName,FieldName,FieldDescriptor) 用于表示一个字段，其中 FieldClassName 是 CONSTANT_Fieldref_info 结构中 class_index 项所指向的类的名字，而 FieldName 和 FieldDescriptor 则分别对应于 CONSTANT_Fieldref_info 结构中 name_and_type_index 项所指向的字段名称和字段描述符。
- imethod(MethodIntfName,MethodName,MethodDescritpor) 用于表示接口方法，其中 MethodIntfName 是 CONSTANT_InterfaceMethodref_info 结构中 class_index 项所指向的接口的名字，而 MethodName 和 MethodDescriptor 则分别对应于 CONSTANT_InterfaceMethodref_info 结构的 name_and_type_index 项所指向的方法名称和方法描述符。
- method(MethodClassName,MethodName,MethodDescritpor) 用于表示类成员方法，其中 MethodClassName 是 CONSTANT_Methodref_info 结构中

class_index 项所指向的类的名字，而 MethodName 和 MethodDescriptor 则分别对应于 CONSTANT_Methodref_info 结构的 name_and_type_index 项所指向的方法名称和方法描述符。

- dmethod(CallSiteName,MethodDescriptor) 用于描述动态调用点，其中 CallSiteName 和 MethodDescriptor 分别对应于 CONSTANT_InvokeDynamic_info 结构的 name_and_type_index 项所指向的方法名称和方法描述符。

为了清晰起见，假定字段和方法描述符（见 4.3.2 小节）都映射成可读性更好的名字，即去掉了类名前面的“L”和结尾的“;”，而用于表示基本类型的那些 *BaseType* 字符则直接映射成这些类型的名字。

例如，有一个名为 *getfield* 的指令，其操作数是常量池的一个索引，该索引指向类 Bar 的类型为 F 的字段 foo，则该指令应该表示为：getfield(field('Bar','foo','F'))。

常量池里指向常量值的项，如 CONSTANT_String、CONSTANT_Integer、CONSTANT_Float、CONSTANT_Long、CONSTANT_Double 和 CONSTANT_Class 分别通过名为 string、int、float、long、double 和 classConstant 的函子来表示。

例如，用于加载整数值 91 的 *ldc* 指令应该编码为 ldc(int(91))。

#### 4.10.1.4 栈映射帧的表示

栈映射帧表示为一份列表，其中每个元素都是具备下列形式的 Prolog 项。

```
stackMap(Offset, TypeState)
```

在这个 Prolog 项里：

- Offset 是个整数，表示栈映射帧所针对的字节码偏移量（见 4.7.4 小节）。
  在表示栈映射帧的列表中，各字节码偏移量的顺序，必须与其在 class 文件里的顺序相同。
- TypeState 是 Offset 指令所预期的输入类型状态（incoming type state）。

**类型状态**（type state）是从方法操作数栈与局部变量表中的存储单元（location），向验证类型的映射。其格式为：

```
frame(Locals, OperandStack, Flags)
```

其中：

- Locals 是一个验证类型表，该表的第 N 项（从 0 开始计算）即表示局部变量 N 的类型。
- OperandStack 是一个验证类型表，其中第一项表示操作数栈顶元素的类型，第二项对应紧挨着栈顶的第二个元素的类型，以此类推。
  大小为 2 的类型（long 和 double）使用两项来表示，其中第一项为 top，而第二项则为类型本身。

例如，具备double值、int值和long值的栈，在类型状态中会表示成包含5个项的栈，这5项分别是：表示double值的top项和double项、表示int值的int项，以及表示long值的top项和long项。与之相应，OperandStack就是列表[top, double, int, top, long]。

- Flags是一个列表，其内容可能为空，也可能只含有一个flagThisUninit项。
  如果Locals中的某个局部变量是uninitializedThis类型，那么Flags列表中只会包含flagThisUninit这一个元素，否则，Flags就是空列表。

  flagThisUninit用于构造器中，以标识类型状态里的this尚未完成初始化。在这种类型状态下，不能从方法中返回。

验证类型的subtyping（见4.10.1.2小节）规则可以逐条扩展为类型状态。

方法的局部变量数组在构建时（参见4.10.1.6小节中的methodInitialStackFrame）都是定长的，而操作数栈则是可伸缩的。因此，对于涉及赋值操作的操作数栈来说，我们要明确检查其长度。

```
frameIsAssignable(frame(Locals1, StackMap1, Flags1),
                  frame(Locals2, StackMap2, Flags2)) :-
    length(StackMap1, StackMapLength),
    length(StackMap2, StackMapLength),
    maplist(isAssignable, Locals1, Locals2),
    maplist(isAssignable, StackMap1, StackMap2),
    subset(Flags1, Flags2).
```

<init>方法的异常处理程序有特殊形式的栈映射帧赋值规则。如果此方法调用另一个<init>方法，而调用又抛出异常，那么当前对象就损坏了，但即便如此，异常处理程序的目标也依然有可能是类型安全的——当且仅当处理程序中所有局部变量的输入类型状态都是top时，处理程序的目标是类型安全的。这可以确保处理程序的帧不依赖于当前类型。

```
frameIsAssignable(frame(ExcLocals,     ExcStack,     [flagThisUninit]),
                  frame(HandlerLocals, HandlerStack, [])) :-
  /* Stack sizes must be the same (one, for the exception class) */
  length(ExcStack, StackLength),
  length(HandlerStack, StackLength),
  StackLength =:= 1,
  /* Local variable arrays must have the same length */
  length(ExcLocals, LocalsLength),
  length(HandlerLocals, LocalsLength),
  expandToLength([], LocalsLength, Top, TopLocals),
  maplist(:=:, HandlerLocals, TopLocals).
```

操作数栈的长度不得超过之前声明过的最大栈长度。

```
operandStackHasLegalLength(Environment, OperandStack) :-
    length(OperandStack, Length),
    maxOperandStackLength(Environment, MaxStack),
    Length =< MaxStack.
```

某些数组指令（*aaload*、*arraylength*、*baload*、*bastore*）会查看操作数栈中值的类型，以便检查这些值是否确实是数组类型。下面的语句用于访问某个类型状态的操作数栈里的第 *i* 个元素：

```
nth1OperandStackIs(i, frame(_Locals, OperandStack, _Flags), Element) :-
    nth1(i, OperandStack, Element).
```

由于某些类型在栈内会占据两项的位置，所以通过 *load* 和 *store* 指令来控制操作数栈是比较复杂的。下面给出的几个谓词既考虑到了这种情况，又使得其他的情况不会受此问题影响。

从栈中弹出一组类型。

```
canPop(frame(Locals, OperandStack, Flags), Types,
       frame(Locals, PoppedOperandStack, Flags)) :-
    popMatchingList(OperandStack, Types, PoppedOperandStack).

popMatchingList(OperandStack, [], OperandStack).
popMatchingList(OperandStack, [P | Rest], NewOperandStack) :-
    popMatchingType(OperandStack, P, TempOperandStack, _ActualType),
    popMatchingList(TempOperandStack, Rest, NewOperandStack).
```

从栈里弹出某个类型。更精确的描述为，如果栈的逻辑顶部保存的是某种给定类型 `Type` 的子类型，则将其弹出。如果某类型占据两个栈元素，那么栈的逻辑顶指的就是栈顶元素下面那个元素的类型，而栈顶的类型则是不可用类型 `top`。

```
popMatchingType([ActualType | OperandStack],
                Type, OperandStack, ActualType) :-
    sizeOf(Type, 1),
    isAssignable(ActualType, Type).

popMatchingType([top, ActualType | OperandStack],
                Type, OperandStack, ActualType) :-
    sizeOf(Type, 2),
    isAssignable(ActualType, Type).

sizeOf(X, 2) :- isAssignable(X, twoWord).
sizeOf(X, 1) :- isAssignable(X, oneWord).
sizeOf(top, 1).
```

将一个逻辑类型压栈。其确切的行为会由于类型的大小不同而发生变化。如果待压栈的类型大小为 1，则只需简单将其压栈即可。如果待压栈的类型大小为 2，则需要先将其压栈，然后再压一个 top 进去。

```
pushOperandStack(OperandStack, 'void', OperandStack).
pushOperandStack(OperandStack, Type, [Type | OperandStack]) :-
    sizeOf(Type, 1).
pushOperandStack(OperandStack, Type, [top, Type | OperandStack]) :-
    sizeOf(Type, 2).
```

在空间足够的情况下将一组类型压栈。

```
canSafelyPush(Environment, InputOperandStack, Type, OutputOperandStack) :-
    pushOperandStack(InputOperandStack, Type, OutputOperandStack),
    operandStackHasLegalLength(Environment, OutputOperandStack).

canSafelyPushList(Environment, InputOperandStack, Types,
                  OutputOperandStack) :-
    canPushList(InputOperandStack, Types, OutputOperandStack),
    operandStackHasLegalLength(Environment, OutputOperandStack).

canPushList(InputOperandStack, [], InputOperandStack).
canPushList(InputOperandStack, [Type | Rest], OutputOperandStack) :-
    pushOperandStack(InputOperandStack, Type, InterimOperandStack),
    canPushList(InterimOperandStack, Rest, OutputOperandStack).
```

通过 *dup* 指令对操作数栈进行的操作完全是依照栈元素值类型的类别（category）来定义的（见 2.11.1 小节）。

隶属于类别 1 的类型占据一个栈元素的位置。如果想要将隶属于类别 1 的类型 Type 弹出，只需要栈顶元素是 Type 且 Type 不是 top（否则，栈顶元素可能是隶属于类别 2 的类型的上半部分）即可。弹出操作的结果，是顶部元素已经出栈的输入栈。

```
popCategory1([Type | Rest], Type, Rest) :-
    Type \= top,
    sizeOf(Type, 1).
```

隶属于类别 2 的类型占据两个栈元素的位置。如果想要将隶属于类别 2 的类型 Type 弹出，则需要栈顶元素为类型 top，且 top 之下的元素类型为 Type 才行。弹出操作的结果，是顶部两个元素已经出栈的输入栈。

```
popCategory2([top, Type | Rest], Type, Rest) :-
    sizeOf(Type, 2).
```

对于每条具体的指令而言，绝大多数类型规则都依赖于有效的类型转换（type transition）这一概念。只有当我们可以从输入类型状态的操作数栈弹出一组期望的类型，并能够将它们替换成想要得到的结果类型时，这个类型转换才是有效的。特别要注意的是：在新类型状态下的操作数栈，其大小不得超过之前声明时所确定的最大值。

```
validTypeTransition(Environment, ExpectedTypesOnStack, ResultType,
                    frame(Locals, InputOperandStack, Flags),
                    frame(Locals, NextOperandStack, Flags)) :-
    popMatchingList(InputOperandStack, ExpectedTypesOnStack,
                    InterimOperandStack),
    pushOperandStack(InterimOperandStack, ResultType, NextOperandStack),
    operandStackHasLegalLength(Environment, NextOperandStack).
```

#### 4.10.1.5 抽象方法和本地方法的类型检查

在没有覆盖 final 方法的前提下，可以认为抽象方法和本地方法（native method）是类型安全的。

```
methodIsTypeSafe(Class, Method) :-
    doesNotOverrideFinalMethod(Class, Method),
    methodAccessFlags(Method, AccessFlags),
    member(abstract, AccessFlags).

methodIsTypeSafe(Class, Method) :-
    doesNotOverrideFinalMethod(Class, Method),
    methodAccessFlags(Method, AccessFlags),
    member(native, AccessFlags).
```

private 方法与 static 方法并不参与动态方法派发，所以它们绝不会覆盖其他方法（见 5.4.5 小节）。

```
doesNotOverrideFinalMethod(class('java/lang/Object', L), Method) :-
    isBootstrapLoader(L).

doesNotOverrideFinalMethod(Class, Method) :-
    isPrivate(Method, Class).

doesNotOverrideFinalMethod(Class, Method) :-
    isStatic(Method, Class).

doesNotOverrideFinalMethod(Class, Method) :-
    isNotPrivate(Method, Class),
    isNotStatic(Method, Class),
    doesNotOverrideFinalMethodOfSuperclass(Class, Method).

doesNotOverrideFinalMethodOfSuperclass(Class, Method) :-
    classSuperClassName(Class, SuperclassName),
    classDefiningLoader(Class, L),
    loadedClass(SuperclassName, L, Superclass),
    classMethods(Superclass, SuperMethodList),
    finalMethodNotOverridden(Method, Superclass, SuperMethodList).
```

由于 private 方法与 static 方法本身就不可覆盖，因此很少见到把 private 或

static 方法声明成 final 的。所以说，如果碰到 final private 方法或 final static 方法的话，那么从逻辑上来看，它是没有为其他方法所覆盖的。

```
finalMethodNotOverridden(Method, Superclass, SuperMethodList) :-
    methodName(Method, Name),
    methodDescriptor(Method, Descriptor),
    member(method(_, Name, Descriptor), SuperMethodList),
    isFinal(Method, Superclass),
    isPrivate(Method, Superclass).

finalMethodNotOverridden(Method, Superclass, SuperMethodList) :-
    methodName(Method, Name),
    methodDescriptor(Method, Descriptor),
    member(method(_, Name, Descriptor), SuperMethodList),
    isFinal(Method, Superclass),
    isStatic(Method, Superclass).
```

如果找到某个 private 或 static 方法，而该方法又不是 final 方法，那就直接将其跳过，因为无法据此推断出是不是有 final 方法遭到覆盖。

```
finalMethodNotOverridden(Method, Superclass, SuperMethodList) :-
    methodName(Method, Name),
    methodDescriptor(Method, Descriptor),
    member(method(_, Name, Descriptor), SuperMethodList),
    isNotFinal(Method, Superclass),
    isPrivate(Method, Superclass),
    doesNotOverrideFinalMethodOfSuperclass(Superclass, Method).

finalMethodNotOverridden(Method, Superclass, SuperMethodList) :-
    methodName(Method, Name),
    methodDescriptor(Method, Descriptor),
    member(method(_, Name, Descriptor), SuperMethodList),
    isNotFinal(Method, Superclass),
    isStatic(Method, Superclass),
    doesNotOverrideFinalMethodOfSuperclass(Superclass, Method).
```

如果找到了某个既不是 final、又不是 private、也不是 static 的方法，那么可以确信：在它身上绝对没有发生 final 方法遭到覆盖的情况。否则，就继续沿着超类体系向上检查。

```
finalMethodNotOverridden(Method, Superclass, SuperMethodList) :-
    methodName(Method, Name),
    methodDescriptor(Method, Descriptor),
    member(method(_, Name, Descriptor), SuperMethodList),
    isNotFinal(Method, Superclass),
    isNotStatic(Method, Superclass),
    isNotPrivate(Method, Superclass).
```

```
finalMethodNotOverridden(Method, Superclass, SuperMethodList) :-
    methodName(Method, Name),
    methodDescriptor(Method, Descriptor),
    notMember(method(_, Name, Descriptor), SuperMethodList),
    doesNotOverrideFinalMethodOfSuperclass(Superclass, Method).
```

#### 4.10.1.6 有代码的方法的类型检查

对于非抽象、非本地方法而言，仅当它们含有代码且代码是类型正确的前提下，这些方法才是类型正确的（type correct）。

```
methodIsTypeSafe(Class, Method) :-
    doesNotOverrideFinalMethod(Class, Method),
    methodAccessFlags(Method, AccessFlags),
    methodAttributes(Method, Attributes),
    notMember(native, AccessFlags),
    notMember(abstract, AccessFlags),
    member(attribute('Code', _), Attributes),
    methodWithCodeIsTypeSafe(Class, Method).
```

仅当我们能够将方法的代码与栈映射帧整合成单一的代码流，以便使每个栈映射帧都可以出现在其对应的指令之前，并且整合后的代码流也是类型正确的时候，这个含有代码的方法才是类型安全的。如果方法有异常处理器，则这些处理器也必须是合法的。

```
methodWithCodeIsTypeSafe(Class, Method) :-
    parseCodeAttribute(Class, Method, FrameSize, MaxStack,
                       ParsedCode, Handlers, StackMap),
    mergeStackMapAndCode(StackMap, ParsedCode, MergedCode),
    methodInitialStackFrame(Class, Method, FrameSize, StackFrame, ReturnType),
    Environment = environment(Class, Method, ReturnType, MergedCode,
                              MaxStack, Handlers),
    handlersAreLegal(Environment),
    mergedCodeIsTypeSafe(Environment, MergedCode, StackFrame).
```

让我们先来考虑异常处理器。

异常处理器是以如下形式的函子应用来描述的：

```
handler(Start, End, Target, ClassName)
```

其参数的含义分别为：处理器所涵盖的指令的起止范围、处理器代码的第一条指令，以及本处理器意图处理的异常类的名字。

对于一个异常处理器而言，如果其 `Start` 的值小于 `End`，且存在一个偏移量等于 `Start` 的指令，又存在一个偏移量等于 `End` 的指令，而且处理器的异常类对于

Throwable 类是可赋值的[1]，那么该处理器就是**合法的**。如果处理器的类字段[2]是 0，则该处理器的异常类就是 Throwable，否则异常类就是处理器中的类名所代表的类。

```
handlersAreLegal(Environment) :-
    exceptionHandlers(Environment, Handlers),
    checklist(handlerIsLegal(Environment), Handlers).

handlerIsLegal(Environment, Handler) :-
    Handler = handler(Start, End, Target, _),
    Start < End,
    allInstructions(Environment, Instructions),
    member(instruction(Start, _), Instructions),
    offsetStackFrame(Environment, Target, _),
    instructionsIncludeEnd(Instructions, End),
    currentClassLoader(Environment, CurrentLoader),
    handlerExceptionClass(Handler, ExceptionClass, CurrentLoader),
    isBootstrapLoader(BL),
    isAssignable(ExceptionClass, class('java/lang/Throwable', BL)).

instructionsIncludeEnd(Instructions, End) :-
    member(instruction(End, _), Instructions).
instructionsIncludeEnd(Instructions, End) :-
    member(endOfCode(End), Instructions).

handlerExceptionClass(handler(_, _, _, 0),
                      class('java/lang/Throwable', BL), _) :-
    isBootstrapLoader(BL).

handlerExceptionClass(handler(_, _, _, Name),
                      class(Name, L), L) :-
    Name \= 0.
```

现在让我们转向指令流和栈映射帧。

将指令和栈映射帧整合成单一的代码流时，会遇到以下四种情况：

- 将一个空的 StackMap 与一个指令列表整合之后所得到的，仍然是原始的指令列表。

```
mergeStackMapAndCode([], CodeList, CodeList).
```

- 给定一个以位于偏移量 Offset 处的指令的类型状态为头部的栈映射帧列表，以及一个从 Offset 开始的指令列表，则在整合后的列表中，首先是栈映射帧列表的头部，其次是指令列表的头部，最后是两个列表尾部的合并。

---

[1] 异常类对于 Throwable 类是可赋值的，可以大致理解为该异常类是 Throwable 或它的子类。详情可参阅 4.9.2 小节的译者注。本小节中的这种句式均可按类似方式解读。——译者注

[2] 类字段（class entry）实际上指的是异常表（exception_table）里面每个元素的 catch_type 项。详情可参阅 4.7.3 小节。——译者注

```
mergeStackMapAndCode([stackMap(Offset, Map) | RestMap],
                     [instruction(Offset, Parse) | RestCode],
                     [stackMap(Offset, Map),
                       instruction(Offset, Parse) | RestMerge]) :-
  mergeStackMapAndCode(RestMap, RestCode, RestMerge).
```

- 否则，给定一个以位于偏移量是 OffsetM 处的指令的类型状态为头部的栈映射帧列表，和一个从 OffsetP 开始的指令列表，如果 OffsetP<OffsetM，则在整合后的列表中，首先出现的是指令列表的头部，后面是栈映射帧列表与指令列表尾部的合并。

```
mergeStackMapAndCode([stackMap(OffsetM, Map) | RestMap],
                     [instruction(OffsetP, Parse) | RestCode],
                     [instruction(OffsetP, Parse) | RestMerge]) :-
  OffsetP < OffsetM,
  mergeStackMapAndCode([stackMap(OffsetM, Map) | RestMap],
                       RestCode, RestMerge).
```

- 否则，上述两个列表的合并是未定义的。因为指令列表的偏移是单调递增的，所以除非每个栈映射帧的偏移都有一个对应的指令偏移并且栈映射帧的偏移也是单调递增的，否则两个列表的合并就是未定义的。

为了判定方法的整合代码流是否是类型正确的，首先需要推断方法的初始类型状态。

方法的初始类型状态由空的操作数栈和若干个局部变量的类型组成，这些类型由 this 的类型及方法各参数的类型所确定。此外，类型状态里还包括适当的标志，此标志的值取决于本方法是不是 <init> 方法。

```
methodInitialStackFrame(Class, Method, FrameSize, frame(Locals, [], Flags),
                        ReturnType):-
  methodDescriptor(Method, Descriptor),
  parseMethodDescriptor(Descriptor, RawArgs, ReturnType),
  expandTypeList(RawArgs, Args),
  methodInitialThisType(Class, Method, ThisList),
  flags(ThisList, Flags),
  append(ThisList, Args, ThisArgs),
  expandToLength(ThisArgs, FrameSize, top, Locals).
```

给定一个类型列表，下面的语句会将其转换成一个新的列表，其中每个大小为 2 的类型都会被替换成两个数据成员：一个表示类型自身，而另一个则表示 top 成员。该语句的执行结果对应于用 32 位 Java 虚拟机字所表示的列表。

```
expandTypeList([], []).
expandTypeList([Item | List], [Item | Result]) :-
  sizeOf(Item, 1),
  expandTypeList(List, Result).
expandTypeList([Item | List], [Item, top | Result]) :-
```

```
        sizeOf(Item, 2),
        expandTypeList(List, Result).

    flags([uninitializedThis], [flagThisUninit]).
    flags(X, []) :- X \= [uninitializedThis].

    expandToLength(List, Size, _Filler, List) :-
        length(List, Size).
    expandToLength(List, Size, Filler, Result) :-
        length(List, ListLength),
        ListLength < Size,
        Delta is Size - ListLength,
        length(Extra, Delta),
        checklist(=(Filler), Extra),
        append(List, Extra, Result).
```

对于实例方法的初始类型状态，我们会计算 this 的类型，并将其加入到一个列表里。如果 this 在 Object 的 <init> 方法里，那么其类型是 Object；如果在其他 <init> 方法里，那么类型是 uninitializedThis；如果在实例方法中，那么 this 的类型则是 class(N,L)，其中 N 是定义了该方法的类的名字，而 L 是类的定义类加载器。

由于静态方法的初始类型状态与 this 无关，所以其类型列表是空的。

```
methodInitialThisType(_Class, Method, []) :-
    methodAccessFlags(Method, AccessFlags),
    member(static, AccessFlags),
    methodName(Method, MethodName),
    MethodName \= '<init>'.

methodInitialThisType(Class, Method, [This]) :-
    methodAccessFlags(Method, AccessFlags),\
    notMember(static, AccessFlags),\
    instanceMethodInitialThisType(Class, Method, This).

instanceMethodInitialThisType(Class, Method, class('java/lang/Object', L)) :-
    methodName(Method, '<init>'),
    classDefiningLoader(Class, L),
    isBootstrapLoader(L),
    classClassName(Class, 'java/lang/Object').

instanceMethodInitialThisType(Class, Method, uninitializedThis) :-
    methodName(Method, '<init>'),
    classClassName(Class, ClassName),
    classDefiningLoader(Class, CurrentLoader),
    superclassChain(ClassName, CurrentLoader, Chain),
    Chain \= [].
```

```
instanceMethodInitialThisType(Class, Method, class(ClassName, L)) :-
    methodName(Method, MethodName),
    MethodName \= '<init>',
    classDefiningLoader(Class, L),
    classClassName(Class, ClassName).
```

现在利用方法的初始类型状态，来计算整合代码流是否是类型安全的。

- 如果我们有一个栈映射帧和一个输入类型状态，则该类型状态必须对栈映射帧中的对应项是可赋值的。然后，我们可以用栈映射帧中给定的类型状态对余下的代码流进行类型检查。

```
mergedCodeIsTypeSafe(Environment, [stackMap(Offset, MapFrame) | MoreCode],
                     frame(Locals, OperandStack, Flags)) :-
    frameIsAssignable(frame(Locals, OperandStack, Flags), MapFrame),
    mergedCodeIsTypeSafe(Environment, MoreCode, MapFrame).
```

- 相对于输入类型状态 T 是类型安全的整合代码流，必须满足如下条件：该代码流的起始指令 I 相对于类型状态 T 是类型安全的、指令 I 满足其异常处理器（见下文），并且对于 I 后面的指令执行过程中所给定的类型状态，指令流的尾部也是类型安全的。NextStackFrame 表示接下来的指令所需要的数据。对于一个无条件转移指令，该字段将是特殊值 afterGoto。ExceptionStackFrame 表示传递给异常处理器的参数。

```
mergedCodeIsTypeSafe(Environment, [instruction(Offset, Parse) | MoreCode],
                     frame(Locals, OperandStack, Flags)) :-
    instructionIsTypeSafe(Parse, Environment, Offset,
                          frame(Locals, OperandStack, Flags),
                          NextStackFrame, ExceptionStackFrame),
    instructionSatisfiesHandlers(Environment, Offset, ExceptionStackFrame),
    mergedCodeIsTypeSafe(Environment, MoreCode, NextStackFrame).
```

- 在经过一个无条件跳转之后（用名为 afterGoto 的输入类型状态来表示），如果我们有一个可以给出后续指令类型状态的栈映射帧，那么就可以利用这个栈映射帧所提供的类型状态类来对这些指令进行类型检查。

```
mergedCodeIsTypeSafe(Environment, [stackMap(Offset, MapFrame) | MoreCode],
                     afterGoto) :-
    mergedCodeIsTypeSafe(Environment, MoreCode, MapFrame).
```

- 如果在无条件跳转之后，没有为后续的指令提供栈映射帧，则该指令流是非法的。

```
mergedCodeIsTypeSafe(_Environment, [instruction(_, _) | _MoreCode],
                     afterGoto) :-
    write_ln('No stack frame after unconditional branch'),
    fail.
```

- 如果代码结尾处是一个无条件跳转，则停止。

```
mergedCodeIsTypeSafe(_Environment, [endOfCode(Offset)],
                     afterGoto).
```

如果待跳转的目标有一个相关联的栈帧 Frame，并且当前栈帧 StackFrame 对于 Frame 是可赋值的，则跳转到该目标（target）是类型安全的。

```
targetIsTypeSafe(Environment, StackFrame, Target) :-
    offsetStackFrame(Environment, Target, Frame),
    frameIsAssignable(StackFrame, Frame).
```

如果某个指令可以满足所有适用于它的异常处理器，则称此指令**满足其异常处理器**。

```
instructionSatisfiesHandlers(Environment, Offset, ExceptionStackFrame) :-
    exceptionHandlers(Environment, Handlers),
    sublist(isApplicableHandler(Offset), Handlers, ApplicableHandlers),
    checklist(instructionSatisfiesHandler(Environment, ExceptionStackFrame),
              ApplicableHandlers).
```

如果一条指令的偏移大于或等于异常处理器的起始范围且小于异常处理器的结束范围，则称此异常处理器**适用于**（applicable to）该指令。

```
isApplicableHandler(Offset, handler(Start, End, _Target, _ClassName)) :-
    Offset >= Start,
    Offset < End.
```

如果某指令的输出类型状态是 ExcStackFrame，并且处理器的目标（即处理器代码的初始指令）对于输入类型状态 T 是类型安全的，那么该指令**满足**（satisfy）这个异常处理器。类型状态 T 是由 ExcStackFrame 派生而来的：把 ExcStackFrame 原来的操作数栈，换成只包含处理器异常类这一个元素的操作数栈即可。

```
instructionSatisfiesHandler(Environment, ExcStackFrame, Handler) :-
    Handler = handler(_, _, Target, _),
    currentClassLoader(Environment, CurrentLoader),
    handlerExceptionClass(Handler, ExceptionClass, CurrentLoader),
    /* The stack consists of just the exception. */
    ExcStackFrame = frame(Locals, _, Flags),
    TrueExcStackFrame = frame(Locals, [ ExceptionClass ], Flags),
    operandStackHasLegalLength(Environment, TrueExcStackFrame),
    targetIsTypeSafe(Environment, TrueExcStackFrame, Target).
```

#### 4.10.1.7　加载和存储指令的类型检查

所有的加载指令都是在一个共同的模式上演变而来的，各指令之间的主要区别在于：指令所要加载的值，其类型不尽相同。

从局部变量 Index 加载一个类型为 Type 的值是类型安全的，必须满足如下条件：局部变量的类型是 ActualType，而 ActualType 对于 Type 是可赋值的，并且将 ActualType 压入输入操作数栈是一个合法的类型转换（见 4.10.1.4 小节），同时该转换会产生一个新的类型状态 NextStackFrame。当载入指令执行结束之后，类型状态将会是 NextStackFrame。

```
loadIsTypeSafe(Environment, Index, Type, StackFrame, NextStackFrame) :-
    StackFrame = frame(Locals, _OperandStack, _Flags),
    nth0(Index, Locals, ActualType),
    isAssignable(ActualType, Type),
    validTypeTransition(Environment, [], ActualType, StackFrame,
                        NextStackFrame).
```

所有的存储指令都是在一个共同的模式上演变而来的，各指令之间的主要区别在于指令所需要存储的值，其类型不尽相同。

一般而言，一个存储指令是类型安全的，必须满足如下条件：其引用的局部变量的类型是 Type 的父类型，并且操作数栈顶部元素的类型是 Type 的子类型，其中 Type 是指令想要对其执行存储操作的数据类型。

更精确地说，类型安全的存储指令，必须能够从操作数栈里弹出一个与 Type“相匹配”的类型 ActualType（见 4.10.1.4 小节），并将该类型合法地赋值给局部变量 $L_{Index}$ 才行。

```
storeIsTypeSafe(_Environment, Index, Type,
                frame(Locals, OperandStack, Flags),
                frame(NextLocals, NextOperandStack, Flags)) :-
    popMatchingType(OperandStack, Type, NextOperandStack, ActualType),
    modifyLocalVariable(Index, ActualType, Locals, NextLocals).
```

给定局部变量列表 Locals，如果把 Index 处的局部变量类型修改为 Type，那么将会使局部变量列表变为 NewLocals。这一修改稍微有些棘手，因为某些值（及其相应的类型）占据了两个局部变量的位置。因此，修改 $L_N$ 的同时可能也需要修改 $L_{N+1}$（因为类型可能会同时占据 N 和 N+1 两个位置）或 $L_{N-1}$（因为位置 N 曾经是从位置 N-1 开始的某个占据两个虚拟机字的值/类型的上半部分，所以必须令位置 N-1 无效）或二者皆须修改。这些细节将会在后面内容中进一步描述。让我们先从 $L_0$ 开始算起。

```
modifyLocalVariable(Index, Type, Locals, NewLocals) :-
    modifyLocalVariable(0, Index, Type, Locals, NewLocals).
```

在局部变量列表中，把索引为 I 的那个变量之后的那些变量，合起来记为 LocalsRest，并称之为局部变量列表后缀（suffix）。于是，将索引号为 Index 的局部变量类型修改为 Type，则会导致局部变量列表后缀由 LocalsRest 变为 NextLocalsRest。

当 I < Index-1 时，只需将输入复制到输出并递归执行就可以了。而如果 I=Index-1，则位置 I 所在变量的类型可能发生改变。当 $L_I$ 的类型长度为 2 时，上述情况就可能会发生。一旦我们把 $L_{I+1}$ 设置为新类型（以及相应的值），那么 $L_I$ 也随之成为无效的类型/值，因为

其上半部分已经丢弃了。然后，我们可以继续递归。

```
modifyLocalVariable(I, Index, Type,
                    [Locals1 | LocalsRest],
                    [Locals1 | NextLocalsRest] ) :-
    I < Index - 1,
    I1 is I + 1,
    modifyLocalVariable(I1, Index, Type, LocalsRest, NextLocalsRest).

modifyLocalVariable(I, Index, Type,
                    [Locals1 | LocalsRest],
                    [NextLocals1 | NextLocalsRest] ) :-
    I =:= Index - 1,
    modifyPreIndexVariable(Locals1, NextLocals1),
    modifyLocalVariable(Index, Index, Type, LocalsRest, NextLocalsRest).
```

当找到所需变量并且该变量仅占一个虚拟机字时，只需将其修改成 Type 就可以完成了。当找到所需变量而该变量占两个虚拟机字时，则需要将其类型修改为 Type，并将下一个虚拟机字置为 top。

```
modifyLocalVariable(Index, Index, Type,
                    [_ | LocalsRest], [Type | LocalsRest]) :-
    sizeOf(Type, 1).

modifyLocalVariable(Index, Index, Type,
                    [_, _ | LocalsRest], [Type, top | LocalsRest]) :-
    sizeOf(Type, 2).
```

如果一个变量的位置毗邻另一个类型将会被修改的变量，且前首先于后者，那么就称前者为前索引（pre-index）变量。类型为 InputType 的前索引变量，将来的类型会是 Result。如果类型为 Type 的前索引变量长度为 1，则其类型不会改变。而如果前索引变量 Type 的类型长度为 2，则需要将其占据的两个虚拟机字的低半部分置为 top，以此来把该位置标记为不可用。

```
modifyPreIndexVariable(Type, Type) :- sizeOf(Type, 1).
modifyPreIndexVariable(Type, top) :- sizeOf(Type, 2).
```

#### 4.10.1.8　protected 成员的类型检查

所有访问成员的指令都必须遵循 protected 成员的相关规则。本节描述了与 JLS6.6.2.1 小节内容相对应的 protected 检查。

protected 检查只适用于当前类的父类的 protected 成员。其他类的 protected 成员将由解析过程中的（见 5.4.4 小节）访问检查来完成。protected 检查分为以下四种情况。

- 如果一个类的名字不是任何基类的名字，则该类不是当前类的基类，所以我们可以安全地忽略之。

```
passesProtectedCheck(Environment, MemberClassName, MemberName,
                     MemberDescriptor, StackFrame) :-
    thisClass(Environment, class(CurrentClassName, CurrentLoader)),
    superclassChain(CurrentClassName, CurrentLoader, Chain),
    notMember(class(MemberClassName, _), Chain).
```

如果 MemberClassName 与某个基类的名字相同，则当前正在被解析的类可能确实是一个基类。在这种情况下，如果不同的运行时包（run-time package）里不存在名为 MemberClassName，且含有名为 MemberName 而描述符为 MemberDescriptor 的 protected 成员的基类，则 protected 检查在这里不适用。

上述规则实际对应如下几种情况：第一，正在被解析的当前类有可能是这些基类中的一员。而我们知道，在这种情况下，被解析类是在相同的运行时包里的，并且对该类的访问也是合法的；第二，如果正在接受检查的成员不是 protected 的，则 protected 检查无需执行；第三，待检查类是一个子类，则在此情况下 protected 检查必然会成功；第四，待检查类是相同运行时包中的某个其他的类，则对该类的访问是合法的，且 protected 检查无需进行；第五，退一步说，即便真的存在非法访问 protected 成员的行为，由于解析过程必然会失败，因此这类问题最终还是可以检查出来，所以，验证器不对此问题做标记也是可以的。

```
passesProtectedCheck(Environment, MemberClassName, MemberName,
                     MemberDescriptor, StackFrame) :-
    thisClass(Environment, class(CurrentClassName, CurrentLoader)),
    superclassChain(CurrentClassName, CurrentLoader, Chain),
    member(class(MemberClassName, _), Chain),
    classesInOtherPkgWithProtectedMember(
      class(CurrentClassName, CurrentLoader),
      MemberName, MemberDescriptor, MemberClassName, Chain, []).
```

- 如果在不同的运行时包里确实存在一个 protected 的基类成员，则加载 MemberClassName；如果待检验的成员不是 protected，则无需进行此检验。（使用一个非 protected 基类成员通常是正确的。）

```
passesProtectedCheck(Environment, MemberClassName, MemberName,
                     MemberDescriptor,
                     frame(_Locals, [Target | Rest], _Flags)) :-
    thisClass(Environment, class(CurrentClassName, CurrentLoader)),
    superclassChain(CurrentClassName, CurrentLoader, Chain),
    member(class(MemberClassName, _), Chain),
    classesInOtherPkgWithProtectedMember(
      class(CurrentClassName, CurrentLoader),
      MemberName, MemberDescriptor, MemberClassName, Chain, List),
    List /= [],
    loadedClass(MemberClassName, CurrentLoader, ReferencedClass),
    isNotProtected(ReferencedClass, MemberName, MemberDescriptor).
```

否则，若想使用类型为 Target 的某个对象中的成员，则 Target 必须对当前类的类型是可赋值的。

```
passesProtectedCheck(Environment, MemberClassName, MemberName,
                     MemberDescriptor,
                     frame(_Locals, [Target | Rest], _Flags)) :-
    thisClass(Environment, class(CurrentClassName, CurrentLoader)),
    superclassChain(CurrentClassName, CurrentLoader, Chain),
    member(class(MemberClassName, _), Chain),
    classesInOtherPkgWithProtectedMember(
      class(CurrentClassName, CurrentLoader),
      MemberName, MemberDescriptor, MemberClassName, Chain, List),
    List /= [],
    loadedClass(MemberClassName, CurrentLoader, ReferencedClass),
    isProtected(ReferencedClass, MemberName, MemberDescriptor),
    isAssignable(Target, class(CurrentClassName, CurrentLoader)).
```

谓词 classesInOtherPkgWithProtectedMember(Class,MemberName,MemberDescriptor, MemberClassName, Chain, List) 为真，仅当 List 是 Chain 中所有名为 MemberClassName 且与 Class 位于不同的运行时包的类的集合。那些类中含有名为 MemberName 的 protected 成员，且该成员的描述符为 MemberDescriptor。

```
classesInOtherPkgWithProtectedMember(_, _, _, _, [], []).

classesInOtherPkgWithProtectedMember(Class, MemberName,
                                     MemberDescriptor, MemberClassName,
                                     [class(MemberClassName, L) | Tail],
                                     [class(MemberClassName, L) | T]) :-
    differentRuntimePackage(Class, class(MemberClassName, L)),
    loadedClass(MemberClassName, L, Super),
    isProtected(Super, MemberName, MemberDescriptor),
    classesInOtherPkgWithProtectedMember(
      Class, MemberName, MemberDescriptor, MemberClassName, Tail, T).

classesInOtherPkgWithProtectedMember(Class, MemberName,
                                     MemberDescriptor, MemberClassName,
                                     [class(MemberClassName, L) | Tail],
                                     T) :-
    differentRuntimePackage(Class, class(MemberClassName, L)),
    loadedClass(MemberClassName, L, Super),
    isNotProtected(Super, MemberName, MemberDescriptor),
    classesInOtherPkgWithProtectedMember(
      Class, MemberName, MemberDescriptor, MemberClassName, Tail, T).

classesInOtherPkgWithProtectedMember(Class, MemberName,
                                     MemberDescriptor, MemberClassName,
```

```
                                    [class(MemberClassName, L) | Tail],
                                    T] :-
    sameRuntimePackage(Class, class(MemberClassName, L)),
    classesInOtherPkgWithProtectedMember(
      Class, MemberName, MemberDescriptor, MemberClassName, Tail, T).

sameRuntimePackage(Class1, Class2) :-
    classDefiningLoader(Class1, L),
    classDefiningLoader(Class2, L),
    samePackageName(Class1, Class2).

differentRuntimePackage(Class1, Class2) :-
    classDefiningLoader(Class1, L1),
    classDefiningLoader(Class2, L2),
    L1 \= L2.

differentRuntimePackage(Class1, Class2) :-
    differentPackageName(Class1, Class2).
```

#### 4.10.1.9 指令的类型检查

一般来说，一条指令的类型规则是针对一个环境 Environment 和一个偏移 Offset 给出的，其中 Environment 定义了指令出现在哪个类和方法中（见 4.10.1.1 节），而 Offset 则定义了指令在方法中的位置偏移量。该规则规定，如果输入类型状态 StackFrame 满足某些要求，则：

- 该指令是类型安全的。
- 可以证明，如果指令正常完成，则类型状态是由 NextStackFrame 这一特定形式来表示的；而如果指令异常结束，则类型状态是用 ExceptionStackFrame 来表示的。如果指令异常结束，则除了操作数栈被置空之外，类型状态与输入类型状态也会保持一致。

```
exceptionStackFrame(StackFrame, ExceptionStackFrame) :-
    StackFrame = frame(Locals, _OperandStack, Flags),
    ExceptionStackFrame = frame(Locals, [], Flags).
```

某些指令的类型规则与另外一些指令的规则完全同构（completety isomorphic）。如果指令 b1 与另一条指令 b2 同构，则 b1 的类型规则与 b2 的类型规则相同。

```
instructionIsTypeSafe(Instruction, Environment, Offset, StackFrame,
                      NextStackFrame, ExceptionStackFrame) :-
    instructionHasEquivalentTypeRule(Instruction, IsomorphicInstruction),
    instructionIsTypeSafe(IsomorphicInstruction, Environment, Offset,
                          StackFrame, NextStackFrame,
                          ExceptionStackFrame).
```

每条规则的语言描述，只是为了让规则更易读、更直观、更简洁。因此，这些描述会避免重复上面已经给出的所有上下文设定（contextual assumption）。尤其是：

- 规则描述不会明确提及环境。
- 当后面谈到操作数栈或局部变量时，指的是某个类型状态的操作数栈和局部变量，这个类型状态要么是输入类型状态，要么是输出类型状态。
- 指令异常终止之后的类型状态几乎总是完全等同于输入类型状态。只有当发生不属于上述情况的状况时，规则描述才会讨论指令异常终止之后的类型状态。
- 规则描述会谈及将类型弹出或压入操作数栈的动作，但不会明确讨论栈下溢或上溢的问题。规则描述会假定这些操作都是可以成功完成的，而操控操作数栈的 Prolog 语句则会确保对这些操作进行必要的检查。
- 规则描述仅讨论针对逻辑类型的操作。实际上，某些类型不只占用一个虚拟机字。规则描述会从这些格式细节中抽离出来，但操作数据的 Prolog 语句则没有做类似的抽象。

规则描述里所有不明确的地方都可以通过正式的 Prolog 语句来加以明晰。

## aaload

当且仅当可以把与 int 及组件类型为 ComponentType（ComponentType 是 Object 的子类型）的数组类型相匹配之类型，合法地替换成能够产生输出类型状态的 ComponentType 时[㊀]，*aaload* 指令才是类型安全的[㊁]。

```
instructionIsTypeSafe(aaload, Environment, _Offset, StackFrame,
                      NextStackFrame, ExceptionStackFrame) :-
    nth1OperandStackIs(2, StackFrame, ArrayType),
    arrayComponentType(ArrayType, ComponentType),
    isBootstrapLoader(BL),
    validTypeTransition(Environment,
                        [int, arrayOf(class('java/lang/Object', BL))],
                        ComponentType, StackFrame, NextStackFrame),
    exceptionStackFrame(StackFrame, ExceptionStackFrame).
```

x 数组的组件类型为 x。我们定义 null 的组件类型仍为 null。

```
arrayComponentType(arrayOf(X), X).
arrayComponentType(null, null).
```

## aastore

*aastore* 指令是类型安全的，当且仅当该指令能够合法地将与 Object、int 及 Object

---

㊀ 待替换的这两个类型，也就是与“int”和“组件类型为 ComponentType 的数组类型”相匹配的这两个类型，大致对应于 *aaload* 指令想要推入操作数栈的那个元素所在的索引类型和数组类型。而用来替换它们二者的那个“能够产生输出类型状态的 ComponentType”，则大致对应于 *aaload* 指令执行成功之后推入操作数栈的那个元素的类型。也可以说，这三者大致分别对应于 6.5 节 *aaload* 指令中 *index*、*arrayref* 及 *value* 的类型。本小节的类似句式均可按此方式解读。——译者注

㊁ 为了与英文版的规范保持一致，本小节会酌情将“当且仅当……时，A 指令才是类型安全的”这种含义，照英语的句式翻译成“A 指令是类型安全的，当且仅当……”。——译者注

数组相匹配的类型弹出输入操作数栈并生成输出类型状态。

```
instructionIsTypeSafe(aastore, _Environment, _Offset, StackFrame,
                      NextStackFrame, ExceptionStackFrame) :-
    isBootstrapLoader(BL),
    canPop(StackFrame,
           [class('java/lang/Object', BL),
            int,
            arrayOf(class('java/lang/Object', BL))],
           NextStackFrame),
    exceptionStackFrame(StackFrame, ExceptionStackFrame).
```

## aconst_null

*aconst_null* 指令是类型安全的，仅当该指令可以合法地将 `null` 类型压入输入操作数栈并生成输出类型状态。

```
instructionIsTypeSafe(aconst_null, Environment, _Offset, StackFrame,
                      NextStackFrame, ExceptionStackFrame) :-
    validTypeTransition(Environment, [], null, StackFrame, NextStackFrame),
    exceptionStackFrame(StackFrame, ExceptionStackFrame).
```

## aload 与 aload_<n>

带有操作数 `Index` 的 *aload* 指令是类型安全的，并可以生成输出类型状态 `NextStackFrame`，仅当带有操作数 `Index` 和类型 `reference` 的 *load* 指令是类型安全的，并能够生成输出类型状态 `NextStackFrame`。

```
instructionIsTypeSafe(aload(Index), Environment, _Offset, StackFrame,
                      NextStackFrame, ExceptionStackFrame) :-
    loadIsTypeSafe(Environment, Index, reference, StackFrame, NextStackFrame),
    exceptionStackFrame(StackFrame, ExceptionStackFrame).
```

对于 $0 \leqslant n \leqslant 3$，指令 *aload_<n>* 是类型安全的，当且仅当其等价的 *aload* 指令是类型安全的。

```
instructionHasEquivalentTypeRule(aload_0, aload(0)).
instructionHasEquivalentTypeRule(aload_1, aload(1)).
instructionHasEquivalentTypeRule(aload_2, aload(2)).
instructionHasEquivalentTypeRule(aload_3, aload(3)).
```

## anewarray

带有操作数 `CP` 的 *anewarray* 指令是类型安全的，当且仅当 `CP` 指向一个表示某类类型或某数组类型的常量池项，同时该指令又可以合法地用一个组件类型为 `CP` 的数组来替换与输入操作数栈中的 `int` 相匹配的类型，并生成输出类型状态。

```
instructionIsTypeSafe(anewarray(CP), Environment, _Offset, StackFrame,
                      NextStackFrame, ExceptionStackFrame) :-
```

```
    (CP = class(_, _) ; CP = arrayOf(_)),
    validTypeTransition(Environment, [int], arrayOf(CP),
                        StackFrame, NextStackFrame),
    exceptionStackFrame(StackFrame, ExceptionStackFrame).
```

### areturn

*areturn* 指令是类型安全的，当且仅当包含该指令的方法的返回值类型被声明为 ReturnType，而该类型是引用类型，并且本指令可以合法地将一个与 ReturnType 相匹配的类型弹出输入操作数栈。

```
instructionIsTypeSafe(areturn, Environment, _Offset, StackFrame,
                      afterGoto, ExceptionStackFrame) :-
    thisMethodReturnType(Environment, ReturnType),
    isAssignable(ReturnType, reference),
    canPop(StackFrame, [ReturnType], _PoppedStackFrame),
    exceptionStackFrame(StackFrame, ExceptionStackFrame).
```

### arraylength

*arraylength* 指令是类型安全的，当且仅当可以合法地用 int 类型来替换输入操作数栈中的数组类型并生成输出类型状态。

```
instructionIsTypeSafe(arraylength, Environment, _Offset, StackFrame,
                      NextStackFrame, ExceptionStackFrame) :-
    nth1OperandStackIs(1, StackFrame, ArrayType),
    arrayComponentType(ArrayType, _),
    validTypeTransition(Environment, [top], int, StackFrame, NextStackFrame),
    exceptionStackFrame(StackFrame, ExceptionStackFrame).
```

### astore 与 astore_<n>

带有 Index 操作数的 *astore* 指令是类型安全的并可以生成输出类型状态 NextStackFrame，仅当带有 Index 操作数和 reference 类型的 *store* 指令是类型安全的，并可以生成输出类型状态 NextStackFrame。

```
instructionIsTypeSafe(astore(Index), Environment, _Offset, StackFrame,
                      NextStackFrame, ExceptionStackFrame) :-
    storeIsTypeSafe(Environment, Index, reference, StackFrame, NextStackFrame),
    exceptionStackFrame(StackFrame, ExceptionStackFrame).
```

对于 $0 \leqslant n \leqslant 3$，指令 *astore_<n>* 是类型安全的，当且仅当其等价的 *astore* 指令是类型安全的。

```
instructionHasEquivalentTypeRule(astore_0, astore(0)).
instructionHasEquivalentTypeRule(astore_1, astore(1)).
instructionHasEquivalentTypeRule(astore_2, astore(2)).
instructionHasEquivalentTypeRule(astore_3, astore(3)).
```

## athrow

*athrow* 指令是类型安全的，当且仅当操作数栈的栈顶元素与 Throwable 相匹配。

```
instructionIsTypeSafe(athrow, _Environment, _Offset, StackFrame,
                      afterGoto, ExceptionStackFrame) :-
    isBootstrapLoader(BL),
    canPop(StackFrame, [class('java/lang/Throwable', BL)], _PoppedStackFrame),
    exceptionStackFrame(StackFrame, ExceptionStackFrame).
```

## baload

*baload* 指令是类型安全的，当且仅当该指令可以合法地用 int 来替换与输入操作数栈中的 int 及小数组类型相匹配的类型，并生成输出类型状态。

```
instructionIsTypeSafe(baload, Environment, _Offset, StackFrame,
                      NextStackFrame, ExceptionStackFrame) :
    nth1OperandStackIs(2, StackFrame, ArrayType),
    isSmallArray(ArrayType),
    validTypeTransition(Environment, [int, top], int,
                        StackFrame, NextStackFrame),
    exceptionStackFrame(StackFrame, ExceptionStackFrame).
```

一个数组类型是**小数组类型**（small array type），仅当该数组是一个 byte 数组或一个 boolean 数组或这两种数组的子类型（null）。

```
isSmallArray(arrayOf(byte)).
isSmallArray(arrayOf(boolean)).
isSmallArray(null).
```

## bastore

*bastore* 指令是类型安全的，当且仅当该指令可以合法地从输入操作数栈中弹出与 int、int、小数组类型相匹配的类型，并生成输出类型状态。

```
instructionIsTypeSafe(bastore, _Environment, _Offset, StackFrame,
                      NextStackFrame, ExceptionStackFrame) :-
    nth1OperandStackIs(3, StackFrame, ArrayType),
    isSmallArray(ArrayType),
    canPop(StackFrame, [int, int, top], NextStackFrame),
    exceptionStackFrame(StackFrame, ExceptionStackFrame).
```

## bipush

*bipush* 指令是类型安全的，当且仅当其等价的 *sipush* 指令是类型安全的。

```
instructionHasEquivalentTypeRule(bipush(Value), sipush(Value)).
```

## caload

*caload* 指令是类型安全的，当且仅当该指令可以合法地用 int 来替换输入操作数栈中

与 int 及 char 数组相匹配的类型，并生成输出类型状态。

```
instructionIsTypeSafe(caload, Environment, _Offset, StackFrame,
                      NextStackFrame, ExceptionStackFrame) :-
    validTypeTransition(Environment, [int, arrayOf(char)], int,
                        StackFrame, NextStackFrame),
    exceptionStackFrame(StackFrame, ExceptionStackFrame).
```

## castore

*castore* 指令是类型安全的，当且仅当该指令可以合法地将与 int、int、char 数组相匹配的类型从操作数栈中弹出，并生成输出类型状态。

```
instructionIsTypeSafe(castore, _Environment, _Offset, StackFrame,
                      NextStackFrame, ExceptionStackFrame) :-
    canPop(StackFrame, [int, int, arrayOf(char)], NextStackFrame),
    exceptionStackFrame(StackFrame, ExceptionStackFrame).
```

## checkcast

带有 CP 操作数的 *checkcast* 指令是类型安全的，当且仅当 CP 指向一个表示类或数组的常量池项，同时该指令又可以合法地用 CP 所表示的类型来替换位于输入操作数栈顶部的类型 Object，并生成输出类型状态。

```
instructionIsTypeSafe(checkcast(CP), Environment, _Offset, StackFrame,
                      NextStackFrame, ExceptionStackFrame) :-
    (CP = class(_, _) ; CP = arrayOf(_)),
    isBootstrapLoader(BL),
    validTypeTransition(Environment, [class('java/lang/Object', BL)], CP,
                        StackFrame, NextStackFrame),
    exceptionStackFrame(StackFrame, ExceptionStackFrame).
```

## d2f、d2i 与 d2l

*d2f* 指令是类型安全的，仅当该指令可以合法地从输入操作数栈中弹出 double，并用 float 来替代它，然后再生成输出类型状态。

```
instructionIsTypeSafe(d2f, Environment, _Offset, StackFrame,
                      NextStackFrame, ExceptionStackFrame) :-
    validTypeTransition(Environment, [double], float,
                        StackFrame, NextStackFrame),
    exceptionStackFrame(StackFrame, ExceptionStackFrame).
```

*d2i* 指令是类型安全的，仅当该指令可以合法地从输入操作数栈中弹出 double，并用 int 来替代它，然后再生成输出类型状态。

```
instructionIsTypeSafe(d2i, Environment, _Offset, StackFrame,
                      NextStackFrame, ExceptionStackFrame) :-
    validTypeTransition(Environment, [double], int,
                        StackFrame, NextStackFrame),
    exceptionStackFrame(StackFrame, ExceptionStackFrame).
```

*d2l* 指令是类型安全的，仅当该指令可以合法地从输入操作数栈中弹出 double，并用 long 来替代它，然后再生成输出类型状态。

```
instructionIsTypeSafe(d2l, Environment, _Offset, StackFrame,
                      NextStackFrame, ExceptionStackFrame) :-
    validTypeTransition(Environment, [double], long,
                        StackFrame, NextStackFrame),
    exceptionStackFrame(StackFrame, ExceptionStackFrame).
```

### dadd

*dadd* 指令是类型安全的，当且仅当该指令可以合法地用 double 来替换输入操作数栈中与 double、double 相匹配的类型，并生成输出类型状态。

```
instructionIsTypeSafe(dadd, Environment, _Offset, StackFrame,
                      NextStackFrame, ExceptionStackFrame) :-
    validTypeTransition(Environment, [double, double], double,
                        StackFrame, NextStackFrame),
    exceptionStackFrame(StackFrame, ExceptionStackFrame).
```

### daload

*daload* 指令是类型安全的，当且仅当该指令可以合法地用 double 来替换输入操作数栈中与 int 及 double 数组相匹配的类型，并生成输出类型状态。

```
instructionIsTypeSafe(daload, Environment, _Offset, StackFrame,
                      NextStackFrame, ExceptionStackFrame) :-
    validTypeTransition(Environment, [int, arrayOf(double)], double,
                        StackFrame, NextStackFrame),
    exceptionStackFrame(StackFrame, ExceptionStackFrame).
```

### dastore

*dastore* 指令是类型安全的，当且仅当该指令可以合法地从输入操作数栈中弹出与 double、int 及 double 数组相匹配的类型，并生成输出类型状态。

```
instructionIsTypeSafe(dastore, _Environment, _Offset, StackFrame,
                      NextStackFrame, ExceptionStackFrame) :-
    canPop(StackFrame, [double, int, arrayOf(double)], NextStackFrame),
    exceptionStackFrame(StackFrame, ExceptionStackFrame).
```

### dcmp<op>

*dcmpg* 指令是类型安全的，当且仅当该指令可以合法地用 int 来替换输入操作数栈中与 double、double 相匹配的类型，并生成输出类型状态。

```
instructionIsTypeSafe(dcmpg, Environment, _Offset, StackFrame,
                      NextStackFrame, ExceptionStackFrame) :-
    validTypeTransition(Environment, [double, double], int,
                        StackFrame, NextStackFrame),
    exceptionStackFrame(StackFrame, ExceptionStackFrame).
```

*dcmpl* 指令是类型安全的，当且仅当其等价的 *dcmpg* 指令是类型安全的。

```
instructionHasEquivalentTypeRule(dcmpl, dcmpg).
```

## dconst_<d>

*dconst_0* 指令是类型安全的，仅当该指令可以合法地将类型 double 压入输入操作数栈，并生成输出类型状态。

```
instructionIsTypeSafe(dconst_0, Environment, _Offset, StackFrame,
                      NextStackFrame, ExceptionStackFrame) :-
    validTypeTransition(Environment, [], double, StackFrame, NextStackFrame),
    exceptionStackFrame(StackFrame, ExceptionStackFrame).
```

*dconst_1* 指令是类型安全的，当且仅当其等价的 *dconst_0* 指令是类型安全的。

```
instructionHasEquivalentTypeRule(dconst_1, dconst_0).
```

## ddiv

*ddiv* 指令是类型安全的，当且仅当其等价的 *dadd* 指令是类型安全的。

```
instructionHasEquivalentTypeRule(ddiv, dadd).
```

## dload 与 dload_<n>

带有操作数 Index 的 *dload* 指令是类型安全的并可以生成输出类型状态 NextStackFrame，仅当带有操作数 Index 和类型 double 的 *load* 指令是类型安全的，并可以生成输出类型状态 NextStackFrame。

```
instructionIsTypeSafe(dload(Index), Environment, _Offset, StackFrame,
                      NextStackFrame, ExceptionStackFrame) :-
    loadIsTypeSafe(Environment, Index, double, StackFrame, NextStackFrame),
    exceptionStackFrame(StackFrame, ExceptionStackFrame).
```

对于 $0 \leqslant n \leqslant 3$，指令 *dload_<n>* 是类型安全的，当且仅当其等价的 *dload* 指令是类型安全的。

```
instructionHasEquivalentTypeRule(dload_0, dload(0)).
instructionHasEquivalentTypeRule(dload_1, dload(1)).
instructionHasEquivalentTypeRule(dload_2, dload(2)).
instructionHasEquivalentTypeRule(dload_3, dload(3)).
```

## dmul

*dmul* 指令是类型安全的，当且仅当其等价的 *dadd* 指令是类型安全的。

```
instructionHasEquivalentTypeRule(dmul, dadd).
```

## dneg

*dneg* 指令是类型安全的，当且仅当输入操作数栈中存在一个与 double 相匹配的类型。*dneg* 指令不会改变类型状态。

```
instructionIsTypeSafe(dneg, Environment, _Offset, StackFrame,
                      NextStackFrame, ExceptionStackFrame) :-
    validTypeTransition(Environment, [double], double,
                        StackFrame, NextStackFrame),
    exceptionStackFrame(StackFrame, ExceptionStackFrame).
```

## drem

*drem* 指令是类型安全的，当且仅当其等价的 *dadd* 指令是类型安全的。

```
instructionHasEquivalentTypeRule(drem, dadd).
```

## dreturn

*dreturn* 指令是类型安全的，仅当包含该指令的方法声明了 double 类型的返回值，并且该指令可以合法地从输入操作数栈中弹出一个与 double 相匹配的类型。

```
instructionIsTypeSafe(dreturn, Environment, _Offset, StackFrame,
                      afterGoto, ExceptionStackFrame) :-
    thisMethodReturnType(Environment, double),
    canPop(StackFrame, [double], _PoppedStackFrame),
    exceptionStackFrame(StackFrame, ExceptionStackFrame).
```

## dstore 与 dstore_<n>

带有操作数 Index 的 *dstore* 指令是类型安全的，并可以生成一个输出类型状态 NextStackFrame，仅当带有操作数 Index 和类型 double 的 *store* 指令是类型安全的，并可以生成一个输出类型状态 NextStackFrame。

```
instructionIsTypeSafe(dstore(Index), Environment, _Offset, StackFrame,
                      NextStackFrame, ExceptionStackFrame) :-
    storeIsTypeSafe(Environment, Index, double, StackFrame, NextStackFrame),
    exceptionStackFrame(StackFrame, ExceptionStackFrame).
```

对于 $0 \leqslant n \leqslant 3$，指令 *dstore_<n>* 是类型安全的，当且仅当其等价的 *dstore* 指令是类型安全的。

```
instructionHasEquivalentTypeRule(dstore_0, dstore(0)).
instructionHasEquivalentTypeRule(dstore_1, dstore(1)).
instructionHasEquivalentTypeRule(dstore_2, dstore(2)).
instructionHasEquivalentTypeRule(dstore_3, dstore(3)).
```

## dsub

*dsub* 指令是类型安全的，当且仅当其等价的 *dadd* 指令是类型安全的。

```
instructionHasEquivalentTypeRule(dsub, dadd).
```

## dup

*dup* 指令是类型安全的，当且仅当该指令可以合法地用类型 Type、Type 来替换类别 1 类型 Type，并生成输出类型状态。

```
instructionIsTypeSafe(dup, Environment, _Offset, StackFrame,
                      NextStackFrame, ExceptionStackFrame) :-
    StackFrame = frame(Locals, InputOperandStack, Flags),
    popCategory1(InputOperandStack, Type, _),
    canSafelyPush(Environment, InputOperandStack, Type, OutputOperandStack),
    NextStackFrame = frame(Locals, OutputOperandStack, Flags),
    exceptionStackFrame(StackFrame, ExceptionStackFrame).
```

## dup_x1

*dup_x1* 指令是类型安全的，当且仅当该指令可以合法地用类型 Type1、Type2、Type1 来替换输入操作数栈中的两个类别 1 类型 Type1 和 Type2，并生成输出类型状态。

```
instructionIsTypeSafe(dup_x1, Environment, _Offset, StackFrame,
                      NextStackFrame, ExceptionStackFrame) :-
    StackFrame = frame(Locals, InputOperandStack, Flags),
    popCategory1(InputOperandStack, Type1, Stack1),
    popCategory1(Stack1, Type2, Rest),
    canSafelyPushList(Environment, Rest, [Type1, Type2, Type1],
                      OutputOperandStack),
    NextStackFrame = frame(Locals, OutputOperandStack, Flags),
    exceptionStackFrame(StackFrame, ExceptionStackFrame).
```

## dup_x2

*dup_x2* 指令是类型安全的，当且仅当该指令是 *dup_x2* 指令的一种**类型安全的形式**。

```
instructionIsTypeSafe(dup_x2, Environment, _Offset, StackFrame,
                      NextStackFrame, ExceptionStackFrame) :-
    StackFrame = frame(Locals, InputOperandStack, Flags),
    dup_x2SomeFormIsTypeSafe(Environment, InputOperandStack, OutputOperandStack),
    NextStackFrame = frame(Locals, OutputOperandStack, Flags),
    exceptionStackFrame(StackFrame, ExceptionStackFrame).
```

*dup_x2* 指令是 *dup_x2* 指令的一种**类型安全的形式**，当且仅当该指令是一个**类型安全的 1 形式的** *dup_x2* 指令或一个**类型安全的 2 形式的** *dup_x2* 指令。

```
dup_x2SomeFormIsTypeSafe(Environment, InputOperandStack, OutputOperandStack) :-
    dup_x2Form1IsTypeSafe(Environment, InputOperandStack, OutputOperandStack).

dup_x2SomeFormIsTypeSafe(Environment, InputOperandStack, OutputOperandStack) :-
    dup_x2Form2IsTypeSafe(Environment, InputOperandStack, OutputOperandStack).
```

*dup_x2* 指令是一个**类型安全的 1 形式的** *dup_x2* 指令，当且仅当该指令可以合法地用类型

Type1、Type2、Type3、Type1 来替换输入操作数栈中的 3 个类别 1 类型 Type1、Type2、Type3，并生成输出类型状态。

```
dup_x2Form1IsTypeSafe(Environment, InputOperandStack, OutputOperandStack) :-
    popCategory1(InputOperandStack, Type1, Stack1),
    popCategory1(Stack1, Type2, Stack2),
    popCategory1(Stack2, Type3, Rest),
    canSafelyPushList(Environment, Rest, [Type1, Type3, Type2, Type1],
                      OutputOperandStack).
```

*dup_x2* 指令是一个**类型安全的 2 形式的** *dup_x2* 指令，当且仅当该指令可以合法地用类型 Type1、Type2、Type1 替换输入操作数栈中的一个类别 1 类型 Type1 和一个类别 2 类型 Type2，并生成输出类型状态。

```
dup_x2Form2IsTypeSafe(Environment, InputOperandStack, OutputOperandStack) :-
    popCategory1(InputOperandStack, Type1, Stack1),
    popCategory2(Stack1, Type2, Rest),
    canSafelyPushList(Environment, Rest, [Type1, Type2, Type1],
                      OutputOperandStack).
```

## dup2

*dup2* 指令是类型安全的，当且仅当该指令是 *dup2* 指令的一种**类型安全的形式**。

```
instructionIsTypeSafe(dup2, Environment, _Offset, StackFrame,
                      NextStackFrame, ExceptionStackFrame) :-
    StackFrame = frame(Locals, InputOperandStack, Flags),
    dup2SomeFormIsTypeSafe(Environment,InputOperandStack, OutputOperandStack),
    NextStackFrame = frame(Locals, OutputOperandStack, Flags),
    exceptionStackFrame(StackFrame, ExceptionStackFrame).
```

*dup2* 指令是 *dup2* 指令的一种**类型安全的形式**，当且仅当该指令是一个**类型安全的 1 形式的** *dup2* 指令或一个**类型安全的 2 形式的** *dup2* 指令。

```
dup2SomeFormIsTypeSafe(Environment, InputOperandStack, OutputOperandStack) :-
    dup2Form1IsTypeSafe(Environment,InputOperandStack, OutputOperandStack).

dup2SomeFormIsTypeSafe(Environment, InputOperandStack, OutputOperandStack) :-
    dup2Form2IsTypeSafe(Environment,InputOperandStack, OutputOperandStack).
```

*dup2* 指令是一个**类型安全的 1 形式的** *dup2* 指令，当且仅当该指令可以合法地用类型 Type1、Type2、Type1、Type2 替换输入操作数栈中的两个类别 1 类型 Type1 和 Type2，并生成输出类型状态。

```
dup2Form1IsTypeSafe(Environment, InputOperandStack, OutputOperandStack):-
    popCategory1(InputOperandStack, Type1, TempStack),
    popCategory1(TempStack, Type2, _),
```

```
    canSafelyPushList(Environment, InputOperandStack, [Type1, Type2],
                      OutputOperandStack).
```

*dup2* 指令是一个**类型安全的 2 形式的** *dup2* 指令，当且仅当该指令可以合法地用类型 Type、Type 替换输入操作数栈中的一个类别 2 类型 Type，并生成输出类型状态。

```
dup2Form2IsTypeSafe(Environment, InputOperandStack, OutputOperandStack):-
    popCategory2(InputOperandStack, Type, _),
    canSafelyPush(Environment, InputOperandStack, Type, OutputOperandStack).
```

## dup2_x1

*dup2_x1* 指令是类型安全的，当且仅当该指令是 *dup2_x1* 指令的一种类型安全的形式。

```
instructionIsTypeSafe(dup2_x1, Environment, _Offset, StackFrame,
                      NextStackFrame, ExceptionStackFrame) :-
    StackFrame = frame(Locals, InputOperandStack, Flags),
    dup2_x1SomeFormIsTypeSafe(Environment, InputOperandStack,OutputOperandStack),
    NextStackFrame = frame(Locals, OutputOperandStack, Flags),
    exceptionStackFrame(StackFrame, ExceptionStackFrame).
```

*dup2_x1* 指令是 *dup2_x1* 指令的一种**类型安全的形式**，当且仅当该指令是一个**类型安全的 1 形式的** *dup2_x1* 指令或一个**类型安全的 2 形式的** *dup2_x1* 指令。

```
dup2_x1SomeFormIsTypeSafe(Environment, InputOperandStack, OutputOperandStack) :-
    dup2_x1Form1IsTypeSafe(Environment, InputOperandStack, OutputOperandStack).

dup2_x1SomeFormIsTypeSafe(Environment, InputOperandStack, OutputOperandStack) :-
    dup2_x1Form2IsTypeSafe(Environment, InputOperandStack, OutputOperandStack).
```

*dup2_x1* 指令是一个**类型安全的 1 形式的** *dup2_x1* 指令，当且仅当该指令可以合法地用类型 Type1、Type2、Type3、Type1、Type2 替换输入操作数栈中的 3 个类别 1 类型 Type1、Type2 和 Type3，并生成输出类型状态。

```
dup2_x1Form1IsTypeSafe(Environment, InputOperandStack, OutputOperandStack) :-
    popCategory1(InputOperandStack, Type1, Stack1),
    popCategory1(Stack1, Type2, Stack2),
    popCategory1(Stack2, Type3, Rest),
    canSafelyPushList(Environment, Rest, [Type2, Type1, Type3, Type2, Type1],
                      OutputOperandStack).
```

*dup2_x1* 指令是一个**类型安全的 2 形式的** *dup2_x1* 指令，当且仅当该指令可以合法地用类型 Type1、Type2、Type1 替换输入操作数栈中的一个类别 2 类型 Type2 和一个类别 1 类型 Type2，并生成输出类型状态。

```
dup2_x1Form2IsTypeSafe(Environment, InputOperandStack, OutputOperandStack) :-
    popCategory2(InputOperandStack, Type1, Stack1),
    popCategory1(Stack1, Type2, Rest),
    canSafelyPushList(Environment, Rest, [Type1, Type2, Type1],
                      OutputOperandStack).
```

## dup2_x2

*dup2_x2* 指令是类型安全的，当且仅当该指令是 *dup2_x2* 指令的一种**类型安全的形式**。

```
instructionIsTypeSafe(dup2_x2, Environment, _Offset, StackFrame,
                      NextStackFrame, ExceptionStackFrame) :-
    StackFrame = frame(Locals, InputOperandStack, Flags),
    dup2_x2SomeFormIsTypeSafe(Environment, InputOperandStack,OutputOperandStack),
    NextStackFrame = frame(Locals, OutputOperandStack, Flags),
    exceptionStackFrame(StackFrame, ExceptionStackFrame).
```

*dup2_x2* 指令是 *dup2_x2* 指令的一种**类型安全的形式**，当且仅当满足下述条件之一：

- 该指令是一个**类型安全的 1 形式的** *dup2_x2* 指令。
- 该指令是一个**类型安全的 2 形式的** *dup2_x2* 指令。
- 该指令是一个**类型安全的 3 形式的** *dup2_x2* 指令。
- 该指令是一个**类型安全的 4 形式的** *dup2_x2* 指令。

```
dup2_x2SomeFormIsTypeSafe(Environment, InputOperandStack, OutputOperandStack) :-
    dup2_x2Form1IsTypeSafe(Environment, InputOperandStack, OutputOperandStack).

dup2_x2SomeFormIsTypeSafe(Environment, InputOperandStack, OutputOperandStack) :-
    dup2_x2Form2IsTypeSafe(Environment, InputOperandStack, OutputOperandStack).

dup2_x2SomeFormIsTypeSafe(Environment, InputOperandStack, OutputOperandStack) :-
    dup2_x2Form3IsTypeSafe(Environment, InputOperandStack, OutputOperandStack).

dup2_x2SomeFormIsTypeSafe(Environment, InputOperandStack, OutputOperandStack) :-
    dup2_x2Form4IsTypeSafe(Environment, InputOperandStack, OutputOperandStack).
```

*dup2_x2* 指令是一个**类型安全的 1 形式的** *dup2_x2* 指令，当且仅当该指令可以合法地用类型 `Type1`、`Type2`、`Type3`、`Type4`、`Type1`、`Type2` 替换输入操作数栈中的 4 个类别 1 类型 `Type1`、`Type2`、`Type3` 和 `Type4`，并生成输出类型状态。

```
dup2_x2Form1IsTypeSafe(Environment, InputOperandStack, OutputOperandStack) :-
    popCategory1(InputOperandStack, Type1, Stack1),
    popCategory1(Stack1, Type2, Stack2),
    popCategory1(Stack2, Type3, Stack3),
    popCategory1(Stack3, Type4, Rest),
    canSafelyPushList(Environment, Rest,
                      [Type2, Type1, Type4, Type3, Type2, Type1],
                      OutputOperandStack).
```

*dup2_x2* 指令是一个**类型安全的 2 形式的** *dup2_x2* 指令，当且仅当该指令可以合法地用类型 `Type1`、`Type2`、`Type3`、`Type1` 替换输入操作数栈中的一个类别 2 类型 `Type1` 和两个类别 1 类型 `Type2`、`Type3`，并生成输出类型状态。

```
dup2_x2Form2IsTypeSafe(Environment, InputOperandStack, OutputOperandStack) :-
    popCategory2(InputOperandStack, Type1, Stack1),
    popCategory1(Stack1, Type2, Stack2),
```

```
    popCategory1(Stack2, Type3, Rest),
    canSafelyPushList(Environment, Rest,
                      [Type1, Type3, Type2, Type1],
                      OutputOperandStack).
```

*dup2_x2* 指令是一个**类型安全的 3 形式的** *dup2_x2* 指令，当且仅当该指令可以合法地用类型 Type1、Type2、Type3、Type1、Type2 替换输入操作数栈中的两个类别 1 类型 Type1、Type2 和一个类别 2 类型 Type3，并生成输出类型状态。

```
dup2_x2Form3IsTypeSafe(Environment, InputOperandStack, OutputOperandStack) :-
    popCategory1(InputOperandStack, Type1, Stack1),
    popCategory1(Stack1, Type2, Stack2),
    popCategory2(Stack2, Type3, Rest),
    canSafelyPushList(Environment, Rest,
                      [Type2, Type1, Type3, Type2, Type1],
                      OutputOperandStack).
```

*dup2_x2* 指令是一个**类型安全的 4 形式的** *dup2_x2* 指令，当且仅当该指令可以合法地用类型 Type1、Type2、Type1 替换输入操作数栈中的两个类别 2 类型 Type1、Type2，并生成输出类型状态。

```
dup2_x2Form4IsTypeSafe(Environment, InputOperandStack, OutputOperandStack) :-
    popCategory2(InputOperandStack, Type1, Stack1),
    popCategory2(Stack1, Type2, Rest),
    canSafelyPushList(Environment, Rest, [Type1, Type2, Type1],
                      OutputOperandStack).
```

### f2d、f2i 与 f2l

*f2d* 指令是类型安全的，仅当该指令可以合法地从输入操作数栈中弹出 float，并用 double 来替代它，最后再生成输出类型状态。

```
instructionIsTypeSafe(f2d, Environment, _Offset, StackFrame,
                      NextStackFrame, ExceptionStackFrame) :-
    validTypeTransition(Environment, [float], double,
                        StackFrame, NextStackFrame),
    exceptionStackFrame(StackFrame, ExceptionStackFrame).
```

*f2i* 指令是类型安全的，仅当该指令可以合法地从输入操作数栈中弹出 float，并用 int 来替代它，最后再生成输出类型状态。

```
instructionIsTypeSafe(f2i, Environment, _Offset, StackFrame,
                      NextStackFrame, ExceptionStackFrame) :-
    validTypeTransition(Environment, [float], int,
                        StackFrame, NextStackFrame),
    exceptionStackFrame(StackFrame, ExceptionStackFrame).
```

*f2l* 指令是类型安全的，仅当该指令可以合法地从输入操作数栈中弹出 float，并用

long 来替代它，最后再生成输出类型状态。

```
instructionIsTypeSafe(f2l, Environment, _Offset, StackFrame,
                      NextStackFrame, ExceptionStackFrame) :-
    validTypeTransition(Environment, [float], long,
                        StackFrame, NextStackFrame),
    exceptionStackFrame(StackFrame, ExceptionStackFrame).
```

## fadd

*fadd* 指令是类型安全的，当且仅当该指令可以合法地用 float 来替换输入操作数栈中与 float、float 相匹配的类型，并生成输出类型状态。

```
instructionIsTypeSafe(fadd, Environment, _Offset, StackFrame,
                      NextStackFrame, ExceptionStackFrame) :-
    validTypeTransition(Environment, [float, float], float,
                        StackFrame, NextStackFrame),
    exceptionStackFrame(StackFrame, ExceptionStackFrame).
```

## faload

*faload* 指令是类型安全的，当且仅当该指令可以合法地用 float 来替换输入操作数栈中与 int、float 数组相匹配的类型，并生成输出类型状态。

```
instructionIsTypeSafe(faload, Environment, _Offset, StackFrame,
                      NextStackFrame, ExceptionStackFrame) :-
    validTypeTransition(Environment, [int, arrayOf(float)], float,
                        StackFrame, NextStackFrame),
    exceptionStackFrame(StackFrame, ExceptionStackFrame).
```

## fastore

*fastore* 指令是类型安全的，当且仅当该指令可以合法地从输入操作数栈中弹出与 float、int、float 数组相匹配的类型，并生成输出类型状态。

```
instructionIsTypeSafe(fastore, _Environment, _Offset, StackFrame,
                      NextStackFrame, ExceptionStackFrame) :-
    canPop(StackFrame, [float, int, arrayOf(float)], NextStackFrame),
    exceptionStackFrame(StackFrame, ExceptionStackFrame).
```

## fcmp<op>

*fcmpg* 指令是类型安全的，当且仅当该指令可以合法地用 int 来替换输入操作数栈中与 float、float 相匹配的类型，并生成输出类型状态。

```
instructionIsTypeSafe(fcmpg, Environment, _Offset, StackFrame,
                      NextStackFrame, ExceptionStackFrame) :-
    validTypeTransition(Environment, [float, float], int,
                        StackFrame, NextStackFrame),
    exceptionStackFrame(StackFrame, ExceptionStackFrame).
```

*fcmpl* 指令是类型安全的，当且仅当其等价的 *fcmpg* 指令是类型安全的。

```
instructionHasEquivalentTypeRule(fcmpl, fcmpg).
```

## fconst_<f>

*fconst_0* 指令是类型安全的，仅当该指令可以合法地将类型 float 压入输入操作数栈，并生成输出类型状态。

```
instructionIsTypeSafe(fconst_0, Environment, _Offset, StackFrame,
                      NextStackFrame, ExceptionStackFrame) :-
    validTypeTransition(Environment, [], float, StackFrame, NextStackFrame),
    exceptionStackFrame(StackFrame, ExceptionStackFrame).
```

*fconst* 的其他变体的规则均与 fconst_0 等价。

```
instructionHasEquivalentTypeRule(fconst_1, fconst_0).
instructionHasEquivalentTypeRule(fconst_2, fconst_0).
```

## fdiv

*fdiv* 指令是类型安全的，当且仅当与其等价的 *fadd* 指令是类型安全的。

```
instructionHasEquivalentTypeRule(fdiv, fadd).
```

## fload 与 fload_<n>

带有操作数 Index 的 *fload* 指令是类型安全的，并可以生成输出类型状态 NextStackFrame，仅当带有操作数 Index 和类型 float 的 *load* 指令是类型安全的，并可以生成一个输出类型状态 NextStackFrame。

```
instructionIsTypeSafe(fload(Index), Environment, _Offset, StackFrame,
                      NextStackFrame, ExceptionStackFrame) :-
    loadIsTypeSafe(Environment, Index, float, StackFrame, NextStackFrame),
    exceptionStackFrame(StackFrame, ExceptionStackFrame).
```

对于 $0 \leqslant n \leqslant 3$，指令 *fload_<n>* 是类型安全的，当且仅当与其等价的 *fload* 指令是类型安全的。

```
instructionHasEquivalentTypeRule(fload_0, fload(0)).
instructionHasEquivalentTypeRule(fload_1, fload(1)).
instructionHasEquivalentTypeRule(fload_2, fload(2)).
instructionHasEquivalentTypeRule(fload_3, fload(3)).
```

## fmul

*fmul* 指令是类型安全的，当且仅当其等价的 *fadd* 指令是类型安全的。

```
instructionHasEquivalentTypeRule(fmul, fadd).
```

## fneg

*fneg* 指令是类型安全的，当且仅当输入操作数栈中存在一个与 float 相匹配的类型。*fneg* 指令不会改变类型状态。

```
instructionIsTypeSafe(fneg, Environment, _Offset, StackFrame,
                      NextStackFrame, ExceptionStackFrame) :-
    validTypeTransition(Environment, [float], float,
                        StackFrame, NextStackFrame),
    exceptionStackFrame(StackFrame, ExceptionStackFrame).
```

## frem

*frem* 指令是类型安全的，当且仅当其等价的 *fadd* 指令是类型安全的。

```
instructionHasEquivalentTypeRule(frem, fadd).
```

## freturn

*freturn* 指令是类型安全的，仅当包含该指令的方法声明了 float 类型的返回值，并且该指令可以合法地从输入操作数栈中弹出一个与 float 相匹配的类型。

```
instructionIsTypeSafe(freturn, Environment, _Offset, StackFrame,
                      afterGoto, ExceptionStackFrame) :-
    thisMethodReturnType(Environment, float),
    canPop(StackFrame, [float], _PoppedStackFrame),
    exceptionStackFrame(StackFrame, ExceptionStackFrame).
```

## fstore 与 fstore_<n>

带有操作数 Index 的 *fstore* 指令是类型安全的，并可以生成输出类型状态 NextStackFrame，仅当带有操作数 Index 和类型 float 的 *store* 指令是类型安全的，并可以生成一个输出类型状态 NextStackFrame。

```
instructionIsTypeSafe(fstore(Index), Environment, _Offset, StackFrame,
                      NextStackFrame, ExceptionStackFrame) :-
    storeIsTypeSafe(Environment, Index, float, StackFrame, NextStackFrame),
    exceptionStackFrame(StackFrame, ExceptionStackFrame).
```

对于 $0 \leqslant n \leqslant 3$，*fstore_<n>* 指令是类型安全的，当且仅当与其等价的 *fstore* 指令是类型安全的。

```
instructionHasEquivalentTypeRule(fstore_0, fstore(0)).
instructionHasEquivalentTypeRule(fstore_1, fstore(1)).
instructionHasEquivalentTypeRule(fstore_2, fstore(2)).
instructionHasEquivalentTypeRule(fstore_3, fstore(3)).
```

## fsub

*fsub* 指令是类型安全的，当且仅当与其等价的 *fadd* 指令是类型安全的。

```
instructionHasEquivalentTypeRule(fsub, fadd).
```

## getfield

带有操作数 CP 的 *getfield* 指令是类型安全的，当且仅当 CP 指向一个常量池项，同时该指令可以合法地用类型 FieldType 来替换输入操作数栈中与 FieldClass 相匹配的类型，并产生输出类型状态，其中 CP 所指向的常量池项代表一个在类 FieldClass 中声明且类型为 FieldType 的字段。FieldClass 不能是数组类型。所有 protected 字段都要接受一些额外的检查（见 4.10.1.8 小节）。

```
instructionIsTypeSafe(getfield(CP), Environment, _Offset, StackFrame,
                      NextStackFrame, ExceptionStackFrame) :-
    CP = field(FieldClass, FieldName, FieldDescriptor),
    parseFieldDescriptor(FieldDescriptor, FieldType),
    passesProtectedCheck(Environment, FieldClass, FieldName,
                         FieldDescriptor, StackFrame),
    validTypeTransition(Environment, [class(FieldClass)], FieldType,
                        StackFrame, NextStackFrame),
    exceptionStackFrame(StackFrame, ExceptionStackFrame).
```

## getstatic

带有操作数 CP 的 *getstatic* 指令是类型安全的，当且仅当 CP 指向一个声明为 FieldType 类型并用来表示字段的常量池项，同时该指令可以合法地向输入操作数栈中压入 FieldType 并产生输出类型状态。

```
instructionIsTypeSafe(getstatic(CP), Environment, _Offset, StackFrame,
                      NextStackFrame, ExceptionStackFrame) :-
    CP = field(_FieldClass, _FieldName, FieldDescriptor),
    parseFieldDescriptor(FieldDescriptor, FieldType),
    validTypeTransition(Environment, [], FieldType,
                        StackFrame, NextStackFrame),
    exceptionStackFrame(StackFrame, ExceptionStackFrame).
```

## goto 与 goto_w

*goto* 指令是类型安全的，当且仅当其目标操作数是一个合法的跳转目标。

```
instructionIsTypeSafe(goto(Target), Environment, _Offset, StackFrame,
                      afterGoto, ExceptionStackFrame) :-
    targetIsTypeSafe(Environment, StackFrame, Target),
    exceptionStackFrame(StackFrame, ExceptionStackFrame).
```

*goto_w* 指令是类型安全的，当且仅当与其等价的 *goto* 指令是类型安全的。

```
instructionHasEquivalentTypeRule(goto_w(Target), goto(Target)).
```

## i2b、i2c、i2d、i2f、i2l 与 i2s

*i2b* 指令是类型安全的，当且仅当其等价的 *ineg* 指令是类型安全的。

```
instructionHasEquivalentTypeRule(i2b, ineg).
```

*i2c* 指令是类型安全的，当且仅当其等价的 *ineg* 指令是类型安全的。

```
instructionHasEquivalentTypeRule(i2c, ineg).
```

*i2d* 指令是类型安全的，仅当该指令可以合法地从输入操作数栈中弹出 `int`，并用 `double` 来替代它，最后再生成输出类型状态。

```
instructionIsTypeSafe(i2d, Environment, _Offset, StackFrame,
                      NextStackFrame, ExceptionStackFrame) :-
    validTypeTransition(Environment, [int], double,
                        StackFrame, NextStackFrame),
    exceptionStackFrame(StackFrame, ExceptionStackFrame).
```

*i2f* 指令是类型安全的，仅当该指令可以合法地从输入操作数栈中弹出 `int`，并用 `float` 来替代它，最后再生成输出类型状态。

```
instructionIsTypeSafe(i2f, Environment, _Offset, StackFrame,
                      NextStackFrame, ExceptionStackFrame) :-
    validTypeTransition(Environment, [int], float,
                        StackFrame, NextStackFrame),
    exceptionStackFrame(StackFrame, ExceptionStackFrame).
```

*i2l* 指令是类型安全的，仅当该指令可以合法地从输入操作数栈中弹出 `int`，并用 `long` 来替代它，最后再生成输出类型状态。

```
instructionIsTypeSafe(i2l, Environment, _Offset, StackFrame,
                      NextStackFrame, ExceptionStackFrame) :-
    validTypeTransition(Environment, [int], long,
                        StackFrame, NextStackFrame),
    exceptionStackFrame(StackFrame, ExceptionStackFrame).
```

*i2s* 指令是类型安全的，当且仅当其等价的 *ineg* 指令是类型安全的。

```
instructionHasEquivalentTypeRule(i2s, ineg).
```

## iadd

*iadd* 指令是类型安全的，当且仅当该指令可以合法地用 `int` 来替换输入操作数栈中与 `int`、`int` 相匹配的类型，并生成输出类型状态。

```
instructionIsTypeSafe(iadd, Environment, _Offset, StackFrame,
                      NextStackFrame, ExceptionStackFrame) :-
    validTypeTransition(Environment, [int, int], int,
                        StackFrame, NextStackFrame),
    exceptionStackFrame(StackFrame, ExceptionStackFrame).
```

## iaload

*iaload* 指令是类型安全的，当且仅当该指令可以合法地用 int 来替换输入操作数栈中与 int、int 数组相匹配的类型，并生成输出类型状态。

```
instructionIsTypeSafe(iaload, Environment, _Offset, StackFrame,
                      NextStackFrame, ExceptionStackFrame) :-
    validTypeTransition(Environment, [int, arrayOf(int)], int,
                        StackFrame, NextStackFrame),
    exceptionStackFrame(StackFrame, ExceptionStackFrame).
```

## iand

*iand* 指令是类型安全的，当且仅当其等价的 *iadd* 指令是类型安全的。

```
instructionHasEquivalentTypeRule(iand, iadd).
```

## iastore

*iastore* 指令是类型安全的，当且仅当该指令可以合法地从输入操作数栈中弹出与 int、int、int 数组相匹配的类型，并生成输出类型状态。

```
instructionIsTypeSafe(iastore, _Environment, _Offset, StackFrame,
                      NextStackFrame, ExceptionStackFrame) :-
    canPop(StackFrame, [int, int, arrayOf(int)], NextStackFrame),
    exceptionStackFrame(StackFrame, ExceptionStackFrame).
```

## if_acmp<cond>

*if_acmpeq* 指令是类型安全的，当且仅当该指令可以合法地从输入操作数栈中弹出与 reference、reference 相匹配的类型，并生成输出类型状态 NextStackFrame，同时，该指令的操作数 Target，必须是个以 NextStackFrame 为预期输入类型状态的有效跳转目标。

```
instructionIsTypeSafe(if_acmpeq(Target), Environment, _Offset, StackFrame,
                      NextStackFrame, ExceptionStackFrame) :-
    canPop(StackFrame, [reference, reference], NextStackFrame),
    targetIsTypeSafe(Environment, NextStackFrame, Target),
    exceptionStackFrame(StackFrame, ExceptionStackFrame).
```

*if_acmpne* 的规则与上述规则相同。

```
instructionHasEquivalentTypeRule(if_acmpne(Target), if_acmpeq(Target)).
```

## if_icmp<cond>

*if_icmpeq* 指令是类型安全的，当且仅当该指令可以合法地从输入操作数栈中弹出与 int、int 相匹配的类型，并生成输出类型状态 NextStackFrame，同时，该指令的操作数 Target，必须是个以 NextStackFrame 为预期输入类型状态的有效跳转目标。

```
instructionIsTypeSafe(if_icmpeq(Target), Environment, _Offset, StackFrame,
                      NextStackFrame, ExceptionStackFrame) :-
    canPop(StackFrame, [int, int], NextStackFrame),
    targetIsTypeSafe(Environment, NextStackFrame, Target),
    exceptionStackFrame(StackFrame, ExceptionStackFrame).
```

*if_icmp<cond>* 的所有其他变体指令的规则与上述规则相同。

```
instructionHasEquivalentTypeRule(if_icmpge(Target), if_icmpeq(Target)).
instructionHasEquivalentTypeRule(if_icmpgt(Target), if_icmpeq(Target)).
instructionHasEquivalentTypeRule(if_icmple(Target), if_icmpeq(Target)).
instructionHasEquivalentTypeRule(if_icmplt(Target), if_icmpeq(Target)).
instructionHasEquivalentTypeRule(if_icmpne(Target), if_icmpeq(Target)).
```

## if<cond>

*ifeq* 指令是类型安全的，当且仅当该指令可以合法地从输入操作数栈中弹出与 int 相匹配的类型，并生成输出类型状态 NextStackFrame，同时，该指令的操作数 Target，必须是个以 NextStackFrame 为预期输入类型状态的有效跳转目标。

```
instructionIsTypeSafe(ifeq(Target), Environment, _Offset, StackFrame,
                      NextStackFrame, ExceptionStackFrame) :-
    canPop(StackFrame, [int], NextStackFrame),
    targetIsTypeSafe(Environment, NextStackFrame, Target),
    exceptionStackFrame(StackFrame, ExceptionStackFrame).
```

*if<cond>* 的所有其他变体指令的规则与上述规则相同。

```
instructionHasEquivalentTypeRule(ifge(Target), ifeq(Target)).
instructionHasEquivalentTypeRule(ifgt(Target), ifeq(Target)).
instructionHasEquivalentTypeRule(ifle(Target), ifeq(Target)).
instructionHasEquivalentTypeRule(iflt(Target), ifeq(Target)).
instructionHasEquivalentTypeRule(ifne(Target), ifeq(Target)).
```

## ifnonnull

*ifnonnull* 指令是类型安全的，当且仅当该指令可以合法地从输入操作数栈中弹出与 reference 相匹配的类型，并生成输出类型状态 NextStackFrame，同时，该指令的操作数 Target，必须是个以 NextStackFrame 为预期输入类型状态的有效跳转目标。

```
instructionIsTypeSafe(ifnonnull(Target), Environment, _Offset, StackFrame,
                      NextStackFrame, ExceptionStackFrame) :-
    canPop(StackFrame, [reference], NextStackFrame),
    targetIsTypeSafe(Environment, NextStackFrame, Target),
    exceptionStackFrame(StackFrame, ExceptionStackFrame).
```

## ifnull

*ifnull* 指令是类型安全的，当且仅当其等价的 *ifnonnull* 指令是类型安全的。

```
instructionHasEquivalentTypeRule(ifnull(Target), ifnonnull(Target)).
```

## iinc

首操作数为 Index 的 *iinc* 指令是类型安全的，当且仅当 $L_{Index}$ 的类型为 int。*iinc* 指令不会改变类型状态。

```
instructionIsTypeSafe(iinc(Index, _Value), _Environment, _Offset,
                      StackFrame, StackFrame, ExceptionStackFrame) :-
    StackFrame = frame(Locals, _OperandStack, _Flags),
    nth0(Index, Locals, int),
    exceptionStackFrame(StackFrame, ExceptionStackFrame).
```

## iload 与 iload_<n>

带有操作数 Index 的 *iload* 指令是类型安全的，并可以生成输出类型状态 NextStackFrame，仅当带有操作数 Index 和类型 int 的 *load* 指令是类型安全的，并可以生成输出类型状态 NextStackFrame。

```
instructionIsTypeSafe(iload(Index), Environment, _Offset, StackFrame,
                      NextStackFrame, ExceptionStackFrame) :-
    loadIsTypeSafe(Environment, Index, int, StackFrame, NextStackFrame),
    exceptionStackFrame(StackFrame, ExceptionStackFrame).
```

对于 $0 \leqslant n \leqslant 3$，指令 *iload_<n>* 是类型安全的，当且仅当其等价的 *load* 指令是类型安全的。

```
instructionHasEquivalentTypeRule(iload_0, iload(0)).
instructionHasEquivalentTypeRule(iload_1, iload(1)).
instructionHasEquivalentTypeRule(iload_2, iload(2)).
instructionHasEquivalentTypeRule(iload_3, iload(3)).
```

## imul

*mul* 指令是类型安全的，当且仅当其等价的 *iadd* 指令是类型安全的。

```
instructionHasEquivalentTypeRule(imul, iadd).
```

## ineg

*ineg* 指令是类型安全的，当且仅当输入操作数栈中存在一个与 int 相匹配的类型。*ineg* 指令不会改变类型状态。

```
instructionIsTypeSafe(ineg, Environment, _Offset, StackFrame,
                      NextStackFrame, ExceptionStackFrame) :-
    validTypeTransition(Environment, [int], int, StackFrame, NextStackFrame),
    exceptionStackFrame(StackFrame, ExceptionStackFrame).
```

## instanceof

带有 CP 操作数的 *instanceof* 指令是类型安全的，当且仅当 CP 指向一个表示类或数组的常量池项，同时该指令又可以合法地用 int 来替换位于输入操作数栈顶部的类型 Object，并生成输出类型状态。

```
instructionIsTypeSafe(instanceof(CP), Environment, _Offset, StackFrame,
                      NextStackFrame, ExceptionStackFrame) :-
    (CP = class(_, _) ; CP = arrayOf(_)),
    isBootstrapLoader(BL),
    validTypeTransition(Environment, [class('java/lang/Object'), BL], int,
                        StackFrame,NextStackFrame),
    exceptionStackFrame(StackFrame, ExceptionStackFrame).
```

## invokedynamic

*invokedynamic* 指令是类型安全的，当且仅当下述条件全部满足：

- 该指令的首操作数 CP 指向一个表示动态调用点的常量池项。其中，动态调用点的名字是 CallSiteName、描述符为 Descriptor。
- CallSiteName 不是 <init>。
- CallSiteName 不是 <clinit>。
- 该指令可以用 Descriptor 中所给出的返回值类型来替换与输入操作数栈中的 Descriptor 所给出的参数类型相匹配的类型，并生成输出类型状态。

```
instructionIsTypeSafe(invokedynamic(CP,0,0), Environment, _Offset,
                      StackFrame, NextStackFrame, ExceptionStackFrame) :-
    CP = dmethod(CallSiteName, Descriptor),
    CallSiteName \= '<init>',
    CallSiteName \= '<clinit>',
    parseMethodDescriptor(Descriptor, OperandArgList, ReturnType),
    reverse(OperandArgList, StackArgList),
    validTypeTransition(Environment, StackArgList, ReturnType,
                        StackFrame, NextStackFrame),
    exceptionStackFrame(StackFrame, ExceptionStackFrame).
```

## invokeinterface

*invokeinterface* 指令是类型安全的，当且仅当下述条件全部满足：

- 该指令的首操作数 CP 指向一个代表接口方法的常量池项。这个接口方法是 MethodIntfName 接口中名为 MethodName 且带有描述符 Descriptor 的成员。
- MethodName 不是 <init>。
- MethodName 不是 <clinit>。
- 该指令的第二个参数 Count 是一个合法的计数操作数（见下面的说明）。
- 该指令可以用 Descriptor 中所给出的返回值类型来替换与输入操作数栈中的类型 MethodIntfName 和由 Descriptor 所给出的参数类型相匹配的类型，并生成输出类型状态。

```
instructionIsTypeSafe(invokeinterface(CP, Count, 0), Environment, _Offset,
                      StackFrame, NextStackFrame, ExceptionStackFrame) :-
    CP = imethod(MethodIntfName, MethodName, Descriptor),
    MethodName \= '<init>',
    MethodName \= '<clinit>',
    parseMethodDescriptor(Descriptor, OperandArgList, ReturnType),
    currentClassLoader(Environment, L),
    reverse([class(MethodIntfName, L) | OperandArgList], StackArgList),
    canPop(StackFrame, StackArgList, TempFrame),
    validTypeTransition(Environment, [], ReturnType, TempFrame, NextStackFrame),
    countIsValid(Count, StackFrame, TempFrame),
    exceptionStackFrame(StackFrame, ExceptionStackFrame).
```

一个 *invokeinterface* 指令的 Count 操作数是有效的，仅当该操作数等于指令参数的数量。该值等于 InputFrame 和 OutputStream 大小的差值。

```
countIsValid(Count, InputFrame, OutputFrame) :-
    InputFrame = frame(_Locals1, OperandStack1, _Flags1),
    OutputFrame = frame(_Locals2, OperandStack2, _Flags2),
    length(OperandStack1, Length1),
    length(OperandStack2, Length2),
    Count =:= Length1 - Length2.
```

## invokespecial

*invokespecial* 指令是类型安全的，当且仅当下述条件全部满足：

- 该指令的首操作数 CP 指向一个代表方法的常量池项。此方法是类 MethodClassName 中名为 MethodName 且带有描述符 Descriptor 的成员。
- 要么：
  - MethodName 不是 <init>。
  - MethodName 不是 <clinit>。
  - 该指令可以用 Descriptor 中所给出的返回值类型来替换输入操作数栈中与 Descriptor 所给出的当前类和参数类型相匹配的类型，并生成输出类型状态。
  - 该指令可以用 Descriptor 中所给出的返回值类型替换在输入操作数栈中与类 MethodClassName 和 Descriptor 所给出的参数类型相匹配的类型。

```
instructionIsTypeSafe(invokespecial(CP), Environment, _Offset, StackFrame,
                      NextStackFrame, ExceptionStackFrame) :-
    CP = method(MethodClassName, MethodName, Descriptor),
    MethodName \= '<init>',
    MethodName \= '<clinit>',
    parseMethodDescriptor(Descriptor, OperandArgList, ReturnType),
    thisClass(Environment, class(CurrentClassName, L)),
    reverse([class(CurrentClassName, L) | OperandArgList], StackArgList),
    validTypeTransition(Environment, StackArgList, ReturnType,
                        StackFrame, NextStackFrame),
```

```
    reverse([class(MethodClassName, L) | OperandArgList], StackArgList2),
    validTypeTransition(Environment, StackArgList2, ReturnType,
                        StackFrame, _ResultStackFrame),
    isAssignable(class(CurrentClassName, L), class(MethodClassName, L)).
    exceptionStackFrame(StackFrame, ExceptionStackFrame).
```

- 要么：
  - MethodName 是 <init>。
  - Descriptor 指定了 void 作为返回类型。
  - 可以合法地将与 Descriptor 中所给出的参数类型和一个未初始化类型 UninitializedArg 相匹配的类型从输入操作数栈中弹出，并生成 OperandStack。
  - 先用 OperandStack 来替换输入操作数栈，然后用正在初始化的那个实例类型把所有 UninitializedArg 实例都替换掉，即可从输入状态类型得到输出状态类型。

```
instructionIsTypeSafe(invokespecial(CP), Environment, _Offset, StackFrame,
                      NextStackFrame, ExceptionStackFrame) :-
    CP = method(MethodClassName, '<init>', Descriptor),
    parseMethodDescriptor(Descriptor, OperandArgList, void),
    reverse(OperandArgList, StackArgList),
    canPop(StackFrame, StackArgList, TempFrame),
    TempFrame = frame(Locals, FullOperandStack, Flags),
    FullOperandStack = [UninitializedArg | OperandStack],
    currentClassLoader(Environment, CurrentLoader),
    rewrittenUninitializedType(UninitializedArg, Environment,
                               class(MethodClassName, CurrentLoader), This),
    rewrittenInitializationFlags(UninitializedArg, Flags, NextFlags),
    substitute(UninitializedArg, This, OperandStack, NextOperandStack),
    substitute(UninitializedArg, This, Locals, NextLocals),
    NextStackFrame = frame(NextLocals, NextOperandStack, NextFlags),
    ExceptionStackFrame = frame(NextLocals, [], Flags),
    passesProtectedCheck(Environment, MethodClassName, '<init>',
                         Descriptor, NextStackFrame).
```

为了计算什么类型才是需要改写的未初始化参数的类型，需要分两种情况来考虑：

- 第一种情况是正在某对象的构造方法中对该对象进行初始化，此时其初始类型是 uninitializedThis。该类型后面将会被改写成 <init> 方法所在类的类型。
- 第二种情况发生在用 *new* 所创建的对象的初始化过程中。此时，未初始化参数的类型会被改写成持有 <init> 方法的那个 MethodClass 类型。我们会检查在 Address 这个位置上是否确实存在一个 *new* 指令。

```
rewrittenUninitializedType(uninitializedThis, Environment,
                           MethodClass, MethodClass) :-
    MethodClass = class(MethodClassName, CurrentLoader),
```

```
    thisClass(Environment, MethodClass).

rewrittenUninitializedType(uninitializedThis, Environment,
                           MethodClass, MethodClass) :-
    MethodClass = class(MethodClassName, CurrentLoader),
    thisClass(Environment, class(thisClassName, thisLoader)),
    superclassChain(thisClassName, thisLoader, [MethodClass | Rest]).

rewrittenUninitializedType(uninitialized(Address), Environment,
                           MethodClass, MethodClass) :-
    allInstructions(Environment, Instructions),
    member(instruction(Address, new(MethodClass)), Instructions).

rewrittenInitializationFlags(uninitializedThis, _Flags, []).
rewrittenInitializationFlags(uninitialized(_), Flags, Flags).

substitute(_Old, _New, [], []).
substitute(Old, New, [Old | FromRest], [New | ToRest]) :-
    substitute(Old, New, FromRest, ToRest).
substitute(Old, New, [From1 | FromRest], [From1 | ToRest]) :-
    From1 \= Old,
    substitute(Old, New, FromRest, ToRest).
```

之所以要专门传回一个异常栈帧，其原因仅仅在于：调用 <init> 方法时所需的 invokespecial 指令，有着特殊的规则。而这个特殊之处就是：*invokespecial* 可以使基类的 <init> 方法被调用，但该调用可能会失败并使得 this 的状态变为未初始化。虽然这种情况无法用 Java 语言的源码来表示，但却可以通过字节码直接构造出来。在这种情况下，原始帧的 0 号局部变量会是个未初始化的对象，而该帧的标志则会是 flagThisUninit。*invokespecial* 的正常结束过程会对未初始化的对象进行初始化，并关闭该对象的 uninitializedThis 标志。但如果 <init> 方法在调用过程中抛了异常，则未初始化的对象可能会陷入部分初始化状态（partially initialized state）中，因此需要将其标识为永久不可用。此情形是通过一个含有已损坏的对象（也就是局部变量的新值）和 uninitializedThis 标志（旧标志）的异常帧来表示的。因为我们无法把看似初始化过但却带有 flagThisUninit 标志的对象，转变成真正初始化好的对象，所以，它是永远不能使用的。

在其他情况下，异常栈帧与输入栈帧的标志总是相同的。

## invokestatic

*invokestatic* 指令是类型安全的，当且仅当下述条件全部满足：

- 该指令的首个操作数 CP 指向一个常量池项。该常量池项用于表示一个名为 MethodName 且带有描述符 Descriptor 的方法。
- MethodName 不是 <init>。
- MethodName 不是 <clinit>。

- 该指令可以用 Descriptor 中所给出的返回值类型来替换与输入操作数栈中的 Descriptor 所给出的参数类型相匹配的类型，并生成输出类型状态。

```
instructionIsTypeSafe(invokestatic(CP), Environment, _Offset, StackFrame,
                      NextStackFrame, ExceptionStackFrame) :-
    CP = method(_MethodClassName, MethodName, Descriptor),
    MethodName \= '<init>',
    MethodName \= '<clinit>',
    parseMethodDescriptor(Descriptor, OperandArgList, ReturnType),
    reverse(OperandArgList, StackArgList),
    validTypeTransition(Environment, StackArgList, ReturnType,
                        StackFrame, NextStackFrame),
    exceptionStackFrame(StackFrame, ExceptionStackFrame).
```

## invokevirtual

*invokevirtual* 指令是类型安全的，当且仅当下述条件全部满足：

- 该指令的首个操作数 CP 指向一个常量池项。该常量池项用于表示类 MethodClassName 中一个名为 MethodName 且带有描述符 Descriptor 的成员方法。
- MethodName 不是 <init>。
- MethodName 不是 <clinit>。
- 该指令可以用 Descriptor 中所给出的返回值类型来替换与输入操作数栈中的类 MethodClassName 和由 Descriptor 所给出的参数类型相匹配的类型，并生成输出类型状态。
- 如果方法是 protected 的，则该指令的使用需遵循与访问 protected 成员有关的特殊规定（见 4.10.1.8 小节）。

```
instructionIsTypeSafe(invokevirtual(CP), Environment, _Offset, StackFrame,
                      NextStackFrame, ExceptionStackFrame) :-
    CP = method(MethodClassName, MethodName, Descriptor),
    MethodName \= '<init>',
    MethodName \= '<clinit>',
    parseMethodDescriptor(Descriptor, OperandArgList, ReturnType),
    reverse(OperandArgList, ArgList),
    currentClassLoader(Environment, L),
    reverse([class(MethodClassName, L) | OperandArgList], StackArgList),
    validTypeTransition(Environment, StackArgList, ReturnType,
                        StackFrame, NextStackFrame),
    canPop(StackFrame, ArgList, PoppedFrame),
    passesProtectedCheck(Environment, MethodClassName, MethodName,
                         Descriptor, PoppedFrame),
    exceptionStackFrame(StackFrame, ExceptionStackFrame).
```

### ior

*ior* 指令是类型安全的，当且仅当其等价的 *iadd* 指令是类型安全的。

```
instructionHasEquivalentTypeRule(ior, iadd).
```

### irem

*irem* 指令是类型安全的，当且仅当其等价的 *iadd* 指令是类型安全的。

```
instructionHasEquivalentTypeRule(irem, iadd).
```

### ireturn

*ireturn* 指令是类型安全的，仅当包含该指令的方法声明了 `int` 类型的返回值，并且该指令可以合法地从输入操作数栈中弹出一个与 `int` 相匹配的类型。

```
instructionIsTypeSafe(ireturn, Environment, _Offset, StackFrame,
                      afterGoto, ExceptionStackFrame) :-
    thisMethodReturnType(Environment, int),
    canPop(StackFrame, [int], _PoppedStackFrame),
    exceptionStackFrame(StackFrame, ExceptionStackFrame).
```

### ishl、ishr 与 iushr

*ishl* 指令是类型安全的，当且仅当其等价的 *iadd* 指令是类型安全的。

```
instructionHasEquivalentTypeRule(ishl, iadd).
```

*ishr* 指令是类型安全的，当且仅当其等价的 *iadd* 指令是类型安全的。

```
instructionHasEquivalentTypeRule(ishr, iadd).
```

*iushr* 指令是类型安全的，当且仅当其等价的 *iadd* 指令是类型安全的。

```
instructionHasEquivalentTypeRule(iushr, iadd).
```

### istore 与 istore_<n>

带有操作数 `Index` 的 *istore* 指令是类型安全的，并可以生成输出类型状态 `NextStack-Frame`，仅当带有操作数 `Index` 和类型 `int` 的 *store* 指令是类型安全的，并可以生成一个输出类型状态 `NextStackFrame`。

```
instructionIsTypeSafe(istore(Index), Environment, _Offset, StackFrame,
                      NextStackFrame, ExceptionStackFrame) :-
    storeIsTypeSafe(Environment, Index, int, StackFrame, NextStackFrame),
    exceptionStackFrame(StackFrame, ExceptionStackFrame).
```

对于 $0 \leqslant n \leqslant 3$，指令 *istore_<n>* 是类型安全的，当且仅当其等价的 *istore* 指令是类型安全的。

```
instructionHasEquivalentTypeRule(istore_0, istore(0)).
instructionHasEquivalentTypeRule(istore_1, istore(1)).
```

```
instructionHasEquivalentTypeRule(istore_2, istore(2)).
instructionHasEquivalentTypeRule(istore_3, istore(3)).
```

## isub

*isub* 指令是类型安全的，当且仅当其等价的 *iadd* 指令是类型安全的。

```
instructionHasEquivalentTypeRule(isub, iadd).
```

## ixor

*ixor* 指令是类型安全的，当且仅当其等价的 *iadd* 指令是类型安全的。

```
instructionHasEquivalentTypeRule(ixor, iadd).
```

## l2d、l2f 与 l2i

*l2d* 指令是类型安全的，仅当该指令可以合法地从输入操作数栈中弹出 `long`，并用 `double` 来替代它，最后再生成输出类型状态。

```
instructionIsTypeSafe(l2d, Environment, _Offset, StackFrame,
                      NextStackFrame, ExceptionStackFrame) :-
    validTypeTransition(Environment, [long], double,
                        StackFrame, NextStackFrame),
    exceptionStackFrame(StackFrame, ExceptionStackFrame).
```

*l2f* 指令是类型安全的，仅当该指令可以合法地从输入操作数栈中弹出 `long`，并用 `float` 来替代它，最后再生成输出类型状态。

```
instructionIsTypeSafe(l2f, Environment, _Offset, StackFrame,
                      NextStackFrame, ExceptionStackFrame) :-
    validTypeTransition(Environment, [long], float,
                        StackFrame, NextStackFrame),
    exceptionStackFrame(StackFrame, ExceptionStackFrame).
```

*l2i* 指令是类型安全的，仅当该指令可以合法地从输入操作数栈中弹出 `long`，并用 `int` 来替代它，最后再生成输出类型状态。

```
instructionIsTypeSafe(l2i, Environment, _Offset, StackFrame,
                      NextStackFrame, ExceptionStackFrame) :-
    validTypeTransition(Environment, [long], int,
                        StackFrame, NextStackFrame),
    exceptionStackFrame(StackFrame, ExceptionStackFrame).
```

## ladd

*ladd* 指令是类型安全的，当且仅当该指令可以合法地用 `long` 来替换输入操作数栈中与 `long`、`long` 相匹配的类型，并生成输出类型状态。

```
instructionIsTypeSafe(ladd, Environment, _Offset, StackFrame,
                      NextStackFrame, ExceptionStackFrame) :-
    validTypeTransition(Environment, [long, long], long,
                        StackFrame, NextStackFrame),
    exceptionStackFrame(StackFrame, ExceptionStackFrame).
```

## laload

*laload* 指令是类型安全的，当且仅当该指令可以合法地用 long 来替换输入操作数栈中与 int 及 long 数组相匹配的类型，并生成输出类型状态。

```
instructionIsTypeSafe(laload, Environment, _Offset, StackFrame,
                      NextStackFrame, ExceptionStackFrame) :-
    validTypeTransition(Environment, [int, arrayOf(long)], long,
                        StackFrame, NextStackFrame),
    exceptionStackFrame(StackFrame, ExceptionStackFrame).
```

## land

*land* 指令是类型安全的，当且仅当其等价的 *ladd* 指令是类型安全的。

```
instructionHasEquivalentTypeRule(land, ladd).
```

## lastore

*lastore* 指令是类型安全的，当且仅当该指令可以合法地从输入操作数栈中弹出与 long、int 及 long 数组相匹配的类型，并生成输出类型状态。

```
instructionIsTypeSafe(lastore, _Environment, _Offset, StackFrame,
                      NextStackFrame, ExceptionStackFrame) :-
    canPop(StackFrame, [long, int, arrayOf(long)], NextStackFrame),
    exceptionStackFrame(StackFrame, ExceptionStackFrame).
```

## lcmp

*lcmp* 指令是类型安全的，当且仅当该指令可以合法地用 int 来替换输入操作数栈中与 long、long 相匹配的类型，并生成输出类型状态。

```
instructionIsTypeSafe(lcmp, Environment, _Offset, StackFrame,
                      NextStackFrame, ExceptionStackFrame) :-
    validTypeTransition(Environment, [long, long], int,
                        StackFrame, NextStackFrame),
    exceptionStackFrame(StackFrame, ExceptionStackFrame).
```

## lconst_<l>

*lconst_0* 指令是类型安全的，仅当该指令可以合法地将类型 long 压入输入操作数栈，并生成输出类型状态。

```
instructionIsTypeSafe(lconst_0, Environment, _Offset, StackFrame,
                      NextStackFrame, ExceptionStackFrame) :-
    validTypeTransition(Environment, [], long, StackFrame, NextStackFrame),
    exceptionStackFrame(StackFrame, ExceptionStackFrame).
```

*lconst_1* 指令是类型安全的，当且仅当其等价的 *lconst_0* 指令是类型安全的。

```
instructionHasEquivalentTypeRule(lconst_1, lconst_0).
```

## ldc、ldc_w 与 ldc2_w

带有操作数 CP 的 *ldc* 指令是类型安全的，当且仅当 CP 指向一个可以表示类型 Type 的常量池项、(Type 可以是 int、float、String、Class、java.lang.invoke.MethodType 或 java.lang.invoke.MethodHandle)，同时该指令又可以合法地将 Type 压入输入操作数栈并产生输出类型状态。

```
instructionIsTypeSafe(ldc(CP), Environment, _Offset, StackFrame,
                      NextStackFrame, ExceptionStackFrame) :-
    functor(CP, Tag, _),
    isBootstrapLoader(BL),
    member([Tag, Type], [
        [int, int],
        [float, float],
        [string, class('java/lang/String', BL)],
        [classConst, class('java/lang/Class', BL)],
        [methodTypeConst, class('java/lang/invoke/MethodType', BL)],
        [methodHandleConst, class('java/lang/invoke/MethodHandle', BL)],
    ]),
    validTypeTransition(Environment, [], Type, StackFrame, NextStackFrame),
    exceptionStackFrame(StackFrame, ExceptionStackFrame).
```

*ldc_w* 指令是类型安全的，当且仅当其等价的 *ldc* 指令是类型安全的。

```
instructionHasEquivalentTypeRule(ldc_w(CP), ldc(CP))
```

带有操作数 CP 的 *ldc2_w* 指令是类型安全的，当且仅当 CP 指向一个可以表示类型为 Tag 的实体的常量池项（Tag 可以是 long 或 double)，同时该指令又可以合法地将 Tag 压入输入操作数栈并产生输出类型状态。

```
instructionIsTypeSafe(ldc2_w(CP), Environment, _Offset, StackFrame,
                      NextStackFrame, ExceptionStackFrame) :-
    functor(CP, Tag, _),
    member(Tag, [long, double]),
    validTypeTransition(Environment, [], Tag, StackFrame, NextStackFrame),
    exceptionStackFrame(StackFrame, ExceptionStackFrame).
```

## ldiv

*ldiv* 指令是类型安全的，当且仅当其等价的 *ladd* 指令是类型安全的。

```
instructionHasEquivalentTypeRule(ldiv, ladd).
```

### lload 与 lload_<n>

带有操作数 Index 的 *lload* 指令是类型安全的，并可以生成输出类型状态 NextStackFrame，仅当带有操作数 Index 和类型 long 的 *load* 指令是类型安全的，并可以生成一个输出类型状态 NextStackFrame。

```
instructionIsTypeSafe(lload(Index), Environment, _Offset, StackFrame,
                      NextStackFrame, ExceptionStackFrame) :-
    loadIsTypeSafe(Environment, Index, long, StackFrame, NextStackFrame),
    exceptionStackFrame(StackFrame, ExceptionStackFrame).
```

对于 $0 \leqslant n \leqslant 3$，指令 *lload_<n>* 是类型安全的，当且仅当其等价的 *lload* 指令是类型安全的。

```
instructionHasEquivalentTypeRule(lload_0, lload(0)).
instructionHasEquivalentTypeRule(lload_1, lload(1)).
instructionHasEquivalentTypeRule(lload_2, lload(2)).
instructionHasEquivalentTypeRule(lload_3, lload(3)).
```

### lmul

*lmul* 指令是类型安全的，当且仅当其等价的 *ladd* 指令是类型安全的。

```
instructionHasEquivalentTypeRule(lmul, ladd).
```

### lneg

*lneg* 指令是类型安全的，当且仅当输入操作数栈中存在一个与 long 相匹配的类型。*lneg* 指令不会改变类型状态。

```
instructionIsTypeSafe(lneg, Environment, _Offset, StackFrame,
                      NextStackFrame, ExceptionStackFrame) :-
    validTypeTransition(Environment, [long], long,
                        StackFrame, NextStackFrame),
    exceptionStackFrame(StackFrame, ExceptionStackFrame).
```

### lookupswitch

*lookupswitch* 指令是类型安全的，仅当其键值是有序的，且该指令可以合法地从输入操作数栈中弹出 int，并产生一个新的类型状态 BranchStackFrame，同时，该指令的所有目标，都是以 BranchStackFrame 为其输入类型状态的有效跳转目标。

```
instructionIsTypeSafe(lookupswitch(Targets, Keys), Environment, _, StackFrame,
                      afterGoto, ExceptionStackFrame) :-
    sort(Keys, Keys),
    canPop(StackFrame, [int], BranchStackFrame),
```

```
    checklist(targetIsTypeSafe(Environment, BranchStackFrame), Targets),
    exceptionStackFrame(StackFrame, ExceptionStackFrame).
```

## lor

*lor* 指令是类型安全的，当且仅当其等价的 *ladd* 指令是类型安全的。

```
instructionHasEquivalentTypeRule(lor, ladd).
```

## lrem

*lrem* 指令是类型安全的，当且仅当其等价的 *ladd* 指令是类型安全的。

```
instructionHasEquivalentTypeRule(lrem, ladd).
```

## lreturn

*lreturn* 指令是类型安全的，仅当包含该指令的方法声明了 `long` 类型的返回值，并且该指令可以合法地从输入操作数栈中弹出一个与 `long` 相匹配的类型。

```
instructionIsTypeSafe(lreturn, Environment, _Offset, StackFrame,
                      afterGoto, ExceptionStackFrame) :-
    thisMethodReturnType(Environment, long),
    canPop(StackFrame, [long], _PoppedStackFrame),
    exceptionStackFrame(StackFrame, ExceptionStackFrame).
```

## lshl、lshr 与 lushr

*lshl* 指令是类型安全的，当且仅当该指令可以合法地用 `long` 类型来替换输入操作数栈中的 `int` 及 `long` 类型并产生输出类型状态。

```
instructionIsTypeSafe(lshl, Environment, _Offset, StackFrame,
                      NextStackFrame, ExceptionStackFrame) :-
    validTypeTransition(Environment, [int, long], long,
                        StackFrame, NextStackFrame),
    exceptionStackFrame(StackFrame, ExceptionStackFrame).
```

*lshr* 指令是类型安全的，当且仅当其等价的 *lshl* 指令是类型安全的。

```
instructionHasEquivalentTypeRule(lshr, lshl).
```

*lushr* 指令是类型安全的，当且仅当其等价的 *lshl* 指令是类型安全的。

```
instructionHasEquivalentTypeRule(lushr, lshl).
```

## lstore 与 lstore_<n>

带有操作数 `Index` 的 *lstore* 指令是类型安全的，并可以生成输出类型状态 `NextStackFrame`，仅当带有操作数 `Index` 和类型 `long` 的 *store* 指令是类型安全的，并可以生成一个输出类型状态 `NextStackFrame`。

```
instructionIsTypeSafe(lstore(Index), Environment, _Offset, StackFrame,
                      NextStackFrame, ExceptionStackFrame) :-
    storeIsTypeSafe(Environment, Index, long, StackFrame, NextStackFrame),
    exceptionStackFrame(StackFrame, ExceptionStackFrame).
```

对于 $0 \leqslant n \leqslant 3$，*lstore_<n>* 指令是类型安全的，当且仅当其等价的 *lstore* 指令是类型安全的。

```
instructionHasEquivalentTypeRule(lstore_0, lstore(0)).
instructionHasEquivalentTypeRule(lstore_1, lstore(1)).
instructionHasEquivalentTypeRule(lstore_2, lstore(2)).
instructionHasEquivalentTypeRule(lstore_3, lstore(3)).
```

### lsub

*lsub* 指令是类型安全的，当且仅当其等价的 *ladd* 指令是类型安全的。

```
instructionHasEquivalentTypeRule(lsub, ladd).
```

### lxor

*lxor* 指令是类型安全的，当且仅当其等价的 *ladd* 指令是类型安全的。

```
instructionHasEquivalentTypeRule(lxor, ladd).
```

### monitorenter

*monitorenter* 指令是类型安全的，当且仅当可以合法地从输入操作数栈中弹出与 reference 相匹配的类型，并生成输出类型状态。

```
instructionIsTypeSafe(monitorenter, _Environment, _Offset, StackFrame,
                      NextStackFrame, ExceptionStackFrame) :-
    canPop(StackFrame, [reference], NextStackFrame),
    exceptionStackFrame(StackFrame, ExceptionStackFrame).
```

### monitorexit

*monitorexit* 指令是类型安全的，当且仅当其等价的 *monitorenter* 指令是类型安全的。

```
instructionHasEquivalentTypeRule(monitorexit, monitorenter).
```

### multianewarray

带有操作数 CP 和 Dim 的 multianewarray 指令是类型安全的，当且仅当 CP 指向表示数组类型的常量池项，且该数组类型的维度大于等于正数 Dim，同时，输入操作数堆栈上面的那 Dim 个 int 类型，又可以替换成由 CP 所表示的类型，并生成输出类型状态。

```
instructionIsTypeSafe(multianewarray(CP, Dim), Environment, _Offset,
                      StackFrame, NextStackFrame, ExceptionStackFrame) :-
    CP = arrayOf(_),
    classDimension(CP, Dimension),
    Dimension >= Dim,
```

```
    Dim > 0,
    /* Make a list of Dim ints */
    findall(int, between(1, Dim, _), IntList),
    validTypeTransition(Environment, IntList, CP,
                        StackFrame, NextStackFrame),
    exceptionStackFrame(StackFrame, ExceptionStackFrame).
```

对于一个数组类型而言，如果其组件类型也是一个数组类型，则该数组类型的维度比其组件类型的维度大一维。

```
classDimension(arrayOf(X), Dimension) :-
    classDimension(X, Dimension1),
    Dimension is Dimension1 + 1.

classDimension(_, Dimension) :-
    Dimension = 0.
```

## new

在偏移量 Offset 处带有操作数 CP 的 *new* 指令是类型安全的，当且仅当 CP 指向一个表示类类型的常量池项，而类型 uninitialized (Offset) 又没有出现在输入操作数栈中，且该指令可以合法地将 uninitialized (Offset) 压入输入操作数栈中，同时能够用 top 来替换输入局部变量中的 uinitialized (Offset)，并生成输出类型状态。

```
instructionIsTypeSafe(new(CP), Environment, Offset, StackFrame,
                      NextStackFrame, ExceptionStackFrame) :-
    StackFrame = frame(Locals, OperandStack, Flags),
    CP = class(_, _),
    NewItem = uninitialized(Offset),
    notMember(NewItem, OperandStack),
    substitute(NewItem, top, Locals, NewLocals),
    validTypeTransition(Environment, [], NewItem,
                        frame(NewLocals, OperandStack, Flags),
                        NextStackFrame),
    exceptionStackFrame(StackFrame, ExceptionStackFrame).
```

*substitute* 谓词定义在 *invokespecial* 指令的规则之中（参见本小节的 *invokespecial* 指令）。

## newarray

带有操作数 TypeCode 的 *newarray* 指令是类型安全的，当且仅当 TypeCode 对应于基本类型 ElementType，并且可以合法地用“ElementType 的数组”类型来替换输入操作数栈中的 int 类型，并生成输出类型状态。

```
instructionIsTypeSafe(newarray(TypeCode), Environment, _Offset, StackFrame,
                      NextStackFrame, ExceptionStackFrame) :-
    primitiveArrayInfo(TypeCode, _TypeChar, ElementType, _VerifierType),
```

```
    validTypeTransition(Environment, [int], arrayOf(ElementType),
                        StackFrame, NextStackFrame),
    exceptionStackFrame(StackFrame, ExceptionStackFrame).
```

类型码与基本类型之间的对应关系是由下面的谓词来指定的：

```
primitiveArrayInfo(4,  0'Z, boolean, int).
primitiveArrayInfo(5,  0'C, char,    int).
primitiveArrayInfo(6,  0'F, float,   float).
primitiveArrayInfo(7,  0'D, double,  double).
primitiveArrayInfo(8,  0'B, byte,    int).
primitiveArrayInfo(9,  0'S, short,   int).
primitiveArrayInfo(10, 0'I, int,     int).
primitiveArrayInfo(11, 0'J, long,    long).
```

## nop

*nop* 指令总是类型安全的。*nop* 指令不会影响类型状态。

```
instructionIsTypeSafe(nop, _Environment, _Offset, StackFrame,
                      StackFrame, ExceptionStackFrame) :-
    exceptionStackFrame(StackFrame, ExceptionStackFrame).
```

## pop 与 pop2

*pop* 指令是类型安全的，当且仅当该指令可以合法地从输入操作数栈中弹出一个类别 1 类型，并生成输出类型状态。

```
instructionIsTypeSafe(pop, _Environment, _Offset, StackFrame,
                      NextStackFrame, ExceptionStackFrame) :-
    StackFrame = frame(Locals, [Type | Rest], Flags),
    Type \= top,
    sizeOf(Type, 1),
    NextStackFrame = frame(Locals, Rest, Flags),
    exceptionStackFrame(StackFrame, ExceptionStackFrame).
```

*pop2* 指令是类型安全的，当且仅当该指令是 *pop2* 指令的一种**类型安全的形式**。

```
instructionIsTypeSafe(pop2, _Environment, _Offset, StackFrame,
                      NextStackFrame, ExceptionStackFrame) :-
    StackFrame = frame(Locals, InputOperandStack, Flags),

    pop2SomeFormIsTypeSafe(InputOperandStack, OutputOperandStack),
    NextStackFrame = frame(Locals, OutputOperandStack, Flags),
    exceptionStackFrame(StackFrame, ExceptionStackFrame).
```

*pop2* 指令是 *pop2* 指令的一种**类型安全的形式**，当且仅当该指令是一个**类型安全的 1 形式的** *pop2* 指令或一个**类型安全的 2 形式的** *pop2* 指令。

```
pop2SomeFormIsTypeSafe(InputOperandStack, OutputOperandStack) :-
    pop2Form1IsTypeSafe(InputOperandStack, OutputOperandStack).

pop2SomeFormIsTypeSafe(InputOperandStack, OutputOperandStack) :-
    pop2Form2IsTypeSafe(InputOperandStack, OutputOperandStack).
```

*pop2* 指令是一个**类型安全的 1 形式的** *pop2* 指令，当且仅当该指令可以合法地从输入操作数栈中弹出两个大小为 1 的类型，并生成输出类型状态。

```
pop2Form1IsTypeSafe([Type1, Type2 | Rest], Rest) :-
    sizeOf(Type1, 1),
    sizeOf(Type2, 1).
```

*pop2* 指令是一个**类型安全的 2 形式的** *pop2* 指令，当且仅当该指令可以合法地从输入操作数栈中弹出一个大小为 2 的类型，并生成输出类型状态。

```
pop2Form2IsTypeSafe([top, Type | Rest], Rest) :- sizeOf(Type, 2).
```

## putfield

带有操作数 CP 的 *putfield* 指令是类型安全的，当且仅当 CP 指向一个表示在类 FieldClass 中声明且类型为 FieldType 的类成员字段的常量池项，同时可以合法地弹出输入操作数栈中与 FieldType 和 FieldClass 相匹配的类型，并生成输出类型状态。

```
instructionIsTypeSafe(putfield(CP), Environment, _Offset, StackFrame,
                      NextStackFrame, ExceptionStackFrame) :-
    CP = field(FieldClass, FieldName, FieldDescriptor),
    parseFieldDescriptor(FieldDescriptor, FieldType),
    canPop(StackFrame, [FieldType], PoppedFrame),
    passesProtectedCheck(Environment, FieldClass, FieldName,
                         FieldDescriptor, PoppedFrame),
    currentClassLoader(Environment, CurrentLoader),
    canPop(StackFrame, [FieldType, class(FieldClass, CurrentLoader)],
           NextStackFrame),
    exceptionStackFrame(StackFrame, ExceptionStackFrame).
```

## putstatic

带有操作数 CP 的 *putstatic* 指令是类型安全的，当且仅当 CP 指向一个表示类型为 FieldType 的字段的常量池项，同时可以合法地弹出输入操作数栈中与 FieldType 相匹配的类型，并生成输出类型状态。

```
instructionIsTypeSafe(putstatic(CP), _Environment, _Offset, StackFrame,
                      NextStackFrame, ExceptionStackFrame) :-
    CP = field(_FieldClass, _FieldName, FieldDescriptor),
    parseFieldDescriptor(FieldDescriptor, FieldType),
    canPop(StackFrame, [FieldType], NextStackFrame),
    exceptionStackFrame(StackFrame, ExceptionStackFrame).
```

## return

*return* 指令是类型安全的，仅当包含该指令的方法声明了 void 返回类型，并满足下列两个条件之一：

- 包含该指令的方法不是一个 <init> 方法。
- 在指令执行的时刻，this 已经被完全初始化过了。

```
instructionIsTypeSafe(return, Environment, _Offset, StackFrame,
                      afterGoto, ExceptionStackFrame) :-
    thisMethodReturnType(Environment, void),
    StackFrame = frame(_Locals, _OperandStack, Flags),
    notMember(flagThisUninit, Flags),
    exceptionStackFrame(StackFrame, ExceptionStackFrame).
```

## saload

*saload* 指令是类型安全的，当且仅当可以合法地用 int 来替换输入操作数栈中与 int 及 short 数组相匹配的类型，并生成输出类型状态。

```
instructionIsTypeSafe(saload, Environment, _Offset, StackFrame,
                      NextStackFrame, ExceptionStackFrame) :-
    validTypeTransition(Environment, [int, arrayOf(short)], int,
                        StackFrame, NextStackFrame),
    exceptionStackFrame(StackFrame, ExceptionStackFrame).
```

## sastore

*sastore* 指令是类型安全的，当且仅当可以合法地从输入操作数栈中弹出与 int、int 及 short 数组相匹配的类型，并生成输出类型状态。

```
instructionIsTypeSafe(sastore, _Environment, _Offset, StackFrame,
                      NextStackFrame, ExceptionStackFrame) :-
    canPop(StackFrame, [int, int, arrayOf(short)], NextStackFrame),
    exceptionStackFrame(StackFrame, ExceptionStackFrame).
```

## sipush

*sipush* 指令是类型安全的，当且仅当该指令可以合法地将 int 类型压入输入操作数栈，并生成输出类型状态。

```
instructionIsTypeSafe(sipush(_Value), Environment, _Offset, StackFrame,
                      NextStackFrame, ExceptionStackFrame) :-
    validTypeTransition(Environment, [], int, StackFrame, NextStackFrame),
    exceptionStackFrame(StackFrame, ExceptionStackFrame).
```

## swap

*swap* 指令是类型安全的，当且仅当该指令可以用类别 1 的类型 Type2 和 Type1 来替换输入操作数栈中的类型 Type1 和 Type2，并生成输出类型状态。

```
instructionIsTypeSafe(swap, _Environment, _Offset, StackFrame,
                      NextStackFrame, ExceptionStackFrame) :-
    StackFrame = frame(_Locals, [Type1, Type2 | Rest], _Flags),
    sizeOf(Type1, 1),
    sizeOf(Type2, 1),
    NextStackFrame = frame(_Locals, [Type2, Type1 | Rest], _Flags),
    exceptionStackFrame(StackFrame, ExceptionStackFrame).
```

#### tableswich

*tableswich* 指令是类型安全的，仅当其键值是有序的，且该指令可以合法地从输入操作数栈中弹出 int，并产生一个新的类型状态 BranchStackFrame，同时，该指令的所有目标，都是以 BranchStackFrame 为其输入类型状态的有效跳转目标。

```
instructionIsTypeSafe(tableswitch(Targets, Keys), Environment, _Offset,
                      StackFrame, afterGoto, ExceptionStackFrame) :-
    sort(Keys, Keys),
    canPop(StackFrame, [int], BranchStackFrame),
    checklist(targetIsTypeSafe(Environment, BranchStackFrame), Targets),
    exceptionStackFrame(StackFrame, ExceptionStackFrame).
```

#### wide

*wide* 指令所遵循的规则，与它想要扩展的那条指令所遵循的规则相同。

```
instructionHasEquivalentTypeRule(wide(WidenedInstruction),
                                 WidenedInstruction).
```

## 4.10.2 类型推导验证

对于不包含 StackMapTable 属性的 class 文件（这样的 class 文件版本号必须小于或等于 49.0），需要使用类型推导的方式来验证。

### 4.10.2.1 类型推导的验证过程

在链接过程中，验证器通过数据流分析的方式检查 class 文件里每个方法 Code 属性中的 code 数组。验证器必须保证，对于程序中的任意一点来说，无论通过哪条路径到达该点，下列条件都必须满足：

- 操作数栈的深度及所包含的值的类型总是相同。
- 在确定某局部变量已包含适当类型的值之前，不能访问该局部变量。
- 方法调用必须携带适当的参数。
- 对字段所赋的值，其类型一定是恰当的。
- 所有的操作码在操作数栈和局部变量表中都有适当类型的参数。

有时候考虑到效率，验证器中一些关键测试会延迟至方法的代码第一次真正调用时才执行。正因为如此，所以除非验证器确实有必要，否则都会尽量避免加载其他 class 文件。

例如，某个方法调用另一个方法，且被调用的方法返回了类 A 的实例，这个实例会赋值给与它相同类型的字段，这时验证器不会耗费时间去检查 A 类是否真实存在。然而，如果这个实例被赋值给 B 类型的字段，那么验证器则必须确保 A 和 B 类都已经加载过且 A 是 B 的子类。

#### 4.10.2.2 字节码验证器

class 文件中每个方法的代码都要单独验证。首先，组成代码的字节序列会分隔成一系列指令，每条指令在 code 数组中的起始位置索引将记录在另外的数组中。然后，验证器再次遍历代码并分析每条指令。这次遍历之后会生成一个数组结构，用于存储方法中每个 Java 虚拟机指令的相关信息。如果某指令有操作数，那么验证器会检查这条指令的操作数，以确保它们是合法的。例如将会检查以下内容：

- 方法分支跳转一定不能超过 code 数组的范围。
- 所有控制流指令的目标都应该是某条指令的起始处。以 *wide* 指令为例，*wide* 操作码可以看做指令的起始处，但被 *wide* 指令所修饰的操作码则不能再被看做指令的起始处。如果方法中某个分支指向了一条指令中间，那这种行为是非法的。
- 方法会明确指出它所分配的局部变量个数，指令所访问或修改的局部变量索引绝不能大于或等于这个限制值。
- 对常量池项的引用，其类型必须符合预期。（例如，*getfield* 指令只能引用字段项。）
- 代码不能终止于指令的中部。
- 代码不能超出 code 数组的尾部。
- 对于每个异常处理器来说，它所保护的那段代码，其开始点必须是某条指令的开始处，而结束点则必须是某条指令的开始处或刚刚超过 code 数组末端的那一点。起点必须在终点之前。异常处理器的代码必须起始于一个有效的指令，而不能起始于 *wide* 指令所修饰的操作码。

对于方法中的每条指令来说，在指令执行之前，验证器会记录下此时操作数栈和局部变量表中的内容。对于操作数栈，验证器需要知道栈的深度及里面每个值的类型。对于每个局部变量，它需要知道当前局部变量的值的类型，如果当前值还没有被初始化，那么它需要知道这是一个未使用或未知的值。在确定操作数栈中值的类型时，字节码验证器不需要区分到底是哪种整型（例如 byte、short 和 char）。

接下来，初始化数据流分析器（data-flow analyzer）。在方法的第一条指令执行之前，用来表示参数的那些局部变量，其初始值的类型会与方法的类型描述符所指定的类型相符，而操作数栈则是空的。其他的局部变量包含非法（不可使用）的值。对于那些还没有被检查的指令来说，与它们有关的操作数栈或局部变量表信息还不明确。

接着，数据流分析器可以开始运作了。它为每条指令都设置一个“变更位”（changed bit），用来表示指令是否需要检测。最开始时只有方法的第一条指令设置了变更位。数据流分析器执行流程如下循环：

1）选取一个变更位被设置过的指令。如果不能选取到变更位被设置过的指令，那么就表示方法被成功地验证过。否则，关闭这条指令的变更位。

2）通过下述方式来模拟该指令对操作数栈和局部变量表的影响：

- 如果指令使用操作数栈中的值，就得确保操作数栈中有足量的数据且栈顶值的类型是合适的。否则验证失败。
- 如果指令使用局部变量中的值，就得确保那个特定变量的值符合预期的类型。否则验证失败。
- 如果指令需要往操作数栈存储数据，就得确保操作数栈中有充足的空间来容纳新值，并在模拟的操作数栈的栈顶增加新值的类型。
- 如果指令试图修改局部变量中的值，那就记录下当前局部变量所含新值的类型。

3）检查当前指令的后续指令。后续指令可以是下述的某一种：

- 如果当前指令不是非条件的控制转移指令（如 *goto*、*return* 或 *athrow*），那么后续指令就是下一条指令。如果此时超出方法的最后一条指令，那么验证失败。
- 条件或非条件的分支或转换指令的目标指令。
- 当前指令的任何异常处理器。

4）在继续执行下一步之前，需要将当前指令执行结束后操作数栈和局部变量表的状态，合并到每条后续指令中。

通过控制转移指令跳转到异常处理器时，需要做特殊处理，此时只应该在操作数栈中放入一个对象，而该对象所属的异常类型，正是异常处理器的信息中指定的那个类型。为此操作数栈上必须有充足的空间来容纳这个值，就如同有指令将值压入栈中一样。

- 如果是首次访问这条后续指令，那就把第 2 步和第 3 步计算出来的操作数栈与局部变量值，记为操作数栈与局部变量表在执行该指令之前的状态。为后续指令设置变更位。
- 如果后续指令之前执行过，那只需把操作数栈和局部变量表中按照第 2 步和第 3 步的规则计算出来的值，合并到已有的值即可。如果这些值发生了变化，那么也得设置变更位。

5）继续第 1 步。

待合并的那两个操作数栈，其值的个数必须相同。然后，需要比较两个栈中的对应值，并根据下列规则算出合并后的栈里应该是什么值：

- 如果其中一个值是原始类型，那么与之对应的另一个值也必须是相同的原始类型。合并后的值就是这种原始类型。
- 如果其中一个值是非数组的引用类型，那么与之对应的另一个值也必须是引用类型（数组或非数组均可）。合并后的值，是指向某实例的引用，而该实例的类型，则是两个引用类型的最小公共超类型（first common supertype）[㊀]。（由于 Object 是所有类、接口和数组类型的超类型，因此总是能够找到这种最小公共超类型。）

---

㊀ 甲和乙的最小公共超类型，或第一公共超类型，是指离它们最近的那个公共超类型。——译者注

例如，Object 和 String 就可以合并，合并后的结果是 Object。与之类似，Object 和 String[] 也可以合并，合并后的结果还是 Object。甚至连 Object 与 int[] 或 String 与 int[] 之间都可以合并，合并后的结果依然是 Object。

- 如果对应的两个值都是表示数组的引用类型，那就判断各自的维度。若两个数组类型的维度相同，则合并后的值是个指向某实例的引用，该实例所属的数组类型，是那两个数组类型的最小公共超类型。（如果两个数组类型中任意一个数组的元素类型是原始类型，那么在合并后的数组类型中，元素类型就用 Object 表示。）若两个数组类型的维度不同，则合并后的值也是个指向某实例的引用，但该实例所属的数组类型，其维度与那两个数组类型中维度较小者相同；如果维度较小者的元素类型是 Cloneable 或 java.io.Serializable，那么合并后的数组，其元素类型也是 Cloneable 或 java.io.Serializable，否则就是 Object。

例如，Object[] 与 String[] 可以合并，结果是 Object[]。Cloneable[] 与 String[] 或 java.io.Serializable[] 与 String[] 也可以合并，其结果分别是 Cloneable[] 和 java.io.Serializable[]。甚至连 int[] 和 String[] 也能合并，其结果是 Object[]，因为在计算最小公共超类型时，可以用 Object 来取代 int。待合并的两个数组类型可以有不同的维度，例如 Object[] 可以与 String[][] 合并、Object[][] 可以与 String[] 合并，在这两种情况下，合并结果都是 Object[]。Cloneable[] 与 String[][] 可以合并，结果是 Cloneable[]。Cloneable[][] 与 String[] 也可以合并，结果是 Object[]。

如果操作数栈无法合并，那么方法的验证就失败了。

合并两个局部变量表的状态时，需要比较表中对应的局部变量。合并后的局部变量值需要按照上述规则来计算，然而有个例外，那就是：待合并的两个值，可以是不同的原始类型。在那种情况下，验证器会把合并后的局部变量值记为不可用（unusable）。

如果数据流分析器在检测某个方法时没有发现错误，那就表示此方法被 class 文件验证器成功地验证了。

某些指令和数据类型会使数据流分析器的行为变得更为复杂，接下来我们详细介绍每一种情况。

#### 4.10.2.3 long 和 double 类型的值

long 和 double 类型的数值在验证过程中要特殊处理。

当一个 long 或 double 类型的数值被存放到局部变量表的索引 $n$ 处时，索引 $n$+1 也需要专门标注，以表示该位置是给索引 $n$ 预留的，且不能再用作其他局部变量的索引。索引 $n$+1 处原有的值也会变为不可用。

当一个值想要存放到局部变量表的索引 $n$ 处时，就必须检查索引 $n$–1 是否为 long 和 double 类型数值的索引。如果是，则应修改索引为 $n$–1 的局部变量，用以表示它现在包含不可用的值。如果在索引 *n* 处的局部变量已经被 long 和 double 类型覆盖，那么在索引 *n*–1 处的局部变量就不能再表示一个 long 和 double 类型的数值了。

在操作数栈上处理 long 和 double 类型的数值很简单：验证器把它们当做栈上的单个数值即可。例如，验证 *dadd* 操作码（对两个 double 类型值加和）的代码只需检查栈顶的两个元素是否为 double 类型。在计算操作数栈的深度时，long 和 double 类型的数值都占有两个位置。

类型无关的指令[注]在使用操作数栈时必须将 long 和 double 类型数值视为不可分割的整体。 例如，当栈顶元素是 double 类型时，如果使用 *pop* 或 *dup* 这样的指令，那么验证器就会提示错误。此时必须使用 *pop2* 或 *dup2* 指令。

#### 4.10.2.4 实例初始化方法与新创建的对象

创建一个新的类实例需要按多个步骤来处理。例如下面的语句：

```
...
new myClass(i, j, k);
...
```

可以用如下代码来实现：

```
...
new #1             // Allocate uninitialized space for myClass
dup                // Duplicate object on the operand stack
iload_1            // Push i
iload_2            // Push j
iload_3            // Push k
invokespecial #5   // Invoke myClass.<init>
...
```

上述指令序列会在操作数栈栈顶上保留最新创建且初始化过的对象引用。（代码编译成 Java 虚拟机指令集的其他例子，请参考第 3 章。）

类 myClass 的实例初始化方法（见 2.9 节）可以看到刚刚创建但还未初始化的对象，并且这个对象以 this 参数的方式存放在局部变量索引 0 处。在初始化方法通过 this 调用 myClass 或其直接超类的其他初始化方法之前，这个初始化方法唯一能在 this 上面做的事情，就是为 myClass 类中声明的字段赋值。

在为实例方法做数据流分析时，验证器初始化局部变量索引 0，令其包含当前类的一个对象。而在分析实例初始化方法时，局部变量 0 处则包含一个特殊类型，以表示此对象未初始化。在这个对象上面调用完适当的实例初始化方法之后（那个方法是当前类或其直接超类中的方法），验证器将把模拟操作数栈中的所有特殊类型都替换成当前类的类型。验证器会拒绝那些在对象初始化之前使用对象及初始化多个对象的代码。除此之外，它还要确保在方法正常返回之前都得先调用方法所在类或其直接超类的实例初始化方法。

与此类似的是，一个特殊类型会被创建并推入验证器的操作数栈模型中，以表示 Java 虚拟机 *new* 指令的结果。这个特殊类型用来表示创建类实例的那条指令，以及创建出来的那个尚未初始化的类实例是什么类型。当一个未初始化的类实例的实例初始化方法被调用之后，

---

[注] Java 虚拟机指令集中类型无关的指令一般都是操作数栈指令，例如 pop、dup 等。——译者注

所有使用这个特殊类型的地方都会替换成这个类实例的真实类型。在数据流分析过程中，这种类型的改变可能会影响到后续的指令。

在存储这个特殊类型的时候，指令序号必须一并存储起来。因为操作数栈中有可能会同时出现多于 1 个已创建但尚未初始化的实例。比方说，如果用 Java 虚拟机指令来实现下列语句：

```
new InputStream(new Foo(), new InputStream("foo"))
```

那么在执行时，操作数栈中就会同时存在两个未初始化的 InputStream 实例。在类实例上面调用完实例初始化方法之后，只有操作数堆栈或局部变量表中那些与该实例为同一个对象的特殊类型，才会得到替换。

#### 4.10.2.5 异常和 finally

为了实现 try-finally 结构，在版本号小于或等于 50.0 的 Java 语言编译器中，可以[⊖]将两种特殊指令 *jsr*（“跳转到程序子片段”）和 *ret*（“程序子片段返回”）组合起来使用，以生成 try-finally 结构的 Java 虚拟机代码。这样的 finally 语句以程序子片段的方式嵌入到 Java 虚拟机方法代码中，与异常处理器有些相似。使用 *jsr* 来调用程序子片段时，它会把其返回地址当作 returnAddress 类型的值，推入到操作数栈中，而位于这个返回地址处的那条指令，正是执行完 *jsr* 程序子片段之后将要执行的指令。这个地址值会作为 returnAddress 类型数据存放于操作数栈上。程序子片段的代码中把返回地址存放在局部变量中，在程序子片段执行结束时，*ret* 指令从局部变量中取回返回地址并将执行的控制权交给返回地址处的指令。

程序在很多种情况下都会执行到 finally 语句（也就是使 finally 程序子片段得到调用）。如果 try 中全部语句都正常完成，那么在对下一个表达式求值之前，会先通过 *jsr* 指令来调用 finally 程序子片段。如果在 try 语句中遇到可以把程序执行权转移到 try 语句之外的 break 或 continue 关键字，那么也会在跳转出 try 之前先使用 *jsr* 指令来调用 finally 程序子片段。如果在 try 语句中执行了 return，那么代码的行为如下：

1）如果有返回值，则将返回值保存在局部变量中。

2）执行 *jsr* 指令，将控制权转到 finally 语句中。

3）在 finally 执行完成后，返回事先保存在局部变量中的值。

编译器会构造特殊的异常处理器来保证当 try 语句中发生异常时，它会拦截任何类型的异常。如果在 try 语句中抛出异常，异常处理器的行为是：

1）将异常保存在局部变量中。

2）执行 *jsr* 指令将控制权转到 finally 语句中。

3）在执行完 finally 语句后，重新抛出这个事先保存好的异常。

---

⊖ 这里写“可以使用 *jsr* 和 *ret* 指令”，但在 Oracle JDK 的编译器里，很久之前（JDK 1.4.2）就已经不再使用这两条指令来实现 try-finally 语法结构了。——译者注

如果想了解更多关于 try-finally 语法结构的实现，请参考 3.13 节的内容。

finally 语句中的代码也给验证器带来了一些特殊的问题。一般情况下，如果可以通过多条路径抵达一个指令，且通过这些路径到达该指令时，某局部变量中又包含互不兼容的值，那么此局部变量就会变得不可用。然而，由于 finally 语句可以在不同的地方调用，因此也会导致一些不同的情况：

- 如果从异常处理器中调用，那么特定的局部变量就会包含异常实例。
- 如果从 return 处调用，那么某个局部变量中应该包含着方法返回值。
- 如果从 try 语句的结尾处调用，那么某个局部变量的值可能是不明确的。

验证 finally 语句时，不仅要保证 finally 语句本身的代码通过验证，而且在更新完所有 *ret* 指令的后续指令后，验证器还要注意是否发生了这样的情况：异常处理器本来期望局部变量里应该有个异常对象，或 return 代码本来期望局部变量里应该有个返回值，而现在却发现该变量中包含的是个不确定的值。

验证 finally 语句中的代码是很复杂的，其基本思路如下：

- 每条指令都应该维护一份列表，其中列有可以到达该指令的 *jsr* 跳转目标。对于大部分代码来说，这个列表是空的。对于 finally 语句中的代码来说，列表的长度应该是 1。对于多级嵌入 finally 代码来说，列表的长度应该大于 1。
- 每条指令以及跳转到该条指令所需的每条 *jsr* 指令，都应该维护一份位向量（bit vector），以便记录所有局部变量自 *jsr* 指令执行之后的访问及修改情况。
- *ret* 指令可以令程序从子片段中返回，但每条 *ret* 指令只应该从一个子片段中返回。两个不同的子片段不能把它们的执行路径“合并”到一条 *ret* 指令上面。
- 对 *ret* 指令实施数据流分析时，需要进行一些特殊处理。因为验证器知道 *ret* 指令会从哪个程序子片段中返回，所以它可以找出调用该子片段的所有 *jsr* 指令，并把操作数栈与局部变量表在执行 *ret* 指令时的状态，与两者在执行 *jsr* 指令下面那条指令时的状态合并起来。合并的时候，需要按一套特殊的规则来处理局部变量：
  - 如果位向量（前面定义过）表明局部变量在程序子片段中被访问或修改过，那么就使用执行 *ret* 时的局部变量类型。
  - 对于其他局部变量，则使用执行 *jsr* 指令之前的局部变量类型。

## 4.11 Java 虚拟机限制

下面的 Java 虚拟机限制隐含在 class 文件格式中：

- 每个类或接口的常量池项最多为 65 535 个，它是由 ClassFile 结构（见 4.1 节）中 16 位的 constant_pool_count 字段所决定的。这限制了单个类或接口的总体复杂度。
- 类或接口中可以声明的字段数最多为 65 535 个，它是由 ClassFile 结构（见 4.1

节）中 fields_count 项的值所决定的。

注意，ClassFile 结构中 fields_count 项的值不包含从父类或父接口中继承下来的字段。

- 类或接口中可以声明的方法数最多为 65 535 个，它是由 ClassFile 结构（见 4.1 节）中 methods_count 项的值所决定的。

  注意，ClassFile 结构中 methods_count 项的值不包含从父类或父接口中继承下来的方法。

- 类或接口的直接父接口最多为 65 535 个，它是由 ClassFile 结构（见 4.1 节）中 interfaces_count 项的值所决定的。
- 方法调用时创建的栈帧，其局部变量表中的最大局部变量数为 65 535 个，它是由方法代码所处 Code 属性（见 4.7.3 小节）中的 max_locals 项值和 Java 虚拟机指令集的 16 位局部变量索引所决定。

  注意，每个 long 和 double 类型都被认为会使用两个局部变量位置并占据 max_locals 中的两个单元，所以使用这些类型时，局部变量个数的上限会进一步降低。

- 方法帧（见 2.6 节）中操作数栈的最大深度为 65 535，它由 Code 属性（见 4.7.3 小节）的 max_stack 字段值来决定。

  需要注意的是，每个 long 和 double 类型都被认为占用 max_locals 中的两个单元，所以使用这些类型时，操作数栈的最大深度就会进一步减少。

- 方法的参数最多有 255 个，它是由方法描述符（见 4.3.3 小节）的定义所限制的，如果方法调用是针对实例或接口方法，那么这个限制中也包含着占有一个单元的 this。

  注意，对于定义在方法描述符中的参数长度来说，每个 long 和 double 类型都会占用两个长度单位，所以使用这些类型时，参数个数的上限会进一步降低。

- 字段和方法名称、字段和方法描述符以及其他常量字符串值（包括由 ConstantValue 属性（见 4.7.2 小节）引用的值）的最大长度为 65 535 个字符，它是由 CONSTANT_Utf8_info 结构（见 4.4.7 小节）的 16 位无符号 length 项决定的。

  需要注意的是，这里的限制是已编码字符串的字节数量而不是被编码的字符数量。UTF-8 一般用两个或三个字节来编码字符，因此，当字符串中包含多字节字符时，会受到更大的约束。

- 数组的维度最大为 255 维，这是由 *multianewarray* 指令 *dimensions* 操作码的尺寸及 *multianewarray*、*anewarray* 和 *newarray* 指令的约束所决定的（见 4.9.1 和 4.9.2 小节）。

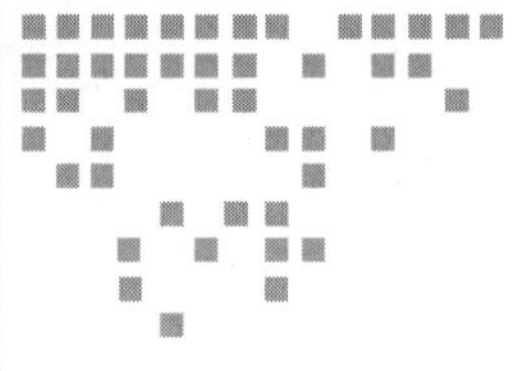

Chapter 5 第5章

# 加载、链接与初始化

Java 虚拟机动态地加载、链接与初始化类和接口。加载是根据特定名称查找类或接口类型的二进制表示（binary representation），并由此二进制表示来**创建**类或接口的过程。链接是为了让类或接口可以被 Java 虚拟机执行，而将类或接口并入虚拟机运行时状态的过程。类或接口的初始化是指执行类或接口的初始化方法 <clinit>（见 2.9 节）。

在本章里，5.1 节描述 Java 虚拟机如何从类或接口的二进制表示中得到符号引用。5.2 节解释 Java 虚拟机启动时会有怎样的加载、链接和初始化过程。5.3 节详述了类和接口的二进制表示是如何通过类加载器加载并由此创建类和接口的。5.4 节描述链接过程。5.5 节详述类和接口是如何被初始化的。5.6 节介绍绑定本地方法的概念。最后，5.7 节会介绍 Java 虚拟机的退出时机。

## 5.1 运行时常量池

Java 虚拟机为每个类型都维护着一个常量池（见 2.5.5 小节）。该常量池是 Java 虚拟机中的运行时数据结构，像传统编程语言实现中的符号表一样有很多用途。

当类或接口创建时（见 5.3 节），它的二进制表示中的常量池表（见 4.4 节）被用来构造运行时常量池。运行时常量池中的所有引用最初都是符号引用。这些符号是按照如下方式，从类或接口的二进制表示中得出的：

- 某个类或接口的符号引用来自于类或接口二进制表示中的 `CONSTANT_Class_info` 结构（见 4.4.1 小节）。这种引用提供的类或接口名称，其格式与 `Class.getName` 方法的返回值一样，也就是说：
  - 对于非数组的类或接口，此名称是类或接口的二进制名称（见 4.2.1 小节）。
  - 对于一个 *n* 维的数组类，名称会以 *n* 个 ASCII 字符“[”开头，随后是数组元素类型的表示：
- 如果数组的元素类型是Java原生类型之一，那就以相应的字段描述符（见4.3.2小节）来表示。
- 否则，如果数组元素类型是某种引用类型，那就以ASCII字符“L”加上二进制名称（见4.2.1小节），并以ASCII字符“;”结尾的字符串表示。

在本章中，只要提到类或接口的名称，读者都可以按 `Class.getName` 方法返回值的格式来理解。

- 类或接口的某个字段的符号引用来自于类或接口二进制表示中的 `CONSTANT_Fieldref_info` 结构（见4.4.2小节）。这种引用包含了字段的名称和描述符，以及指向字段所属类或接口的符号引用。
- 类中某个方法的符号引用来自于类或接口二进制表示中的 `CONSTANT_Methodref_info` 结构（见4.4.2小节）。这种引用包含了方法的名称和描述符，以及指向方法所属类的符号引用。
- 接口中某个方法的符号引用来自于类或接口二进制表示中的 `CONSTANT_InterfaceMethodref_info` 结构（见4.4.2小节）。这种引用包含了接口方法的名称和描述符，以及指向方法所属接口的符号引用。对于不同类型的方法句柄来说，由该引用所给出的另一个符号引用也不相同，那个符号引用可能会指向类或接口中的字段，也有可能指向类中的方法，还有可能指向接口中的方法。
- 方法句柄（method handle）的符号引用来自于类或接口二进制表示中的 `CONSTANT_MethodHandle_info` 结构（见4.4.8小节）。这种引用给出了方法描述符（见4.3.3小节）。
- 方法类型（method type）的符号引用来自于类或接口二进制表示中的 `CONSTANT_MethodType_info` 结构（见4.4.9小节）。
- **调用点限定符**（call site specifier）的符号引用来自于类或接口二进制表示中的 `CONSTANT_InvokeDynamic_info` 结构（见4.4.10小节）。这种引用包含了：
  - 方法句柄的符号引用，以用作 *invokedynamic* 指令的引导方法（参见6.5节的 *invokedynamic* 小节）。
  - 一系列符号引用（指向类、方法类型和方法句柄）、字符常量和运行时常量值，它们将作为**静态参数**（static argument）提供给引导方法。
  - 方法的名称与描述符。

另外，有一些运行时值不是符号引用，而是得自常量池表中的某些项：

- 字符串常量是指向 `String` 类实例的引用，它来自于类或接口二进制表示中的 `CONSTANT_String_info` 结构（见4.4.3小节）。`CONSTANT_String_info` 结构给出了由 `Unicode` 码点（code point）[⊖]序列所组成的字符串常量。

⊖ 码点是指组成字符集代码空间的数值表示，譬如ASCII有0x0至0x7F共128个码点，扩展ASCII有0x0至0xFF共256个码点，而Unicode则有0x0至0x10FFFF共1 114 112个码点。——译者注

Java 语言规定，相同的字符串常量（也就是包含同一份码点序列的常量）必须指向同一个 String 类实例（JLS §3.10.5）。此外，如果在任意字符串上调用 String.intern 方法，那么其返回结果所指向的那个类实例，必须和直接以常量形式出现的字符串实例完全相同。因此，下列表达式的值必定是 true：

```
("a" + "b" + "c").intern() == "abc"
```

- 为了得到字符常量，Java 虚拟机需要检查 CONSTANT_String_info 结构中的码点序列。
  - 如果某 String 实例所包含的 Unicode 码点序列与 CONSTANT_String_info 结构所给出的序列相同，而之前又曾在该实例上面调用过 String.intern 方法，那么此次字符常量获取的结果将是一个指向相同 String 实例的引用。
  - 否则，会创建一个新的 String 实例，其中包含由 CONSTANT_String_info 结构所给出的 Unicode 码点序列；字符常量获取的结果是指向那个新 String 实例的引用。最后，新 String 实例的 intern 方法被 Java 虚拟机自动调用。
- 其他运行时常量值来自于类或接口二进制表示的 CONSTANT_Interger_info、CONSTANT_Float_info、CONSTANT_Long_info 或是 CONSTANT_Double_info 结构（见 4.4.4 小节和 4.4.5 小节）。

  请注意，这里 CONSTANT_Float_info 结构的值以 IEEE 754 单精度浮点格式表示，CONSTANT_Double_info 结构的值以 IEEE 754 双精度浮点格式表示（见 4.4.4 小节和 4.4.5 小节）。来自这两个结构的运行时常量值必须可以分别用 IEEE 754 单精度或双精度浮点格式表示。

在类或接口的二进制表示中，常量池表中剩下的结构还有 CONSTANT_NameAndType_info(见 4.4.6 小节）和 CONSTANT_Utf8_info(见 4.4.7 小节)，它们被间接用来获得对类、接口、方法、字段、方法类型和方法句柄的符号引用，或在需要得到字符常量和调用点限定符时使用。

## 5.2 虚拟机启动

Java 虚拟机的启动是通过引导类加载器（bootstrap class loader，见 5.3.1 小节）创建一个初始类（initial class）来完成的，这个类是由虚拟机的具体实现指定的。紧接着，Java 虚拟机链接这个初始类，初始化它并调用它的 public 方法 void main(String[])。之后的整个执行过程都是由对此方法的调用开始的。执行 main 方法中的 Java 虚拟机指令可能会导致 Java 虚拟机链接（并于其后创建）另外的一些类或接口，也可能会令虚拟机调用另外的方法。

在某种 Java 虚拟机的实现上，初始类可能会作为命令行参数（command line argument）提供给虚拟机。当然，虚拟机实现也可以令初始类设定类加载器，并且用这个加载器依次加载整个应用。另外，在遵循上一段所述规范的前提下，也可以选用其他形式的初始类。

## 5.3　创建和加载

如果要创建标记为 *N* 的类或接口 *C*，就需要先在 Java 虚拟机方法区（见 2.5.4 小节）上为 *C* 创建与虚拟机实现相匹配的内部表示。*C* 的创建是由另外一个类或接口 *D* 所触发的，它通过自己的运行时常量池引用了 *C*。当然，*C* 的创建也可能是由 *D* 调用 Java SE 平台类库（见 2.12 小节）中的某些方法而触发，譬如使用反射等。

如果 *C* 不是数组类，那么它可以通过类加载器加载 *C* 的二进制表示来创建（参见第 4 章）。数组类没有外部的二进制表示；它们都是由 Java 虚拟机创建的，而不是通过类加载器加载的。

Java 虚拟机支持两种类加载器：Java 虚拟机提供的引导类加载器和用户自定义的类加载器。每个用户自定义的类加载器应该是抽象类 `ClassLoader` 的某个子类的实例。应用程序使用用户自定义类加载器是为了便于扩展 Java 虚拟机的功能，以支持动态加载并创建类。当然，它也可以从用户自定义的数据来源获取类的二进制表示并创建类。例如，用户自定义类加载器可以通过网络下载、动态产生或从一个加密文件中提取类的信息。

类加载器 *L* 可能会通过直接定义或委托其他类加载器的方式来创建 *C*。如果 *L* 直接创建 *C*，就可以说 *L* **定义**了（define）*C*，或者，*L* 是 *C* 的**定义加载器**（defining loader）。

当一个类加载器把加载请求委托给其他的类加载器后，发出这个加载请求的加载器与最终完成加载并定义类的类加载器不需要是同一个加载器。如果 *L* 创建了 *C*，那么它可能是通过直接定义的方式，或是委托给其他加载器的方式来创建 *C* 的，可以说 *L* 导致了（initiate）*C* 的加载，或者，*L* 是 *C* 的**初始加载器**（initiating loader）。

在 Java 虚拟机运行时，类或接口不仅仅是由它的名称来确定，而是由一个值对：二进制名称（见 4.2.1 小节）和它的定义类加载器共同确定的。每个这样的类或接口都只属于一个**运行时包结构**（runtime package）。类或接口的运行时包结构由包名及类或接口的定义类加载器来决定。

Java 虚拟机通过下面三个过程之一来创建标记为 *N* 的类或接口 *C*：

- 如果 *N* 表示一个非数组的类或接口，那么可以用下面的两个方法之一来加载并创建 *C*：
  - 如果 *D* 是由引导类加载器所定义的，那么用引导类加载器初始加载 *C*（见 5.3.1 小节）。
  - 如果 *D* 是由用户自定义类加载器所定义的，那么就用这个用户自定义类加载器来初始加载 *C*（见 5.3.2 小节）。
- 如果 *N* 表示一个数组类，那么该数组类是由 Java 虚拟机而不是类加载器创建的（见 5.3.3 小节）。然而，在创建数组类 *C* 的过程中，也会用到 *D* 的定义类加载器。

如果在类加载过程中产生错误，那么某个 `LinkageError` 的子类的实例必须被抛出。抛出位置应该是用到了当前正在（直接或间接）加载进来的类或接口的那个地方。

如果 Java 虚拟机试图在验证（见 5.4.1 小节）或解析（见 5.4.3 小节）但还没有初始化（见 5.5 节）时加载 *C* 类，而用于加载 *C* 的初始类加载器抛出了 `ClassNotFoundException` 实例，那么 Java 虚拟机必须抛出 `NoClassDefFoundError` 异常，它的 `cause` 字段中就保存了那个 ClassNotFoundException 异常实例。

（这里有个需要注意的地方，作为解析（见 5.3.5 小节，第 3 步）过程的一部分，类加载器会递归加载它的父类。如果类加载器在加载父类时因失败而产生 ClassNotFoundException 异常，那么该异常必须包装在 NoClassDefFoundError 异常中。）

请注意：一个功能良好的类加载器应当保证下面三个属性：

- 给定相同的名称，类加载器应当总是返回相同的 Class 对象。
- 如果类加载器 $L_1$ 将加载类 $C$ 的请求委托给另外的类加载器 $L_2$，那么对于满足下列条件之一的任意类型 $T$ 来说，$L_1$ 和 $L_2$ 都应当返回相同的 Class 对象：$T$ 是 $C$ 的直接超类或直接超接口；$T$ 是 $C$ 中某个字段的类型；$T$ 是 $C$ 中某个方法或构造器的形式参数类型；$T$ 是 $C$ 中某个方法的返回值类型。
- 如果某个用户自定义的类加载器预先加载了某个类或接口的二进制表示，或批量加载了一组相关的类，并在加载时出现错误，那它就必须在程序的某个点反映出加载时的错误。而这个点，一定要和不使用预先加载或批量加载时出现错误的那个点相同。

我们有时使用标识 $<N, L_d>$ 来表示一个类或接口，这里的 $N$ 表示类或接口的名称，$L_d$ 表示类或接口的定义加载器。

我们也可以使用标识 $N^{L_i}$ 来表示一个类或接口，这里的 $N$ 表示类或接口的名称，$L_i$ 表示类或接口的初始加载器。

### 5.3.1 使用引导类加载器来加载类型

下列步骤描述使用引导类加载器加载并创建标记为 $N$ 的非数组类或接口 $C$。

首先，Java 虚拟机检查引导类加载器是否已标注成用 $N$ 来表示的类或接口的初始加载器。如果是，那么这个类或接口就是 $C$，并且不需要再创建类了。

否则，Java 虚拟机将参数 $N$ 传递给引导类加载器的特定方法，以平台相关的方式搜索 $C$ 的描述。类或文件通常会表示为树型文件系统中的某个文件，类或接口的名称就蕴含在此文件的路径名中。

此处需要注意，搜索过程并不保证一定可以找到 $C$ 的有效描述，也不保证找到的那个描述，就是对 $C$ 的描述。所以加载过程在这一阶段必须检查下述错误：

- 如果没有找到与 $C$ 相关的描述，那么加载过程要抛出 ClassNotFoundException 的实例。

之后，Java 虚拟机根据 5.3.5 小节的算法，尝试通过引导类加载器来加载标识为 $N$ 的描述，加载完成的类就是 $C$。

### 5.3.2 使用用户自定义类加载器来加载类型

下列步骤描述使用用户自定义类加载器 $L$ 来加载并创建标记为 $N$ 的非数组类或接口 $C$。

首先，Java 虚拟机检查 *L* 是否已经标注为 *N* 所表示的类或接口的初始加载器。如果是的话，那个类或接口就是 *C*，不再创建类。

否则 Java 虚拟机会调用 *L* 的 `loadClass(N)` 方法。这次调用的返回值就是创建好的类或接口 *C*。Java 虚拟机会记录下 *L* 是 *C* 的初始加载器（见 5.3.4 小节）。本节其余的部分会更详细地描述这个过程。

当通过类或接口 *C* 的名称 *N* 去调用类加载器 *L* 的 `loadClass` 方法时，*L* 必须执行下面两种操作之一来加载 *C*：

1. 类加载器 *L* 可以通过创建一个如 `ClassFile` 结构（见 4.1 节）的字节数组来表示 *C*；然后必须调用 `ClassLoader` 的 `defineClass` 方法。调用 `defineClass` 方法会让 Java 虚拟机使用 5.3.5 小节所描述的算法通过 *L* 由字节数组得到标记为 *N* 的类或接口。

2. 类加载器 *L* 可能把对 *C* 的加载委托给其他的类加载器 *L'*。这是通过直接或间接传递参数 *N* 来调用 *L'* 的方法（一般是 `loadClass` 方法）而完成的。这次调用会产生 *C*。

不管使用方式 1 还是方式 2，只要类加载器 *L* 由于任何原因不能加载标识为 *N* 的类或接口，那么它就必须抛出 `ClassNotFoundException` 异常。

> 自从 JDK 版本 1.1 开始，Oracle 的 Java 虚拟机实现就通过调用类加载器的 `loadClass` 方法来加载类或接口了。方法 `loadClass` 的参数就是类或接口的名称。同时也存在着另外一个有两个参数的 `loadClass` 方法，第二个参数是 `boolean` 值，表示类或接口是否需要链接。JDK 1.0.2 版本只支持两个参数的方法，Oracle 的 Java 虚拟机实现也要依赖它来链接已经加载过的类或接口。自 JDK 1.1 之后，Oracle 的 Java 虚拟机就直接链接类或接口，而不再依赖于类加载器了。

### 5.3.3　创建数组类

下列步骤描述使用类加载器 *L* 来创建标记为 *N* 的数组类 *C* 的过程。类加载器 *L* 既可以是引导类加载器，也可以是用户自定义的类加载器。

如果 *L* 已经被记录成某个与 *N* 有相同元素类型的数组类的初始加载器，那么类就是 *C*，不再创建新的数组类。

否则创建 *C* 的过程就遵循下面的步骤：

1. 如果组件类型是引用类型，那就在类加载器 *L* 上面递归运用本节的算法，以加载和创建 *C* 的组件类型。

2. Java 虚拟机使用指定的组件类型和数组维度来创建新的数组类。

   如果组件类型是引用类型，那就把 *C* 标记为它已经被该组件类型的定义类加载器定义过。否则，就把 *C* 标记为它被引导类加载器定义过。

   不管哪种情况，Java 虚拟机都会把 *L* 记录为 *C* 的初始加载器（见 5.3.4 小节）。

   如果数组的组件类型是引用类型，那么数组类的可访问性就由组件类型的可访问性决定，否则，可访问性将默认为 `public`。

### 5.3.4 加载限制

类加载器需要特别考虑类型的安全链接问题。一种可能出现的情况是，当两个不同的类加载器初始加载标记为 N 的类或接口时，每个加载器里的 N 表示的不是同一个类或接口。

当类或接口 $C=<N_1, L_1>$ 含有指向另外一个类或接口 $D=<N_2, L_2>$ 的字段或方法的符号引用时，这个符号引用会包含表示字段类型，或方法参数和返回值类型的描述符。重要的是：字段或方法描述符里提到的任意类型名称 N，无论是由 $L_1$ 加载还是由 $L_2$ 加载，其结果都应该表示同一个类或接口。

为了确保这个原则，Java 虚拟机在准备（见 5.4.2 小节）和解析（见 5.4.3 小节）阶段会强制实施“$N^{L_1}=N^{L_2}$”形式的加载约束（loading constraint）。为了强制实施这个约束，Java 虚拟机会在某些关键点（见 5.3.1 ~ 5.3.3 小节和 5.3.5 小节）把特定的加载器记录为特定类的初始加载器。在记录下一个加载器是某个类的初始加载器后，Java 虚拟机会立即检查是否违反了这一约束。如果发生违约情况，将撤销此次记录，Java 虚拟机会抛出 `LinkageError`，而导致记录产生的那次加载操作也同样会失败。

与之相似的是，在强制执行了加载约束（参见 5.4.2 小节、5.4.3.2 ~ 5.4.3.4 小节）之后，虚拟机也必须立即去检查是否有违约情况发生。如果有，那么最新的那个加载约束就会被撤销，Java 虚拟机会抛出 `LinkageError` 异常，引入约束（可能是在解析或准备阶段，要视情况而定）的那些操作也会失败。

本小节所描述的这个时机，就是 Java 虚拟机能够检查加载约束是否遭到违反的唯一时机。当且仅当下面的四个条件都满足时，才算违反了加载约束：

- 类加载器 L 被 Java 虚拟机记录为由 N 所表示的类 C 的初始加载器。
- 类加载器 L' 被 Java 虚拟机记录为由 N 所表示的类 C' 的初始加载器。
- 由施加的约束集（或者说，约束集的传递闭包（transitive closure））所定义的等价关系，意味着 $N^L=N^{L'}$。
- $C \neq C'$。

> 对于类加载器和类型安全的完整讨论已经超出了本书的范畴。如果读者想了解更多的细节，请参阅由 Sheng Liang 和 Gilad Bracha 所著的《Dynamic Class Loading in the Java Virtual Machine》（1998 年 ACM SIGPLAN 关于面向对象编程系统、语言及应用的会议纪要）。

### 5.3.5 从 class 文件表示得到类

下列步骤描述如何使用类加载器 L 从 `class` 文件格式的描述中得到标记为 N 的非数组类或接口 C 的 `Class` 对象。

1. 首先，Java 虚拟机检查 L 是否被记录为由 N 所表示的类或接口的初始加载器。如果是，那么这次创建的尝试动作是无效的，且加载动作抛出 `LinkageError` 异常。

2. 否则，Java 虚拟机尝试解析二进制表示。但是，这个二进制表示可能不是 C 的有效描述。

这个阶段的加载动作必须能够检测出下列错误：

- 如果发现这个正在加载的描述不符合 ClassFile 结构（见4.1节和4.8节），那么加载过程将抛出 ClassFormatError 异常。
- 否则，如果这份二进制表示里的主版本号或副版本号不受虚拟机支持（见4.1节），那么加载动作就会抛出 UnspportedClassVersionError 异常。

UnsupportedClassVersionError 是 ClassFormatError 的子类，它可以很容易地从 ClassFormatError 异常中区分出那些在尝试加载某个类时，因该类的数据所使用的 class 文件格式版本不受支持而引发的错误。在 JDK 1.1 版本及之前，如果发生不支持的版本问题，那就会抛出 NoClassDefFoundError 或 ClassFormatError，这取决于类是由系统类加载器还是用户自定义类加载器所加载的。

- 否则，如果该描述不能真正表示名称为 *N* 的类，那么加载过程就会抛出 NoClassDefError 异常或其子类的异常。

3. 如果 *C* 有一个直接父类，那么由 *C* 到直接父类的符号引用就需要使用5.4.3.1小节描述的算法来解析。需要注意的是，如果 *C* 是一个接口，那它必须以 Object 作为直接父类，而 Object 必定已经加载过了。只有 Object 类才没有自己的直接父类。

类或接口解析过程中的异常可以被当做这一加载阶段中的异常而抛出。除此之外，加载阶段还必须可以检查出下列错误：

- 如果类或接口 *C* 的直接父类事实上是一个接口，那么加载过程就必须抛出 IncompatibleClassChangeError 异常。
- 否则，如果 *C* 的父类是 *C* 自己，那么加载过程就必须抛出 ClassCircularityError 异常。

4. 如果 *C* 有一些直接父接口，那么由 *C* 到它的直接父接口的符号引用就需要使用5.4.3.1小节描述的算法来解析。

在类或接口解析过程中产生的异常可以当做这一加载阶段的异常抛出。除此之外，加载过程在此阶段还必须可以检查到下列错误：

- 如果类或接口 *C* 的直接父接口实际上不是一个接口，那么加载过程就必须抛出 IncompatibleClassChangeError 异常。
- 否则，如果 *C* 的某个父接口是 *C* 自己，那么加载过程必须抛出 ClassCircularity-Error 异常。

5. Java 虚拟机标记 *C* 的定义类加载器是 *L*，并且记录下 *L* 是 *C* 的初始加载器（见5.3.4小节）。

## 5.4 链接

链接类或接口包括验证和准备类或接口、它的直接父类、它的直接父接口、它的元素类型（如果是一个数组类型）。而解析这个类或接口中的符号引用则是链接过程中可选的部分。

Java 虚拟机规范允许灵活地选择链接（及由于递归链接而引发的加载）时机，但必须保证下列几点成立：

- 在类或接口被链接之前，它必须被成功地加载过。
- 在类或接口初始化之前，它必须被成功地验证及准备过。
- 若程序执行了某种可能需要直接或间接链接一个类或接口的动作，而在链接该类或接口的过程中又检测到了错误，则错误的抛出点应是执行动作的那个点。

例如，Java 虚拟机实现可以选择只有在用到类或接口中的符号引用时才去逐一解析它（延迟解析），或者在验证类的时候就解析每个引用（预先解析）。这意味着在一些虚拟机实现中，当类或接口已经初始化之后，解析动作可能还在进行。不管使用哪种策略，解析过程中的任何错误都必须被抛出，抛出的位置是在通过直接或间接使用符号引用而导致解析过程发生的程序处。

由于链接过程会涉及新数据结构的内存分配，因此它也可能因为发生 `OutOfMemoryError` 异常而导致失败。

### 5.4.1 验证

验证（verification，见 4.10 节）阶段用于确保类或接口的二进制表示在结构上是正确的（见 4.9 节）。验证过程可能会导致某些额外的类和接口被加载进来（见 5.3 节），但不一定会导致它们也需要验证或准备。

如果类或接口的二进制表示不能满足 4.9 节中描述的静态或结构上的约束，那就必须在导致验证发生的程序处抛出 `VerifyError` 异常。

如果 Java 虚拟机尝试验证类或接口，却因为抛出了 `LinkageError` 或其子类的实例而导致验证失败，那么随后对于此类或接口的验证尝试，就总是会由于与第一次尝试失败相同的原因而失败。

### 5.4.2 准备

准备（preparation）阶段的任务是创建类或接口的静态字段，并用默认值初始化这些字段（见 2.3 节和 2.4 节）。这个阶段不会执行任何的虚拟机字节码指令。在初始化阶段（见 5.5 节）会有显式的初始化器来初始化这些静态字段，所以准备阶段不做这些事情。

在某个类或接口 $C$ 的准备阶段，Java 虚拟机也会强制实施加载约束（见 5.3.4 小节）。假定 $L_1$ 是 $C$ 的定义加载器。对于每个声明在 $C$ 中的方法 $m$ 来说，如果它覆盖（见 5.4.5 小节）了声明在 $C$ 的父类或父接口 $\langle D, L_2 \rangle$ 中的某个方法，那么 Java 虚拟机强制执行下面的加载约束：

给定 $m$ 的返回值类型是 $T_r$，并且给定 $m$ 的形参类型从 $T_{f1}$，…，$T_{fn}$，则

如果 $T_r$ 不是数组类型，那么用 $T_0$ 代替 $T_r$；不然的话，$T_0$ 就表示 $T_r$ 的元素类型（见 2.4 节）。

对于从 1 到 $n$ 的每个 $i$ 来说，如果 $T_{fi}$ 不是数组类型，那么 $T_i$ 表示 $T_{fi}$；不然，$T_i$ 就是 $T_{fi}$

的元素类型（见 2.4 节）。

对于从 0 到 $n$ 的每个 $i$ 来说，$T_i^{L_1}=T_i^{L_2}$ 都应该成立。

此外，如果 $C$ 实现了它的父接口 $<I, L_3>$ 中的方法 $m$，但 $C$ 自己却没有声明这个方法 $m$，那么就把声明了由 $C$ 所继承的方法 $m$ 实现的那个超类记为 $<D, L_2>$。Java 虚拟机强制施加下面的约束：

给定 $m$ 的返回值类型是 $T_r$，并且给定 $m$ 的形参类型从 $T_{f1}$，…，$T_{fn}$，

如果 $T_r$ 不是数组类型，那么用 $T_0$ 代替 $T_r$；否则，$T_0$ 就表示 $T_r$ 的元素类型（见 2.4 节）。

对于从 1 到 $n$ 的每个 $i$ 来说，如果 $T_{fi}$ 不是数组类型，那么 $T_i$ 就表示 $T_{fi}$；不然，$T_i$ 就是 $T_{fi}$ 的元素类型（见 2.4 节）。

对于从 0 到 $n$ 的每个 $i$ 来说，$T_i^{L_2}=T_i^{L_3}$ 都应该成立。

在创建好类之后的任何时间，都可以进行准备，但一定要保证在初始化阶段开始前完成。

### 5.4.3 解析

Java 虚拟机指令 *anewarray*、*checkcast*、*getfield*、*getstatic*、*instanceof*、*nvokedynamic*、*invokeinterface*、*invokespecial*、*invokestatic*、*invokevirtual*、*ldc*、*ldc_w*、*multianewarray*、*new*、*putfield* 和 *putstatic* 将符号引用指向运行时常量池。执行上述任何一条指令都需要对它的符号引用进行解析。

**解析**（resolution）是根据运行时常量池里的符号引用来动态决定具体值的过程。

当碰到一次 *invokedynamic* 指令而去解析它的符号引用后，并不意味着对于其他 *invokedynamic* 指令来说，相同的符号引用也被解析过。

但是对于上述的其他指令来说，当碰到这个指令并解析它的符号引用后，就表示对于其他的非 *invokedynamic* 指令来说，相同的符号引用已经被解析过了。

（上面的内容暗示：由特定的 *invokedynamic* 指令的解析结果所决定的那个具体值，是一个绑定到该 *invokedynamic* 指令的调用点对象。）

解析过程也可以尝试去重新解析之前已经成功解析过的符号引用。如果有这样的尝试动作，那么它总是会像之前一样解析成功，且总是返回与此引用初次解析时的结果相同的实体。

如果在某个符号引用解析过程中发生错误，那么应该在（直接或间接）使用该符号引用的程序处抛出 `IncompatibleClassChangeError` 或它的子类异常。

如果在虚拟机解析符号引用时，因为 `LinkageError` 或它的子类实例而导致失败，那么随后每次试图解析此引用时，也总会抛出与第一次解析时相同的错误。

对于由 *invokedynamic* 指令所指定的调用点限定符来说，指向该限定符的符号引用，在执行那个指令之前不能提前解析。

如果解析某个 *invokedynaic* 指令的时候出错，那么引导方法在随后尝试解析时就不再重新执行了。

上述的某些指令在解析符号引用时，需要有额外的链接检查。例如，*getfield* 指令为了成功解析指向该指令所要操作的那个字段的符号引用，不仅得完成 5.4.3.2 小节描述的字段解析步骤，而且还得检查这个字段是不是 `static` 的。如果这个字段是 `static` 的，那就必须抛出链接时异常。

尤其要注意的是：为了让 *invokedynamic* 指令成功解析某个指向调用点限定符的符号引用，指定的引导方法必须正常完成并返回一个合适的调用点对象。如果引导方法被打断或返回了一个不合适的调用点对象，那么也必须抛出链接时异常。

执行特定的 Java 虚拟机指令时，如果对此次执行所做的检测产生了链接异常，那么本书会在描述该指令的时候再给出那些异常，而不会在此处讲解它们，因为本节讲解的是一般的解析过程。然而要注意，尽管本书是在讲解 Java 虚拟机指令的执行过程而非解释过程时才去描述那些异常，但它们仍然应该视为解析错误。

接下来描述对于类或接口 *D* 的运行时常量池里的符号引用进行解析的过程。解析细节会因为符号引用种类的不同而有所区别。

#### 5.4.3.1 类与接口解析

Java 虚拟机为了解析 *D* 中对标记为 *N* 的类或接口 *C* 的未解析符号引用，会执行下列步骤：

1. *D* 的定义类加载器被用来创建标记为 *N* 的类或接口。这个类或接口就是 *C*。此过程的细节已经在 5.3 节描述过了。

创建类或接口时所抛出的异常，可以当成因解析类或接口失败所导致的异常而抛出。

2. 如果 *C* 是数组类并且它的元素类型是引用类型，那么指向表示元素类型的类或接口的符号引用会按照 5.4.3.1 小节的算法来递归解析。

3. 最后，检查 *C* 的访问权限：

- 如果 *C* 对 *D* 是不可见的（见 5.4.4 小节），那么类或接口的解析就抛出 `IllegalAccessError`。

这种情况有可能发生，例如，*C* 是一个原来声明为 `public` 的类，但它在 *D* 编译后被改成非 `public`。

如果第 1 步和第 2 步成功但是第 3 步失败，那么 *C* 仍然是有效且可用的。但解析却是失败的，而且 *D* 不能访问 *C*。

#### 5.4.3.2 字段解析

如果要解析从 *D* 指向类或接口 *C* 中某个字段的未解析符号引用，那么必须先解析指向该字段引用所提到的那个 *C* 的符号引用（见 5.4.3.1 小节）。因此，在解析类或接口引用时发生的任何异常都可以当做解析字段引用的异常而抛出。如果指向 *C* 的引用能够成功解析，那么可以抛出解析字段引用本身时发生的异常。

当解析字段引用时，字段解析过程会先尝试在 *C* 和它的父类中查找这个字段：

1. 如果 $C$ 中声明的某个字段，与字段引用有相同的名称及描述符，那么此次查找成功。字段查找的结果就是 $C$ 中那个声明的字段。

2. 否则，字段查找过程就会递归地应用到类或接口 $C$ 的直接父接口上。

3. 否则，如果 $C$ 有一个父类 $S$，那么字段查找会递归应用到 $S$ 上。

4. 如果还不行，那么字段查找失败。

然后：

- 如果字段查找失败，那么字段解析过程会抛出 `NoSuchFieldError`。
- 否则，如果字段查找成功，但是引用的那个字段对 $D$ 是不可见的（见 5.4.4 小节），那么字段解析会抛出 `IllgalAccessError` 异常。
- 否则，假设 $<E, L_1>$ 是真正声明所引用字段的那个类或接口，$L_2$ 是 $D$ 的定义加载器。

给定引用字段的类型是 $T_f$，那么当 $T_f$ 是非数组类型时，$T=T_f$，而当 $T_f$ 是数组时，T 是它的元素类型（见 2.4 节）。Java 虚拟机必须强制实施加载约束：$T^{L_1}=T^{L_2}$（见 5.3.4 小节）。

#### 5.4.3.3　普通方法解析

为了解析 $D$ 中对类或接口 $C$ 里某个方法的未解析符号引用，该方法引用所提到的对 $C$ 的符号引用，就应该首先被解析（见 5.4.3.1 小节）。因此，在解析类引用时所出现的任何异常，都可以看做解析方法引用时的异常而被抛出。如果成功地解析了对 $C$ 的引用，那么就可以抛出与方法引用本身的解析相关的异常了。

当解析一个方法引用时：

1. 如果 $C$ 是接口，那么方法解析就抛出 `IncompatibleClassChangeError`。

2. 否则，方法引用解析过程会检查 $C$ 和它的父类中是否包含此方法：

- 如果 $C$ 中确有一个方法与方法引用所指定的名称相同，并且声明是**签名多态方法**（signature polymorphic method，见 2.9 节），那么方法的查找过程就算成功。方法描述符中所提到的全部类名也得到解析（见 5.4.3.1 小节）。

解析好的方法就叫做签名多态方法声明。对于 $C$ 来说，它未必非要声明一个带有方法引用所指定的那种描述符的方法。

- 否则，如果 $C$ 声明的方法与方法引用拥有同样的名称与描述符，那么方法查找也是成功的。
- 否则，如果 $C$ 有父类的话，那么如第 2 步所述的查找方式将会递归运用在 $C$ 的直接父类上。

3. 否则，方法查找过程会试图从 $C$ 的父接口中去定位所引用的方法。

- 如果 $C$ 中某些**最具体的超接口方法**（maximally-specific superinterface methods）与方法引用所指定的描述符及名称相符，而在这些方法中，又有且只有一个方法未设置 `ACC_ABSTRACT` 标志，那么就选中此方法，并且成功结束方法查找过程。
- 否则，如果 $C$ 的任意超接口声明了一个与方法引用所指定的描述符及名称相符的方法，而该方法既没有 `ACC_PRIVATE` 标志，又没有 `ACC_STATIC` 标志，那么就在这些超接口中任选这样一个方法，并成功结束方法查找过程。

- 否则，方法查找失败。

对于与特定的方法名和描述符相符的方法来说，类或接口 C 的最具体超接口方法，是指满足下列所有条件的任意方法：

- 此方法声明于 C 的直接或间接超接口中。
- 此方法是根据指定的名称和描述符来声明的。
- 此方法既没有 ACC_PRIVATE 标志，也没有 ACC_STATIC 标志。
- 如果此方法声明在接口 I 中，那么在 I 的子接口里，找不到其他具备指定名称及描述符，且又可以称为 C 的最具体超接口方法的方法。

方法解析的结果，由方法查找过程的成败来决定：

- 如果方法查找失败，那么方法的解析过程就会抛出 NoSuchMethodError。
- 否则，如果方法查找成功，但引用的方法对 D 是不可见的（见 5.4.4 小节），那么方法解析就抛出 IllegalAccessError。
- 否则，假定 <E, $L_1$> 是真正声明引用方法 m 的那个类或接口，$L_2$ 是 D 的定义加载器。

假定 m 的返回值类型是 $T_r$，并且假定 m 的形参类型从 $T_{f1}$，…，$T_{fn}$，则

如果 $T_r$ 不是数组类型，那么用 $T_0$ 代替 $T_r$；否则，就用 $T_0$ 表示 $T_r$ 的元素类型（见 2.4 节）。

对于从 1 到 n 的每个 i 来说，如果 $T_{fi}$ 不是数组类型，那么就用 $T_i$ 表示 $T_{fi}$；不然，则用 $T_i$ 表示 $T_{fi}$ 的元素类型（见 2.4 节）。

Java 虚拟机必须保证对于从 0 到 n 的每个 i 来说，加载约束 $T_i^{L_1}=T_i^{L_2}$ 都能够成立（见 5.3.4 小节）。

当解析过程在类的超接口中搜寻方法时，最好是能找到一个最具体且又非抽象的方法。由于该方法可能就是方法选定机制所要选中的那个方法，因此，需要在它上面实施与类加载器有关的限制规则。

否则，结果就是未确定的。这种情况并不奇怪，因为本规范从来都没有精确地指出到底会选中哪一个方法，也没有阐述应该如何打破多个方法均有资格受选的局面。在 Java SE 8 之前，几乎不会出现这种奇怪的情况。但是，从 Java SE 8 开始，接口方法的形式变得更加多样了，于是，必须小心避免出现未确定的行为。因此：

- 解析过程会忽略 private 和 static 的超接口方法。这与 Java 语言规范是一致的，这种接口方法不会为其他类型所继承。
- 由解析过的方法所控制的任何行为，都不应该依赖于方法是不是 abstract 方法。

请注意，如果解析的结果是 abstract 方法，那么所引用的类 C 也许会是非 abstract 的。假若强令 C 必须为 abstract，则会与超接口方法受选时的非确定性

相冲突。所以，解析过程不会强令 C 必须为 abstract，而是会认为调用该方法的那个对象所属的类，在程序运行的时候，肯定有一份针对此方法的具体实现代码。

#### 5.4.3.4　接口方法解析

为了解析 D 中一个对 C 中接口方法的未解析符号引用，接口方法引用中到指向接口 C 的符号引用应该先被解析（见 5.4.3.1 小节）。因此，在解析接口引用时出现的任何异常都可以当做接口方法解析的异常而抛出。如果成功地解析了指向 C 的引用，那就可以抛出与接口方法自身的解析相关的异常。

当解析接口方法引用时：

1. 如果 C 不是接口，那么接口方法解析就抛出 IncompatibleClassChangeError。

2. 否则，如果 C 声明了一个与接口方法引用所指定的名称及描述符相符的方法，那么方法查找就成功完成。

3. 否则，如果 Object 类声明了一个与接口方法引用所指定的名称及描述符相符的方法，且该方法虽带有 ACC_PUBLIC 标志，却不带 ACC_STATIC，那么，方法查找就成功完成。

4. 否则，在与方法引用所指定的名称及描述符相符的那些 C 的最具体超接口方法（见 5.4.3.3 小节）中，如果只有一个方法不带 ACC_ABSTRACT 标志，那就选中该方法，并成功结束方法查找过程。

5. 否则，如果 C 的任意超接口声明了一个与方法引用所指定的名称和描述符相符的方法，且该方法既不带 ACC_PRIVATE 标志，又不带 ACC_STATIC 标志，那就从这些超接口方法中任选一个，并成功结束方法查找过程。

6. 否则，方法查找失败。

接口方法解析的结果，由方法查找的成败来决定：

- 如果方法查找失败，那么接口方法解析就抛出 NoSuchMethodError。
- 如果方法查找成功，但是 D 却无法访问所引用的方法（见 5.4.4 小节），那么接口方法解析就抛出 IllegalAccessError。
- 否则，假定 $<E, L_1>$ 是真正声明所引用的接口方法 m 的那个类或接口，且 $L_2$ 是 D 的定义加载器。

假定 m 的返回值类型是 $T_r$，并且假定 m 的形参类型从 $T_{f1}$，…，$T_{fn}$，则：

如果 $T_r$ 不是数组类型，那么用 $T_0$ 代替 $T_r$；否则，用 $T_0$ 表示 $T_r$ 的元素类型（见 2.4 节）。

对于从 1 到 n 的每个 i 来说，如果 $T_{fi}$ 不是数组类型，那么 $T_i$ 就表示 $T_{fi}$；不然，$T_i$ 就是 $T_{fi}$ 的元素类型（见 2.4 节）。

那么对于从 0 到 n 的每个 i 来说，Java 虚拟机都要强制实施这样的约束：$T_i^{L_1}=T_i^{L_2}$（见 5.3.4 小节）。

由于接口方法解析的结果可能是接口 C 的一个 private 方法，因此本书必须写上那个与可访问性有关的句子。（在 Java SE 8 之前，接口方法解析的结果可能是 Object 类的一个非 public 方法，或 Object 类的一个 static 方法，而这两种解析结果与 Java 编程语言的继承模型是不一致的，所以，Java SE 8 及后续版本禁止这样做。）

#### 5.4.3.5 方法类型与方法句柄解析

解析指向方法类型的未解析符号引用时，就相当于在解析指向类和接口的未解析符号引用（见 5.4.3.1 小节），而那些类和接口的名称，正对应于方法描述符（见 4.3.3 小节）里所给出的那些类型。如果在解析这些类引用的过程中发生异常，那么也会当做解析方法类型时的异常而抛出。

解析方法类型的结果，是得到一个对 java.lang.invoke.MethodType 实例的引用，该实例用来表示方法的描述符。

无论指向方法描述符所述类和接口的那些符号引用，在不在运行时常量池里，都要进行方法类型解析。而且可以认为解析过程发生在**未解析**的符号引用上面，所以，即便这次解析某个方法类型时失败了，下次再解析另一个与包含同样文本的方法描述符相对应的方法类型时，也未必会失败，因为到那个时候，可能已经有适当的类和接口加载进来了。

解析方法句柄的引用会更为复杂。每个由 Java 虚拟机解析的方法句柄都有一个被称为字节码行为（bytecode behavior）的等效指令序列，它由方法句柄的种类（kind）来标识。九种方法句柄的种类值和描述如表 5-1 所示。

与针对字段或方法的指令序列相对应的符号引用，可以表示为 C.x:T。这里的 x 和 T 分别表示字段或方法的名称和描述符（见 4.3.2 小节和 4.3.3 小节），*C* 表示字段或方法所属的类或接口。

**表 5-1 方法句柄的字节码行为**

| 种类 | 描述 | 字节码行为 |
|---|---|---|
| 1 | REF_getField | getfield C.f:T |
| 2 | REF_getStatic | getstatic C.f:T |
| 3 | REF_putField | putfield C.f:T |
| 4 | REF_putStatic | putstatic C.f:T |
| 5 | REF_invokeVirtual | invokevirtual C.m:(A*)T |
| 6 | REF_invokeStatic | invokestatic C.m:(A*)T |
| 7 | REF_invokeSpecial | invokespeical C.m:(A*)T |
| 8 | REF_newInvokeSpecial | new C;dup;<br>invokespecial C.<init>:(A*)void |
| 9 | REF_invokeInterface | invokeinterface C.m:(A*)T |

假设 *MH* 表示指向待解析的方法句柄（见 5.1 节）的符号引用，那么：

- 设 *R* 是指向 *MH* 中字段或方法的符号引用。

（*MH* 是从 CONSTANT_MethodHandle 结构中得来，从它的 reference_index 项的所指

的 CONSTANT_Fieldref、CONSTANT_Methodref 或 CONSTANT_Inter faceMethodref 结构中可以得到 R。)

- 设 T 是 R 所引用字段的类型，或 R 所引用方法的返回类型。设 A* 是由 R 所引方法的参数类型构成的序列（此序列可能是空的）。

（T 和 A* 是由从中得到 R 的 CONSTANT_Fieldref、CONSTANT_Methodref 和 CONSTANT_InterfaceMethodref 结构里 name_and_type_index 项所引用的 CONSTANT_NameAndType 结构得到。)

为了解析 MH，必须按下面三个步骤，把指向 MH 字节码行为中的类、接口、字段及方法的全部符号引用都解析出来：

- 首先，解析 R。
- 其次，按照解析指向类和接口的未解析符号引用时所用的步骤，来解析这些符号引用，类和接口的名称分别对应于 A* 中的每个类型以及类型 T，而解析的顺序也是先解析指向 A* 的符号引用，再解析指向 T 的符号引用。
- 最后，像解析指向方法类型的未解析符号引用时那样，来解析并获取指向 java.lang.invoke.MethodType 实例的引用，而方法类型所包含的方法描述符，正是根据 MH 的类型，从表 5-2 中查出的那个描述符。

指向方法句柄的那个符号引用，就好似包含着一个指向方法类型的符号引用，而那个方法类型，正是解析后的方法句柄所要具备的方法类型。方法类型的详细结构可通过查阅表 5-2 而获知。

**表 5-2　针对各种方法句柄的方法描述符**

| 种类 | 描述 | 方法描述符 |
|---|---|---|
| 1 | REF_getField | (C)T |
| 2 | REF_getStatic | ()T |
| 3 | REF_putField | (C，T)V |
| 4 | REF_putStatic | (T)V |
| 5 | REF_invokeVirtual | (C，A*)T |
| 6 | REF_invokeStatic | (A*)T |
| 7 | REF_invokeSpecial | (C，A*) T |
| 8 | REF_newInvokeSpecial | (A*)C |
| 9 | REF_invokeInterface | (C，A*)T |

在每个步骤中，由于无法解析类、接口、字段或方法引用而抛出的异常，可以作为方法句柄解析失败的异常而抛出。

此处所述的解析方案，其目的是为了把解析方法句柄时所处的环境，设计得和 Java 虚拟机在解析字节码行为里的符号引用时所处的环境相一致，也就是说，只要能在后一种环境下成功解析出符号引用，那就一定能在前一种环境下解析出方法句柄。特别值得一提的是：只要能以普通方式合法地访问类中的 private 及 protected 成员，那就同样能在这些类里创建出针对这些 private 及 protected 成员的方法句柄。

方法句柄解析的结果是一个指向 java.lang.invoke.MethodHandle 实例的引用 *o*，此实例表示方法句柄 *MH*。

java.lang.invoke.MethodHandle 实例的类型描述符是一个由上述方法句柄解析过程的第 3 步所产生的 java.lang.invoke.MethodType 实例。

对方法句柄的类型描述符来说，在方法句柄上调用 java.lang.invoke.MethodHandle 的 invokeExact 方法，会与字符码行一样，对栈造成相同的影响。用有效的参数集合来调用方法句柄时，它会与相应的字节码行为有相同的影响及返回值（假如有返回值的话）。

如果 *R* 所引用的方法带有 ACC_VARARGS 标志（见 4.6 节），那么 java.lang.invoke.MethodHandle 实例就是参数个数可变（variable arity，可变元）的方法句柄，否则，就是参数个数固定（fixed arity，固定元）的方法句柄。

如果通过 invoke 来调用参数个数可变的方法句柄，那么该句柄会对参数列表执行装箱操作（JLS §15.12.4.2），其行为就与在不带 ACC_VARARGS 标志的句柄上面调用 invokeExact 时一样。

如果 *R* 所引用的方法带有 ACC_VARARGS 标志，但 *A** 是个空序列，或 *A** 的最后一个参数类型不是数组类型，那么方法句柄的解析过程就会抛出 IncompatibleClassChangeError。这也就等于说，无法创建这个参数长度可变的方法句柄。

Java 虚拟机的实现不需要内化（intern）方法类型与方法句柄。也就是说，纵使去解析两个拥有同样结构的对方法类型或方法句柄的符号引用，也可能会获得不同的 java.lang.invoke.MethodType 或 java.lang.invoke.MethodHandle 实例。

> 在 Java SE 平台 API 中，java.lang.invoke.Method-Handls 类可以创建不含字节码行为的方法句柄。具体的行为由创建方法句柄的那个 java.lang.invoke.MethodHandls 方法来决定。例如，某方法句柄在执行的时候，可能会先对其参数值做出转换，接下来用转换好的参数值去调用另一个方法句柄，然后，把调用那个方法所返回的值再度转换，最后将转换好的值作为自己的结果返回给调用者。

#### 5.4.3.6 调用点限定符解析

解析一个未被解析的调用点限定符需要下列三个步骤：

- 调用点限定符给出了对方法句柄的符号引用，这个符号引用，将用作动态调用点的引导方法（见 4.7.23 小节）。解析这个方法句柄（见 5.4.3.5 小节），以便获取一个对 java.lang.invoke.MethodHandle 实例的引用。
- 调用点限定符提供了一个方法描述符，记作 *TD*。它是一个指向 java.lang.invoke.MethodType 实例的引用。它可以通过解析指向与 *TD* 有相同参数及返回值的方法类型（见 5.4.3.5 小节）的符号引用而获得。

- 调用点限定符提供零或多个**静态参数**，用于传递与特定应用相关的元数据给引导方法。静态参数只要是对类、方法句柄或方法类型的符号引用，就都需要被解析，其解析结果与调用 *ldc* 指令而分别获取到的对 Class 对象、java.lang.invoke.MethodHandle 对象和 java.lang.invoke.MethodType 对象等的引用相仿。如果某静态参数是字符串常量，那么就需要用来获取对 String 对象的引用。

调用点限定符的解析结果是一个元组，它包含：

- 指向 java.lang.invoke.MethodHandle 实例的引用；
- 指向 java.lang.invoke.MethodType 实例的引用；
- 指向 Class、java.lang.invoke.MethodHandle、java.lang.invoke.MethodType 和 String 实例的引用。

在解析指向调用点限定符中的方法句柄的符号引用时，在解析指向与调用点限定符中的方法描述符相对应的方法类型的符号引用时，或在解析指向任意静态参数的符号引用时，任何与方法类型或方法句柄解析（见 5.4.3.5 小节）有关的异常都可以被抛出。

### 5.4.4 访问控制

一个类或接口 *C* 对另外一个类或接口 *D* 是**可见的**（accessible），当且仅当下面的条件之一成立：

- *C* 是 public 的。
- *C* 和 *D* 处于同一个运行时包下面（见 5.3 节）。

一个字段或方法 *R* 对另外一个类或接口 *D* 是可见的，当且仅当下面的条件之一成立：

- *R* 是 public 的。
- *R* 在 *C* 中是 protected，*D* 要么与 *C* 相同，要么就是 *C* 的子类。如果 *R* 不是 static 的，那么指向 *R* 的符号引用就必须包含一个指向 *T* 类的符号引用，这里的 *T* 要么与 *D* 相同，要么就是 *D* 的子类或父类。
- *R* 要么是 protected，要么具有默认访问权限（也就是说，它的访问权限既不是 public，也不是 protected，更不是 private），并且声明它的那个类与 *D* 处于同一运行时包下。
- *R* 是 private 的，并且声明在 *D* 类中。

上面这些对权限控制的讨论忽略了一项限制，那就是 protected 字段访问或方法调用的目标（目标必须是 *D* 类或它的子类型）。这项限制需要在验证部分（见 4.10.1.8 小节）做相应检查。它不是链接期访问控制的一部分。

### 5.4.5 方法覆盖

对于声明在类 *C* 中的实例方法 $m_c$，以及声明在类 *A* 中的另一个实例方法 $m_a$ 来说，当且仅当 $m_c$ 与 $m_a$ 相同，或下列条件均满足时，$m_c$ 才能覆盖 $m_a$：

- $C$ 是 $A$ 的子类。
- $m_C$ 与 $m_A$ 拥有相同的名称及方法描述符。
- $m_C$ 没有标注为 ACC_PRIVATE。
- 下面其中一条成立：
  - $m_A$ 的权限符是 ACC_PUBLIC、ACC_PROTECTED 或默认权限（也就是既不是 ACC_PUBLIC，也不是 ACC_PROTECTED，更不是 ACC_PRIVATE 的那种权限），且 *A* 类和 *C* 类处于同一运行时包下面。
  - $m_C$ 覆盖方法 $m'$，（$m'$ 与 $m_C$ 不同，也与 $m_A$ 不同），并且 $m'$ 覆盖了 $m_A$。

## 5.5 初始化

**初始化**对于类或接口来说，就是执行它的初始化方法（见 2.9 节）。

只有在发生下列行为时，类或接口才会被初始化：

- 在执行下列需要引用类或接口的 Java 虚拟机指令时：*new*、*getstatic*、*putstatic* 或 *invokestatic*（参见 6.5 节的 *new* 小节、*getstatic* 小节、*putstatic* 小节和 *invokestatic* 小节）。这些指令都会通过字段或方法引用来直接或间接引用某个类。

执行 *new* 指令时，如果指令引用的类或接口没有初始化，那就初始化它。

执行 *getstatic*、*putstatic* 或 *invokestatic* 指令时，那些解析好的字段或方法中的类或接口如果还没有初始化，那就初始化它。

- 在初次调用 java.lang.invoke.MethodHandle 实例时，该实例是由 Java 虚拟机所解析出的种类是 2（REF_getStatic）、4（REF_putStatic）、6（REF_invokeStatic）或 8（REF_newInvokeSpecial）的方法句柄（见 5.4.3.5 小节）。
- 在调用类库（见 2.12 节）中的某些反射方法时，例如，Class 类或 java.lang.reflect 包中的反射方法。
- 在对类的某个子类进行初始化时。
- 在它被选定为 Java 虚拟机启动时的初始类（见 5.2 节）时。

在类或接口被初始化之前，它必须被链接过，也就是经过验证、准备阶段，且有可能已经解析完成了。

因为 Java 虚拟机是支持多线程的，所以在初始化类或接口的时候要特别注意线程同步问题，可能其他一些线程也想要初始化相同名称的类或接口。也有可能在初始化一些类或接口时，又会递归地触发对这个类或接口本身的初始化操作。Java 虚拟机实现需要负责处理好线程同步和递归初始化，具体可以使用下面的步骤来处理。这些处理步骤假定 Class 对象已经被验证和准备过，并且处于下面所述的四种状态之一：

- Class 对象已经被验证和准备过，但还没有被初始化。
- Class 对象正在被其他特定线程初始化。
- Class 对象已经成功被初始化且可以使用。

- Class 对象处于错误的状态，可能因为尝试初始化时失败过。

每个类或接口 *C* 都有一个唯一的初始化锁 *LC*。如何实现从 *C* 到 *LC* 的映射，可由 Java 虚拟机实现自行决定。例如，*LC* 可以是 *C* 的 Class 对象，或者与 Class 对象相关的监视器。初始化 *C* 的过程如下：

1. 同步 *C* 的初始化锁 *LC*。这个操作会导致当前线程一直等待，直到可以获得 *LC* 锁。

2. 如果 *C* 的 Class 对象显示当前 *C* 的初始化是由其他线程正在进行的，那么当前线程就释放 *LC* 并进入阻塞状态，直到它知道初始化工作已经由其他线程完成，此时当前线程需要重试这一过程。

执行初始化过程时，线程的中断状态不受影响。

3. 如果 *C* 的 Class 对象显示 *C* 的初始化正由当前线程进行，那就表明这是对初始化的递归请求。释放 *LC* 并正常返回。

4. 如果 *C* 的 Class 对象显示 Class 已经初始化完成，那么就不需要再做什么了。释放 *LC* 并正常返回。

5. 如果 *C* 的 Class 对象显示它处于一个错误的状态，那就不可能再完成初始化了。释放 *LC* 并抛出 NoClassDefFoundError 异常。

6. 否则，记录下当前线程正在初始化 *C* 的 Class 对象，随后释放 *LC*。根据属性出现在 ClassFile 的顺序，利用 ConstantValue 属性（见 4.7.2 小节）来初始化 *C* 中的每个 final static 字段。

7. 接下来，如果 *C* 是类而不是接口，且它的父类 *SC* 还没有初始化，那就在 *SC* 上面也递归地进行完整的初始化过程。当然，如果有必要，需要先验证和准备 *SC*。

如果在初始化 *SC* 的时候因为抛出异常而中断，那么就在获取 *LC* 后将 *C* 的 Class 对象标识为错误状态，并通知所有正在等待的线程，最后释放 *LC* 并异常退出，然后抛出与初始化 *SC* 时所遇异常相同的异常。

8. 之后，通过查询 *C* 的定义加载器来判定 *C* 是否开启了断言机制。

9. 执行 *C* 的类或接口初始化方法。

10. 如果正常执行了类或接口的初始化方法，那就获取 *LC*，并把 *C* 的 Class 对象标记成已经完全初始化，通知所有正在等待的线程，接着释放 *LC*，正常地退出整个过程。

11. 否则，类或接口的初始化方法就必定因为抛出了一个异常 *E* 而中断退出。如果 *E* 不是 Error 或它的某个子类，那就以 *E* 为参数来创建一个新的 ExceptionInInitializerError 实例，并在之后的步骤中，用该实例来代替 *E*。

如果因为 OutOfMemoryError 问题而不能创建 ExceptionInInitializerError 实例，那么在之后的步骤中就使用 OutOfMemoryError 对象来代替 *E*。

12. 获取 *LC*，标记下 *C* 的 Class 对象有错误发生，通知所有正在等待的线程，释放 *LC*，将 *E* 或上一步中的具体错误对象作为此次意外中断的原因。

Java 虚拟机可以省略第 1 步中获取同步锁以及第 4/5 步中释放同步锁的操作，但要想实施这种优化，必须首先确认：类已完成初始化，并且在此情况下，从 Java 内存模型的角度看，获取同步锁时具备的那些 *happens-before* 顺序规则（JLS §17.4.5），在执行优化后仍能得到遵守。

## 5.6 绑定本地方法实现

为了令一个以非 Java 语言所编写，且实现了 `native` 方法的函数得以执行，而将其集成到 Java 虚拟机中的过程，就叫做**绑定**（binding）。这个过程在传统表述中被称“链接”，所以本规范使用“绑定”这个词，以避免与 Java 虚拟机中链接类或接口的语义发生冲突。

## 5.7 Java 虚拟机退出

Java 虚拟机的退出条件是，某线程调用 `Runtime` 类或 `System` 类的 `exit` 方法，或 `Runtime` 类的 `halt` 方法，并且 Java 安全管理器也允许这次 `exit` 或 `halt` 操作。

除此之外，JNI（Java Native Interface）规范描述了用 JNI Invocation API 来加载或卸载 Java 虚拟机时，Java 虚拟机的退出情况。

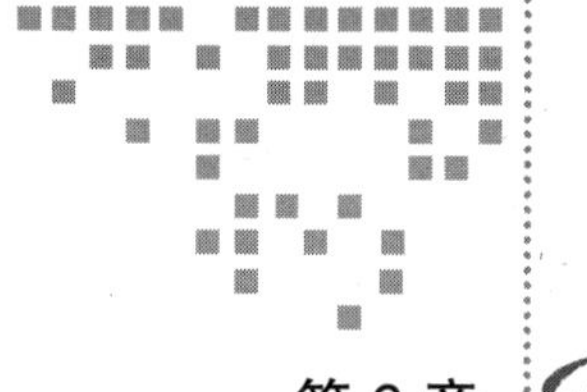

第 6 章 Chapter 6

# Java 虚拟机指令集

一条 Java 虚拟机指令由一个指定要完成操作的操作码和表示待操作值的零或多个操作数构成。本章将会描述每条 Java 虚拟机指令的格式和它所执行的操作。

## 6.1 设定："必须"的含义

每条指令的描述，总是在 Java 虚拟机代码能够符合第 4 章中相关静态和结构化约束的前提下给出的。在对指令进行讲解时，我们常常会提到"必须"或者"不允许"等词汇，例如"*value2* 必须是一个 `int` 类型的数据"。第 4 章中的约束能够保证，所有带"必须"或"不允许"字样的要求都可以得到满足。如果在运行的时候，某项带有"必须"或"不允许"含义的约束没有得到满足，那 Java 虚拟机的行为就是不可预知的。

Java 虚拟机会在链接阶段通过 `class` 文件验证器（见 4.10 节）来检查 Java 虚拟机代码是否满足上述静态的和结构化的约束。因此，Java 虚拟机只会尝试执行一个有效的 `class` 文件中的代码。在链接期执行验证是合理的，因为这样只需检查一次，从而能极大地降低运行期的工作量。当然，其他实现策略也是可以的，只要保证这些实现遵循《Java 语言规范（Java SE 8）版》和本书中所述的规范即可。

## 6.2 保留操作码

除了本章稍后将会逐一讲解的那些用在 `class` 文件（见第 4 章）里指令操作码外，还有 3 个保留操作码，它们是在 Java 虚拟机内部使用的。如果 Java 虚拟机指令集在将来扩充的话，那么它保证不会占用这 3 个保留操作码。

其中，操作码值分别为 254（0xfe）和 255（0xff），助记符分别为 *impdep1* 和 *impdep2* 的两个操作码作为“后门”和“陷阱”出现，目的是分别以软件及硬件方式来提供一些与实现相关的功能。第三个值为 202（0xca）、助记符为 *breakpoint* 的操作码是提供给调试器来实现断点功能的。

虽然这 3 个操作码是被保留的，但只能用于 Java 虚拟机实现内部，而不能真的出现在一个有效的 `class` 文件之中。调试器或者即时代码生成器（见 2.13 节）可以直接与已经加载的或者正在执行中的 Java 虚拟机代码交互，如果遇到这些保留操作码，那么调试器或即时代码生成器应当能对其语义做出正确处理。

## 6.3 虚拟机错误

当 Java 虚拟机出现了内部错误，或者由于资源限制导致虚拟机无法实现本章所描述的语义时，它将会抛出一个 `VirtualMachineError` 子类的实例。本规范无法预测虚拟机会遇到哪些内部错误或者资源受限的情况，也不去精确地规定虚拟机必须在何时报告这些问题。因此，下面定义的这些 `VirtualMachineError` 子类可能会出现在 Java 虚拟机运作过程中的任意时刻：

- `InternalError`：实现虚拟机的软件错误、底层主机系统的软件错误及硬件错误都会导致 Java 虚拟机出现内部错误，`InternalError` 是一个异步异常（见 2.10 节），它可能出现在程序中的任何位置。
- `OutOfMemoryError`：当 Java 虚拟机实现耗尽了所有虚拟或物理内存，并且内存自动管理子系统无法回收到创建新对象所需的足够内存空间时，虚拟机将抛出 `OutOfMemoryError`。
- `StackOverflowError`：当 Java 虚拟机实现耗尽了线程全部的栈空间时（这种情况经常是由于程序编写得有问题，从而导致线程陷入无限的执行递归调用），虚拟机将会抛出 `StackOverflowError`。
- `UnknownError`：当某种异常或错误出现，但虚拟机实现又无法确定它具体是哪种异常或错误时，将会抛出 `UnknownError`。

## 6.4 指令描述格式

本章中介绍的 Java 虚拟机指令将会按照字母顺序排序，并且用表 6-1 中的项目来表示。

在表中的“格式”行里，每行文字代表一个包含 8 个二进制位的字节，表格名字就是这个指令的**助记符**，操作码通过数字表示，表格将同时给出十进制和十六进制的数字表示形式。实际上 `class` 文件中的 Java 虚拟机代码只会出现数字形式的操作码，不会出现助记符。

请记住，操作数有可能会在编译期产生，并且嵌入到 Java 虚拟机的字节码指令中，也有可能会在运行期通过计算而得出，并加载到操作数栈中。虽然操作数可能会有不同的来源，但是它们都表示同一种东西，也就是 Java 虚拟机指令执行时所使用的参数值。操作数隐式地从操作数栈中获取，会比显式地通过额外的操作数字节及寄存器编号等形式生成到编译后的代码中更利于保持 Java 虚拟机字节码的紧凑性。

**表 6-1　指令格式表**

**助记符**

| 操作 | 该指令功能的简要描述 |
| --- | --- |
| 格式 | *助记符*<br>*操作数 1*<br>*操作数 2*<br>…… |
| 结构 | *助记符* = 操作码 |
| 操作数栈 | …，*value1*，*value2* →<br>…，*value3* |
| 描述 | 详述了该指令对操作数栈的内容和常量池项所施加的限制、该指令所执行的操作，以及执行结果的类型等 |
| 链接时异常 | 如果执行该指令可能抛出任何链接时异常，那么每一个可能抛出的异常都需要按它们可能出现的顺序在此进行描述。每个异常占据一行（一段）内容 |
| 运行时异常 | 如果执行该指令时可能抛出任何运行时异常，那么每一个可能抛出的异常都需要按它们可能出现的顺序在此进行描述。每个异常占据一行（一段）内容。<br>除了在此已列出的链接时异常、运行时异常以及 `VirtualMachineError` 或其子类之外，指令不得再抛出其他任何异常 |
| 注意 | 某些注释并不是本规范对该指令所施加的强制约束，这些注释将会放在指令描述信息的最后 |

有部分指令会以一系列描述、格式、操作数栈图等都一致的关联指令族形式出现，这种指令族会包含若干个操作码和操作码助记符，但只有指令族的助记符会出现在指令格式表中，并且在“结构”行中会列出指令族包括的所有助记符和操作码。例如，*lconst_<l>* 指令族的“结构”行就会给出这个指令族中 *lconst_0* 和 *lconst_1* 两条指令的助记符和操作码信息：

```
结构 lconst_0 = 9 (0x9)
     lconst_1 = 10 (0xa)
```

在 Java 虚拟机指令描述中，指令执行之后，对当前栈帧（见 2.6 节）的操作数栈（见 2.6.2 小节）产生的影响，将会使用文本的方式来表示，栈是从左至右增长的，其中每个值都会分别表示出来。，因此，下面的“操作数栈”行显示了这个指令执行时会使用操作数栈栈顶的 *value2* 以及随后的 *value1*，执行结果是令 *value1* 和 *value2* 从操作数栈出栈，并且把指

令的计算结果值 *result* 入栈到操作数栈中：

操作数栈　..., *value1*, *value2* →
..., *result*

操作数栈中的其余部分使用一组省略号（…）来表示，代表指令执行不会影响操作数栈的这部分内容。

long 和 double 类型的值只使用一个操作数栈元素来表示。

在本规范的第 1 版中，操作数栈内的 long 和 double 类型数据使用两个栈元素来表示。

## 6.5 指令集描述

### aaload

| 操作 | 从数组中加载一个 reference 类型数据到操作数栈 |
|---|---|
| 格式 | *aaload* |
| 结构 | *aaload*=50（0x32） |
| 操作数栈 | …，*arrayref*，*index* →<br>…，*value* |
| 描述 | *arrayref* 必须是一个 reference 类型的数据，它指向一个组件类型为 reference 的数组，*index* 必须为 int 类型。指令执行后，*arrayref* 和 *index* 同时从操作数栈出栈，用 *index* 作索引，定位到数组中的 reference 值，并将其入栈到操作数栈中 |
| 运行时异常 | 如果 *arrayref* 为 null，*aaload* 指令将抛出 NullPointerException 异常。<br>否则，如果 *index* 不在 *arrayref* 所代表的数组上下界范围中，*aaload* 指令将抛出 ArrayIndexOutOfBoundsException 异常 |

### aastore

| 操作 | 从操作数栈读取一个 reference 类型数据存入到数组中 |
|---|---|
| 格式 | *aastore* |
| 结构 | *aastore*=83（0x53） |
| 操作数栈 | …，*arrayref*，*index*，*value* →<br>… |

（续）

| | |
|---|---|
| 描述 | *arrayref* 必须是一个 reference 类型的数据，它指向一个组件类型为 reference 的数组，*index* 必须为 int 类型，*value* 必须为 reference 类型。指令执行后，*arrayref*、*index* 和 *value* 同时从操作数栈出栈，*reference* 值存储到由 *index* 定位到的数组组件中<br>在运行时，*value* 的实际类型必须与 *arrayref* 所代表的数组的组件类型相匹配。具体地说，对于具备引用类型 *S* 的某个值，以及以引用类型 *T* 为其组件类型的某个数组来说，只有满足下列条件，才能把 *S* 型的那个值赋给数组中某个 *T* 类型的组件（*S* 表示源数值的类型，*T* 表示目标数值的类型）：<br>❑如果 *S* 是类类型（*class type*），那么：<br>  ❑ 如果 *T* 也是类类型，那 *S* 必须与 *T* 是同一个类类型，或者 *S* 是 *T* 所代表的类型的子类<br>  ❑ 如果 *T* 是接口类型，那 *S* 必须实现了 *T* 的接口<br>❑如果 *S* 是接口类型（*interface type*），那么：<br>  ❑ 如果 *T* 是类类型，那么 *T* 只能是 Object<br>  ❑ 如果 *T* 是接口类型，那么 *T* 与 *S* 应当是相同的接口，或者 *T* 是 *S* 的父接口 |
| 描述 | ❑如果 *S* 是数组类型（*array type*），那么可以将其写成 *SC* [] 的形式，其中的 *SC* 是这个数组的组件类型：<br>  ❑ 如果 *T* 是类类型，那么 *T* 只能是 Object<br>  ❑ 如果 *T* 是接口类型，那 *T* 必须是数组类型所实现的接口之一（JLS §4.10.3）<br>  ❑ 如果 *T* 是数组类型，假设为 *TC* [] 的形式，这个数组的组件类型为 *TC*，那么下面两条规则之一必须成立：<br>    ◆ *TC* 和 *SC* 是同一个原始类型<br>    ◆ *TC* 和 *SC* 都是引用类型，并且能够把 *SC* 赋给 *TC*（以此处描述的规则来判断是否能赋值） |
| 运行时异常 | 如果 *arrayref* 为 null，*aastore* 指令将抛出 NullPointerException 异常<br>否则，如果 *index* 不在 arrayref 所代表的数组上下界范围中，*aastore* 指令将抛出 ArrayIndexOutOfBoundsException 异常<br>否则，如果 *arrayref* 不为 null，并且 *value* 的实际类型与数组组件类型不能匹配（JLS §5.2），*aastore* 指令将抛出 ArrayStoreException 异常 |

## aconst_null

| | |
|---|---|
| 操作 | 将一个 null 值入栈到操作数栈中 |
| 格式 | *aconst_null* |
| 结构 | *aconst_null*=1（0x1） |
| 操作数栈 | …→<br>…，null |

（续）

| | |
|---|---|
| 描述 | 将一个 null 对象引用入栈到操作数栈中 |
| 注意 | Java 虚拟机并没有强制规定 null 值在虚拟机的内存中应该如何实际表示 |

## aload

| | |
|---|---|
| 操作 | 从局部变量表加载一个 reference 类型值到操作数栈 |
| 格式 | *aload*<br>*index* |
| 结构 | *aload*=25（0x19） |
| 操作数栈 | …→<br>…，*objectref* |
| 描述 | *index* 是一个代表当前栈帧（见 2.6 节）中局部变量表的索引的无符号 byte 类型整数。*index* 作为索引定位的局部变量必须为 reference 类型，称为 *objectref*。指令执行后，*objectref* 将会入栈到操作数栈栈顶 |
| 注意 | *aload* 指令无法用于将本地变量中 returnAddress 类型的数据加载到操作数栈中，这点是特意设计成与 *astore* 指令不相对称的（*astore* 指令可以操作 returnAddress 类型的数据）<br>*aload* 操作码可以与 *wide* 指令一起使用，以实现使用两个字节长度的无符号 byte 类型数值作为索引来访问局部变量表 |

## aload_<n>

| | |
|---|---|
| 操作 | 从局部变量表加载一个 reference 类型值到操作数栈中 |
| 格式 | *aload_<n>* |
| 结构 | *aload_0*=42（0x2a）<br>*aload_1*=43（0x2b）<br>*aload_2*=44（0x2c）<br>*aload_3*=45（0x2d） |
| 操作数栈 | …→<br>…，*objectref* |
| 描述 | *<n>* 代表当前栈帧（见 2.6 节）中局部变量表的索引值，*<n>* 作为索引定位的局部变量必须为 reference 类型，称为 *objectref*。指令执行后，*objectref* 将会入栈到操作数栈栈顶 |

（续）

| 注意 | *aload_<n>* 指令无法用于加载局部变量中 `returnAddress` 类型的数据到操作数栈中，这点是特意设计成与 *astore_<n>* 指令不相对称的（*astore_<n>* 指令可以操作 `returnAddress` 类型的数据）<br>*aload_<n>* 指令族中的每条指令都与使用 <n> 作为 *index* 参数的 *aload* 指令所起的作用一致，区别仅仅在于操作数 <n> 是隐式包含在指令中的 |
|---|---|

## anewarray

| 操作 | 创建一个组件类型为 `reference` 类型的数组 |
|---|---|
| 格式 | *anewarray*<br>*indexbyte1*<br>*indexbyte2* |
| 结构 | *anewarray*=189（0xbd） |
| 操作数栈 | …，*count* →<br>…，*arrayref* |
| 描述 | *count* 必须为 int 类型的数据，指令执行时它将从操作数栈中出栈，它代表了要创建的数组有多少个组件。*indexbyte1* 和 *indexbyte2* 用于构建一个当前类（见 2.6 节）的运行时常量池的索引值，构建方式为（*indexbyte1*<<8）\|*indexbyte2*，该索引所指向的运行时常量池项应当是一个类、接口或者数组类型的符号引用，这个类、接口或者数组类型应当解析（见 5.4.3.1 小节）。一个以此类型为组件类型、以 *count* 值为长度的数组将会被分配在 `GC` 堆中，并且一个代表该数组的 `reference` 类型数据 *arrayref* 也会入栈到操作数栈中。这个新数组的所有元素值都被初始化为 `null`，也即 `reference` 类型的默认值（见 2.4 节） |
| 链接时异常 | 在解析指向类、接口或者数组的符号引用时，任何在 5.4.3.1 小节中描述的异常都可能被抛出 |
| 运行时异常 | 另外，如果 *count* 值小于 0，*anewarray* 指令将会抛出一个 `NegativeArraySizeException` 异常 |
| 注意 | *anewarray* 指令可用于创建一维引用数组，或者用于创建多维度数组的一部分 |

## areturn

| 操作 | 从方法中返回一个 reference 类型数据 |
|---|---|
| 格式 | *areturn* |
| 结构 | *areturn*=176（0xb0） |

（续）

| | |
|---|---|
| 操作数栈 | …，*objectref*→<br>[empty] |
| 描述 | *objectref* 必须是一个 reference 类型的数据，并且必须指向一个类型与当前方法的方法描述符（见 4.3.3 小节）中的返回值相匹配（JLS §5.2）的对象。如果当前方法是一个同步（声明为 `synchronized` 的）方法，那在方法调用时进入或者重入的锁会正确更新状态或退出，就像当前线程执行了 *monitorexit* 指令（见 6.5 节 *monitorexit* 小节）一样。如果执行过程当中没有抛出异常，那 *objectref* 将从当前栈帧（见 2.6 节）中出栈，并入栈到调用者栈帧的操作数栈中，在当前栈帧操作数栈中其他的所有值都将会被丢弃<br>指令执行后，解释器会恢复调用者的栈帧，并且把程序控制权交回到调用者 |
| 运行时异常 | 如果虚拟机实现没有严格执行在 2.11.10 小节中规定的结构化锁定规则，导致当前方法虽然是一个同步方法，但当前线程却又不拥有调用该方法时所进入（enter）或重入（reenter）的那把锁，那 *areturn* 指令将会抛出 `IllegalMonitorStateException` 异常。这是可能出现的，例如，一个同步方法只包含对该方法要同步的对象所施行的 *monitorexit* 指令，但是未包含配对的 *monitorenter* 指令<br>否则，如果虚拟机实现严格执行了 2.11.10 小节中规定的结构化锁定规则，但当前方法调用时，违反了其中的第 1 条规则，那么 *areturn* 指令也会抛出 `IllegalMonitorStateException` 异常 |

## arraylength

| | |
|---|---|
| 操作 | 取数组长度 |
| 格式 | *arraylength* |
| 结构 | *arraylength*=190（0xbe） |
| 操作数栈 | …，*arrayref*→<br>…，*length* |
| 描述 | *arrayref* 必须是指向数组的 `reference` 类型的数据，指令执行时，*arrayref* 从操作数栈中出栈，数组的长度 *length* 将被计算出来并作为一个 `int` 类型的数据入栈到操作数栈中 |
| 运行时异常 | 如果 *arrayref* 是 `null`，则 *arraylength* 将会抛出 `NullPointerException` 异常 |

## astore

| | |
|---|---|
| 操作 | 将一个 `reference` 类型数据保存到本地变量表中 |
| 格式 | *astore*<br>*index* |

（续）

| 结构 | *astore*=58（0x3a） |
|---|---|
| 操作数栈 | …，*objectref*→<br>… |
| 描述 | *index* 是一个无符号 byte 类型整数，它必须是一个指向当前栈帧（见 2.6 节）局部变量表的索引值，而在操作数栈栈顶的 *objectref* 必须是 returnAddress 或者 reference 类型的数据，这个数据将从操作数栈出栈，然后保存到 *index* 所指的那个局部变量表位置 |
| 注意 | *astore* 指令可以与 returnAddress 类型的 *objectref* 数据一起使用，来实现 Java 语言中的 finally 子句（见 3.13 节）。<br>*aload* 指令（见 6.5 节 *aload* 小节）不可以用来从局部变量表加载 returnAddress 类型的数据到操作数栈，这种与 *astore* 指令的不对称性，是有意设计的<br>*astore* 指令可以与 *wide*（见 6.5 节 *wide* 小节）指令联合使用，以实现使用两个字节宽度的无符号整数作为索引来访问局部变量表 |

## astore_<n>

| 操作 | 将一个 reference 类型的数据保存到本地变量表中 |
|---|---|
| 格式 | *astore_<n>* |
| 结构 | *astore_0*=75（0x4b） |
| 结构 | *astore_1*=76（0x4c）<br>*astore_2*=77（0x4d）<br>*astore_3*=78（0x4e） |
| 操作数栈 | …，*objectref*→<br>… |
| 描述 | <*n*> 必须是一个指向当前栈帧（见 2.6 节）局部变量表的索引值，而在操作数栈栈顶的 *objectref* 必须是 returnAddress 或者 reference 类型的数据，这个数据将从操作数栈出栈，然后保存到 <*n*> 所指向的局部变量表位置中 |
| 注意 | *astore_<n>* 指令可以与 returnAddress 类型的数据配合来实现 Java 语言中的 finally 子句（见 3.13 节）。<br>*aload_<n>*（见 6.5 节 *astore_<n>* 小节）指令不可以用来从局部变量表加载 returnAddress 类型的数据到操作数栈，这种与 *astore_<n>* 指令的不对称性是有意设计的<br>*astore_<n>* 指令族中的每条指令都与使用 <*n*> 作为 *index* 参数的 *astore* 指令的作用一致，区别仅仅在于操作数 <*n*> 是隐式包含在指令中的 |

## athrow

| 操作 | 抛出一个异常或错误（exception 或者 error） |
| --- | --- |
| 格式 | *athrow* |
| 结构 | *athrow*=191（0xbf） |
| 操作数栈 | …，*objectref*→<br>*objectref* |
| 描述 | *objectref* 必须为一个 reference 类型的数据，它指向一个 Throwable 或其子类的对象实例。在指令执行时，*objectref* 首先从操作数栈中出栈，然后通过 2.10 节中描述的算法搜索当前方法（见 2.6 节）中与 *objectref* 的类型相匹配的第一个异常处理器，并由此将 *objectref* 抛出<br>如果找到了适合 *objectref* 的异常处理器，那么这个异常处理器将包含一个用于处理此异常的代码位置。pc 寄存器的值就会重设为由异常处理器所指定的那个位置，整个当前栈帧的操作数栈都会被清空，*objectref* 重新入栈到操作数栈中，然后程序继续执行<br>如果在当前栈帧中没有找到适合的异常处理器，那么栈帧就要从操作数栈中出栈，如果当前栈帧对应的方法是一个同步方法，那在方法调用时进入或重入的锁就会释放[⊖]，就像执行了 *monitorexit*（见 6.5 节 *monitorexit* 小节）一样。最后，恢复其调用者的栈帧。如果有这样的帧，那么 *objectref* 会重新抛出。若没有这种帧，当前线程则会退出 |
| 运行时异常 | 如果 *objectref* 为 null，*athrow* 指令将会抛出 NullPointerException，而不抛出由 *objectref* 所代表的异常<br>否则，如果虚拟机实现没有严格执行 2.11.10 小节中规定的结构化锁定规则，导致当前方法虽然是一个同步方法，但当前线程却又不拥有调用该方法时所进入（enter）或重入（reenter）的那把锁，那 *athrow* 指令将会抛出 IllegalMonitorStateException 异常，而不再抛出由 *objectref* 所表示的那个异常对象。这是可能出现的，例如，一个同步方法只包含了对方法要同步的对象所施行的 *monitorexit* 指令，但是未包含配对的 *monitorenter* 指令<br>否则，如果虚拟机实现严格执行了 2.11.10 小节中规定的结构化锁定规则，但当前方法调用时，违反了其中的第一条规则，那么 *athrow* 指令也会抛出 IllegalMonitorStateException 异常，而不再抛出由 *objectref* 所表示的那个异常对象 |

⊖ 对于重入来说是计数减 1。——译者注

（续）

| | |
|---|---|
| 注意 | *athrow* 指令的操作数栈图[㊀]可能会产生一些误解：如果匹配了当前方法中的某个异常处理器，那么 *athrow* 指令将抛弃操作数栈上所有的值，然后重新将被抛出的异常对象入栈，但是如果在当前方法中没有找到适合的异常处理器，即异常被抛到方法调用链其他地方时，被清空的和 *objectref* 入栈的那个操作数栈，其实是真正处理异常的那个方法的操作数栈，而从最初抛出异常的那个方法一直到最终处理异常的那个方法（不含这个最终处理异常的方法）之间的栈帧全部都会被丢弃 |

## baload

| | |
|---|---|
| 操作 | 从数组中读取 `byte` 或者 `boolean` 类型的数据 |
| 格式 | *baload* |
| 结构 | *baload*=51（0x33） |
| 操作数栈 | …，*arrayref*，*index* →<br>…，*value* |
| 描述 | *arrayref* 是一个 `reference` 类型的数据，它指向一个组件类型为 `byte` 或者 `boolean` 的数组对象，*index* 是一个 `int` 类型的数据。在指令执行时，*arrayref* 和 *index* 都从操作数栈中出栈，在数组中使用 *index* 为索引定位到的 `byte` 类型数据，被有符号扩展为一个 `int` 类型数据并推入操作数栈中 |
| 运行时异常 | 如果 *arrayref* 为 `null`，*baload* 指令将抛出 `NullPointerException` 异常<br>否则，如果 *index* 不在数组的上下界范围之内，*baload* 指令将抛出 `ArrayIndexOutOfBoundsException` 异常 |
| 注意 | *baload* 指令可以用来从数组中读取 `byte` 或者 `boolean` 类型的数据，在 Oracle 的虚拟机实现中，boolean 类型的数组（也就是 `T_BOOLEAN` 类型的数组，可参考 2.2 节和本章中对 *newarray* 指令的介绍）被实现为由 8bit 宽度的数值所构成的数组，而其他的虚拟机实现很可能会使用其他方式来实现一种压缩过的 `boolean` 数组，其他虚拟机实现的 *baload*，必须能正确访问相应的数组 |

## bastore

| | |
|---|---|
| 操作 | 从操作数栈读取一个 `byte` 或 `boolean` 类型数据并存入数组中 |
| 格式 | *bastore* |
| 结构 | *bastore*=84（0x54） |
| 操作数栈 | …，*arrayref*，*index*，*value* →<br>… |

㊀ 就是指本表中操作数栈那一行里的图。——译者注

（续）

| | |
|---|---|
| 描述 | *arrayref* 必须是一个 reference 类型的数据，它指向一个组件类型为 byte 或 boolean 的数组，*index* 和 *value* 都必须为 int 类型。指令执行后，*arrayref*、*index* 和 *value* 同时从操作数栈出栈，int 类型的 *value* 将被转换为 byte 类型，然后存储到以 index 作为索引定位到的数组元素中 |
| 运行时异常 | 如果 *arrayref* 为 null，*bastore* 指令将抛出 NullPointerException 异常<br>否则，如果 *index* 不在 *arrayref* 所代表的数组上下界范围中，*bastore* 指令将抛出 ArrayIndexOutOfBoundsException 异常 |
| 注意 | *bastore* 指令可以用来保存 byte 或者 boolean 类型的数据到数组之中，在 Oracle 的虚拟机实现中，boolean 类型的数组（也就是 T_BOOLEAN 类型的数组，可参考 2.2 节和本章中对 *newarray* 指令的介绍）被实现为由 8bit 宽度的数值所构成的数组，而其他的虚拟机实现很可能会使用其他方式来实现一种压缩过的 boolean 数组，其他虚拟机实现的 *bastore*，必须能正确访问相应的数组 |

## bipush

| | |
|---|---|
| 操作 | 将一个 byte 类型数据入栈 |
| 格式 | *bipush*<br>*byte* |
| 结构 | *bipush*=16（0x10） |
| 操作数栈 | …→<br>…，*value* |
| 描述 | 将立即数 byte 带符号扩展为一个 int 类型的值 *value*，然后将 *value* 入栈到操作数栈中 |

## caload

| | |
|---|---|
| 操作 | 从数组中加载一个 char 类型数据到操作数栈 |
| 格式 | *caload* |
| 结构 | *caload*=52（0x34） |
| 操作数栈 | …，*arrayref*，*index* →<br>…，*value* |
| 描述 | *arrayref* 必须是一个 reference 类型的数据，它指向一个组件类型为 char 的数组，*index* 必须为 int 类型。指令执行后，*arrayref* 和 *index* 同时从操作数栈出栈，由 *index* 作为数组索引而定位到 char 类型值，先被零位扩展（zero-extended）为一个 int 类型数据 *value*，然后再将 *value* 入栈到操作数栈中 |

（续）

| | |
|---|---|
| 运行时异常 | 如果 *arrayref* 为 null，*caload* 指令将抛出 NullPointerException 异常<br>否则，如果 *index* 不在 *arrayref* 所代表的数组上下界范围中，*caload* 指令将抛出 ArrayIndexOutOfBoundsException 异常 |

## castore

| | |
|---|---|
| 操作 | 从操作数栈读取一个 char 类型数据并存入数组中 |
| 格式 | *castore* |
| 结构 | *castore*=85（0x55） |
| 操作数栈 | …，*arrayref*，*index*，*value* →<br>… |
| 描述 | *arrayref* 必须是一个 reference 类型的数据，它指向一个组件类型为 char 的数组，*index* 和 *value* 都必须为 int 类型。指令执行后，*arrayref*、*index* 和 *value* 同时从操作数栈出栈，int 类型的 *value* 将截取成 char 类型，然后存储到 *index* 作为索引定位到的数组元素中 |
| 运行时异常 | 如果 *arrayref* 为 null，*castore* 指令将抛出 NullPointerException 异常<br>否则，如果 *index* 不在 *arrayref* 所代表的数组上下界范围中，*castore* 指令将抛出 ArrayIndexOutOfBoundsException 异常 |

## checkcast

| | |
|---|---|
| 操作 | 检查对象是否符合给定的类型 |
| 格式 | *checkcast*<br>*indexbyte1*<br>*indexbyte2* |
| 结构 | *checkcast*=192（0xc0） |
| 操作数栈 | …，*objectref* →<br>…，*objectref* |
| 描述 | *objectref* 必须为 reference 类型的数据，*indexbyte1* 和 *indexbyte2* 用于构建一个指向当前类（见2.6节）运行时常量池的索引值，构建方式为（*indexbyte1*<<8）\|*indexbyte2*，该索引所指向的运行时常量池项应当是一个类、接口或者数组类型的符号引用 |

（续）

| | |
|---|---|
| 描述 | 如果 *objectref* 为 `null`，那么操作数栈不会有任何变化<br>否则，由索引指定的类、接口或者数组类型会被虚拟机解析（见 5.4.3.1 小节）。如果 *objectref* 可以转换为这个类、接口或者数组类型，那操作数栈就保持不变，否则 *checkcast* 指令将抛出一个 `ClassCastException` 异常<br>以下规则可以用来确定一个非空的 *objectref* 是否可以转换为指定的已解析类型：假设 *S* 是 *objectref* 所指向的对象的类型，*T* 是进行比较的已解析的类、接口或者数组类型，*checkcast* 指令根据这些规则来判断转换是否成立：<br>❑如果 *S* 是（非数组的）普通类，那么：<br>❑ 如果 *T* 也是类类型，那么 *S* 必须与 *T* 是同一个类类型，或者 *S* 是 *T* 所代表的类型的子类<br>❑ 如果 *T* 是接口类型，那么 *S* 必须实现了 *T* 接口<br>❑如果 *S* 是接口类型，那么：<br>❑ 如果 *T* 是类类型，那么 *T* 必须是 Object<br>❑ 如果 *T* 是接口类型，那么 *T* 与 *S* 必须是相同的接口，或者 *T* 是 *S* 的父接口<br>❑如果 *S* 是数组类型，假设为 *SC*[] 的形式，这个数组的组件类型为 *SC*，那么：<br>❑ 如果 *T* 是类类型，那么 *T* 只能是 `Object`<br>❑ 如果 *T* 是接口类型，那么 *T* 必须是数组所实现的接口之一（JLS §4.10.3）<br>❑ 如果 *T* 是数组类型，假设为 *TC*[] 的形式，这个数组的组件类型为 *TC*，那么下面两条规则之一必须成立：<br>◆ *TC* 和 *SC* 是同一个原始类型<br>◆ *TC* 和 *SC* 都是 `reference` 类型，并且 *SC* 能与 *TC* 类型相匹配（以此处描述的规则来递归地判断它们是否互相匹配） |
| 链接时异常 | 在类、接口或者数组的符号解析阶段，可能抛出任何在 5.4.3.1 小节中描述的异常 |
| 运行时异常 | 如果 *objectref* 不能转换成由索引指定的类、接口或者数组类型，*checkcast* 指令将抛出 `ClassCastException` 异常 |
| 注意 | *checkcast* 指令与 *instanceof* 指令非常类似，它们之间的区别是如何处理 `null` 值的，在测试失败时做何动作（*checkcast* 抛出异常，而 *instanceof* 则推入一个反映比较结果的代码）以及指令执行后对操作数栈有何影响 |

## d2f

| | |
|---|---|
| 操作 | 将 `double` 类型数据转换为 `float` 类型 |
| 格式 | *d2f* |
| 结构 | *d2f*=144（0x90） |
| 操作数栈 | …，*value* →<br>…，*result* |

（续）

| | |
|---|---|
| 描述 | 在操作数栈栈顶的值 *value* 必须为 double 类型的数据，指令执行时，*value* 从操作数栈中出栈，并且经过数值集合转换（见 2.8.3 小节）后得到值 *value*'，*value*' 再通过 IEEE 754 的向最接近数舍入模式（见 2.8.1 小节）转换为 float 类型值 *result*。然后 *result* 被入栈到操作数栈中<br>如果 *d2f* 指令运行在 FP-strict（见 2.8.2 小节）模式下，那转换的结果永远是转换为单精度浮点值集合（见 2.3.2 小节）中与原值最接近的可表示值<br>如果 *d2f* 指令运行在非 FP-strict 模式下，那转换结果可能会从单精度扩展指数集合（见 2.3.2 小节）中选取，也就是说并非一定会转换为单精度浮点值集合中与原值最接近的可表示值<br>当有限值 *value*' 太小以致无法使用 float 类型数据来表示时，将会被转换为与原值符号相同的零值。同样，当有限值 *value*' 太大以致无法使用 float 类型数据来表示时，将会被转换为与原值符号相同的无穷大。double 类型的 NaN 值永远转换为 float 类型的 NaN 值 |
| 注意 | *d2f* 指令执行了窄化原始类型转换（narrowing primitive conversion，JLS §5.1.3），它可能会导致 *value*' 中与总体量值相关的信息丢失，也可能会损失精度 |

## d2i

| | |
|---|---|
| 操作 | 将 double 类型数据转换为 int 类型 |
| 格式 | *d2i* |
| 结构 | *d2i*=142（0x8e） |
| 操作数栈 | …，*value* →<br>…，*result* |
| 描述 | 在操作数栈栈顶的值 *value* 必须为 double 类型的数据，指令执行时，*value* 从操作数栈中出栈，并且经过数值集合转换（见 2.8.3 小节）后得到值 *value*'，*value*' 再转换为 int 类型值 *result*。然后 *result* 被入栈到操作数栈中<br>❑如果 *value*' 是 *NaN* 值，那 *result* 的转换结果为 int 类型的零值<br>❑否则，如果 *value*' 不是无穷大，那将会使用 IEEE 754 标准中的向零舍入模式（见 2.8.1 小节）转换成整数值 *V*，如果这个整数 *V* 在 int 类型的可表示范围之内，那么 *result* 的转换结果就是这个整数 *V*<br>❑否则，如果 *value*' 太小（绝对值很大的负数或者负无穷大）以致超过了 int 类型可表示的下限，那将转换为 int 类型中最小的可表示数。同样，如果 *value*' 太大（很大的正数或者无穷大）以致超过了 int 类型可表示的上限，那将转换为 int 类型中最大的可表示数 |
| 注意 | *d2i* 指令执行了窄化原始类型转换（JLS §5.1.3），它可能会导致 *value*' 的数值大小和精度发生丢失 |

## d2l

| 操作 | 将 double 类型数据转换为 long 类型 |
| --- | --- |
| 格式 | *d2l* |
| 结构 | *d2l*=143（0x8f） |
| 操作数栈 | …，*value* →<br>…，*result* |
| 描述 | 在操作数栈栈顶的值 *value* 必须为 double 类型的数据，指令执行时，*value* 从操作数栈中出栈，并且经过数值集合转换（见 2.8.3 小节）后得到值 *value*'，*value*' 再转换为 long 类型值 *result*。然后 *result* 被入栈到操作数栈中<br>❑ 如果 *value*' 是 NaN 值，那 *result* 的转换结果为 long 类型的零值<br>❑ 否则，如果 value' 不是无穷大，那将会使用 IEEE 754 标准中的向零舍入模式（见 2.8.1 小节）转换成整数值 *V*，如果这个整数 *V* 在 long 类型的可表示范围之内，那么 *result* 的转换结果就是这个整数 *V*<br>❑ 另外，如果 *value*' 太小（绝对值很大的负数或者负无穷大）以致超过了 long 类型可表示的下限，那将转换为 long 类型中最小的可表示数。同样，如果 *value*' 太大（很大的正数或者无穷大）以致超过了 long 类型可表示的上限，那将转换为 long 类型中最大的可表示数 |
| 注意 | *d2l* 指令执行了窄化原始类型转换（JLS §5.1.3），它可能会导致 *value*' 的数值大小和精度发生丢失 |

## dadd

| 操作 | double 类型数据相加 |
| --- | --- |
| 格式 | *dadd* |
| 结构 | *dadd*=99（0x63） |
| 操作数栈 | …，*value1*，*value2* →<br>…，*result* |
| 描述 | *value1* 和 *value2* 都必须为 double 类型数据，指令执行时，*value1* 和 *value2* 从操作数栈中出栈，并且经过数值集合转换（见 2.8.3 小节）后得到值 *value1*' 和 *value2*'，接着将这两个数值相加，结果转换为 double 类型值 *result*，最后 *result* 被推入操作数栈中<br>*dadd* 指令的运算结果取决于 IEEE 规范中规定的运算规则：<br>❑如果 *value1*' 和 *value2*' 中有任意一个值为 NaN，那运算结果即为 NaN<br>❑两个不同符号的无穷大相加，结果为 NaN<br>❑两个相同符号的无穷大相加，结果仍然为相同符号的无穷大 |

（续）

| | |
|---|---|
| 描述 | ❑ 一个无穷大的数与一个有限的数相加，结果为无穷大<br>❑ 两个不同符号的零值相加，结果为正零<br>❑ 两个相同符号的零值相加，结果仍然为相同符号的零值<br>❑ 零值与一个非零有限值相加，结果等于那个非零有限值<br>❑ 两个绝对值相等、符号相反的非零有限值相加，结果为正零<br>❑ 对于上述情况之外的场景，即任意一个操作数都不是无穷大、零、NaN，且两个值具有相同符号或不同绝对值，那就按算术求和，并以最接近数舍入模式得到运算结果。如果绝对值太大，无法表示为 *double*，那就认为该操作上溢（overflow）；运算结果为带有适当符号的无穷大。如果绝对值太小，无法表示为 *double*，那就认为该操作下溢（underflow）；运算结果为带有适当符号的 0<br>Java 虚拟机必须支持 IEEE 754 中定义的逐级下溢，尽管指令执行期间，上溢、下溢以及精度丢失等情况都有可能发生，但 *dadd* 指令永远不会抛出任何运行时异常 |

## daload

| | |
|---|---|
| 操作 | 从数组中加载一个 `double` 类型数据到操作数栈 |
| 格式 | *daload* |
| 结构 | *daload*=49（0x31） |
| 操作数栈 | …，*arrayref*，*index* →<br>…，*value* |
| 描述 | *arrayref* 必须是一个 `reference` 类型的数据，它指向一个组件类型为 `double` 的数组，*index* 必须为 `int` 类型。指令执行后，*arrayref* 和 *index* 同时从操作数栈出栈，用 *index* 作为索引，定位到数组中的 `double` 类型值，并将其推入操作数栈中 |
| 运行时异常 | 如果 *arrayref* 为 `null`，*daload* 指令将抛出 `NullPointerException` 异常<br>否则，如果 *index* 不在 *arrayref* 所代表的数组上下界范围中，*daload* 指令将抛出 `ArrayIndexOutOfBoundsException` 异常 |

## dastore

| | |
|---|---|
| 操作 | 从操作数栈读取一个 `double` 类型数据并存入数组中 |
| 格式 | *dastore* |
| 结构 | *dastore*=82（0x52） |
| 操作数栈 | …，*arrayref*，*index*，*value* →<br>… |

（续）

| | |
|---|---|
| 描述 | *arrayref* 必须是一个 reference 类型的数据，它指向一个组件类型为 double 的数组，*index* 必须为 int 类型，*value* 必须为 double 类型。指令执行后，*arrayref*、*index* 和 *value* 同时从操作数栈出栈，*value* 经过数值集合转换（见 2.8.3 小节）后得到值 *value*'，然后存储到由 *index* 作为索引而定位到的数组元素中 |
| 运行时异常 | 如果 *arrayref* 为 null，*dastore* 指令将抛出 NullPointerException 异常<br>否则，如果 *index* 不在 *arrayref* 所代表的数组上下界范围中，*dastore* 指令将抛出 ArrayIndexOutOfBoundsException 异常 |

## dcmp<op>

| | |
|---|---|
| 操作 | 比较两个 double 类型数据的大小 |
| 格式 | *dcmp<op>* |
| 结构 | *dcmpg*=152（0x98）<br>*dcmpl*=151（0x97） |
| 操作数栈 | …，*value1*，*value2* →<br>…，*result* |
| 描述 | *value1* 和 *value2* 都必须为 double 类型数据，指令执行时，*value1* 和 *value2* 从操作数栈中出栈，并且经过数值集合转换（见 2.8.3 小节）后得到值 *value1*' 和 *value2*'，接着对这两个值进行浮点比较操作：<br>❑ 如果 *value1*' 大于 *value2*'，int 值 1 将推入操作数栈中<br>❑ 否则，如果 *value1*' 与 *value2*' 相等，int 值 0 将推入操作数栈中<br>❑ 否则，如果 *value1*' 小于 *value2*'，int 值 –1 将推入操作数栈中<br>❑ 否则，*value1*' 和 *value2*' 之中最少有一个为 NaN，*dcmpg* 指令会将 int 值 1 推入操作数栈中，而 *dcmpl* 指令则会把 int 值 –1 推入操作数栈中<br>浮点比较操作将根据 IEEE 754 规范进行，除了 NaN 之外的所有数值都是有序的，负无穷小于所有的有限值，正无穷大于所有的有限值，正数零和负数零则被看做相等 |
| 注意 | *dcmpg* 和 *dcmpl* 指令之间的差别仅仅在于对参数中 NaN 值的处理方式不同。NaN 值是没有顺序的，因此只要参数中出现一个或者两个都为 NaN 值时，比较操作就会失败。无论比较操作是在非 NaN 的值上失败，还是因为遇到 NaN 而失败，编译器都可以在 *dcmpg* 与 *dcmpl* 之中选择一条合适的指令，从而使该指令在这两种情况下均能够把相同的比较结果推入操作数栈。读者可参参考 3.5 节获取更多的信息 |

## dconst_<d>

| | |
|---|---|
| 操作 | 将 double 类型数据入栈到操作数栈中 |
| 格式 | *dconst_<d>* |
| 结构 | *dconst_0*=14（0xe）<br>*dconst_1*=15（0xf） |
| 操作数栈 | …→<br>…，<d> |
| 描述 | 将 *double* 类型的常量 *<d>*（0.0 或 1.0）推入操作数栈中 |

## ddiv

| | |
|---|---|
| 操作 | double 类型数据除法 |
| 格式 | *ddiv* |
| 结构 | *ddiv*=111（0x6f） |
| 操作数栈 | …，*value1*，*value2* →<br>…，*result* |
| 描述 | *value1* 和 *value2* 都必须为 double 类型数据，指令执行时，*value1* 和 *value2* 从操作数栈中出栈，并且经过数值集合转换（见 2.8.3 小节）后得到值 *value1'* 和 *value2'*，接着将这两个数值相除（*value1'* ÷ *value2'*），结果转换为 double 类型值 *result*，最后 *result* 被推入操作数栈中<br>ddiv 指令的运算结果取决于 IEEE 规范中规定的运算规则：<br>❑ 如果 *value1'* 和 *value2'* 中有任意一个值为 NaN，那运算结果即为 NaN<br>❑ 如果 *value1'* 和 *value2'* 两者都不为 NaN，那当两者符号相同时，运算结果为正，当两者符号不同时，运算结果为负<br>❑ 两个无穷大相除，运算结果为 NaN<br>❑ 一个无穷大的数与一个有限的数相除，结果为无穷大，无穷大的符号由第 2 点规则确定<br>❑ 一个有限的数与一个无穷大的数相除，结果为零，零值的符号由第 2 点规则确定<br>❑ 零除以零结果为 NaN，零除以任意其他非零有限值结果为零，零值的符号由第 2 点规则确定<br>❑ 任意非零有限值除以零结果为无穷大，无穷大的符号由第 2 点规则确定<br>❑ 对于上述情况之外的场景，即任意一个操作数都不是无穷大、零以及 NaN，就按算术求商，并以 IEEE 754 规范的最接近数舍入模式得到运算结果，如果运算结果的绝对值太大以致无法使用 double 类型来表示，换句话说就是出现了上限溢出，那结果将会是具有适当符号的无穷大。如果运算结果的绝对值太小以致无法使用 double 类型来表示，换句话说就是出现了下限溢出，那结果将会是具有适当符号的零值<br>Java 虚拟机必须支持 IEEE 754 中定义的逐级下溢，尽管指令执行期间，上溢、下溢以及精度丢失等情况都有可能发生，但 *ddiv* 指令永远不会抛出任何运行时异常 |

## dload

| 操作 | 从局部变量表加载一个 double 类型值到操作数栈中 |
|---|---|
| 格式 | *dload*<br>*index* |
| 结构 | *dload*=24（0x18） |
| 操作数栈 | …→<br>…，*value* |
| 描述 | *index* 是一个代表当前栈帧（见 2.6 节）中局部变量表的索引的无符号 byte 类型整数，由 *index* 作为索引定位到的局部变量必须为 double 类型（占用 *index* 和 *index* + 1 两个位置——译者注），记为 *value*。指令执行后，*value* 将会入栈到操作数栈栈顶 |
| 注意 | *dload* 操作码可以与 *wide* 指令（见本节的 *wide* 小节）联合使用，以实现用两个字节长度的无符号 byte 类型数值作为索引来访问局部变量表 |

## dload_<n>

| 操作 | 从局部变量表加载一个 double 类型值到操作数栈中 |
|---|---|
| 格式 | *dload_<n>* |
| 结构 | *dload_0*=38（0x26）<br>*dload_1*=39（0x27）<br>*dload_2*=40（0x28）<br>*dload_3*=41（0x29） |
| 操作数栈 | …→<br>…，*value* |
| 描述 | *<n>* 和 *<n>* + 1 共同构成一个当前栈帧（见 2.6 节）中局部变量表的索引值，由 *<n>* 作为索引定位到的局部变量必须为 double 类型，记作 *value*。指令执行后，*value* 将会入栈到操作数栈栈顶 |
| 注意 | *dload_<n>* 指令族中的每条指令都与使用 *<n>* 作为 *index* 参数的 *dload* 指令作用一致，区别仅仅在于操作数 *<n>* 是隐式包含在指令中的 |

## dmul

| 操作 | double 类型数据乘法 |
|---|---|
| 格式 | *dmul* |
| 结构 | *dmul*=107（0x6b） |
| 操作数栈 | …，*value1*，*value2* →<br>…，*result* |

（续）

| | |
|---|---|
| 描述 | *value1* 和 *value2* 都必须为 `double` 类型数据，指令执行时，*value1* 和 *value2* 从操作数栈中出栈，并且经过数值集合转换（见 2.8.3 小节）后得到值 *value1'* 和 *value2'*，接着将这两个数值相乘（*value1'* × *value2'*），结果转换为 `double` 类型值 *result*，最后把 *result* 推入操作数栈中<br>*dmul* 指令的运算结果取决于 IEEE 规范中规定的运算规则：<br>❑ 如果 *value1'* 和 *value2'* 中有任意一个值为 NaN，那运算结果即为 NaN<br>❑ 如果 *value1'* 和 *value2'* 两者都不为 NaN，那当两者符号相同时，运算结果为正，当两者符号不同时，运算结果为负<br>❑ 无穷大与零值相乘，运算结果为 NaN<br>❑ 一个无穷大的数与一个有限的数相乘，结果为无穷大，无穷大的符号由第 2 点规则确定<br>❑ 对于上述情况之外的场景，即任意一个操作数都不是无穷大或者 NaN，就按算术求积，并以 IEEE 754 规范的最接近数舍入模式得到运算结果，如果运算结果的绝对值太大以致无法使用 `double` 类型来表示，换句话说就是出现了上限溢出，那结果将会是具有适当符号的无穷大。如果运算结果的绝对值太小以致无法使用 `double` 类型来表示，换句话说就是出现了下限溢出，那结果将会是具有适当符号的零值<br>Java 虚拟机必须支持 IEEE 754 中定义的逐级下溢，尽管指令执行期间，上溢、下溢以及精度丢失等情况都有可能发生，但 *dmul* 指令永远不会抛出任何运行时异常 |

## dneg

| | |
|---|---|
| 操作 | `double` 类型数据取负运算 |
| 格式 | *dneg* |
| 结构 | *dneg*=119（0x77） |
| 操作数栈 | …，*value* →<br>…，*result* |
| 描述 | *value* 必须为 `double` 类型数据，指令执行时，*value* 从操作数栈中出栈，并且经过数值集合转换（见 2.8.3 小节）后得到值 *value'*，接着对这个数进行算术取负运算，结果转换为 `double` 类型值 *result*，最后 result 被入栈操作数栈中<br>对于 `double` 类型数据来说，取负运算并不等同于与零做减法运算。如果 x 是 +0.0，那么 0.0-x 等于 +0.0，但是 -x 则等于 -0.0，后面这种一元减法运算仅仅把数值的符号反转<br>下面是一些值得注意的场景：<br>❑ 如果操作数为 NaN，那运算结果也为 NaN（NaN 值是没有符号的）<br>❑ 如果操作数是无穷大，那运算结果是与其符号相反的无穷大<br>❑ 如果操作数是零，那运算结果是与其符号相反的零值 |

## drem

| 操作 | double 类型数据求余 |
| --- | --- |
| 格式 | *drem* |
| 结构 | *drem*=115（0x73） |
| 操作数栈 | …，*value1*，*value2* →<br>…，*result* |
| 描述 | *value1* 和 *value2* 都必须为 double 类型数据，指令执行时，*value1* 和 *value2* 从操作数栈中出栈，并且经过数值集合转换（见 2.8.3 小节）后得到值 *value1*' 和 *value2*'，接着将这两个数值求余，结果转换为 double 类型值 *result*，最后 *result* 被推入操作数栈中<br>*drem* 指令的运算结果与 IEEE 754 中定义的 remainder 操作并不相同，IEEE 754 中的 remainder 操作使用舍入除法而不是去尾除法来获得求余结果，因此，这种使用舍入除法的运算方式与通常对整数的求余方式并不一致。Java 虚拟机中定义的 *drem* 则是与虚拟机中整数求余指令（*irem* 和 *lrem*）保持了一致的行为，这可以与 C 语言中的 fmod 函数互相比较<br>drem 指令的运算结果通过以下规则获得：<br>❑ 如果 *value1*' 和 *value2*' 中任意一个值为 NaN，那运算结果即为 NaN<br>❑ 如果 *value1*' 和 *value2*' 两者都不为 NaN，那运算结果的符号与被除数的符号一致<br>❑ 如果被除数是无穷大，或者除数为零，或者同时满足这两项，那运算结果为 NaN<br>❑ 如果被除数是有限值，而除数是无穷大，那运算结果等于被除数<br>❑ 如果被除数为零，而除数是有限值，那运算结果等于被除数<br>❑ 对于上述情况之外的场景，即任意一个操作数都不是无穷大、零以及 NaN，就以 *value1*' 为被除数、*value2*' 为除数使用浮点算术规则求余：*result*=*value1*'-（*value2*'**q*），这里的 *q* 是一个整数，只有当 *value1*'/*value2*' 是负数时，*q* 才是负数；而只有当 *value1*'/*value2*' 是正数时，*q* 才是正数[⊖]。*q* 的绝对值尽量取得大一些，但不超过 *value1*' 与 *value2*' 真正算术商的绝对值<br>尽管除数为零的情况可能发生，但是 *drem* 指令永远不会抛出任何运行时异常，上溢、下溢和精度丢失的情况也不会出现 |
| 注意 | IEEE 754 规范中定义的 remainder 操作可以使用库函数 Math.IEEEremainder 来完成 |

⊖ 也就是说，*q* 的符号与 *value1*'/*value2*' 的符号相同。——译者注

## dreturn

| | |
|---|---|
| 操作 | 从方法中返回一个 double 类型数据 |
| 格式 | *dreturn* |
| 结构 | *dreturn*=175（0xaf） |
| 操作数栈 | …，*value* →<br>[empty] |
| 描述 | 当前方法的返回值必须为 double 类型，*value* 也必须是一个 double 类型的数据。如果当前方法是一个同步（声明为 synchronized）方法，那在方法调用时进入或者重入的锁会正确更新状态，也有可能会退出，就像当前线程执行了 *monitorexit* 指令一样。如果执行过程当中没有抛出异常，那么 *value* 将从当前栈帧（见 2.6 节）中出栈，并且经过数值集合转换（见 2.8.3 小节）后得到值 *value*'，然后推入调用者栈帧的操作数栈中，在当前栈帧操作数栈中其他的所有值都将会被丢弃<br>指令执行后，解释器会恢复调用者的栈帧，并且把程序控制权交回到调用者 |
| 运行时异常 | 如果虚拟机实现没有严格执行在 2.11.10 小节中规定的结构化锁定规则，导致当前方法虽然是一个同步方法，但当前线程却又不拥有调用该方法时所进入（enter）或重入（reenter）的那把锁，那么 *dreturn* 指令将会抛出 IllegalMonitorStateException 异常。这是可能出现的，例如，一个同步方法只包含了对该方法要同步的对象所施行的 *monitorexit* 指令，但是未包含配对的 *monitorenter* 指令<br>否则，如果虚拟机实现严格执行了 2.11.10 小节中规定的结构化锁定规则，但当前方法调用时，违反了其中的第 1 条规则，那么 *dreturn* 指令也会抛出 IllegalMonitorStateException 异常 |

## dstore

| | |
|---|---|
| 操作 | 将一个 double 类型数据保存到本地变量表中 |
| 格式 | *dstore*<br>*index* |
| 结构 | *dstore*=57（0x39） |
| 操作数栈 | …，*value* →<br>… |
| 描述 | *index* 是一个无符号 byte 类型整数，它和 *index* + 1 都是指向当前栈帧（见 2.6 节）局部变量表的索引值，而在操作数栈栈顶的 *value* 必须是 double 类型的数据，这个数据将从操作数栈出栈，并且经过数值集合转换（见 2.8.3 小节）后得到值 *value*'，然后保存到 *index* 和 *index*+1 所指向的局部变量表位置中 |
| 注意 | *dstore* 指令可以与 *wide* 指令（见本节的 *wide* 小节）联合使用，以实现使用两个字节宽度的无符号整数作为索引来访问局部变量表 |

## dstore_<n>

| | |
|---|---|
| 操作 | 将一个 `double` 类型数据保存到本地变量表中 |
| 格式 | *dstore_<n>* |
| 结构 | *dstore_0*=71（0x47）<br>*dstore_1*=72（0x48）<br>*dstore_2*=73（0x49）<br>*dstore_3*=74（0x4a） |
| 操作数栈 | …，*value* →<br>… |
| 描述 | <*n*> 和 <*n*> + 1 必须是指向当前栈帧（见 2.6 节）局部变量表的索引值，而在操作数栈栈顶的 *value* 必须是 `double` 类型的数据，这个数据将从操作数栈出栈，并且经过数值集合转换（见 2.8.3 小节）后得到值 *value*'，然后保存到 <*n*> 和 <*n*> + 1 所指向的局部变量表位置中 |
| 注意 | *dstore_<n>* 指令族中的每条指令都与使用 <*n*> 作为 *index* 参数的 *dstore* 指令的作用一致，区别仅仅在于操作数 <*n*> 是隐式包含在指令中的 |

## dsub

| | |
|---|---|
| 操作 | `double` 类型数据相减 |
| 格式 | *dsub* |
| 结构 | *dsub*=103（0x67） |
| 操作数栈 | …，*value1*，*value2* →<br>…，*result* |
| 描述 | *value1* 和 *value2* 都必须为 `double` 类型数据，指令执行时，*value1* 和 *value2* 从操作数栈中出栈，并且经过数值集合转换（见 2.8.3 小节）后得到值 *value1*' 和 *value2*'，接着将这两个数值相减（*result*=*value1*'–*value2*'），结果转换为 `double` 类型值 *result*，最后把 *result* 推入操作数栈中<br>对于一般 `double` 类型数据的减法来说，a–b 与 a+（–b）的结果永远是一致的，但是对于 *dsub* 指令来说，与零相减的结果，和取负（negation）操作不同，因为如果 x 是 +0.0，那么 0.0–x 等于 +0.0，但 –x 等于 –0.0<br>Java 虚拟机必须支持 IEEE 754 中定义的逐级下溢，尽管指令执行期间，上溢、下溢以及精度丢失等情况都有可能发生，但 *dsub* 指令永远不会抛出任何运行时异常 |

## dup

| | |
|---|---|
| 操作 | 复制操作数栈栈顶的值，并插入到栈顶 |
| 格式 | *dup* |
| 结构 | *dup*=89（0x59） |
| 操作数栈 | …，*value* →<br>…，*value*，*value* |
| 描述 | 复制操作数栈栈顶的值，并将此值入栈到操作数栈顶<br>如果 *value* 不是 2.11.1 小节的表 2-3 列出的分类 1 中的数据类型，就不能使用 *dup* 指令来复制栈顶值 |

## dup_x1

| | |
|---|---|
| 操作 | 复制操作数栈栈顶的值，并插入栈顶以下两个值之后 |
| 格式 | *dup_x1* |
| 结构 | *dup_x1*=90（0x5a） |
| 操作数栈 | …，*value2*，*value1* →<br>…，*value1*，*value2*，*value1* |
| 描述 | 复制操作数栈栈顶的值，并将此值入栈到操作数栈顶以下两个值之后<br>如果 *value1* 和 *value2* 不是 2.11.1 小节的表 2-3 列出的分类 1 中的数据类型，就不能使用 *dup_x1* 指令来复制栈顶值 |

## dup_x2

| | |
|---|---|
| 操作 | 复制操作数栈栈顶的值，并插入栈顶以下 2 个或 3 个值之后 |
| 格式 | *dup_x2* |
| 结构 | *dup_x2*=91（0x5b） |
| 操作数栈 | 结构 1：<br>…，*value3*，*value2*，*value1* →<br>…，*value1*，*value3*，*value2*，*value1*<br>当 *value1*、*value2* 和 *value3* 都是 2.11.1 小节的表 2-3 列出的分类 1 中的数据类型时，适用结构 1<br>结构 2：<br>…，*value2*，*value1* →<br>…，*value1*，*value2*，*value1*<br>当 *value1* 是 2.11.1 小节的表 2-3 中列出的分类 1 中的数据类型，而 *value2* 是分类 2 中的数据类型时适用结构 2 |
| 描述 | 复制操作数栈栈顶的值，并将此值插入操作数栈顶以下 2 个或 3 个值之后 |

## dup2

| 操作 | 复制操作数栈栈顶 1 个或 2 个值，并插入到栈顶 |
| --- | --- |
| 格式 | *dup2* |
| 结构 | *dup2*=92（0x5c） |
| 操作数栈 | 结构 1：<br>…，*value2*，*value1* →<br>…，*value2*，*value1*，*value2*，*value1*<br>当 *value1* 和 *value2* 都是 2.11.1 小节的表 2-3 列出的分类 1 中的数据类型时，适用结构 1<br>结构 2：<br>…，*value* →<br>…，*value*，*value*<br>当 *value* 是 2.11.1 小节的表 2-3 列出的分类 2 中的数据类型时，适用结构 2 |
| 描述 | 复制操作数栈栈顶 1 个或 2 个值，并将这些值按照原来的顺序入栈到操作数栈顶 |

## dup2_x1

| 操作 | 复制操作数栈栈顶 1 个或 2 个值，并插入栈顶以下 2 个或 3 个值之后 |
| --- | --- |
| 格式 | *dup2_x1* |
| 结构 | *dup2_x1*=93（0x5d） |
| 操作数栈 | 结构 1：<br>…，*value3*，*value2*，*value1* →<br>…，*value2*，*value1*，*value3*，*value2*，*value1*<br>当 *value1*、*value2* 和 *value3* 都是 2.11.1 小节的表 2-3 列出的分类 1 中的数据类型时，适用结构 1<br>结构 2：<br>…，*value2*，*value1* →<br>…，*value1*，*value2*，*value1*<br>当 *value1* 是 2.11.1 小节的表 2-3 列出的分类 2 中的数据类型，而 *value2* 是分类 1 中的数据类型时，适用结构 2 |
| 描述 | 复制操作数栈栈顶 1 个或 2 个值，并按照原有的顺序插入栈顶以下 2 个或 3 个值之后 |

## dup2_x2

| 操作 | 复制操作数栈栈顶 1 个或 2 个值，并插入栈顶以下 2 个、3 个或者 4 个值之后 |
| --- | --- |
| 格式 | *dup2_x2* |
| 结构 | *dup2_x2*=94（0x5e） |

（续）

| | |
|---|---|
| 操作数栈 | 结构 1：<br>…，*value4*，*value3*，*value2*，*value1* →<br>…，*value2*，*value1*，*value4*，*value3*，*value2*，*value1*<br>当 *value1*、*value2*、*value3* 和 *value4* 全部都是 2.11.1 小节的表 2-3 列出的分类 1 中的数据类型时，适用结构 1<br>结构 2：<br>…，*value3*，*value2*，*value1* →<br>…，*value1*，*value3*，*value2*，*value1*<br>当 *value1* 是 2.11.1 小节的表 2-3 列出的分类 2 中的数据类型，而 *value2* 和 *value3* 是分类 1 中的数据类型时，适用结构 2<br>结构 3：<br>…，*value3*，*value2*，*value1* →<br>…，*value2*，*value1*，*value3*，*value2*，*value1*<br>当 *value1* 和 *value2* 是 2.11.1 小节的表 2-3 列出的分类 1 中的数据类型，而 *value3* 是分类 2 中的数据类型时，适用结构 3<br>结构 4：<br>…，*value2*，*value1* →<br>…，*value1*，*value2*，*value1*<br>当 *value1* 和 *value2* 是 2.11.1 小节的表 2-3 列出的分类 2 中的数据类型时，适用结构 4 |
| 描述 | 复制操作数栈栈顶 1 个或 2 个值，并按照原来的顺序插入栈顶以下 2 个、3 个或者 4 个值之后 |

## f2d

| | |
|---|---|
| 操作 | 将 `float` 类型数据转换为 `double` 类型 |
| 格式 | *f2d* |
| 结构 | *f2d*=141（0x8d） |
| 操作数栈 | …，*value* →<br>…，*result* |
| 描述 | 在操作数栈栈顶的值 *value* 必须为 `float` 类型的数据，指令执行时，*value* 从操作数栈中出栈，并且经过数值集合转换（见 2.8.3 小节）后得到值 *value'*，*value'* 转换为 `double` 类型值 *result*。然后 result 被推入操作数栈中。 |
| 注意 | 如果 *d2f* 指令运行在 FP-strict（见 2.8.2 小节）模式下，那指令执行过程就是一种宽化原始类型转换（widening primitive conversion，JLS § 5.1.2）。因为所有单精度浮点数集合（见 2.3.2 小节）中的值，都可以在双精度浮点数集合（见 2.3.2 小节）中找到精确对应的数值，因此这种转换是精确的 |

（续）

| | |
|---|---|
| 注意 | 如果 *d2f* 指令运行在非 FP-strict 模式下，那转换结果就可能会从双精度扩展指数集合（见 2.3.2 小节）中选取，并且不一定要舍入为双精度浮点数集合中最接近的可表示值。不过，如果操作数 *value* 是单精度扩展指数集合中的数值，那可能就需要把结果限定在双精度浮点数集合中了 |

## f2i

| | |
|---|---|
| 操作 | 将 `float` 类型数据转换为 `int` 类型 |
| 格式 | *f2i* |
| 结构 | *f2i*=139（0x8b） |
| 操作数栈 | …，*value* →<br>…，*result* |
| 描述 | 在操作数栈栈顶的值 *value* 必须为 `float` 类型的数据，指令执行时，*value* 从操作数栈中出栈，并且经过数值集合转换（见 2.8.3 小节）后得到值 *value*'，*value*' 再转换为 `int` 类型值 *result*。然后 *result* 被推入操作数栈中<br>❑ 如果 *value*' 是 NaN 值，那么 *result* 的转换结果为 `int` 类型的零值<br>❑ 否则，如果 *value*' 不是无穷大，那将会使用 IEEE 754 标准中的向零舍入模式（见 2.8.1 小节）转换成整数值 *V*，如果这个整数 *V* 在 `int` 类型的可表示范围之内，那么 *result* 的转换结果就是这个整数 *V*<br>❑ 否则，如果 *value*' 太小（绝对值很大的负数或者负无穷大）以致超过了 `int` 类型可表示的下限，那将转换为 `int` 类型中最小的可表示数。同样，如果 *value*' 太大（很大的正数或者无穷大）以致超过了 `int` 类型可表示的上限，那将转换为 `int` 类型中最大的可表示数 |
| 注意 | *f2i* 指令执行了窄化类型转换（JLS §5.1.3），它可能会导致 *value*' 的数值大小和精度发生丢失 |

## f2l

| | |
|---|---|
| 操作 | 将 `float` 类型数据转换为 `long` 类型 |
| 格式 | *f2l* |
| 结构 | *f2l*=140（0x8c） |
| 操作数栈 | …，*value* →<br>…，*result* |
| 描述 | 在操作数栈栈顶的值 *value* 必须为 `float` 类型的数据，指令执行时，*value* 从操作数栈中出栈，并且经过数值集合转换（见 2.8.3 小节）后得到值 *value*'，*value*' 再转换为 `long` 类型值 *result*。然后 *result* 被推入操作数栈中 |

（续）

| | |
|---|---|
| 描述 | ❑ 如果 *value*' 是 NaN 值，那么 *result* 的转换结果为 `long` 类型的零值<br>❑ 否则，如果 *value*' 不是无穷大，那将会使用 IEEE 754 标准中的向零舍入模式（见 2.8.1 小节）转换成整数值 *V*，如果这个整数 *V* 在 `long` 类型的可表示范围之内，那么 *result* 的转换结果就是这个整数 *V*。<br>❑ 另外，如果 *value*' 太小（绝对值很大的负数或者负无穷大）以致超过了 `long` 类型可表示的下限，那将转换为 `long` 类型中最小的可表示数。同样，如果 *value*' 太大（很大的正数或者无穷大）以致超过了 `long` 类型可表示的上限，那将转换为 `long` 类型中最大的可表示数 |
| 注意 | *f2l* 指令执行了窄化类型转换（JLS § 5.1.3），它可能会导致 *value*' 的数值大小和精度发生丢失 |

## fadd

| | |
|---|---|
| 操作 | `float` 类型数据相加 |
| 格式 | *fadd* |
| 结构 | *dadd*=99（0x63） |
| 操作数栈 | …，*value1*，*value2* →<br>…，*result* |
| 描述 | *value1* 和 *value2* 都必须为 `float` 类型数据，指令执行时，*value1* 和 *value2* 从操作数栈中出栈，并且经过数值集合转换（见 2.8.3）后得到值 *value1*' 和 *value2*'，接着将这两个数值相加，结果转换为 `float` 类型值 *result*，最后 *result* 被推入操作数栈中<br>*fadd* 指令的运算结果取决于 IEEE 规范中规定的运算规则：<br>❑ 如果 *value1*' 和 *value2*' 中有任意一个值为 NaN，那运算结果即为 NaN<br>❑ 两个不同符号的无穷大相加，结果为 NaN<br>❑ 两个相同符号的无穷大相加，结果仍然为相同符号的无穷大<br>❑ 一个无穷大的数与一个有限的数相加，结果为无穷大<br>❑ 两个不同符号的零值相加，结果为正零<br>❑ 两个相同符号的零值相加，结果仍然为相同符号的零值<br>❑ 零值与一个非零有限值相加，结果等于那个非零有限值<br>❑ 两个绝对值相等、符号相反的非零有限值相加，结果为正零<br>❑ 对于上述情况之外的场景，即任意一个操作数都不是无穷大、零、NaN，且两个值具有相同符号或不同绝对值，那就按算术求和，并以最接近数舍入模式得到运算结果。如果绝对值太大，无法表示为 `float`，那就认为该操作上溢（overflow）；运算结果为带有适当符号的无穷大。如果绝对值太小，无法表示为 `float`，那就认为该操作下溢（underflow）；运算结果为带有适当符号的 0<br>Java 虚拟机必须支持 IEEE 754 中定义的逐级下溢，尽管指令执行期间，上溢、下溢以及精度丢失等情况都有可能发生，但 *fadd* 指令永远不会抛出任何运行时异常 |

## faload

| | |
|---|---|
| 操作 | 从数组中加载一个 float 类型数据到操作数栈 |
| 格式 | *faload* |
| 结构 | *faload*=48（0x30） |
| 操作数栈 | …，*arrayref*，*index* →<br>…，*value* |
| 描述 | *arrayref* 必须是一个 reference 类型的数据，它指向一个组件类型为 float 的数组，*index* 必须为 int 类型。指令执行后，*arrayref* 和 *index* 同时从操作数栈出栈，由 *index* 作为索引定位到数组中的 float 类型值并将其推入操作数栈中 |
| 运行时异常 | 如果 *arrayref* 为 null，*faload* 指令将抛出 NullPointerException 异常<br>否则，如果 *index* 不在 *arrayref* 所代表的数组上下界范围中，*faload* 指令将抛出 ArrayIndexOutOfBoundsException 异常 |

## fastore

| | |
|---|---|
| 操作 | 从操作数栈读取一个 float 类型数据并存入数组中 |
| 格式 | *fastore* |
| 结构 | *fastore*=81（0x51） |
| 操作数栈 | …，*arrayref*，*index*，*value* →<br>… |
| 描述 | *arrayref* 必须是一个 reference 类型的数据，它指向一个组件类型为 float 的数组，*index* 必须为 int 类型，*value* 必须为 float 类型。指令执行后，*arrayref*、*index* 和 *value* 同时从操作数栈出栈，*value* 经过数值集合转换（见 2.8.3 小节）后得到值 *value*'，然后存储到由 *index* 作为索引而定位到的数组元素中。 |
| 运行时异常 | 如果 *arrayref* 为 null，*fastore* 指令将抛出 NullPointerException 异常<br>否则，如果 *index* 不在 *arrayref* 所代表的数组上下界范围中，*fastore* 指令将抛出 ArrayIndexOutOfBoundsException 异常 |

## fcmp<op>

| | |
|---|---|
| 操作 | 比较两个 float 类型数据的大小 |
| 格式 | *fcmp<op>* |
| 结构 | *fcmpg*=150（0x96）<br>*fcmpl*=149（0x95） |
| 操作数栈 | …，*value1*，*value2* →<br>…，*result* |

（续）

| | |
|---|---|
| 描述 | *value1* 和 *value2* 都必须为 `float` 类型数据，指令执行时，*value1* 和 *value2* 从操作数栈中出栈，并且经过数值集合转换（见 2.8.3 小节）后得到值 *value1'* 和 *value2'*，接着对这两个值进行浮点比较操作：<br>❑ 如果 *value1'* 大于 *value2'*，`int` 值 1 将入栈到操作数栈中<br>❑ 否则，如果 *value1'* 与 *value2'* 相等，`int` 值 0 将入栈到操作数栈中<br>❑ 否则，如果 *value1'* 小于 *value2'* 相等，`int` 值 –1 将入栈到操作数栈中<br>❑ 否则，如果 *value1'* 和 *value2'* 之中最少有一个为 NaN，那么 *fcmpg* 指令将 `int` 值 1 入栈到操作数栈中，而 *fcmpl* 指令则把 `int` 值 –1 入栈到操作数栈中<br>浮点比较操作将根据 IEEE 754 规范进行，除了 NaN 之外的所有数值都是有序的，负无穷小于所有的有限值，正无穷大于所有有限值，正数零和负数零则被看做是相等的 |
| 注意 | *fcmpg* 和 *fcmpl* 指令之间的差别仅仅在于对参数中 NaN 值的处理方式不同而已。NaN 值是没有顺序的，因此只要参数中出现一个或者两个都为 NaN 值时，比较操作就会失败。无论比较操作是在非 NaN 的值上失败，还是因为遇到 NaN 而失败，编译器都可以在 *fcmpg* 与 *fcmpl* 之中选择一条合适的指令，从而使该指令在这两种情况下均能够把相同的比较结果推入操作数栈。读者可以参考 3.5 节获取更多的信息 |

## fconst_<f>

| | |
|---|---|
| 操作 | 将 `float` 类型数据入栈操作数栈中 |
| 格式 | *fconst_<f>* |
| 结构 | *fconst_0*=11（0xb）<br>*fconst_1*=12（0xc）<br>*fconst_2*=13（0xd） |
| 操作数栈 | …→<br>…，<f> |
| 描述 | 将 `float` 类型的常量 *<f>*（0.0、1.0 或 2.0）入栈操作数栈中 |

## fdiv

| | |
|---|---|
| 操作 | `float` 类型数据除法 |
| 格式 | *fdiv* |
| 结构 | *fdiv*=110（0x6e） |
| 操作数栈 | …，*value1*，*value2* →<br>…，*result* |
| 描述 | *value1* 和 *value2* 都必须为 `float` 类型数据，指令执行时，*value1* 和 *value2* 从操作数栈中出栈，并且经过数值集合转换（见 2.8.3 小节）后得到值 *value1'* 和 *value2'*，接着将这两个数值相除（*value1'* ÷ *value2'*），结果转换为 `float` 类型值 *result*，最后 *result* 被推入操作数栈中 |

（续）

| | |
|---|---|
| 描述 | *fdiv* 指令的运算结果取决于 IEEE 规范中规定的运算规则：<br>❑ 如果 *value1'* 和 *value2'* 中有任意一个值为 NaN，那运算结果即为 NaN<br>❑ 如果 *value1'* 和 *value2'* 两者都不为 NaN，那当两者符号相同时，运算结果为正，当两者符号不同时，运算结果为负<br>❑ 两个无穷大相除，运算结果为 NaN<br>❑ 一个无穷大的数与一个有限的数相除，结果为无穷大，无穷大的符号由第 2 点规则确定<br>❑ 一个有限的数与一个无穷大的数相除，结果为零，零值的符号由第 2 点规则确定<br>❑ 零除以零结果为 NaN，零除以任意其他非零有限值结果为零，零值的符号由第 2 点规则确定<br>❑ 任意非零有限值除以零结果为无穷大，无穷大的符号由第 2 点规则确定<br>❑ 对于上述情况之外的场景，即任意一个操作数都不是无穷大、零以及 NaN，就按算术求商，并以 IEEE 754 规范的最接近数舍入模式得到运算结果，如果运算结果的绝对值太大以致无法使用 float 类型来表示，换句话说就是出现了上溢，那结果将会是具有适当符号的无穷大。如果运算结果的绝对值太小以致无法使用 float 类型来表示，换句话说就是出现了下溢，那结果将会是具有适当符号的零值<br>Java 虚拟机必须支持 IEEE 754 中定义的逐级下溢，尽管指令执行期间，上溢、下溢以及精度丢失等情况都有可能发生，但 *fdiv* 指令永远不会抛出任何运行时异常 |

## fload

| | |
|---|---|
| 操作 | 从局部变量表加载一个 float 类型值到操作数栈中 |
| 格式 | *fload*<br>*index* |
| 结构 | *fload*=23（0x17） |
| 操作数栈 | …→<br>…，*value* |
| 描述 | *index* 是一个代表当前栈帧（见 2.6 节）中局部变量表的索引的无符号 byte 类型整数，*index* 作为索引定位的局部变量必须为 float 类型，记为 *value*。指令执行后，*value* 将会入栈到操作数栈栈顶 |
| 注意 | *fload* 操作码可以与 *wide* 指令联合使用，以实现用两个字节长度的无符号 byte 类型数值作为索引来访问局部变量表 |

## fload_<n>

| | |
|---|---|
| 操作 | 从局部变量表加载一个 float 类型值到操作数栈中 |
| 格式 | *fload_<n>* |

（续）

| | |
|---|---|
| 结构 | *fload_0*=34（0x22）<br>*fload_1*=35（0x23）<br>*fload_2*=36（0x24）<br>*fload_3*=37（0x25） |
| 操作数栈 | …→<br>…，*value* |
| 描述 | <*n*> 代表当前栈帧（见 2.6 节）中局部变量表的索引值，<*n*> 作为索引定位的局部变量必须为 float 类型，记作 *value*。指令执行后，*value* 将会入栈到操作数栈栈顶 |
| 注意 | *fload_*<*n*> 指令族中的每条指令都与使用 <*n*> 作为 *index* 参数的 *fload* 指令的作用一致，区别仅仅在于操作数 <*n*> 是隐式包含在指令中的 |

## fmul

| | |
|---|---|
| 操作 | float 类型数据乘法 |
| 格式 | *fmul* |
| 结构 | *fmul*=106（0x6a） |
| 操作数栈 | …，*value1*，*value2* →<br>…，*result* |
| 描述 | *value1* 和 *value2* 都必须为 float 类型数据，指令执行时，*value1* 和 *value2* 从操作数栈中出栈，并且经过数值集合转换（见 2.8.3 小节）后得到值 *value1*' 和 *value2*'，接着将这两个数值相乘（*value1*' × *value2*'），结果转换为 float 类型值 *result*，最后 *result* 被推入操作数栈中<br>*fmul* 指令的运算结果取决于 IEEE 规范中规定的运算规则：<br>❑ 如果 *value1*' 和 *value2*' 中任意一个值为 NaN，那运算结果即为 NaN<br>❑ 如果 *value1*' 和 *value2*' 两者都不为 NaN，那当两者符号相同时，运算结果为正，当两者符号不同时，运算结果为负<br>❑ 无穷大与零值相乘，运算结果为 NaN<br>❑ 一个无穷大的数与一个有限的数相乘，结果为无穷大，无穷大的符号由第 2 点规则确定<br>❑ 对于上述情况之外的场景，即任意一个操作数都不是无穷大或者 NaN，就按算术求积，并以 IEEE 754 规范的最接近数舍入模式得到运算结果，如果运算结果的绝对值太大以致无法使用 float 类型来表示，换句话说就是出现了上溢，那么结果是具有适当符号的无穷大。如果运算结果的绝对值太小以致无法使用 float 类型来表示，换句话说就是出现了下溢，那么结果是具有适当符号的零值<br>Java 虚拟机必须支持 IEEE 754 中定义的逐级下溢，尽管指令执行期间，上溢、下溢以及精度丢失等情况都有可能发生，但 *fmul* 指令永远不会抛出任何运行时异常 |

## fneg

| 操作 | float 类型数据取负运算 |
| --- | --- |
| 格式 | *fneg* |
| 结构 | *fneg*=118（0x76） |
| 操作数栈 | …，*value* →<br>…，*result* |
| 描述 | *value* 必须为 float 类型数据，指令执行时，*value* 从操作数栈中出栈，并且经过数值集合转换（见 2.8.3 小节）后得到值 *value*'，接着对这个数进行算术取负运算，结果转换为 float 类型值 *result*，最后 *result* 被推入操作数栈中<br>对于 *float* 类型数据，取负运算并不等同于与零做减法运算。如果 x 是 +0.0，那么 0.0–x 等于 +0.0，但是 –x 则等于 –0.0，后面这种一元减法运算仅仅把数值的符号反转<br>下面是一些值得注意的场景：<br>❑ 如果操作数为 NaN，那么运算结果也为 NaN（NaN 值是没有符号的）<br>❑ 如果操作数是无穷大，那么运算结果是与其符号相反的无穷大<br>❑ 如果操作数是零，那么运算结果是与其符号相反的零值 |

## frem

| 操作 | float 类型数据求余 |
| --- | --- |
| 格式 | *frem* |
| 结构 | *frem*=114（0x72） |
| 操作数栈 | …，*value1*，*value2* →<br>…，*result* |
| 描述 | *value1* 和 *value2* 都必须为 float 类型数据，指令执行时，*value1* 和 *value2* 从操作数栈中出栈，并且经过数值集合转换（见 2.8.3 小节）后得到值 *value1*' 和 *value2*'，接着将这两个数值求余，结果转换为 float 类型值 *result*，最后 *result* 被推入操作数栈中<br>*frem* 指令的运算结果与 IEEE 754 中定义的 remainder 操作并不相同，IEEE 754 中的 remainder 操作使用舍入除法而不是去尾除法来获得求余结果，因此，这种运算与通常对整数的求余方式并不一致。Java 虚拟机中定义的 *drem* 则与虚拟机中整数求余指令（*irem* 和 *lrem*）保持了一致的行为，这可以与 C 语言中的 *fmod* 函数互相比较<br>*drem* 指令的运算结果通过以下规则获得：<br>❑ 如果 *value1*' 和 *value2*' 中任意一个值为 NaN，那运算结果即为 NaN<br>❑ 如果 *value1*' 和 *value2*' 两者都不为 NaN，那运算结果的符号与被除数的符号一致<br>❑ 如果被除数是无穷大，或者除数为零，又或者同时满足这两项条件，那运算结果为 NaN<br>❑ 如果被除数是有限值，而除数是无穷大，那运算结果等于被除数 |

（续）

| | |
|---|---|
| 描述 | ❑ 如果被除数为零，而除数是有限值，那运算结果等于被除数<br>❑ 对于上述情况之外的场景，即任意一个操作数都不是无穷大、零以及NaN，就以*value1*'为被除数、*value2*'为除数使用浮点算术规则求余：*result*=*value1*'-（*value2*'**q*），只有当*value1*'/*value2*'是负数时，*q*才是负数；而只有当*value1*'/*value2*'是正数时，*q*才是正数[㊀]。*q*的绝对值尽量取得大一些，但不超过*value1*'与*value2*'真正算术商的绝对值<br>尽管除数为零的情况可能发生，但是*frem*指令永远不会抛出任何运行时异常，上溢、下溢和精度丢失的情况也不会出现 |
| 注意 | IEEE 754规范中定义的remainder操作可以使用库函数`Math.IEEEremainder`来完成 |

## freturn

| | |
|---|---|
| 操作 | 从方法中返回一个`float`类型数据 |
| 格式 | *freturn* |
| 结构 | *freturn*=174（0xae） |
| 操作数栈 | …，*value* →<br>[empty] |
| 描述 | 当前方法的返回值必须为`float`类型，*value*也必须是一个`float`类型的数据。如果当前方法是一个同步（声明为`synchronized`）方法，那在方法调用时进入或者重入的锁应当被正确更新状态或退出，就像当前线程执行了*monitorexit*指令一样。如果执行过程当中没有抛出异常，那么*value*将从当前栈帧（见2.6节）中出栈，并且经过数值集合转换（见2.8.3小节）后得到值*value*'，然后入栈到调用者栈帧的操作数栈中，在当前栈帧操作数栈中的其他值都将会被丢弃<br>指令执行后，解释器会恢复调用者的栈帧，并且把程序控制权交回到调用者 |
| 运行时异常 | 如果虚拟机实现没有严格执行在2.11.10小节中规定的结构化锁定规则，导致当前方法虽然是一个同步方法，但当前线程却又不拥有调用该方法时所进入（enter）或重入（reenter）的那把锁，那么*freturn*指令将会抛出`IllegalMonitorStateException`异常。这是可能出现的，例如，一个同步方法只包含了对该方法要同步的对象所施行的*monitorexit*指令，但是未包含配对的*monitorenter*指令<br>否则，如果虚拟机实现严格执行了2.11.10小节中规定的结构化锁定规则，但当前方法调用时，违反了其中的第一条规则，那么*freturn*指令也会抛出`IllegalMonitorStateException`异常 |

㊀ 也就是说，*q*的符号与*value1*'/*value2*'的符号相同。——译者注

## fstore

| 操作 | 将一个 float 类型数据保存到本地变量表中 |
|---|---|
| 格式 | *fstore*<br>*index* |
| 结构 | *fstore*=56（0x38） |
| 操作数栈 | …，*value* →<br>… |
| 描述 | *index* 是一个无符号 byte 类型整数，它是个指向当前栈帧（见 2.6 节）局部变量表的索引值，而在操作数栈栈顶的 *value* 必须是 float 类型的数据，这个数据将从操作数栈出栈，并且经过数值集合转换（见 2.8.3 小节）后得到值 *value*'，然后保存到 *index* 所指向的局部变量表位置中 |
| 注意 | *fstore* 指令可以与 *wide* 指令联合使用，以实现使用两个字节宽度的无符号整数作为索引来访问局部变量表 |

## fstore_<n>

| 操作 | 将一个 float 类型数据保存到本地变量表中 |
|---|---|
| 格式 | *fstore_<n>* |
| 结构 | *fstore_0*=67（0x43）<br>*fstore_1*=68（0x44）<br>*fstore_2*=69（0x45）<br>*fstore_3*=70（0x46） |
| 操作数栈 | …，*value* →<br>… |
| 描述 | *<n>* 必须是一个指向当前栈帧（见 2.6 节）局部变量表的索引值，而在操作数栈栈顶的 *value* 必须是 float 类型的数据，这个数据将从操作数栈出栈，并且经过数值集合转换（见 2.8.3 小节）后得到值 *value*'，然后保存到 *<n>* 所指向的局部变量表位置中 |
| 注意 | *fstore_<n>* 指令族中的每条指令都与使用 *<n>* 作为 *index* 参数的 *fstore* 指令的作用一致，区别仅仅在于操作数 *<n>* 是隐式包含在指令中的 |

## fsub

| 操作 | float 类型数据相减 |
|---|---|
| 格式 | *fsub* |
| 结构 | *fsub*=102（0x66） |

（续）

| | |
|---|---|
| 操作数栈 | …，*value1*，*value2* →<br>…，*result* |
| 描述 | *value1* 和 *value2* 都必须为 float 类型数据，指令执行时，*value1* 和 *value2* 从操作数栈中出栈，并且经过数值集合转换（见 2.8.3 小节）后得到值 *value1'* 和 *value2'*，接着将这两个数值相减（*result=value1'-value2'*），结果转换为 float 类型值 *result*，最后 *result* 被推入操作数栈中<br>对于一般 float 类型数据的减法来说，a-b 与 a+（-b）的结果永远是一致的，但是对于 *fsub* 指令来说，与零相减的结果，和取负（negation）操作不同，因为如果 x 是+ 0.0，那么 0.0-x 等于 +0.0，但 -x 等于 -0.0<br>Java 虚拟机必须支持 IEEE 754 中定义的逐级下溢，尽管指令执行期间，上溢、下溢以及精度丢失等情况都有可能发生，但 *fsub* 指令永远不会抛出任何运行时异常 |

## getfield

| | |
|---|---|
| 操作 | 获取对象的字段值 |
| 格式 | *getfield*<br>*indexbyte1*<br>*indexbyte2* |
| 结构 | *getfield*=180（0xb4） |
| 操作数栈 | …，*objectref* →<br>…，*value* |
| 描述 | *objectref* 必须是一个 reference 类型的数据，在指令执行时，*objectref* 将从操作数栈中出栈。无符号数 *indexbyte1* 和 *indexbyte2* 用于构建一个指向当前类（见 2.6 节）的运行时常量池的索引值，构建方式为（*indexbyte1*<<8）\|*indexbyte2*，该索引所指向的运行时常量池项应当是对一个字段（见 5.1 节）的符号引用，它包含了字段的名称和描述符，以及对该字段所在的类的符号引用。这个字段的符号引用是已被解析过的（见 5.4.3.2 小节）。指令执行后，*objectref* 所引用的对象中该字段的值将会被取出，并插入操作数栈顶。<br>*objectref* 所引用的对象不能是数组类型，如果取值的字段是 protected 的（见 4.6 节），而这个字段是当前类的父类成员，并且这个字段又没有定义在与当前类相同的运行时包（见 5.3 节）中，那么 *objectref* 所指向的对象的类型必须为当前类或者当前类的子类 |
| 链接时异常 | 在字段的符号引用解析过程中，任何在 5.4.3.2 小节中描述过的异常都可能被抛出<br>否则，如果已解析的字段是一个静态（static）字段，*getfield* 指令将会抛出 IncompatibleClassChangeError |
| 运行时异常 | 如果 *objectref* 为 null，*getfield* 指令将抛出一个 NullPointerException 异常 |
| 注意 | 不可以使用 *getfield* 指令来访问数组对象的 length 字段，如果要访问这个字段，应当使用 *arraylength* 指令 |

## getstatic

| 操作 | 获取类的静态字段值 |
| --- | --- |
| 格式 | *getstatic*<br>*indexbyte1*<br>*indexbyte2* |
| 结构 | *getstatic*=178（0xb2） |
| 操作数栈 | …→<br>…，*value* |
| 描述 | 无符号数 *indexbyte1* 和 *indexbyte2* 用于构建一个指向当前类（见 2.6 节）的运行时常量池的索引值，构建方式为（*indexbyte1*<<8）\|*indexbyte2*，该索引所指向的运行时常量池项应当是一个字段（见 5.1 节）的符号引用，它包含了字段的名称和描述符，以及指向包含该字段的类或接口的符号引用。这个字段的符号引用是已被解析过的（见 5.4.3.2 小节）。<br>在成功解析字段之后，如果字段所在的类或者接口没有被初始化过（见 5.5 节），那么指令执行时将会触发其初始化过程。<br>类或接口的字段值 `value` 将会被取出，并插入操作数栈顶 |
| 链接时异常 | 在字段的符号引用解析过程中，任何在 5.4.3.2 小节中描述过的异常都可能会被抛出<br>否则，如果已解析的字段是个非静态字段（也就是说，它不是个类级别的字段）或接口字段，*getstatic* 指令将会抛出 `IncompatibleClassChangeError` 异常 |
| 运行时异常 | 如果 *getstatic* 指令触发了所涉及的类或接口的初始化，那么 *getstatic* 指令就可能抛出 5.5 节中描述的任何错误 |

## goto

| 操作 | 无条件分支跳转 |
| --- | --- |
| 格式 | *goto*<br>*branchbyte1*<br>*branchbyte2* |
| 结构 | *goto*=167（0xa7） |
| 操作数栈 | 无改变 |
| 描述 | 无符号 `byte` 类型数据 *branchbyte1* 和 *branchbyte2* 用于构建一个 16 位有符号的分支偏移量，构建方式为（*branchbyte1*<<8）\|*branchbyte2*。指令执行后，程序将会从这条 *goto* 指令的地址向后转到由上述偏移量确定的目标地址继续执行。这个目标地址必须处于 *goto* 指令所在的方法之中 |

## goto_w

| | |
|---|---|
| 操作 | 无条件分支跳转（宽范围） |
| 格式 | *goto_w*<br>*branchbyte1*<br>*branchbyte2*<br>*branchbyte3*<br>*branchbyte4* |
| 结构 | *goto_w*=200（0xc8） |
| 操作数栈 | 无改变 |
| 描述 | 无符号 byte 类型数据 *branchbyte1*、*branchbyte2*、*branchbyte3* 和 *branchbyte4* 用于构建一个 32 位有符号的分支偏移量，构建方式为（*branchbyte1*<<24）\|（*branchbyte1*<<16）\|（*branchbyte1*<<8）\|*branchbyte2*。指令执行后，程序将会转到这条 *goto_w* 指令之后的由上述偏移量确定的目标地址继续执行。这个目标地址必须处于 *goto_w* 指令所在的方法之中 |
| 注意 | 尽管 *goto_w* 指令拥有 4 字节宽度的分支偏移量，但是还受到方法最大字节码长度为 65 535 字节（见 4.11 节）的限制，未来 Java 虚拟机版本可能会增大这个限制值 |

## i2b

| | |
|---|---|
| 操作 | 将 int 类型数据转换为 byte 类型 |
| 格式 | *i2b* |
| 结构 | *i2b*=145（0x91） |
| 操作数栈 | …，*value* →<br>…，*result* |
| 描述 | *value* 必须是在操作数栈栈顶的 int 类型数据，指令执行时，它将从操作数栈中出栈，转换成 byte 类型数据，然后有符号扩展为一个 int 类型的结果，并入栈到操作数栈之中 |
| 注意 | *i2b* 指令执行了窄化类型转换（JLS §5.1.3），它可能会导致 *value* 的数值大小发生改变，甚至导致转换结果与原值有不同的正负号 |

## i2c

| | |
|---|---|
| 操作 | 将 int 类型数据转换为 char 类型 |
| 格式 | *i2c* |
| 结构 | *i2c*=146（0x92） |
| 操作数栈 | …，*value* →<br>…，*result* |

（续）

| | |
|---|---|
| 描述 | *value* 必须是在操作数栈栈顶的 int 类型数据，指令执行时，它将从操作数栈中出栈，截取成 byte 类型数据，然后零位扩展为一个 int 类型的结果，并推入操作数栈之中 |
| 注意 | *i2c* 指令执行了窄化类型转换（JLS §5.1.3），它可能会导致 *value* 的数值大小发生改变，甚至导致转换结果（结果永远为正数）与原值有不同的正负号 |

## i2d

| | |
|---|---|
| 操作 | 将 int 类型数据转换为 double 类型 |
| 格式 | *i2d* |
| 结构 | *i2d*=135（0x87） |
| 操作数栈 | …，*value*→<br>…，*result* |
| 描述 | *value* 必须是在操作数栈栈顶的 int 类型数据，指令执行时，它将从操作数栈中出栈，转换成 double 类型数据，然后入栈到操作数栈之中 |
| 注意 | *i2d* 指令执行了宽化类型转换（JLS §5.1.2），因为所有 int 类型的数据都可以精确表示为 double 类型的数据，所以转换是精确的 |

## i2f

| | |
|---|---|
| 操作 | 将 int 类型数据转换为 float 类型 |
| 格式 | *i2f* |
| 结构 | *i2f*=134（0x86） |
| 操作数栈 | …，*value* →<br>…，*result* |
| 描述 | *value* 必须是在操作数栈栈顶的 int 类型数据，指令执行时，它将从操作数栈中出栈，使用 IEEE 754 规范的向最接近数舍入模式转换成 float 类型数据，然后入栈到操作数栈之中 |
| 注意 | *i2f* 指令执行了宽化类型转换（JLS §5.1.2），但是转换结果可能会有精度丢失，因为 float 类型只有 24 位有效数值位 |

## i2l

| | |
|---|---|
| 操作 | 将 int 类型数据转换为 long 类型 |
| 格式 | *i2l* |
| 结构 | *i2l*=133（0x85） |

（续）

| | |
|---|---|
| 操作数栈 | …，*value*→<br>…，*result* |
| 描述 | *value* 必须是在操作数栈栈顶的 int 类型数据，指令执行时，它将从操作数栈中出栈，并有符号扩展成 long 类型数据，然后入栈到操作数栈之中 |
| 注意 | *i2l* 指令执行了宽化类型转换（JLS §5.1.2），因为所有 int 类型的数据都可以精确表示为 long 类型的数据，所以转换是精确的 |

## i2s

| | |
|---|---|
| 操作 | 将 int 类型数据转换为 short 类型 |
| 格式 | *i2s* |
| 结构 | *i2s*=147（0x93） |
| 操作数栈 | …，*value* →<br>…，*result* |
| 描述 | *value* 必须是在操作数栈栈顶的 int 类型数据，指令执行时，它将从操作数栈中出栈，截取成 short 类型数据，然后有符号扩展成一个 int 类型的结果，并入栈到操作数栈之中 |
| 注意 | *i2s* 指令执行了窄化类型转换（JLS §5.1.3），它可能会导致 *value* 的数值大小发生改变，甚至导致转换结果与原值有不同的正负号 |

## iadd

| | |
|---|---|
| 操作 | int 类型数据相加 |
| 格式 | *iadd* |
| 结构 | *iadd*=96（0x60） |
| 操作数栈 | …，*value1*，*value2* →<br>…，*result* |
| 描述 | *value1* 和 *value2* 都必须为 int 类型数据，指令执行时，*value1* 和 *value2* 从操作数栈中出栈，将这两个数值相加得到 int 类型数据 *result*（*result=value1+value2*），最后 *result* 被入栈到操作数栈中<br>可以把数学运算的真实结果视为足够宽的二补码（two's-complement）[㊀]格式，而由该补码的低 32 位所表示的那个 int 值，就是 *iadd* 指令的运算结果。如果发生了上限溢出，那么结果的符号可能与真正数学运算结果的符号相反<br>尽管可能发生上限溢出，但是 *iadd* 指令的执行过程中不会抛出任何运行时异常 |

㊀ 也称“二补数”或“2 的补码”。本书酌情使用“二进制补码”来称呼这一格式。——译者注

## iaload

| | |
|---|---|
| 操作 | 从数组中加载一个 `int` 类型数据到操作数栈 |
| 格式 | *iaload* |
| 结构 | *iaload*=46（0x2e） |
| 操作数栈 | …，*arrayref*，*index* →<br>…，*value* |
| 描述 | *arrayref* 必须是一个 `reference` 类型的数据，它指向一个组件类型为 `int` 的数组，*index* 必须为 `int` 类型。指令执行后，*arrayref* 和 *index* 同时从操作数栈出栈，用 *index* 作索引，定位到数组中的 `int` 类型值，并将其推入操作数栈中 |
| 运行时异常 | 如果 *arrayref* 为 `null`，*iaload* 指令将抛出 `NullPointerException` 异常<br>否则，如果 *index* 不在 *arrayref* 所代表的数组上下界范围中，*iaload* 指令将抛出 `ArrayIndexOutOfBoundsException` 异常 |

## iand

| | |
|---|---|
| 操作 | 对 `int` 类型数据进行按位与运算 |
| 格式 | *iand* |
| 结构 | *iand*=126（0x7e） |
| 操作数栈 | …，*value1*，*value2* →<br>…，*result* |
| 描述 | *value1* 和 *value2* 都必须为 `int` 类型数据，指令执行时，*value1* 和 *value2* 从操作数栈中出栈，对这两个数进行按位与操作（也就是"合取"操作）得到 `int` 类型数据 *result*，最后 *result* 被入栈到操作数栈中 |

## iastore

| | |
|---|---|
| 操作 | 从操作数栈读取一个 `int` 类型数据并存入数组中 |
| 格式 | *iastore* |
| 结构 | *iastore*=79（0x4f） |
| 操作数栈 | …，*arrayref*，*index*，*value* →<br>… |
| 描述 | *arrayref* 必须是一个 `reference` 类型的数据，它指向一个组件类型为 `int` 的数组，*index* 和 *value* 都必须为 `int` 类型。指令执行后，*arrayref*、*index* 和 *value* 同时从操作数栈出栈，然后 *value* 存储到由 *index* 作为索引而定位到的数组元素中 |

（续）

| 运行时异常 | 如果 *arrayref* 为 null，*iastore* 指令将抛出 NullPointerException 异常<br>否则，如果 *index* 不在 *arrayref* 所代表的数组上下界范围中，*iastore* 指令将抛出 ArrayIndexOutOfBoundsException 异常 |
|---|---|

## iconst_<i>

| 操作 | 将 int 类型常量入栈到操作数栈中 |
|---|---|
| 格式 | *iconst_<i>* |
| 结构 | *iconst_m1*=2（0x2）<br>*iconst_0*=3（0x3）<br>*iconst_1*=4（0x4）<br>*iconst_2*=5（0x5）<br>*iconst_3*=6（0x6）<br>*iconst_4*=7（0x7）<br>*iconst_5*=8（0x8） |
| 操作数栈 | … →<br>…，<i> |
| 描述 | 将 int 类型的常量 <i>（-1、0、1、2、3、4 或 5）入栈到操作数栈中 |
| 注意 | *iconst_<i>* 指令族中的每条指令都与使用 <i> 作为参数的 *bipush* 指令的作用一致，区别仅仅在于操作数 <i> 是隐式包含在指令中的 |

## idiv

| 操作 | int 类型数据除法 |
|---|---|
| 格式 | *idiv* |
| 结构 | *idiv*=108（0x6c） |
| 操作数栈 | …，*value1*，*value2* →<br>…，*result* |
| 描述 | *value1* 和 *value2* 都必须为 int 类型数据，指令执行时，*value1* 和 *value2* 从操作数栈中出栈，并按照 Java 语言表达式 *value1* / *value2* 进行计算，结果转换为 int 类型值 *result*，最后 *result* 入栈操作数栈中<br>int 类型的除法结果都是向零舍入的，这意味着 $n \div d$ 的商 $q$ 会在满足 $\lvert d\rvert \times \lvert q\rvert \leqslant \lvert n\rvert$ 的前提下取尽可能大的整数值。另外，当 $\lvert n\rvert \geqslant \lvert d\rvert$ 并且 $n$ 和 $d$ 符号相同时，$q$ 的符号为正。而当 $\lvert n\rvert \geqslant \lvert d\rvert$ 并且 $n$ 和 $d$ 的符号相反时，$q$ 的符号为负<br>有一种特殊情况不适合上面的规则：如果被除数是 int 类型中绝对值最大的负数， |

（续）

| | |
|---|---|
| | 除数为 -1，那么运算时将会发生溢出，运算结果就等于被除数本身。尽管这里发生了溢出，但是依然不会抛出异常 |
| 运行时异常 | 如果除数为零，*idiv* 指令将抛出 `ArithmeticException` 异常 |

## if_acmp<cond>

| | |
|---|---|
| 操作 | `reference` 数据的条件分支判断 |
| 格式 | *if_acmp<cond>*<br>*branchbyte1*<br>*branchbyte2* |
| 结构 | *if_acmpeq*=165（0xa5）<br>*if_acmpne*=166（0xa6） |
| 操作数栈 | …，*value1*，*value2* →<br>… |
| 描述 | *value1* 和 *value2* 都必须为 `reference` 类型数据，指令执行时，*value1* 和 *value2* 从操作数栈中出栈，然后进行比较运算，比较的规则如下：<br>❑ 当且仅当 *value1* = *value2* 时，*if_acmpeq* 的比较结果才为真<br>❑ 当且仅当 *value1* ≠ *value2* 时，*if_acmpne* 的比较结果才为真<br>如果比较结果为真，那么无符号 `byte` 类型数据 *branchbyte1* 和 *branchbyte2* 用于构建一个 16 位有符号的分支偏移量，构建方式为（*branchbyte1*<<8）\| *branchbyte2*。指令执行后，程序将会转到由这个 *if_acmp<cond>* 指令的地址及上述偏移量所确定的目标地址处继续执行。这个目标地址必须处于 *if_acmp<cond>* 指令所在的方法之中<br>否则，如果比较结果为假，那么程序将继续执行 *if_acmp<cond>* 指令后面的其他指令 |

## if_icmp<cond>

| | |
|---|---|
| 操作 | `int` 数值的条件分支判断 |
| 格式 | *if_icmp<cond>*<br>*branchbyte1*<br>*branchbyte2* |
| 结构 | *if_icmpeq*=159（0x9f）<br>*if_icmpne*=160（0xa0）<br>*if_icmplt*=161（0xa1）<br>*if_icmpge*=162（0xa2）<br>*if_icmpgt*=163（0xa3）<br>*if_icmple*=164（0xa4） |

（续）

| 操作数栈 | …，*value1*，*value2* →<br>… |
|---|---|
| 描述 | *value1* 和 *value2* 都必须为 `int` 类型数据，指令执行时，*value1* 和 *value2* 从操作数栈中出栈，然后进行比较运算（所有比较都是带符号的），比较的规则如下：<br>❑ 当且仅当 *value1* = *value2* 时，*if_icmpeq* 的比较结果才为真<br>❑ 当且仅当 *value1* ≠ *value2* 时，*if_icmpne* 的比较结果才为真<br>❑ 当且仅当 *value1* < *value2* 时，*if_icmplt* 的比较结果才为真<br>❑ 当且仅当 *value1* ≤ *value2* 时，*if_icmple* 的比较结果才为真<br>❑ 当且仅当 *value1* > *value2* 时，*if_icmpgt* 的比较结果才为真<br>❑ 当且仅当 *value1* ≥ *value2* 时，*if_icmpge* 的比较结果才为真<br>如果比较结果为真，那么无符号 `byte` 类型数据 *branchbyte1* 和 *branchbyte2* 用于构建一个 16 位有符号的分支偏移量，构建方式为（*branchbyte1*<<8）\| *branchbyte2*。指令执行后，程序将会转到由这个 *if_icmp<cond>* 指令的地址及上述偏移量所确定的目标地址处继续执行。这个目标地址必须处于 *if_icmp<cond>* 指令所在的方法之中<br>否则，如果比较结果为假，那么程序将继续执行 *if_acmp<cond>* 指令后面的其他指令 |

## if<cond>

| 操作 | 整数与零比较的条件分支判断 |
|---|---|
| 格式 | *if<cond>*<br>*branchbyte1*<br>*branchbyte2* |
| 结构 | *ifeq*=153（0x99）<br>*ifne*=154（0x9a）<br>*iflt*=155（0x9b）<br>*ifge*=156（0x9c）<br>*ifgt*=157（0x9d）<br>*ifle*=158（0x9e） |
| 操作数栈 | …，*value* →<br>… |
| 描述 | *value* 必须为 `int` 类型数据，指令执行时，*value* 从操作数栈中出栈，然后与零值进行比较（所有比较都是带符号的），比较的规则如下：<br>❑ 当且仅当 *value* = 0 时，*ifeq* 的比较结果才为真<br>❑ 当且仅当 *value* ≠ 0 时，*ifne* 的比较结果才为真<br>❑ 当且仅当 *value* < 0 时，*iflt* 的比较结果才为真 |

（续）

| | |
|---|---|
| 描述 | ❑ 当且仅当 *value* ≤ 0 时，*ifle* 的比较结果才为真<br>❑ 当且仅当 *value* > 0 时，*ifgt* 的比较结果才为真<br>❑ 当且仅当 *value* ≥ 0 时，*ifge* 的比较结果才为真<br>如果比较结果为真，那么无符号 `byte` 类型数据 *branchbyte1* 和 *branchbyte2* 用于构建一个 16 位有符号的分支偏移量，构建方式为（*branchbyte1*<<8）\| *branchbyte2*。指令执行后，程序将会转到由这个 *if*<*cond*> 指令的地址及上述偏移量所确定的目标地址处继续执行。这个目标地址必须处于 *if*<*cond*> 指令所在的方法之中。<br>否则，如果比较结果为假，那么程序将继续执行 *if_acmp*<*cond*> 指令后面的其他指令 |

## ifnonnull

| | |
|---|---|
| 操作 | 引用不为空的条件分支判断 |
| 格式 | *ifnonnull*<br>*branchbyte1*<br>*branchbyte2* |
| 结构 | *ifnonnull*=199（0xc7） |
| 操作数栈 | …，*value* →<br>… |
| 描述 | *value* 必须为 `reference` 类型数据，指令执行时，*value* 从操作数栈中出栈，然后判断是否为 `null`，如果 *value* 不为 `null`，那么无符号 byte 类型数据 *branchbyte1* 和 *branchbyte2* 用于构建一个 16 位有符号的分支偏移量，构建方式为（*branchbyte1*<<8）\| *branchbyte2*。指令执行后，程序将会转到这个 *ifnonnull* 指令之后的由上述偏移量确定的目标地址继续执行。这个目标地址必须处于 *ifnonnull* 指令所在的方法之中<br>否则，如果比较结果为假，那么程序将继续执行 *ifnonnull* 指令后面的其他指令 |

## ifnull

| | |
|---|---|
| 操作 | 引用为空的条件分支判断 |
| 格式 | *ifnull*<br>*branchbyte1*<br>*branchbyte2* |
| 结构 | *fnull*=198（0xc6） |
| 操作数栈 | …，*value* →<br>… |

（续）

| 描述 | *value* 必须为 reference 类型数据，指令执行时，*value* 从操作数栈中出栈，然后判断是否为 null，如果 *value* 为 null，那么无符号 byte 类型数据 *branchbyte1* 和 *branchbyte2* 用于构建一个 16 位有符号的分支偏移量，构建方式为（*branchbyte1*<<8）\| *branchbyte2*。指令执行后，程序将会转到由这个 *ifnull* 指令的地址及上述偏移量所确定的目标地址处继续执行。这个目标地址必须处于 ifnull 指令所在的方法之中<br>否则，如果比较结果为假，那么程序将继续执行 *ifnull* 指令后面的其他指令 |
|---|---|

## iinc

| 操作 | 以常数为增量的局部变量自增 |
|---|---|
| 格式 | *iinc*<br>*index*<br>*const* |
| 结构 | *iinc*=132（0x84） |
| 操作数栈 | 无改变 |
| 描述 | *index* 是一个代表当前栈帧（见 2.6 节）中局部变量表的索引的无符号 byte 类型整数，*const* 是一个有符号的 byte 类型数值。由 *index* 定位到的局部变量必须是 int 类型，*const* 首先有符号扩展成一个 int 类型数值，然后加到由 *index* 定位到的局部变量中 |
| 注意 | *iinc* 操作码可以与 *wide* 指令（见本节 *wide* 小节）联合使用，以实现使用两个字节长度的无符号 byte 类型数值作为索引来访问局部变量表，以及令局部变量增加两个字节长度的有符号数值 |

## iload

| 操作 | 从局部变量表加载一个 int 类型值到操作数栈中 |
|---|---|
| 格式 | *iload*<br>*index* |
| 结构 | *iload*=21（0x15） |
| 操作数栈 | …→<br>…，*value* |
| 描述 | *index* 是一个代表当前栈帧（见 2.6 节）中局部变量表的索引的无符号 byte 类型整数，由 *index* 作为索引定位到的局部变量必须为 int 类型，记为 *value*。指令执行后，*value* 将会入栈到操作数栈栈顶 |
| 注意 | *iload* 操作码可以与 *wide* 指令（见本节 *wide* 小节）联合使用，实现使用两个字节长度的无符号 byte 类型数值作为索引来访问局部变量表 |

## iload_<n>

| 操作 | 从局部变量表加载一个 int 类型值到操作数栈中 |
|---|---|
| 格式 | *iload_<n>* |
| 结构 | *iload_0*=26（0x1a）<br>*iload_1*=27（0x1b）<br>*iload_2*=28（0x1c）<br>*iload_3*=29（0x1d） |
| 操作数栈 | …→<br>…，*value* |
| 描述 | <*n*> 代表一个当前栈帧（见 2.6 节）中局部变量表的索引值，由 <*n*> 作为索引定位到的局部变量必须为 int 类型，记作 *value*。指令执行后，*value* 将会入栈到操作数栈栈顶 |
| 注意 | *iload_<n>* 指令族中的每条指令都与使用 <*n*> 作为 *index* 参数的 *iload* 指令的作用一致，区别仅仅在于操作数 <*n*> 是隐式包含在指令中的 |

## imul

| 操作 | int 类型数据乘法 |
|---|---|
| 格式 | *imul* |
| 结构 | *imul*=104（0x68） |
| 操作数栈 | …，*value1*，*value2* →<br>…，*result* |
| 描述 | *value1* 和 *value2* 都必须为 int 类型数据，指令执行时，*value1* 和 *value2* 从操作数栈中出栈，接着将这两个数值相乘（*value1* × *value2*），结果入栈操作数栈中<br>可以把数学运算的真实结果，视为足够宽的二进制补码格式，而由该补码的低 32 位所表示的那个 int 值，就是 *imul* 指令的运算结果。如果发生了上限溢出，那么结果的符号可能与真正数学运算结果的符号相反<br>尽管可能发生上限溢出，但是 *imul* 指令的执行过程中不会抛出任何运行时异常 |

## ineg

| 操作 | int 类型数据取负运算 |
|---|---|
| 格式 | *ineg* |
| 结构 | *ineg*=116（0x74） |
| 操作数栈 | …，*value* →<br>…，*result* |

（续）

| | |
|---|---|
| 描述 | *value* 必须为 int 类型数据，指令执行时，*value* 从操作数栈中出栈，接着对这个数进行算术取负运算，运算结果 –*value* 被入栈操作数栈中<br>对于 int 类型数据，取负运算等同于与零做减法运算。因为 Java 虚拟机使用二进制补码来表示整数，而二进制补码值的范围并不是完全对称的，所以 int 类型中绝对值最大的负数取反的结果依然是它本身。尽管指令执行过程中可能发生上限溢出，但是不会抛出任何异常<br>对于所有的 int 类型值 x 来说，-x 等于 (~x) +1 |

## instanceof

| | |
|---|---|
| 操作 | 判断对象是否是指定的类型 |
| 格式 | *instanceof*<br>*indexbyte1*<br>*indexbyte2* |
| 结构 | *instanceof*=193（0xc1） |
| 操作数栈 | …，*objectref*→<br>…，*result* |
| 描述 | *objectref* 必须是一个 reference 类型的数据，在指令执行时，*objectref* 将从操作数栈中出栈。无符号数 *indexbyte1* 和 *indexbyte2* 用于构建一个当前类（见 2.6 节）的运行时常量池的索引值，构建方式为（*indexbyte1*<<8）\| *indexbyte2*，该索引所指向的运行时常量池项应当是一个类、接口或者数组类型的符号引用<br>如果 *objectref* 为 null，那么 *instanceof* 指令将会把 int 值 0 推入操作数栈栈顶<br>否则，参数指定的类、接口或者数组类型会被虚拟机解析（见 5.4.3.1 小节）。如果 *objectref* 是解析好的那个类或数组的实例，或是实现了解析好的那个接口的类或数组的实例，那么 *instanceof* 指令将会把 int 值 1 推入操作数栈栈顶；否则，推入栈顶的就是 int 值 0<br>以下规则可以用来确定一个非空的 *objectref* 是否可以转换为指定的已解析类型：假设 *S* 是 *objectref* 所指向的对象的类型，*T* 是进行比较的已解析的类、接口或者数组类型，*instanceof* 指令根据这些规则来判断 *objectref* 是否 *T* 的一个实例：<br>❑ 如果 *S* 是普通的（非数组的）类类型，那么：<br>　❑ 如果 *T* 也是类类型，那么 *S* 必须与 *T* 是同一个类类型，或者 *S* 是 *T* 所代表的类型的子类<br>　❑ 如果 *T* 是接口类型，那么 *S* 必须实现了 *T* 的接口<br>❑ 如果 *S* 是接口类型，那么：<br>　❑ 如果 *T* 是类类型，那么 *T* 必须是 Object<br>　❑ 如果 *T* 是接口类型，那么 *T* 与 *S* 应当是相同的接口，或者 *T* 是 *S* 的父接口 |

（续）

| 描述 | ❑ 如果 S 是数组类型，假设为 SC[] 的形式，这个数组的组件类型为 SC，那么：<br>❑ 如果 T 是类类型，那么 T 必须是 Object<br>❑ 如果 T 是接口类型，那么 T 必须是数组所实现的接口之一（JLS §4.10.3）<br>❑ 如果 T 是数组类型，假设为 TC[] 的形式，这个数组的组件类型为 TC，那么下面两条规则之一必须成立：<br>◆ TC 和 SC 是同一个原始类型<br>◆ TC 和 SC 都是 reference 类型，并且 SC 能与 TC 类型相匹配（以此处描述的规则来判断是否互相匹配） |
|---|---|
| 链接时异常 | 在类、接口或者数组的符号解析阶段，可能抛出任何在 5.4.3.1 小节中描述的异常 |
| 注意 | *instanceof* 指令与 *checkcast* 指令（见本节 *checkcast* 小节）非常类似，它们之间的区别是如何处理 null 值的情况，测试失败时的行为（*checkcast* 抛出异常，而 *instanceof* 则返回一个比较结果）以及指令执行后对操作数栈的影响 |

## invokedynamic

| 操作 | 调用动态方法 |
|---|---|
| 格式 | *invokedynamic*<br>*indexbyte1*<br>*indexbyte2*<br>0<br>0 |
| 结构 | *invokedynamic*=186(0xba) |
| 操作数栈 | …，[*arg1*，[*arg2*…]] →<br>… |
| 描述 | 代码中每条 *invokedynamic* 指令出现的位置都称为一个**动态调用点**<br>首先，无符号数 *indexbyte1* 和 *indexbyte2* 用于构建一个指向当前类（见 2.6 节）运行时常量池的索引值，构建方式为（*indexbyte1*<<8）\| *indexbyte2*，该索引所指向的运行时常量池项应当是一个对调用点限定符（见 5.1 节）的符号引用。指令第 3、4 个操作数固定为 0<br>调用点限定符会针对当前这个动态调用点而解析出来（见 5.4.3.6 小节），以便获取指向 java.lang.invoke.MethodHandle 实例的引用、指向 java.lang.invoke.MethodType 实例的引用和指向所涉及的静态参数的引用<br>接下来，作为调用点限定符解析过程的一部分，将会执行引导方法。此时执行引导方法，就好像在执行包含运行时常量池索引的 *invokevirtual* 指令一样，指令中的索引表示一个符号引用，该引用记为 R，其特征如下：<br>❑ R 是个指向类中方法的符号引用（参见 5.1 节）。 |

（续）

| | |
|---|---|
| 描述 | ❑ 符号引用 *R* 所指的那个类，也就是要在其中寻找待调用方法的那个类，是 java.lang.invoke.MethodHandle。<br>❑ 符号引用 *R* 所指定的那个待调用的方法，其名称是 invoke。<br>❑ 符号引用 *R* 所指定的那个方法的描述符，其返回类型是 java.lang.invoke.CallSite，其参数类型则要根据推入操作数栈的各项数据而得出。<br>❑ 前 3 个参数的类型依次是：java.lang.invoke.MethodHandles.Lookup、String 和 java.lang.invoke.MethodType。如果调用点限定符还有静态参数，那么每个静态参数的类型，都将按照它们入栈的顺序，追加到方法描述符的参数类型后面。这些参数类型可能会是：Class、java.lang.invoke.MethodHandle、java.lang.invoke.MethodType、String、int、long、float 或 double。<br>执行引导方法前，下面各项内容将会按顺序入栈操作数栈中：<br>❑ 指向用于代表引导方法的 java.lang.invoke.MethodHandle 对象的引用<br>❑ 指向用于确定动态调用点发生在哪个类的 java.lang.invoke.MethodHandles.Lookup 对象的引用<br>❑ 指向用于确定调用点限定符中方法名的 String 对象引用<br>❑ 指向为了确定调用点限定符中的方法描述符而获取的 java.lang.invoke.MethodType 对象的引用<br>❑ 在方法限定符中出现的各种静态参数，包括类、方法类型、方法句柄、字符串以及各种数值类型（见 2.3.1 ~ 2.3.2 小节），都必须按照它们在方法限定符中出现的顺序依次入栈（此处基本类型不会发生自动装箱）<br>符号引用 *R* 所描述的那个方法是个签名多态方法（见 2.9 节）。由于 *invokevirtual* 指令要执行的那个 invoke 方法是签名多态方法，所以用于接受的那个方法句柄（也就是用来表示引导方法的那个方法句柄），其类型描述符的语义不一定要和 *R* 所指定的那个方法描述符相同。比方说，由 *R* 所指定的首个参数类型可以是 Object，而不是 java.lang.invoke.MethodHandles.Lookup，由 *R* 所指定的返回值类型，可以是 Object 而不是 java.lang.invoke.CallSite<br>如果引导方法是一个变长参数方法，那么在上面所描述的那些位于操作数栈里的参数之中，某些参数或全部参数会被包含在一个数组参数中，并放在最后<br>引导方法的调用发生在试图解析本**动态方法调用点**的调用点限定符的那个线程上，如果同时有多个线程进行此操作，那么引导方法将会被并发调用。因此，如果引导方法中需要访问全局数据，那么请注意多线程竞争问题，对全局数据访问施行适当的保护<br>引导方法执行后的返回值是一个 java.lang.invoke.CallSite 或其子类的实例，这个对象称为**调用点对象**，此对象的引用将会从操作数栈中出栈，就像 *invokevirtual* 指令执行过程一样<br>如果多个线程同时执行了一个动态调用点的引导方法，那么 Java 虚拟机必须选择其中一个引导方法的返回值作为调用点对象，并将其发布到所有线程中。为了此动态调用点而执行的其余引导方法，也会完成整个执行过程，但是它们的返回结果将被忽略，转为使用那个被 Java 虚拟机选中的调用点对象来继续执行 |

（续）

| | |
|---|---|
| 描述 | 调用点对象拥有一个类型描述符（一个 java.lang.invoke.MethodType 的实例），它必须在语义上等同于为了调用点限定符中的方法描述符而获取的 java.lang.invoke.MethodType 对象<br>调用点限定符解析的结果是一个调用点对象，此对象将会与它的动态调用点永久绑定<br>由绑定的调用点对象的目标所表示的方法句柄将会被调用，这次调用就和执行 *invokevirtual* 指令一样，会带有一个指向运行时常量池的索引，它指向的常量池项是对一个方法（见 5.1 节）的符号引用，此方法具备如下属性：<br>❑ 方法名为 invokeExact<br>❑ 方法描述符为调用点限定符中包含的描述符<br>❑ 方法的符号引用所指向的那个类，就是要在其中寻找此方法的那个类，而此类正是 java.lang.invoke.MethodHandle<br>指令执行时，操作数栈中的内容会被虚拟机解释为包含一个指向调用点对象目标的引用以及 *n* 个参数值，这些参数的数量、类型和顺序都必须与调用点限定符中的方法描述符保持一致 |
| 链接时异常 | 如果在解析指向调用点限定符的符号引用的过程中抛出了异常 E，那么 *invokedynamic* 指令必须抛出包装着异常 E 的 BootstrapMethodError<br>否则，在调用点限定符的后续解析过程中，如果引导方法执行过程因异常 E 而异常退出（见 2.6.5 小节），那么 *invokedynamic* 指令必须抛出包装着异常 E 的 BootstrapMethodError。（这可能是由于引导方式有错误的参数长度、参数类型或者返回值而导致 java.lang.invoke.MethodHandle.invoke 方法抛出了 java.lang.invoke.WrongMethodTypeException 异常）<br>否则，在调用点限定符的后续解析过程中，如果引导方法的返回值不是一个 java.lang.invoke.CallSite 的实例，那么 *invokedynamic* 指令必须抛出 BootstrapMethodError<br>否则，在调用点限定符的后续解析过程中，如果调用点对象的目标的类型描述符与方法限定符中所包括的方法描述符在语义上不一致，那么 *invokedynamic* 指令必须抛出 BootstrapMethodError |
| 运行时异常 | 如果动态调用点的调用点限定符解析过程成功完成，那就意味着将有一个非空的 java.lang.invoke.CallSite 的实例绑定到该动态调用点之上。因此，操作数栈中表示调用点目标的对象不会为空，这也意味着，调用点限定符中的方法描述符与方法句柄的类型描述符在语义上是一致的，而那个方法句柄，将会像执行 *invokevirtual* 时那样得到调用<br>由这些固定的内在关系可以得知，已经绑定了调用点对象的 *invokedynamic* 指令，永远不可能抛出 NullPointerException 异常或者 java.lang.invoke.WrongMethodTypeException 异常 |

## invokeinterface

| | |
|---|---|
| 操作 | 调用接口方法 |
| 格式 | *invokeinterface*<br>*indexbyte1*<br>*indexbyte2*<br>*count*<br>0 |
| 结构 | *invokeinterface*=185（0xb9） |
| 操作数栈 | …，*objectref*，[*arg1*，[*arg2*…]] →<br>… |
| 描述 | 无符号数 *indexbyte1* 和 *indexbyte2* 用于构建一个指向当前类（见 2.6 节）的运行时常量池的索引值，构建方式为（*indexbyte1*<<8）\| *indexbyte2*，该索引所指向的运行时常量池项应当是对一个接口方法（见 5.1 节）的符号引用，其中包含了接口方法的名称和描述符（见 4.3.3 小节），以及对该方法所在接口的符号引用。这个方法的符号引用是已被解析过的（见 5.4.3.3 小节）。<br>解析出来的接口方法，不能是实例初始化方法（见 2.9 节），也不能是类或接口的初始化方法（见 2.9 节）<br>操作数 *count* 是一个无符号 byte 类型数据，而且不能为零。*objectref* 必须是一个 `reference` 类型的数据。在操作数栈中，*objectref* 之后还跟随着连续 *n* 个参数值，这些参数的个数、数据类型和顺序都必须遵循接口方法的描述符。*invokeinterface* 指令的第四个参数永远为 byte 类型的 0<br>假设 `C` 是 *objectref* 所对应的类，虚拟机将按下面的规则来查找实际要执行的方法：<br>❑ 如果 `C` 中包含了名称和描述符都与要调用的接口方法一致的实例方法，那么这个方法就会被调用，查找过程终止<br>❑ 否则，如果 `C` 有父类，查找过程将按顺序递归搜索 `C` 的直接父类和父类的父类，直至搜索到名称和描述符都与要调用的接口方法一致的方法或再也找不到父类为止。如果找到了某方法，那么这个方法就会被调用<br>❑ 否则，如果 `C` 的超接口中有且只有一个最具体的方法（见 5.4.3.3 小节）与解析出来的方法名及描述符相符，而该方法又不是 `abstract` 的，那么就调用此方法<br>如果要调用的是同步方法，那么与 *objectref* 相关的同步锁（monitor）将会进入或者重入，就如同当前线程中执行了 *monitorenter* 指令一般<br>如果要调用的不是本地方法，*n* 个参数值和 *objectref* 将从操作数栈中出栈。方法调用的时候，将在 Java 虚拟机栈中创建出一个新的栈帧，*objectref* 和连续的 *n* 个参数值将存储到新栈帧的局部变量表中，*objectref* 存为局部变量 0，*arg1* 存为局部变量 1（如果 *arg1* 是 `long` 或 `double` 类型，那将占用局部变量 1 和 2 两个位置），依此类推。参数中的浮点类型数据在存入局部变量之前会先进行数值集合转换（见 2.8.3 小节）。新栈帧创建后就成为当前栈帧，Java 虚拟机的 pc 寄存器指向待调用方法的首条指令，程序就从这里开始继续执行<br>如果要调用的是本地方法，并且这些平台相关的代码尚未绑定（见 5.6 节）到虚拟机中，那么要先完成绑定动作。指令执行时，*n* 个参数值和 *objectref* 将从操作数栈中出栈并作为参数传递给实现此方法的代码。参数中的浮点类型数据在传递给待调用的方法之前会先进行数值集合转换（见 2.8.3 小节）。参数传递和代码执行都会 |

（续）

| | |
|---|---|
| 描述 | 以和具体虚拟机实现相关的方式进行。当这些平台相关的代码返回时：<br>❑ 如果这个本地方法是同步方法，那么就更新与 *objectref* 相关的同步锁状态，也可能会退出同步锁，就如同当前线程中执行了 *monitorexit* 指令一般<br>❑ 如果这个本地方法有返回值，那么与平台相关的代码返回的数据必须通过某种实现相关的方式转换成本地方法所定义的 Java 类型，并入栈到操作数栈中 |
| 链接时异常 | 在解析指向接口方法的符号引用时，可能抛出任何在 5.4.3.4 小节中描述的异常。否则，如果解析出来的是个 `static` 或 `private` 方法，那么 *invokeinterface* 指令将抛出 `IncompatibleClassChangeError` |
| 运行时异常 | 如果 *objectref* 为 `null`，*invokeinterface* 指令将抛出 `NullPointerException` 异常<br>否则，如果 *objectref* 所对应的类并未实现接口方法中所需的接口，那么 *invokeinterface* 指令将抛出 `IncompatibleClassChangeError`<br>否则，如果第 2 步搜索到的方法不是 `public`，那么 *invokeinterface* 指令将抛出 `IllegalAccessError`<br>否则，如果第 2 步搜索到的方法是 `abstract`，那么 *invokeinterface* 指令将抛出 `AbstractMethodError`<br>否则，如果第 2 步搜索到的方法是 `native`，并且实现代码无法绑定到虚拟机中，那么 *invokeinterface* 指令将抛出 `UnsatisfiedLinkError` 异常<br>否则，如果查找过程的第 3 步在 *C* 的超接口里发现了多个与解析出的方法名及描述符均相符，且又不是 `abstract` 方法的最具体方法，那么 *invokeinterface* 指令将抛出 `IncompatibleClassChangeError`<br>否则，如果查找过程的第 3 步在 *C* 的超接口里无法找到与解析出的方法名及描述符相符，且又不是 `abstract` 方法的最具体方法，那么 *invokeinterface* 指令将抛出 `AbstractMethodError` |
| 注意 | *invokeinterface* 指令的 *count* 操作数用于确定参数的数量，`long` 和 `double` 类型的参数占用两个数量单位，而其他类型的参数占用 1 个数量单位。其实这些信息完全可以从方法的描述符中获取到，之所以有这个参数完全是历史原因<br>*invokeinterface* 指令的第四个操作数是为了给由 Oracle 所实现的某些虚拟机中的额外操作数预留空间，*invokeinterface* 指令会在运行时被替换为特殊的伪指令，必须保留该操作数，以便维持向后兼容性<br>*objectref* 和 *n* 个参数值并不一定与局部变量表中的前 *n*+1 个变量一一对应，因为参数中的 `long` 和 `double` 类型参数需要使用两个连续的局部变量来存储，因此，在参数传递时，可能需要比参数个数更多的局部变量<br>*invokeinterface* 指令在选取方法时所用的逻辑，使得声明在超接口中的非 `abstract` 方法有可能获选。只有在类体系中找不到相匹配的方法时，才会考虑接口中的方法。如果在超接口体系里出现两个非 `abstract` 方法，而其中任何一个都不比另外一个更为具体，那就会出错。此时 *invokeinterface* 指令并不会尝试去消除歧义（比方说，其中一个方法也许是程序想要调用的那个方法，而另外一个方法也许与当前程序无关，但我们并不会特别倾向于程序想要调用的那个方法）。另一方面，如果有许多 `abstract` 方法，但却只有一个非 `abstract` 方法，那么除非某个 `abstract` 比这个非 `abstract` 方法更为具体，否则指令选中的肯定是这个非 `abstract` 方法 |

## invokespecial

| | |
|---|---|
| 操作 | 调用实例方法，专门用来调用父类方法、私有方法和实例初始化方法 |
| 格式 | *invokespecial*<br>*indexbyte1*<br>*indexbyte2* |
| 结构 | *invokespecial*=183（0xb7） |
| 操作数栈 | …，*objectref*，[*arg1*，[*arg2*…]] →<br>… |
| 描述 | 无符号数 *indexbyte1* 和 *indexbyte2* 用于构建一个指向当前类（见 2.6 节）的运行时常量池的索引值，构建方式为（*indexbyte1*<<8）\| *indexbyte2*，该索引所指向的运行时常量池项应当是对某个方法或接口方法（见 5.1 节）的符号引用，其中包含了方法的名称和描述符（见 4.3.3 小节），以及指向该方法所在类或接口及 5.4.3.4 的符号引用。这个方法的符号引用已被解析过（见 5.4.3.3 及 5.4.3.4 小节）<br>如果调用的方法是 protected 的（见 4.6 节），并且这个方法是当前类的父类成员，而这个方法又没有在同一个运行时包（见 5.3 节）中声明过，那么 *objectref* 所指向的对象的类型必须为当前类或者当前类的子类<br>在下面所有的条件都成立的前提下，将当前类的直接超类记为 `C`：<br>❑ 解析出来的方法不是实例初始化方法（见 2.9 节）。<br>❑ 如果符号引用指向的是类而不是接口，那么所指的类是当前类的超类。<br>❑ `class` 文件的 `ACC_SUPER` 标志是真（见 4.1 节）。<br>否则，就把符号引用所指的类或接口记为 `C`。<br>虚拟机将按下面的规则查找实际执行的方法：<br>❑ 如果 `C` 中包含了名称和描述符都与要调用的实例方法一致的方法，那么这个方法就会被调用，查找过程终止<br>❑ 否则，如果 `C` 是类，并且有父类，那么查找过程将按顺序递归搜索 `C` 的直接父类，以及父类的父类，直至搜索到名称和描述符都与要调用的实例方法一致的方法，或再也没有父类时为止。如果找到了相符的方法，那么这个方法就会被调用<br>❑ 否则，如果 `C` 是接口且 `Object` 类里声明了一个与解析出来的方法具有同样名称和描述符的 `public` 实例方法，那么该方法就是待调用的方法<br>❑ 否则，如果 `C` 的超接口中有且只有一个与解析出来的方法具有相同名称及描述符，而又不是 `abstract` 方法的最具体方法（见 5.4.3.3 小节），那么此方法就是待调用的方法<br>*objectref* 必须是一个 `reference` 类型的数据，在操作数栈中，*objectref* 之后还跟随着连续 *n* 个参数值，这些参数的数量、数据类型和顺序都必须遵循实例方法的描述符<br>如果要调用的是同步方法，那么与 *objectref* 相关的管程同步锁将会进入或者重入，就如同当前线程中执行了 *monitorenter* 指令一般 |

（续）

| | |
|---|---|
| 描述 | 如果要调用的不是本地方法，那么 *n* 个参数值和 *objectref* 将从操作数栈中出栈。方法调用的时候，将在 Java 虚拟机栈中创建出一个新的栈帧，*objectref* 和连续的 *n* 个参数值将存储到新栈帧的局部变量表中，*objectref* 存为局部变量 0，*arg1* 存为局部变量 1（如果 *arg1* 是 `long` 或 `double` 类型，那将占用局部变量 1 和 2 两个位置），依此类推。参数中的浮点类型数据在存入局部变量之前会先进行数值集合转换（见 2.8.3 小节）。新栈帧创建后就成为当前栈帧，Java 虚拟机的 pc 寄存器指向待调用方法的首条指令，程序就从这里开始继续执行<br>如果要调用的是本地方法，并且这些平台相关的代码尚未绑定（见 5.6 节）到虚拟机中，那么要先完成绑定动作。指令执行时，*n* 个参数值和 *objectref* 将从操作数栈中出栈并作为参数传递给实现此方法的代码。参数中的浮点类型数据在传递给调用方法之前会先进行数值集合转换（见 2.8.3 小节）。参数传递和代码执行都会以和具体虚拟机实现相关的方式进行。当这些平台相关的代码返回时：<br>❑ 如果这个本地方法是同步方法，那么将更新与 *objectref* 相关的同步锁状态，也可能会退出同步锁，就如同当前线程中执行了 *monitorexit* 指令一般<br>❑ 如果这个本地方法有返回值，那么与平台相关的代码所返回的数据必须通过某种实现相关的方式转换成本地方法所定义的 Java 类型，并入栈到操作数栈中 |
| 链接时异常 | 在解析指向方法的符号引用时，可能抛出任何在 5.4.3.3 小节中描述的异常<br>否则，如果待调用的方法是实例初始化方法，但是定义这个方法的类与指令参数中的符号引用所代表的类并不是同一个，那么 *invokespecial* 指令将抛出 `NoSuchMethodError`<br>否则，如果调用方法是一个类（静态）方法，那么 *invokespecial* 指令将抛出 `IncompatibleClassChangeError` |
| 运行时异常 | 如果 *objectref* 为 null，*invokespecial* 指令将抛出 `NullPointerException` 异常<br>否则，如果解析出来的方法是当前类某个超类的 `protected` 方法，且那个 `protected` 方法声明在不同的运行时包中，而 *objectref* 所属的类却又不是当前类或当前类的子类，那么 *invokespecial* 指令将抛出 `IllegalAccessError`<br>否则，如果第 2 步搜索到的方法是 `abstract`，那么 *invokespecial* 指令将抛出 `AbstractMethodError`<br>否则，如果第 2 步搜索到的方法是 `native`，而实现代码却无法绑定到虚拟机中，那么 *invokespecial* 指令将抛出 `UnsatisfiedLinkError`<br>否则，如果查找过程的第 4 步在 *C* 的超接口里发现了多个与解析出的方法名及描述符均相符，且又不是 `abstract` 方法的最具体方法，那么 *invokespecial* 指令将抛出 `IncompatibleClassChangeError`<br>否则，如果查找过程的第 4 步在 *C* 的超接口里无法找到与解析出的方法名及描述符相符，且又不是 `abstract` 方法的最具体方法，那么 *invokespecial* 指令将抛出 `AbstractMethodError` |

（续）

| | |
|---|---|
| 注意 | *invokespecial* 和 *invokevirtual* 指令之间的差异是：*invokevirtual* 指令用于调用对象所属的类中定义的方法，而 *invokespecial* 指令则用于调用实例初始化方法（见 2.9 节）、私有方法和当前类的父类中的方法<br>在 JDK 1.0.2 之前，*invokespecial* 指令曾被命名为 *invokenonvirtual*<br>*objectref* 和 *n* 个参数值并不一定与局部变量表的前 n+1 个变量一一对应，因为参数中的 `long` 和 `double` 类型参数需要使用两个连续的局部变量来存储，因此，在参数传递时，可能需要比参数个数更多的局部变量<br>*invokespecial* 指令可以调用 `private` 接口方法，也可以调用通过直接超接口而引用的非 `abstract` 接口方法，以及通过超类引用的非 `abstract` 接口方法。在这些情况下，选取待调用的方法时所遵循的规则与 *invokeinterface* 指令相同（只不过搜索过程是从不同的类开始的） |

## invokestatic

| | |
|---|---|
| 操作 | 调用类（静态）方法 |
| 格式 | *invokestatic*<br>*indexbyte1*<br>*indexbyte2* |
| 结构 | *invokestatic*=184（0xb8） |
| 操作数栈 | …，[*arg1*，[*arg2*…]] →<br>… |
| 描述 | 无符号数 *indexbyte1* 和 *indexbyte2* 用于构建一个指向当前类（见 2.6 节）的运行时常量池的索引值，构建方式为（*indexbyte1*<<8）\| *indexbyte2*，该索引所指向的运行时常量池项应当是对某个方法或接口方法（见 5.1 节）的符号引用，其中包含了方法的名称和描述符（见 4.3.3 小节），以及指向该方法所在类或接口的符号引用。此方法应是已被解析过（见 5.4.3.3 小节）的。<br>它不能是实例初始化方法，也不能是类或接口的初始化方法。<br>这个方法必须被声明为 `static`，因此它也不能是 `abstract` 方法<br>在成功解析方法之后，如果方法所在的类或接口没有被初始化过（见 5.5 节），那么指令执行时将会触发其初始化过程<br>在操作数栈中必须包含连续 *n* 个参数值，这些参数的数量、数据类型和顺序都必须遵循实例方法的描述符<br>如果要调用的是同步方法，那么与这个类的 `Class` 对象相关的同步锁将会进入或者重入，就如同当前线程中执行了 *monitorenter* 指令一般<br>如果要调用的不是本地方法，*n* 个参数值将从操作数栈中出栈。方法调用的时候，将在 Java 虚拟机栈中创建出一个新的栈帧，连续的 *n* 个参数值将存储到新栈帧的局部变量表中，*arg1* 存为局部变量 0（如果 *arg1* 是 `long` 或 `double` 类型，那将占用局部变量 0 和 1 两个位置），依此类推。参数中的浮点类型数据在存入局部变量之前会先进行数值集合转换（见 2.8.3 小节）。新栈帧创建后就成为当前栈帧，Java 虚拟机的 pc 寄存器指向待调用的方法中的首条指令，程序就从这里开始继续执行 |

（续）

| | |
|---|---|
| 描述 | 如果要调用的是本地方法，并且这些平台相关的代码尚未绑定（见 5.6 节）到虚拟机中，要先完成绑定动作。指令执行时，*n* 个参数值将从操作数栈中出栈并作为参数传递给实现此方法的代码。参数中的浮点类型数据在传递给调用方法之前会先进行数值集合转换（见 2.8.3 小节）。参数传递和代码执行都会以特定于具体虚拟机实现的方式进行。当这些平台相关的代码返回时：<br>❑ 如果这个本地方法是同步方法，那么更新与它所属类的 `Class` 对象相关的同步锁状态，也可能会退出同步锁，就如同当前线程中执行了 *monitorexit* 指令一般<br>❑ 如果这个本地方法有返回值，那么与平台相关的代码返回的数据必须通过某种实现相关的方式转换成本地方法所定义的 Java 类型，并入栈到操作数栈中 |
| 链接时异常 | 在解析指向方法的符号引用时，可能抛出任何在 5.4.3.3 小节中描述的异常<br>否则，如果待调用方法是实例方法，那么 *invokestatic* 指令将抛出 `IncompatibleClassChangeError` |
| 运行时异常 | 如果 *invokestatic* 指令执行时触发了所引用的类或接口的初始化过程，那么 *invokestatic* 方法有可能抛出所有在 5.5 节中描述过的 `Error`<br>否则，如果执行的方法是 `native`，并且实现代码无法绑定到虚拟机中，那么 *invokestatic* 指令将抛出 `UnsatisfiedLinkError` |
| 注意 | 方法调用使用到的 *n* 个参数值并非与局部变量表的前 n+1 个变量一一对应，因为参数中的 `long` 和 `double` 类型参数需要使用两个连续的局部变量来存储，因此，在参数传递时，可能需要比参数个数更多的局部变量 |

## invokevirtual

| | |
|---|---|
| 操作 | 调用实例方法，依据实例的类型进行分派 |
| 格式 | *invokevirtual*<br>*indexbyte1*<br>*indexbyte2* |
| 结构 | *invokevirtual*=182（0xb6） |
| 操作数栈 | …，*objectref*，[*arg1*，[*arg2*…]] →<br>… |
| 描述 | 无符号数 *indexbyte1* 和 *indexbyte2* 用于构建一个指向当前类（见 2.6 节）的运行时常量池的索引值，构建方式为（*indexbyte1*<<8）\| *indexbyte2*，该索引所指向的运行时常量池项应当是对一个方法（见 5.1 节）的符号引用，其中包含了方法的名称和描述符（见 4.3.3 小节），以及对该方法所在类的符号引用。这个方法的符号引用是已被解析过的（见 5.4.3.3 小节）。<br>这个方法不能是实例初始化方法（见 2.9 节），也不能是类或接口的初始化方法（见 2.9 节）。 |

（续）

| | |
|---|---|
| 描述 | 如果待调用的方法是`protected`的（见4.6节），并且这个方法是当前类的父类成员，但这个方法却没有在同一个运行时包（见5.3节）中定义过，那么*objectref*所指向的对象的类型必须为当前类或当前类的子类<br>如果解析出来的方法不是签名多态方法（见2.9节），那么*invokevirtual*指令就按下列流程来处理<br>假设`C`是*objectref*所对应的类，虚拟机将按下面规则查找实际要执行的方法：<br>❑ 如果`C`中定义了一个实例方法`m`，该方法覆盖（见5.4.5小节）了符号引用中表示的方法，那么方法`m`就会被调用，查找过程终止<br>❑ 否则，如果`C`有父类，查找过程将按第1点的方式顺序递归搜索`C`的直接父类和父类的父类，直至搜索到能够覆盖解析出来的那个方法的某条实例方法声明，或再也找不到父类时为止。如果找到了某个覆盖方法，那么这个方法就会被调用<br>❑ 否则，如果`C`的超接口中有且只有一个与解析出来的方法具备相同名称及描述符，而又不是`abstract`方法的最具体方法（见5.4.3.3小节），那么此方法就是待调用的方法<br>在操作数栈中，*objectref*之后必须跟随*n*个参数，它们的数量、数据类型和顺序都必须与方法描述符保持一致<br>如果要调用的是同步方法，那么与*objectref*相关的同步锁将会进入或者重入，就如同当前线程中执行了*monitorenter*指令一般<br>如果要调用的不是本地方法，*n*个参数值和*objectref*将从操作数栈中出栈。方法调用的时候，将在Java虚拟机栈中创建出一个新的栈帧，*objectref*和连续的*n*个参数值将存储到新栈帧的局部变量表中，*objectref*存为局部变量0，*arg1*存为局部变量1（如果*arg1*是`long`或`double`类型，那将占用局部变量1和2两个位置），依此类推。参数中的浮点类型数据在存入局部变量之前会先进行数值集合转换（见2.8.3小节）。新栈帧创建后就成为当前栈帧，Java虚拟机的pc寄存器指向待调用方法的首条指令，程序就从这里开始继续执行<br>如果要调用的是本地方法，并且这些平台相关的代码尚未绑定（见5.6节）到虚拟机中，那么要先完成绑定动作。指令执行时，*n*个参数值和objectref将从操作数栈中出栈并作为参数传递给实现此方法的代码。参数中的浮点类型数据在传递给调用方法之前会先进行数值集合转换（见2.8.3小节）。参数传递和代码执行都会以特定于具体虚拟机实现的方式进行。当这些平台相关的代码返回时：<br>❑ 如果这个本地方法是同步方法，那么将更新与*objectref*相关的同步锁状态，也可能会退出同步锁，就如同当前线程中执行了*monitorexit*指令一般<br>❑ 如果这个本地方法有返回值，那么与平台相关的代码所返回的数据必须通过某种实现相关的方式转换成本地方法所定义的Java类型，并入栈到操作数栈中<br>如果被解析方法具有签名多态性（见2.9节），那*invokevirtual*指令的处理过程如下： |

（续）

<table>
<tr><td>描述</td><td>首先，获取指向 java.lang.invoke.MethodType 实例的引用，获取该引用，就好像在解析指向某个方法类型（见 5.4.3.5 小节）的符号引用一样，而那个方法类型的参数与返回类型都和 invokevirtual 指令所引用的那个方法的描述符相同<br>❑ 如果方法名称为 invokeExact，那么 java.lang.invoke.MethodType 实例在语义上等同于方法句柄接收者 objectref 的类型描述符。将要调用的方法句柄就是 objectref<br>❑ 如果方法名称为 invoke、实例类型为 java.lang.invoke.MethodType 并且语义上等同于方法句柄接收者 objectref 的类型描述符，那么被调用的方法句柄就是 objectref<br>❑ 如果方法名称为 invoke、实例类型为 java.lang.invoke.MethodType，但语义上不等同于方法句柄接收者 objectref 的类型描述符，那么 Java 虚拟机将尝试通过与调用 java.lang.invoke.MethodHandle.asType 方法类似的方式来调整方法句柄接收者的类型描述符，得到一个可以用于执行的方法句柄 m，将被执行的方法就是 m 所代表的方法<br>在操作数栈中，objectref 之后必须跟随 N 个参数，它们的数量、类型和顺序都必须与待调用的方法句柄的类型描述符保持一致。（这里的类型描述符与被调用的那种方法句柄的方法描述符是一致的，详见 5.4.3.5 小节。）<br>另外，如果被调用的方法句柄具有字节码行为（bytecode behavior）描述，那么 Java 虚拟机调用该方法句柄时必须与执行相同类型的字节码行为时一样，如果字节码行为类型是 5（REF_invokeVirtual）、6（REF_invokeStatic）、7（REF_invokeSpecial）、8（REF_newInvokeSpecial）或者 9（REF_invokeInterface），那就必须在执行相应字节码行为的过程中创建栈帧，当这些字节码行为所调用的方法完成（无论是正常完成还是异常完成）后，调用者的栈帧就视为包含 invokevirtual 指令的方法的栈帧<br>执行字节码行为时的栈帧本身是不可见的<br>另外，如果被执行的方法句柄没有字节码行为，那就允许 Java 虚拟机实现根据自己的方法进行处理</td></tr>
<tr><td>链接时异常</td><td>在解析指向方法的符号引用时，可能抛出任何在 5.4.3.3 小节中描述的异常<br>否则，如果被调用的方法是一个静态方法，那么 invokevirtual 指令将会抛出一个 IncompatibleClassChangeError<br>否则，如果被解析的方法具有签名多态性，那么在解析由符号引用所指方法的描述符而获得的方法类型期间，可能抛出任何在解析方法类型（见 5.4.3.5 小节）所定义的异常</td></tr>
<tr><td>运行时异常</td><td>如果 objectref 为 null，那么 invokevirtual 指令将抛出 NullPointerException 异常<br>否则，如果解析出来的方法是当前类某个超类的 protected 方法，且该方法声明在不同的运行时包中，而 objectreft 所属的类却又不是当前类或当前类的子类，那么 invokevirtual 就抛出 IllegalAccessError</td></tr>
</table>

（续）

| | |
|---|---|
| 运行时异常 | 否则，如果被解析的方法不是签名多态的：<br>❑ 如果查找过程的第 2 步找到的方法是 `abstract` 的，那么 *invokevirtual* 指令将抛出 `AbstractMethodError`<br>❑ 否则，如果第 2 步搜索到的方法是 `native`，但实现代码却无法绑定到虚拟机中，那么 *invokevirtual* 指令将抛出 `UnsatisfiedLinkError`<br>否则，如果查找过程的第 3 步在 *C* 的超接口里发现了多个与解析出的方法名及描述符均相符，且又不是 `abstract` 方法的最具体方法，那么 *invokevirtual* 指令将抛出 `IncompatibleClassChangeError`<br>否则，如果查找过程的第 3 步在 *C* 的超接口里无法找到与解析出的方法名及描述符相符，且又不是 `abstract` 方法的最具体方法，那么 *invokevirtual* 指令将抛出 `AbstractMethodError`<br>否则，如果被解析的方法具有签名多态性，那么：<br>❑ 如果方法名称为 `invokeExact`、实例类型为 `java.lang.invoke.MethodType` 并且语义上不等于方法句柄接收者的类型描述符，那么 *invokevirtual* 指令将抛出 `java.lang.invoke.WrongMethodTypeException` 异常<br>❑ 如果方法名称为 `invoke`、实例类型为 `java.lang.invoke.MethodType`，但并非是在方法句柄接受者上面调用 `java.lang.invoke.MethodHandle.asType` 方法时的有效参数，那 *invokevirtual* 指令将抛出 `java.lang.invoke.WrongMethodTypeException` 异常 |
| 注意 | *objectref* 和 *n* 个参数值并不一定与局部变量表的前 n+1 个变量一一对应，因为参数中的 `long` 和 `double` 类型参数需要使用两个连续的局部变量来存储，因此，在参数传递时，可能需要比参数个数更多的局部变量<br>*invokevirtual* 指令中的符号引用可能会解析到某个接口方法上。之所以会出现这种情况，可能是因为虽然找不到类体系中的覆盖方法，但却能找到一个与解析出来的方法的描述符相匹配的非 `abstract` 接口方法。查找这种方法时所用的逻辑与 *invokeinterface* 指令相同 |

## ior

| | |
|---|---|
| 操作 | `int` 类型数值的布尔或运算 |
| 格式 | *ior* |
| 结构 | *ior*=128（0x80） |
| 操作数栈 | …，*value1*，*value2* →<br>…，*result* |
| 描述 | *value1*、*value2* 必须为 `int` 类型数据，指令执行时，它们从操作数栈中出栈，接着对这两个数进行按位或运算，运算结果 *result* 入栈到操作数栈中 |

## irem

| 操作 | int 类型数据求余 |
|---|---|
| 格式 | *irem* |
| 结构 | *irem*=112（0x70） |
| 操作数栈 | …，*value1*，*value2* →<br>…，*result* |
| 描述 | *value1* 和 *value2* 都必须为 int 类型数据，指令执行时，*value1* 和 *value2* 从操作数栈中出栈，根据 *value1*-（*value1* ÷ *value2*）× *value2* 计算出结果，然后把运算结果入栈到操作数栈中<br>*irem* 指令的运算结果就是保证（a÷b）×b+（a%b）=a 能够成立，即便在特殊情况下，也就是当被除数是 int 类型绝对值最大的负数，并且除数为 -1 的时候（这时余数值为 0）这个等式也依然成立。由此规则可知：只有当被除数为负数时余数才能是负数，只有当被除数为正数时余数才能是正数。另外，*irem* 运算结果的绝对值永远小于除数的绝对值 |
| 运行时异常 | 如果除数为 0，*irem* 指令将会抛出一个 ArithmeticException 异常 |

## ireturn

| 操作 | 从方法中返回一个 int 类型数据 |
|---|---|
| 格式 | *ireturn* |
| 结构 | *ireturn*=172（0xac） |
| 操作数栈 | …，*value* →<br>[empty] |
| 描述 | 当前方法的返回值必须为 boolean、byte、short、char 或者 int 类型，*value* 必须是一个 int 类型的数据。如果当前方法是一个同步（声明为 synchronized）方法，那么在方法调用时进入或者重入的锁应当被正确更新状态或退出，就像在当前线程中执行了 *monitorexit* 指令一样。如果执行过程当中没有抛出异常，那么 *value* 将从当前栈帧（见 2.6 节）中出栈，然后入栈到调用者栈帧的操作数栈中，在当前栈帧操作数栈中的其他所有值都将会被丢弃<br>指令执行后，解释器会恢复调用者的栈帧，并且把程序控制权交回调用者 |
| 运行时异常 | 如果虚拟机实现没有严格执行在 2.11.10 小节中规定的结构化锁定规则，导致当前方法虽然是一个同步方法，但当前线程却又不拥有调用该方法时所进入（enter）或重入（reenter）的那把锁，那么 *ireturn* 指令将会抛出 IllegalMonitorStateException 异常。这是可能出现的，例如，一个同步方法只包含了对方法要同步的那个对象所施加的 *monitorexit* 指令，但是未包含配对的 *monitorenter* 指令<br>否则，如果虚拟机实现严格执行了 2.11.10 小节中规定的结构化锁定规则，并且当前方法调用时，违反其中第 1 条规则，那么 *ireturn* 指令也会抛出 IllegalMonitorStateException 异常 |

## ishl

| 操作 | int 数值左移运算 |
|---|---|
| 格式 | *ishl* |
| 结构 | *ishl*=120（0x78） |
| 操作数栈 | …，*value1*，*value2* →<br>…，*result* |
| 描述 | *value1* 和 *value2* 都必须为 int 类型数据，指令执行时，*value1* 和 *value2* 从操作数栈中出栈，然后将 *value1* 左移 *s* 位，*s* 是 *value2* 低 5 位所表示的值，计算后把运算结果入栈到操作数栈中 |
| 注意 | 这个操作（即使出现了溢出的情况下）等同于把 *value1* 乘以 2 的 *s* 次方，位移的距离实际上被限制在 0 ～ 31，相当于指令执行时会把 *value2* 与 0x1f 做一次按位与操作 |

## ishr

| 操作 | int 数值右移运算 |
|---|---|
| 格式 | *ishr* |
| 结构 | *ishr*=122（0x7a） |
| 操作数栈 | …，*value1*，*value2* →<br>…，*result* |
| 描述 | *value1* 和 *value2* 都必须为 int 类型数据，指令执行时，*value1* 和 *value2* 从操作数栈中出栈，然后将 *value1* 右移 *s* 位，*s* 是 *value2* 低 5 位所表示的值，计算后把运算结果入栈到操作数栈中 |
| 注意 | 这个操作的结果等于$\lfloor value1 \div 2^s \rfloor$，这里的 *s* 是 *value2* 与 0x1f 算术与运算后的结果。对于 *value1* 为非负数的情况，这个操作等同于用去尾除法把 *value1* 除以 2 的 *s* 次方。位移的距离实际上被限制在 0~31，相当于指令执行时会把 *value2* 与 0x1f 做一次按位与操作 |

## istore

| 操作 | 将一个 int 类型数据保存到本地变量表中 |
|---|---|
| 格式 | *istore*<br>*index* |
| 结构 | *istore*=54（0x36） |
| 操作数栈 | …，*value* →<br>… |

（续）

| | |
|---|---|
| 描述 | *index* 是一个无符号 byte 类型整数，它是指向当前栈帧（见 2.6 节）局部变量表的索引值，而在操作数栈栈顶的 *value* 必须是 int 类型的数据，这个数据将从操作数栈出栈，然后保存到 *index* 所指向的局部变量表位置中 |
| 注意 | *istore* 指令可以与 *wide* 指令（见本节 *wide* 小节）联合使用，以实现使用两个字节宽度的无符号整数作为索引来访问局部变量表 |

## istore_<n>

| | |
|---|---|
| 操作 | 将一个 int 类型数据保存到本地变量表中 |
| 格式 | *istore_<n>* |
| 结构 | *istore_0*=59（0x3b）<br>*istore_1*=60（0x3c）<br>*istore_2*=61（0x3d）<br>*istore_3*=62（0x3e） |
| 操作数栈 | …，*value* →<br>… |
| 描述 | *<n>* 必须是一个指向当前栈帧（见 2.6 节）局部变量表的索引值，而在操作数栈栈顶的 *value* 必须是 int 类型的数据，这个数据将从操作数栈出栈，然后保存到 *<n>* 所指向的局部变量表位置中 |
| 注意 | *istore_<n>* 指令族中的每条指令都与使用 *<n>* 作为 *index* 参数的 *istore* 指令的作用一致，区别仅仅在于操作数 *<n>* 是隐式包含在指令中的 |

## isub

| | |
|---|---|
| 操作 | int 类型数据相减 |
| 格式 | *isub* |
| 结构 | *isub*=100（0x64） |
| 操作数栈 | …，*value1*，*value2* →<br>…，*result* |
| 描述 | *value1* 和 *value2* 都必须为 int 类型数据，指令执行时，*value1* 和 *value2* 从操作数栈中出栈，将这两个数值相减（*result*=value1-value2），结果转换为 int 类型值 *result*，最后 *result* 入栈到操作数栈中<br>对于 int 类型数据的减法来说，a-b 与 a+（-b）的结果永远是一致的，0 减去某个 int 类型值，相当于对这个 int 类型值进行取负运算<br>可以把数学运算的真实结果视为足够宽的二进制补码格式，而由该补码的低 32 位所表示的那个 int 值就是 *isub* 指令的运算结果。如果发生了上限溢出，那么结果的符号可能与真正数学运算结果的符号相反<br>尽管可能发生上限溢出，但是 *isub* 指令的执行过程中不会抛出任何运行时异常 |

## iushr

| 操作 | `int` 数值逻辑右移运算 |
|---|---|
| 格式 | *iushr* |
| 结构 | *iushr*=124（0x7c） |
| 操作数栈 | …，*value1*，*value2* →<br>…，*result* |
| 描述 | *value1* 和 *value2* 都必须为 `int` 类型数据，指令执行时，*value1* 和 *value2* 从操作数栈中出栈，然后将 *value1* 以零位扩展的方式右移 *s* 位，*s* 是 *value2* 低 5 位所表示的值，计算后把运算结果入栈操作数栈中 |
| 注意 | 假设 *value1* 是正数，并且 *s* 为 *value2* 与 0x1f 算术与运算后的结果，那么 *iushr* 指令的运算结果与 *value1*>>*s* 的结果是一致的；假设 *value1* 是负数，那么 *iushr* 指令的运算结果与表达式（*value1*>>*s*）+（2<< ~ *s*）一致。附加的（2<< ~ *s*）操作用于消去由 >> 运算所传播进来的符号位。位移的距离实际上被限制在 0 ～ 31 |

## ixor

| 操作 | `int` 数值异或运算 |
|---|---|
| 格式 | *ixor* |
| 结构 | *ixor*=130（0x82） |
| 操作数栈 | …，*value1*，*value2* →<br>…，*result* |
| 描述 | *value1* 和 *value2* 都必须为 `int` 类型数据，指令执行时，*value1* 和 *value2* 从操作数栈中出栈，然后将 *value1* 和 *value2* 进行按位异或运算，并把运算结果入栈到操作数栈中 |

## jsr

| 操作 | 程序段落跳转 |
|---|---|
| 格式 | *jsr*<br>*branchbyte1*<br>*branchbyte2* |
| 结构 | *jsr*=168（0xa8） |
| 操作数栈 | …，→<br>…，*address* |
| 描述 | *address* 是一个 `returnAddress` 类型的数据，表示紧跟在 *jsr* 后面的那条指令的操作码地址，它由 *jsr* 指令压入操作数栈中。无符号 `byte` 类型数据 *branchbyte1* |

（续）

| | |
|---|---|
| 描述 | 和 *branchbyte2* 用于构建一个 16 位有符号的分支偏移量，构建方式为（*branchbyte1*<<8）\| *branchbyte2*。程序将会从相对于 *jsr* 的偏移量处继续执行。跳转目标地址必须在 *jsr* 指令所在的方法之内 |
| 注意 | 请注意，*jsr* 指令将 *address* 入栈操作数栈，*ret* 指令从局部变量表中把它取出，这种不对称的操作是故意设计的<br>在 Oracle 所实现的 Java 语言编译器中，Java SE 6 前的版本可以使用 *jsr* 和 *ret* 指令配合来实现 `finally` 语句块。详细信息读者可以参考 3.13 节和 4.10.2.5 小节 |

## jsr_w

| | |
|---|---|
| 操作 | 程序段落跳转（宽索引） |
| 格式 | *jsr_w*<br>*branchbyte1*<br>*branchbyte2*<br>*branchbyte3*<br>*branchbyte4* |
| 结构 | *jsr_w*=201（0xc9） |
| 操作数栈 | …，→<br>…，*address* |
| 描述 | *address* 是一个 `returnAddress` 类型的数据，表示紧跟在 *jrs_w* 后面的那条指令的操作地址，它由 *jsr_w* 指令压入操作数栈中。无符号 `byte` 类型数据 *branchbyte1*、*branchbyte2*、*branchbyte3* 和 *branchbyte4* 用于构建一个 32 位有符号的分支偏移量，构建方式为（*branchbyte1*<<24）\|（*branchbyte1*<<16）\|（*branchbyte1*<<8）\|*branchbyte2*。程序将会从相对于 *jsr_w* 的偏移量处继续执行。跳转目标地址必须在 *jsr_w* 指令所在的方法之内 |
| 注意 | 请注意，*jsr_w* 指令将 *address* 入栈操作数栈，*ret* 指令从局部变量表中把它取出，这种不对称的操作是故意设计的<br>在 Oracle 为 Java SE 6 之前版本的 Java 语言所实现的编译器中，*jsr_w* 指令可以与 *ret* 指令一起实现 `finally` 语句块（参见 3.13 节、4.10.2.5 小节）<br>虽然 *jsr_w* 指令拥有 4 个字节的分支偏移量，但是其他因素限定了一个方法的最大长度不能超过 65 535 个字节（见 4.11 节）。在将来发布的 Java 虚拟机中可能会提升这个上限值 |

## l2d

| | |
|---|---|
| 操作 | 将 `long` 类型数据转换为 `double` 类型 |
| 格式 | *l2d* |
| 结构 | *l2d*=138（0x8a） |

（续）

| | |
|---|---|
| 操作数栈 | …，*value* →<br>…，*result* |
| 描述 | *value* 必须是在操作数栈栈顶的 `long` 类型数据，指令执行时，它将从操作数栈中出栈，使用 IEEE 754 规范的向最接近数舍入模式转换成 `double` 类型数据 *result*，然后把 *result* 入栈到操作数栈中 |
| 注意 | *i2d* 指令执行了宽化类型转换（JLS §5.1.2），由于 `double` 类型只有 53 位有效位数，所以转换可能会有精度丢失 |

## l2f

| | |
|---|---|
| 操作 | 将 `long` 类型数据转换为 `float` 类型 |
| 格式 | *l2f* |
| 结构 | *l2f*=137（0x89） |
| 操作数栈 | …，*value* →<br>…，*result* |
| 描述 | *value* 必须是在操作数栈栈顶的 `long` 类型数据，指令执行时，它将从操作数栈中出栈，使用 IEEE 754 规范的向最接近数舍入模式转换成 `float` 类型数据 *result*，然后把 *result* 入栈到操作数栈中 |
| 注意 | *i2d* 指令执行了宽化类型转换（JLS §5.1.2），由于 `float` 类型只有 24 位有效位数，所以转换可能会有精度丢失 |

## l2i

| | |
|---|---|
| 操作 | 将 `long` 类型数据转换为 `int` 类型 |
| 格式 | *l2i* |
| 结构 | *l2i*=136（0x88） |
| 操作数栈 | …，*value* →<br>…，*result* |
| 描述 | *value* 必须是在操作数栈栈顶的 `long` 类型数据，指令执行时，它将从操作数栈中出栈，使用保留低 32 位、丢弃高 32 位的方式转换为 `int` 类型数据 *result*，然后把 *result* 入栈到操作数栈中 |
| 注意 | *i2d* 指令执行了窄化类型转换（JLS §5.1.3），它可能会导致 *value* 的数值大小发生改变，甚至导致转换结果与原值有不同的正负号 |

## ladd

| 操作 | long 类型数据相加 |
|---|---|
| 格式 | *ladd* |
| 结构 | *ladd*=97（0x61） |
| 操作数栈 | …，*value1*，*value2* →<br>…，*result* |
| 描述 | *value1* 和 *value2* 都必须为 long 类型数据，指令执行时，*value1* 和 *value2* 从操作数栈中出栈，将这两个数值相加得到 long 类型数据 *result*（*result*=*value1*+*value2*），最后 result 被入栈到操作数栈中。<br>可以把数学运算的真实结果视为足够宽的二进制补码格式，而由该补码的低 64 位所表示的那个 long 值，就是 *ladd* 指令的运算结果。如果发生了上限溢出，那么结果的符号可能与真正数学运算结果的符号相反<br>尽管可能发生上限溢出，但是 *ladd* 指令的执行过程中不会抛出任何运行时异常 |

## laload

| 操作 | 从数组中加载一个 long 类型数据到操作数栈 |
|---|---|
| 格式 | *laload* |
| 结构 | *laload*=47（0x2f） |
| 操作数栈 | …，*arrayref*，*index* →<br>…，*value* |
| 描述 | *arrayref* 必须是一个 reference 类型的数据，它指向一个组件类型为 int 的数组，*index* 必须为 int 类型。指令执行后，*arrayref* 和 *index* 同时从操作数栈出栈，由 *index* 作为索引定位到数组中的 long 类型值，并将其入栈到操作数栈中 |
| 运行时异常 | 如果 *arrayref* 为 null，*laload* 指令将抛出 NullPointerException 异常<br>否则，如果 index 不在 arrayref 所代表的数组上下界范围中，laload 指令将抛出 ArrayIndexOutOfBoundsException 异常 |

## land

| 操作 | 对 long 类型数据进行按位与运算 |
|---|---|
| 格式 | *land* |
| 结构 | *land*=127（0x7f） |
| 操作数栈 | …，*value1*，*value2* →<br>…，*result* |

（续）

| | |
|---|---|
| 描述 | *value1* 和 *value2* 都必须为 long 类型数据，指令执行时，*value1* 和 *value2* 从操作数栈中出栈，对这两个数进行按位与操作得到 long 类型数据 *result*，最后 *result* 被入栈到操作数栈中 |

## lastore

| | |
|---|---|
| 操作 | 从操作数栈读取一个 long 类型数据并存入数组中 |
| 格式 | *lastore* |
| 结构 | *lastore*=80（0x50） |
| 操作数栈 | …，*arrayref*，*index*，*value* →<br>… |
| 描述 | *arrayref* 必须是一个 reference 类型的数据，它指向一个组件类型为 long 的数组，*index* 必须为 int 类型，而 *value* 必须为 long 类型。指令执行后，*arrayref*、*index* 和 *value* 同时从操作数栈出栈，然后 *value* 存储到由 *index* 作为索引而定位到的数组元素中 |
| 运行时异常 | 如果 *arrayref* 为 null，*iastore* 指令将抛出 NullPointerException 异常<br>否则，如果 *index* 不在 *arrayref* 所代表的数组上下界范围中，*lastore* 指令将抛出 ArrayIndexOutOfBoundsException 异常 |

## lcmp

| | |
|---|---|
| 操作 | 比较两个 long 类型数据的大小 |
| 格式 | *lcmp* |
| 结构 | *lcmp*=148（0x94） |
| 操作数栈 | …，*value1*，*value2* →<br>…，*result* |
| 描述 | *value1* 和 *value2* 都必须为 long 类型数据，指令执行时，*value1* 和 *value2* 从操作数栈中出栈，并执行带符号的整数比较；如果 *value1* 大于 *value2*，结果为 1；如果 *value1* 等于 *value2*，结果为 0；如果 *value1* 小于 *value2*，结果为 -1，最后，作为 int 值的比较结果入栈到操作数栈中 |

## lconst_<l>

| | |
|---|---|
| 操作 | 将 long 类型数据入栈到操作数栈中 |
| 格式 | *lconst_<l>* |

（续）

| | |
|---|---|
| 结构 | *lconst_0*=9（0x9）<br>*lconst_1*=10（0xa） |
| 操作数栈 | …→<br>…，<*l*> |
| 描述 | 将 long 类型的常量 <*l*>（0 或者 1）入栈操作数栈中 |

## ldc

| | |
|---|---|
| 操作 | 从运行时常量池中提取数据并压入操作数栈 |
| 格式 | *ldc*<br>*index* |
| 结构 | *ldc*=18（0x12） |
| 操作数栈 | …→<br>…，*value* |
| 描述 | *index* 是一个无符号 byte 类型数据，用作当前类（见 2.6 节）的运行时常量池的索引。*index* 指向的运行时常量池项必须是一个 int 或者 float 类型的运行时常量、字符串字面量，或者一个指向类、方法类型或方法句柄的符号引用（见 5.1 节）<br>如果运行时常量池成员是一个 int 或者 float 类型的运行时常量，那么这个常量所对应的数值 *value* 将入栈到操作数栈中<br>否则，如果运行时常量池成员是一个代表字符串字面量（见 5.1 节）的 String 类的引用，那么这个实例的引用所对应的 reference 类型数据 *value* 将入栈到操作数栈中<br>否则，如果运行时常量池成员是一个指向类的符号引用（见 5.1 节），那么就解析这个符号引用（见 5.4.3.1 小节），并把指向这个类的 Class 对象的 reference 类型数据 *value* 入栈到操作数栈中<br>否则，运行时常量池成员必定是指向方法类型或方法句柄（见 5.1 节）的一个符号引用。解析方法类型或方法句柄（见 5.4.3.5 小节），并且把指向解析好的 java.lang.invoke.MethodType 或 java.lang.invoke.MethodHandle 实例的引用所对应的 reference 类型数据 *value* 入栈到操作数栈中 |
| 链接时异常 | 在类的符号引用解析阶段，可能抛出任何在 5.4.3.1 小节中描述的异常<br>在方法类型或方法句柄的符号引用解析阶段，可能抛出任何在 5.4.3.5 小节中描述的异常 |
| 注意 | *ldc* 指令只能用来处理单精度浮点集合（见 2.3.2 小节）中的 float 类型数据，因为常量池（见 4.4.4 小节）中 float 类型的常量必须从单精度浮点集合中选取 |

## ldc_w

| 操作 | 从运行时常量池中提取数据并压入操作数栈（宽索引） |
| --- | --- |
| 格式 | *ldc_w*<br>*indexbyte1*<br>*indexbyte2* |
| 结构 | *ldc_w*=19（0x13） |
| 操作数栈 | …→<br>…，*value* |
| 描述 | 无符号数 *indexbyte1* 和 *indexbyte2* 用于构建一个当前类（见2.6节）的运行时常量池的索引值，构建方式为（*indexbyte1*<<8）\|*indexbyte2*，该索引所指向的运行时常量池成员应当是一个 `int` 或者 `float` 类型的运行时常量、字符串字面量，或者一个指向类、方法类型或方法句柄的符号引用（见5.1节）<br>如果运行时常量池成员是一个 `int` 或者 `float` 类型的运行时常量，那么这个常量所对应的数值 *value* 将入栈到操作数栈中<br>否则，如果运行时常量池成员是一个代表字符串字面量（见5.1节）的 `String` 类的引用，那么这个实例的引用所对应的 `reference` 类型数据 *value* 将入栈到操作数栈中<br>否则，如果运行时常量池成员必须是一个指向类的符号引用（见4.4.1小节），那么就解析这个符号引用（见5.4.3.1小节），并把指向这个类的 `Class` 对象所对应的 `reference` 类型数据 *value* 将入栈操作数栈中<br>否则，如果运行时常量池成员是一个类的符号引用（见4.4.1小节），这个符号引用是已被解析过（见5.4.3.1小节）的，并且这个类的 `Class` 对象的 `reference` 类型数据 *value* 入栈到操作数栈中<br>否则，运行时常量池成员必定是指向方法类型或方法句柄（见5.1节）的一个符号引用。解析方法类型或方法句柄（见5.4.3.5小节），并且把指向解析好的 `java.lang.invoke.MethodType` 或 `java.lang.invoke.MethodHandle` 实例的引用所对应的 `reference` 类型数据 `value` 入栈到操作数栈 |
| 链接时异常 | 在类的符号引用解析阶段，可能抛出任何在5.4.3.1小节中描述的异常<br>在方法类型或方法句柄的符号引用解析阶段，可能抛出任何在5.4.3.5小节中描述的异常 |
| 注意 | *ldc_w* 指令与 *ldc* 指令相似，它与 *ldc* 的差别在于使用了更宽的运行时常量池索引<br>*ldc_w* 指令只能用来处理单精度浮点集合（见2.3.2小节）中的 `float` 类型数据，因为常量池（见4.4.4小节）中 `float` 类型的常量必须从单精度浮点集合中选取 |

## ldc2_w

| | |
|---|---|
| 操作 | 从运行时常量池中提取 long 或 double 数据并压入操作数栈（宽索引） |
| 格式 | *ldc2_w*<br>*indexbyte1*<br>*indexbyte2* |
| 结构 | *ldc2_w*=20（0x14） |
| 操作数栈 | …→<br>…，*value* |
| 描述 | 无符号数 *indexbyte1* 和 *indexbyte2* 用于构建一个当前类（见 2.6 节）的运行时常量池的索引值，构建方式为（*indexbyte1*<<8）\|*indexbyte2*，该索引所指向的运行时常量池成员应当是一个 long 或者 double 类型的运行时常量（见 5.1 节）。这个常量所对应的数值 *value* 将分别作为 long 或 double 入栈操作数栈中 |
| 注意 | 只存在宽索引版本的 *ldc2_w* 指令，没有那种能把运行时常量池中的 long 或 double 数据推入操作数栈，且使用单字节作索引的 *ldc* 指令<br>*ldc2_w* 指令只能用来处理双精度浮点集合（见 2.3.2 小节）中的 double 类型数据，因为常量池（见 4.4.5 小节）中 double 类型的常量必须从双精度浮点集合中选取 |

## ldiv

| | |
|---|---|
| 操作 | long 类型数据除法 |
| 格式 | *ldiv* |
| 结构 | *ldiv*=109（0x6d） |
| 操作数栈 | …，*value1*，*value2* →<br>…，*result* |
| 描述 | *value1* 和 *value2* 都必须为 long 类型数据，指令执行时，*value1* 和 *value2* 从操作数栈中出栈，并且将这两个数值相除（*value1* ÷ *value2*），结果转换为 long 类型值 *result*，最后 *result* 入栈到操作数栈中<br>long 类型的除法结果都是向零舍入的，这意味着 $n \div d$ 的商 $q$ 会在满足 $\|d\| \times \|q\| \leqslant \|n\|$ 的前提下取尽可能大的整数值。另外，当 $\|n\| \geqslant \|d\|$ 并且 $n$ 和 $d$ 符号相同时，$q$ 的符号为正。而当 $\|n\| \geqslant \|d\|$ 并且 $n$ 和 $d$ 的符号相反时，$q$ 的符号为负<br>有一种特殊情况不适合上面的规则：如果被除数是 long 类型中绝对值最大的负数，除数为 -1。那么运算时将会发生溢出，运算结果就等于被除数本身。尽管这里发生了溢出，但是依然不会抛出异常 |
| 运行时异常 | 如果除数为零，*ldiv* 指令将抛出 ArithmeticException 异常 |

## lload

| 操作 | 从局部变量表加载一个 long 类型值到操作数栈中 |
| --- | --- |
| 格式 | *lload*<br>*index* |
| 结构 | *iload*=22（0x16） |
| 操作数栈 | …→<br>…，*value* |
| 描述 | *index* 是一个无符号 byte 类型整数，它与 *index* + 1 共同构成一个当前栈帧（见 2.6 节）中局部变量表的索引，*index* 作为索引定位的局部变量必须为 long 类型，记为 *value*。指令执行后，*value* 将会入栈到操作数栈栈顶 |
| 注意 | *lload* 操作码可以与 *wide* 指令联合使用，以实现使用两个字节长度的无符号 byte 类型数值作为索引来访问局部变量表 |

## lload_<n>

| 操作 | 从局部变量表加载一个 long 类型值到操作数栈中 |
| --- | --- |
| 格式 | *lload_<n>* |
| 结构 | *lload_0*=30（0x1e）<br>*lload_1*=31（0x1f）<br>*lload_2*=32（0x20）<br>*lload_3*=33（0x21） |
| 操作数栈 | …→<br>…，*value* |
| 描述 | <*n*> 与 <*n*> + 1 共同构成一个当前栈帧（见 2.6 节）中局部变量表的索引值，<*n*> 作为索引定位的局部变量必须为 long 类型，记为 *value*。指令执行后，*value* 将会入栈到操作数栈栈顶 |
| 注意 | *lload_<n>* 指令族中的每条指令都与使用 <*n*> 作为 *index* 参数的 *lload* 指令的作用一致，区别仅仅在于操作数 <*n*> 是隐式包含在指令中的 |

## lmul

| 操作 | long 类型数据乘法 |
| --- | --- |
| 格式 | *lmul* |
| 结构 | *lmul*=105（0x69） |
| 操作数栈 | …，*value1*，*value2* →<br>…，*result* |

（续）

| | |
|---|---|
| 描述 | *value1* 和 *value2* 都必须为 long 类型数据，指令执行时，*value1* 和 *value2* 从操作数栈中出栈，接着将这两个数值相乘（*value1* × *value2*），把结果入栈到操作数栈中<br>可以把数学运算的真实结果视为足够宽的二进制补码格式，而由该补码的低 64 位所表示的那个 long 值，就是 *lmul* 指令的运算结果。如果发生了上限溢出，那么结果的符号可能与真正数学运算结果的符号相反<br>尽管可能发生上限溢出，但是 *lmul* 指令的执行过程中不会抛出任何运行时异常 |

## lneg

| | |
|---|---|
| 操作 | long 类型数据取负运算 |
| 格式 | *lneg* |
| 结构 | *lneg*=117（0x75） |
| 操作数栈 | …，*value* →<br>…，*result* |
| 描述 | *value* 必须为 long 类型数据，指令执行时，*value* 从操作数栈中出栈，接着对这个数进行算术取负运算，把运算结果 –*value* 入栈到操作数栈中<br>对于 long 类型数据，取负运算等同于与零做减法运算。因为 Java 虚拟机使用二进制补码来表示整数，而且二进制补码值的范围并不是完全对称的，所以 long 类型中绝对值最大的负数取反的结果也依然是它本身。尽管指令执行过程中可能发生上限溢出，但是不会抛出任何异常<br>对于所有的 long 类型值 *x* 来说，–*x* 等于（~*x*）+1 |

## lookupswitch

| | |
|---|---|
| 操作 | 根据键值在跳转表中寻找配对的分支并进行跳转 |
| 格式 | *lookupswitch*<br>*<0-3 byte pad>*<br>*defaultbyte1*<br>*defaultbyte2*<br>*defaultbyte3*<br>*defaultbyte4*<br>*npairs1*<br>*npairs2*<br>*npairs3*<br>*npairs4*<br>*match-offset pairs...* |
| 结构 | *lookupswitch*=171（0xab） |

（续）

| | |
|---|---|
| 操作数栈 | …，*key* →<br>… |
| 描述 | *lookupswitch* 是一条变长指令。紧跟 *lookupswitch* 之后的 0 至 3 个字节是填充字节，它们使得 *defaultbyte1* 的地址与方法起始地址（也就是方法内第一条指令的操作码所在的地址）之间的距离，恰好是 4 的倍数。填充字节后面是一系列 32 位有符号整数值，包括默认跳转地址 *default*、匹配键值对的数量 *npairs* 以及 *npairs* 个键值对。其中，*npairs* 的值应当大于或等于 0，每一组匹配键值对都包含了一个 `int` 类型值 *match* 以及一个有符号 32 位偏移量 *offset*。上述所有的 32 位有符号数值都由以下形式构成：（*byte1*<<24）\|（*byte2*<<16）\|（*byte3*<<8）\|*byte4*<br>*lookupswitch* 指令之后所有的匹配键值对，都必须以其中的 *match* 值排序，按照升序存储<br>指令执行时，`int` 类型的 *key* 从操作数栈中出栈，与每个 *match* 值进行比较。如果能找到一个与之相等的 *match* 值，那么就把这个 *match* 所配对的偏移量 *offset* 加到当前这条 *lookupswitch* 指令的地址上，并将新地址当作目标地址进行跳转。如果没有配对到任何一个 *match* 值，那么就把 *default* 加到当前这条 *lookupswitch* 指令的地址上，并将新地址当作目标地址进行跳转。程序从目标地址开始继续执行<br>目标地址既可能从 *npairs* 组匹配键值对中得出，也可能从 *default* 中得出，但无论如何，最终的目标地址必须在包含 *lookupswitch* 指令的那个方法之内 |
| 注意 | 当且仅当包含 *lookupswitch* 指令的方法刚好位于 4 字节边界上时，*lookupswitch* 指令才能确保它的所有操作数都是 4 字节对齐的<br>所有的匹配键值对都以有序方式存储，是为了可以使用比线性搜索更快的办法来查找它们 |

## lor

| | |
|---|---|
| 操作 | `long` 类型数值的布尔或运算 |
| 格式 | *lor* |
| 结构 | *lor*=129（0x81） |
| 操作数栈 | …，*value1*，*value2* →<br>…，*result* |
| 描述 | *value1*、*value2* 必须为 `long` 类型数据，指令执行时，它们从操作数栈中出栈，接着对这两个数进行按位或运算，运算结果 *result* 入栈到操作数栈中 |

## lrem

| | |
|---|---|
| 操作 | long 类型数据求余 |
| 格式 | *lrem* |
| 结构 | *lrem*=113（0x71） |
| 操作数栈 | …，*value1*，*value2* →<br>…，*result* |
| 描述 | *value1* 和 *value2* 都必须为 long 类型数据，指令执行时，*value1* 和 *value2* 从操作数栈中出栈，根据 *value1*-（*value1* ÷ *value2*）× *value2* 计算出结果，然后把运算结果入栈到操作数栈中<br>*lrem* 指令的运算结果就是保证（a÷b）×b+（a%b）=a 能够成立，即便在特殊情况下，也就是当被除数是 long 类型绝对值最大的负数，并且除数为 -1 的时候（这时余数值为 0）这个等式也依然成立。*lrem* 运算指令执行时会遵循只有当被除数为负数时余数才能是负数，只有当被除数为正数时余数才能是正数的规则。另外，*lrem* 运算结果的绝对值永远小于除数的绝对值 |
| 运行时异常 | 如果除数为 0，那么 *lrem* 指令将会抛出一个 ArithmeticException 异常 |

## lreturn

| | |
|---|---|
| 操作 | 从方法中返回一个 long 类型数据 |
| 格式 | *lreturn* |
| 结构 | *lreturn*=173（0xad） |
| 操作数栈 | …，*value* →<br>[empty] |
| 描述 | 当前方法的返回值必须为 long 类型，*value* 必须是一个 long 类型的数据。如果当前方法是一个同步（声明为 synchronized）方法，那么在方法调用时进入或者重入的锁应当被正确更新状态或退出，就像当前线程执行了 *monitorexit* 指令一样。如果执行过程当中没有抛出异常，那么 *value* 将从当前栈帧（见 2.6 节）中出栈，然后入栈到调用者栈帧的操作数栈中，在当前栈帧操作数栈中的其他所有值都将会被丢弃<br>指令执行后，解释器会恢复调用者的栈帧，并且把程序控制权交回调用者 |
| 运行时异常 | 如果虚拟机实现没有严格执行在 2.11.10 小节中规定的结构化锁定规则，导致当前方法虽然是一个同步方法，但当前线程却又不拥有调用该方法时所进入（enter）或重入（reenter）的那把锁，那么 *lreturn* 指令将会抛出 IllegalMonitorStateException 异常。这是可能出现的，例如，一个同步方法只包含了对方法要同步的那个对象所施加的 *monitorexit* 指令，但是未包含配对的 *monitorenter* 指令<br>否则，如果虚拟机实现严格执行了 2.11.10 小节中规定的结构化锁定规则，并且当前方法调用时，违反其中的第 1 条规则，那么 *lreturn* 指令也会抛出 IllegalMonitorStateException 异常 |

## lshl

| 操作 | long 数值左移运算 |
| --- | --- |
| 格式 | *lshl* |
| 结构 | *lshl*=121（0x79） |
| 操作数栈 | …，*value1*，*value2* →<br>…，*result* |
| 描述 | *value1* 必须为 long 类型数据，*value2* 必须为 int 类型数据，指令执行时，*value1* 和 *value2* 从操作数栈中出栈，然后将 *value1* 左移 *s* 位，*s* 是 *value2* 低 6 位所表示的值，计算后把运算结果入栈到操作数栈中 |
| 注意 | 这个操作（即使出现了溢出的情况下）等同于把 *value1* 乘以 2 的 *s* 次方，位移的距离实际上被限制在 0 ~ 63，相当于指令执行时会把 value2 与 0x3f 做一次算术与操作 |

## lshr

| 操作 | long 数值右移运算 |
| --- | --- |
| 格式 | *lshr* |
| 结构 | *lshr*=123（0x7b） |
| 操作数栈 | …，*value1*，*value2* →<br>…，*result* |
| 描述 | *value1* 必须为 long 类型数据，*value2* 必须为 int 类型数据，指令执行时，*value1* 和 *value2* 从操作数栈中出栈，然后将 *value1* 右移 *s* 位，*s* 是 *value2* 低 6 位所表示的值，计算后把运算结果入栈到操作数栈中 |
| 注意 | 这个操作的结果等于$\lfloor value1 \div 2^s \rfloor$，这里的 *s* 是 *value2* 与 0x3f 算术与运算后的结果。对于 *value1* 为非负数的情况，这个操作等同于用去尾除法把 *value1* 除以 2 的 *s* 次方。位移的距离实际上被限制在 0 ~ 63，相当于指令执行时会把 *value2* 与 0x3f 做一次算术与操作 |

## lstore

| 操作 | 将一个 long 类型数据保存到本地变量表中 |
| --- | --- |
| 格式 | *lstore*<br>*index* |
| 结构 | *lstore*=55（0x37） |
| 操作数栈 | …，*value* →<br>… |

（续）

| | |
|---|---|
| 描述 | *index* 是一个无符号 byte 类型整数，它与 *index* 共同构成一个当前栈帧（见 2.6 节）局部变量表的索引值，而在操作数栈栈顶的 *value* 必须是 long 类型的数据，这个数据将从操作数栈出栈，然后保存到 *index* 及 *index* + 1 所指向的局部变量表位置中 |
| 注意 | *lstore* 操作码可以与 *wide* 指令联合使用，以实现使用两个字节宽度的无符号整数作为索引来访问局部变量表 |

## lstore_<n>

| | |
|---|---|
| 操作 | 将一个 long 类型数据保存到本地变量表中 |
| 格式 | *lstore_<n>* |
| 结构 | *lstore_0*=63（0x3f）<br>*lstore_1*=64（0x40）<br>*lstore_2*=65（0x41）<br>*lstore_3*=66（0x42） |
| 操作数栈 | …，*value* →<br>… |
| 描述 | *<n>* 与 *<n>* + 1 共同表示一个当前栈帧（见 2.6 节）局部变量表的索引值，而在操作数栈栈顶的 *value* 必须是 long 类型的数据，这个数据将从操作数栈出栈，然后保存到 *<n>* 及 *<n>* + 1 所指向的局部变量表位置中 |
| 注意 | *lstore_<n>* 指令族中的每条指令都与使用 *<n>* 作为 *index* 参数的 *lstore* 指令的作用一致，区别仅仅在于操作数 *<n>* 是隐式包含在指令中的 |

## lsub

| | |
|---|---|
| 操作 | long 类型数据相减 |
| 格式 | *lsub* |
| 结构 | *lsub*=101（0x65） |
| 操作数栈 | …，*value1*，*value2* →<br>…，*result* |
| 描述 | *value1* 和 *value2* 都必须为 long 类型数据，指令执行时，*value1* 和 *value2* 从操作数栈中出栈，将这两个数值相减（*result=value1'–value2'*），结果转换为 long 类型值 *result*，最后 *result* 入栈到操作数栈中<br>对于 long 类型数据的减法来说，a-b 与 a+（-b）的结果永远是一致的，0 减去某个 long 类型值相当于对这个 long 类型值进行取负运算<br>可以把数学运算的真实结果视为足够宽的二进制补码格式，而由该补码的低 64 位所表示的那个 long 值，就是 *lsub* 指令的运算结果。如果发生了上限溢出，那么结果的符号可能与真正数学运算结果的符号相反<br>尽管可能发生上限溢出，但是 *lsub* 指令的执行过程中不会抛出任何运行时异常 |

## lushr

| 操作 | long数值逻辑右移运算 |
|---|---|
| 格式 | *lushr* |
| 结构 | *lushr*=125（0x7d） |
| 操作数栈 | …，*value1*，*value2*→<br>…，*result* |
| 描述 | *value1*必须为long类型数据，*value2*必须为int类型数据，指令执行时，*value1*和*value2*从操作数栈中出栈，然后将*value1*右移*s*位，*s*是*value2*低6位所表示的值，计算后把运算结果入栈到操作数栈中 |
| 注意 | 假设*value1*是正数，并且*s*为*value2*与0x3f算术与运算后的结果，那么*lushr*指令的运算结果与*value1*>>*s*的结果是一致的；假设*value1*是负数，那么*lushr*指令的运算结果与表达式（*value1*>>*s*）+（2L<<~*s*）一致。附加的（2L<<~*s*）操作用于抵消传播进来的那些符号位。位移的距离实际上被限制在0～63 |

## lxor

| 操作 | long数值异或运算 |
|---|---|
| 格式 | *lxor* |
| 结构 | *lxor*=131（0x83） |
| 操作数栈 | …，*value1*，*value2*→<br>…，*result* |
| 描述 | *value1*和*value2*都必须为long类型数据，指令执行时，*value1*和*value2*从操作数栈中出栈，然后将*value1*和*value2*进行按位异或运算，并把运算结果入栈到操作数栈中 |

## monitorenter

| 操作 | 进入一个对象的monitor |
|---|---|
| 格式 | *monitorenter* |
| 结构 | *monitorenter*=194（0xc2） |
| 操作数栈 | …，*objectref*→<br>… |
| 描述 | *objectref*必须为reference类型数据<br>任何对象都有一个monitor与之关联。当且仅当一个monitor被持有后，它才会处于锁定状态。线程执行到*monitorenter*指令时，将会按下列方式来尝试获取*objectref*所对应的monitor的所有权： |

（续）

| | |
|---|---|
| 描述 | ❑如果 *objectref* 的 monitor 进入计数器为 0，那么线程可以成功进入 monitor，以及将计数器值设置为 1。当前线程就是 monitor 的所有者<br>❑如果当前线程已经拥有了 *objectref* 的 monitor，那么它可以重入这个 monitor，重入时需将进入计数器的值加 1<br>❑如果其他线程已经拥有 *objectref* 的 monitor 的所有权，那么当前线程将被阻塞，直到 monitor 的进入计数器值变为 0 时，才能重新尝试获取 monitor 的所有权 |
| 运行时异常 | 当 *objectref* 为 `null` 时，*monitorenter* 指令将抛出 `NullPointerException` 异常 |
| 注意 | 一个 *monitorenter* 指令可能会与一个或多个 *monitorexit* 指令配合实现 Java 语言中 `synchronized` 同步语句块的语义（见 3.14 节）。但 *monitorenter* 和 *monitorexit* 指令不会用来实现 `synchronized` 方法，尽管它们确实也可以实现类似的锁定语义。当调用一个 `synchronized` 方法时，会自动进入对应的 monitor，当方法返回时，也会自动退出 monitor，这些动作是由 Java 虚拟机在方法调用和方法返回指令中隐式处理的<br>对象与其 monitor 之间的关联关系有很多种实现方式，这些内容已超出本规范的范围。例如，monitor 既可以实现为与对象一同分配和销毁，也可以在某个线程尝试获取对象所有权时动态生成，并在没有任何线程持有对象所有权时自动释放<br>在 Java 语言里面，同步的概念除了包括 monitor 的进入和退出操作以外，还包括等待 monitor（`Object.wait`）和唤醒等待 monitor 的线程（`Object.notifyAll` 和 `Object.notify`）。这些操作包含在 Java 虚拟机提供的标准包 `java.lang` 之中，而不是通过 Java 虚拟机的指令集来显式支持 |

## monitorexit

| | |
|---|---|
| 操作 | 退出一个对象的 monitor |
| 格式 | *monitorexit* |
| 结构 | *monitorexit*=195（0xc3） |
| 操作数栈 | …，*objectref*→<br>… |
| 描述 | *objectref* 必须为 reference 类型数据<br>执行 *monitorexit* 指令的线程必须是与 *objectref* 所引用的实例相对应的 monitor 的所有者<br>指令执行时，线程把 monitor 的进入计数器值减 1，如果减 1 后计数器值为 0，那么线程退出 monitor，不再是这个 monitor 的拥有者。其他被这个 monitor 阻塞的线程可以尝试获取这个 monitor 的所有权 |

（续）

| | |
|---|---|
| 运行时异常 | 当*objectref*为null时，*monitorexit*指令将抛出NullPointerException异常<br>否则，如果执行*monitorexit*的线程原本并没有这个monitor的所有权，那么*monitorexit*指令将抛出IllegalMonitorStateException异常<br>否则，如果Java虚拟机执行*monitorexit*时施加了2.11.10小节中描述的结构化锁定规则，但却违反了第2条规则，那么*monitorexit*指令将抛出Illegal-MonitorStateException异常 |
| 注意 | 一个*monitorenter*指令可能会与一个或多个*monitorexit*指令配合实现Java语言中synchronized同步语句块的语义（见3.14节）。但*monitorenter*和*monitorexit*指令不会用来实现synchronized方法的语义，尽管它们确实可以等价的锁定语义<br>Java虚拟机对在synchronized方法和synchronized同步语句块中抛出的异常有不同的处理方式：<br>❑在synchronized方法正常完成时，monitor通过Java虚拟机的返回指令退出。在synchronized方法非正常完成时，monitor通过Java虚拟机的*athrow*指令退出<br>❑当synchronized同步语句块抛出异常时，将由Java虚拟机异常处理机制（见3.14节）来保证退出之前在synchronized同步语句块开始时进入的monitor |

## multianewarray

| | |
|---|---|
| 操作 | 创建一个新的多维数组 |
| 格式 | *multianewarray*<br>*indexbyte1*<br>*indexbyte2*<br>*dimensions* |
| 结构 | *multianewarray*=197（0xc5） |
| 操作数栈 | …，*count1*，[*count2*，…]→<br>…，*arrayref* |
| 描述 | *dimensions*操作数是一个无符号的byte类型数据，它必须大于或等于1，代表创建数组的维度值。相应地，操作数栈中必须包含*dimensions*个数值，数组中的每个值代表每个维度中需要创建的组件数量。这些值必须为非负数int类型数据。*count1*描述第一个维度的长度，*count2*描述第二个维度的长度，依此类推<br>指令执行时，所有*count*都将从操作数栈中出栈，无符号数*indexbyte1*和*indexbyte2*用于构建一个指向当前类（见2.6节）运行时常量池的索引值，构建方式为（*indexbyte1*<<8）\|*indexbyte2*，该索引所指向的运行时常量池项应当是对一个类、接口或者数组类型的符号引用，这个类、接口或者数组类型应当是已被解析（见5.4.3.1小节）过的。指令执行产生的结果将会是一个维度不小于*dimensions*的数组 |

（续）

| | |
|---|---|
| 描述 | 一个新的多维数组将会被分配在 GC 堆中，如果任何一个 *count* 值为 0，那么就不会再为后续的维度分配内存了。数组第一维的各组件将初始化成表示第二维类型的子数组，后面每一维都依此类推。数组的最后一个维度的组件将会被分配为数组元素类型的初始值（见 2.3 节和 2.4 节）。并且将一个代表该数组的 `reference` 类型数据 *arrayref* 入栈到操作数栈中 |
| 链接时异常 | 在类、接口或者数组的符号解析阶段，可能抛出任何在 5.4.3.1 小节中描述的异常<br>否则，如果当前类没有权限访问数组的元素类型，*multianewarray* 指令将会抛出 `IllegalAccessError` |
| 运行时异常 | 否则，在操作数栈中的 *dimensions* 个操作数里，如果任何一个操作数小于 0，那么 *multianewarray* 指令将会抛出一个 `Negative ArraySizeException` 异常 |
| 注意 | 对于一维数组来说，使用 *newarray* 或者 *anewarray* 指令创建会更加高效<br>在运行时常量池中确定的数组类型维度可能比操作数栈中 *dimensions* 所代表的维度更高，在这种情况下，*multianewarray* 指令只会创建数组的前 *dimensions* 个维度 |

## new

| | |
|---|---|
| 操作 | 创建一个对象 |
| 格式 | *new*<br>*indexbyte1*<br>*indexbyte2* |
| 结构 | *new*=187（0xbb） |
| 操作数栈 | …→<br>…，*objectref* |
| 描述 | 无符号数 *indexbyte1* 和 *indexbyte2* 用于构建一个指向当前类（见 2.6 节）的运行时常量池的索引值，构建方式为（*indexbyte1*<<8）\|*indexbyte2*，该索引所指向的运行时常量池项应当是一个类或接口的符号引用，这个类或接口类型应当是已被解析（见 5.4.3.1 小节）过的，并且最终解析结果为某个具体的类。一个以此为类的新实例将会被分配在 GC 堆中，并且它所有的实例变量都会初始化为相应类型的初始值（见 2.3 节和 2.4 节）。一个代表该对象实例的 `reference` 类型数据 *objectref* 将入栈到操作数栈中<br>一个已成功解析但是未初始化（见 5.5 节）的类，在这时将会进行初始化 |
| 链接时异常 | 在类、接口或者数组的符号解析阶段，可能抛出任何在 5.4.3.1 小节中描述的异常<br>否则，如果类、接口或者数组的符号引用最终被解析为一个接口或抽象类，*new* 指令将抛出 `InstantiationError` |

（续）

| | |
|---|---|
| 运行时异常 | 否则，如果 *new* 指令触发了类的初始化，那么 *new* 指令可能会抛出任意在 JLS § 15.9.4 中所描述的异常 |
| 注意 | *new* 指令执行后并没有完成一个对象实例创建的全部过程，只有执行和完成了实例初始化方法后，实例才算创建完全 |

## newarray

| | |
|---|---|
| 操作 | 创建一个新数组 |
| 格式 | *newarray*<br>*atype* |
| 结构 | *newarray*=188（0xbc） |
| 操作数栈 | …，*count* →<br>…，*arrayref* |
| 描述 | *count* 为 int 类型的数据，指令执行时，它将从操作数栈中出栈，它代表了要创建多大的数组<br>*atype* 为要创建数组的元素类型，它将为表 6-2 所示值之一：<br>**表 6-2　数组类型码**<br>（见下表）<br>一个以 *atype* 为组件类型、以 *count* 值为长度的数组将会被分配在 GC 堆中，并且一个代表该数组的 `reference` 类型数据 *arrayref* 将入栈操作数栈中。这个新数组的所有元素将会被分配为相应类型的初始值（见 2.3 节和 2.4 节） |
| 运行时异常 | 如果 *count* 值小于 0，*newarray* 指令将会抛出一个 `NegativeArraySizeException` 异常 |
| 注意 | 在 Oracle 实现的 Java 虚拟机中，布尔类型（*atype* 值为 `T_BOOLEAN`）的数组，会存储成元素类型是 8 位数值的数组，并使用 *baload* 和 *bastore* 指令操作，这些指令也可以操作 `byte` 类型的数组。其他 Java 虚拟机可能有自己的布尔型数组实现方式，但必须保证 *baload* 和 *bastore* 指令依然适用于它们的布尔类型数组 |

**表 6-2　数组类型码**

| 数组类型 | atype |
|---|---|
| T_BOOLEAN | 4 |
| T_CHAR | 5 |
| T_FLOAT | 6 |
| T_DOUBLE | 7 |
| T_BYTE | 8 |
| T_SHORT | 9 |
| T_INT | 10 |
| T_LONG | 11 |

## nop

| | |
|---|---|
| 操作 | 什么事情都不做 |
| 格式 | *nop* |
| 结构 | *nop*=0（0x0） |
| 操作数栈 | 无变化 |
| 描述 | 什么事情都不做 |

## pop

| | |
|---|---|
| 操作 | 将操作数栈的栈顶元素出栈 |
| 格式 | *pop* |
| 结构 | *pop*=87（0x57） |
| 操作数栈 | …，*value* →<br>… |
| 描述 | 将操作数栈的栈顶元素出栈<br>*pop* 指令只能用来操作 2.11.1 小节中定义的分类 1 运算类型的 *value* |

## pop2

| | |
|---|---|
| 操作 | 将操作数栈栈顶的一个或两个元素出栈 |
| 格式 | *pop2* |
| 结构 | *pop2*=88（0x58） |
| 操作数栈 | 结构 1：<br>…，*value2*，*value1* →<br>…<br>其中 *value1* 和 *value2* 都必须为 2.11.1 小节中定义的分类 1 运算类型的值<br>结构 2：<br>…，*value* →<br>…<br>其中 *value* 必须为 2.11.1 小节中定义的分类 2 运算类型的值 |
| 描述 | 将操作数栈栈顶的一个或两个元素出栈 |

## putfield

| 操作 | 设置对象字段 |
| --- | --- |
| 格式 | *putfield*<br>*indexbyte1*<br>*indexbyte2* |
| 结构 | *putfield*=181（0xb5） |
| 操作数栈 | …，*objectref*，*value* →<br>… |
| 描述 | 无符号数 *indexbyte1* 和 *indexbyte2* 用于构建一个指向当前类（见 2.6 节）的运行时常量池的索引值，构建方式为（*indexbyte1*<<8）\|*indexbyte2*，该索引所指向的运行时常量池项应当是一个对字段（见 5.1 节）的符号引用，其中包含了字段的名称和描述符，以及包含该字段的类的符号引用。*objectref* 所引用的对象不能是数组类型。如果取值的字段是 `protected` 的（见 4.6 节），并且这个字段是当前类某个超类的成员，而这个字段又没有在同一个运行时包（见 5.3 节）中定义过，那么 *objectref* 所指向的对象的类型必须为当前类或者当前类的子类<br>这个字段的符号引用是已被解析过的（见 5.4.3.2 小节）。被 *putfield* 指令存储到字段中的 *value* 值的类型必须与字段的描述符相匹配（见 4.3.2 小节）。如果字段描述符的类型是 `boolean`、`byte`、`char`、`short` 或者 `int`，那么 *value* 必须为 `int` 类型。如果字段描述符的类型是 `float`、`long` 或者 `double`，那么 *value* 的类型必须相应为 `float`、`long` 或者 `double`。如果字段描述符的类型是 `reference` 类型，那么 *value* 必须为一个可与之匹配（JLS §5.2）的类型。如果字段被声明为 `final` 的，那么只有在当前类的实例初始化方法（<init>）中设置当前类的 `final` 字段才是合法的（见 2.9 节）<br>指令执行时，*value* 和 *objectref* 从操作数栈中出栈。*objectref* 必须为 `reference` 类型数据，*value* 将根据 2.8.3 小节中定义的转换规则转换为 *value*'，*objectref* 的指定字段的值将被设置为 *value*' |
| 链接时异常 | 在字段的符号引用解析过程中，可能抛出任何在 5.4.3.2 小节中描述过的异常<br>否则，如果已解析的字段是一个静态（`static`）字段，*getfield* 指令将会抛出一个 `IncompatibleClassChangeError`<br>否则，如果字段声明为 `final`，那么就只有在当前类的实例初始化方法（`<init>`）中设置当前类的 `final` 字段才是合法的，否则将会抛出 `IllegalAccessError` |
| 运行时异常 | 否则，如果 *objectref* 为 `null`，*putfield* 指令将抛出一个 `NullPointerException` 异常 |

## putstatic

| | |
|---|---|
| 操作 | 设置类的静态字段值 |
| 格式 | *putstatic*<br>*indexbyte1*<br>*indexbyte2* |
| 结构 | *putstatic*=179（0xb3） |
| 操作数栈 | …，*value* →<br>… |
| 描述 | 无符号数 *indexbyte1* 和 *indexbyte2* 用于构建指向一个当前类（见 2.6 节）的运行时常量池的索引值，构建方式为（*indexbyte1*<<8）\|*indexbyte2*，该索引所指向的运行时常量池项应当是对一个字段（见 5.1 节）的符号引用，其中包含了字段的名称和描述符，以及对包含该字段的类或接口的符号引用。这个字段的符号引用是已被解析过的（见 5.4.3.2 小节）<br>在成功解析字段之后，如果字段所在的类或者接口没有被初始化过（见 5.5 节），那么指令执行时将会触发其初始化过程<br>被 *putstatic* 指令存储到字段中的 *value* 值的类型必须与字段的描述符相匹配（见 4.3.2 小节）。如果字段描述符的类型是 `boolean`、`byte`、`char`、`short` 或者 `int`，那么 *value* 必须为 `int` 类型。如果字段描述符的类型是 `float`、`long` 或者 `double`，那么 *value* 的类型必须相应为 `float`、`long` 或者 `double`。如果字段描述符的类型是 `reference` 类型，那么 *value* 必须为一个可与之匹配（JLS §5.2）的类型。如果字段被声明为 `final`，那么就只有在当前类的类型初始化方法（<clinit>）中设置当前类的 `final` 字段才是合法的（见 2.9 节）<br>指令执行时，*value* 从操作数栈中出栈，根据 2.8.3 小节中定义的数值转换规则转换为 *value'*，类的指定字段的值将被设置为 *value'* |
| 链接时异常 | 在字段的符号引用解析过程中，可能抛出任何在 5.4.3.2 小节中描述过的异常<br>否则，如果已解析的字段既不是静态字段（类字段），又不是接口字段，那么 *putstatic* 指令将会抛出一个 `IncompatibleClassChangeError`<br>否则，如果字段声明为 `final`，那么就只有在当前类的实例初始化方法（`<clinit>`）中设置当前类的 `final` 字段才是合法的，否则将会抛出 `IllegalAccessError` |
| 运行时异常 | 否则，如果 *putstatic* 指令触发了所涉及的类或接口的初始化，那么 *putstatic* 指令就可能抛出在 5.5 节中描述的任何异常 |
| 注意 | *putstatic* 指令只有在接口字段初始化时才能用来设置接口字段的值，接口字段只能在接口初始化时通过执行接口变量初始化表达式而赋值一次（见 §5.5 节，JLS §9.3.1） |

## ret

| | |
|---|---|
| 操作 | 代码片段中返回 |
| 格式 | *ret*<br>*index* |
| 结构 | *ret*=169（0xa9） |
| 操作数栈 | 无变化 |
| 描述 | *index* 是一个 0 ~ 255 的无符号数，它代表一个当前栈帧（见 2.6 节）的局部变量表的索引值，该索引位置应为一个 `returnAddress` 类型的局部变量。指令执行后，将该局部变量的值会更新到 Java 虚拟机的 `pc` 寄存器中，令程序从修改后的位置继续执行 |
| 注意 | 请注意，*jsr_w* 指令将 *address* 推入操作数栈，*ret* 指令从局部变量表中把它取出，这种不对称的操作是故意设计的<br>在 Oracle 为 Java SE 6 之前版本的 Java 语言所实现的编译器中，*ret* 指令可用来与 *jsr* 及 *jsr_w* 指令一起实现 `finally` 语句块（参见 3.13 节、4.10.2.5 小节）<br>*ret* 指令不应与 *return* 指令混为一谈，*return* 用于把控制权从没有返回值的方法交还给调用 者<br>*ret* 指令可以与 *wide* 指令联合使用，以实现使用两个字节宽度的无符号整数作为索引来访问局部变量表 |

## return

| | |
|---|---|
| 操作 | 方法中返回 void |
| 格式 | *return* |
| 结构 | *return*=177（0xb1） |
| 操作数栈 | …→<br>[empty] |
| 描述 | 当前方法的返回值必须声明为 `void`。如果当前方法是一个同步（声明为 `synchronized`）方法，那么在方法调用时进入或者重入的锁应当被正确更新状态或退出，就像当前线程执行了 *monitorexit* 指令一样。如果执行过程当中没有抛出异常，那么在当前栈帧操作数栈中的所有值都将会被丢弃<br>指令执行后，解释器会恢复调用者的栈帧，并且把程序控制权交回调用者 |
| 运行时异常 | 如果虚拟机实现没有严格执行在 2.11.10 小节中规定的结构化锁定规则，导致当前方法虽然是一个同步方法，但当前线程却又不拥有调用该方法时所进入（enter）或重入（reenter）的那把锁，那么 *return* 指令将会抛出 `IllegalMonitorStateException` 异常。这是可能出现的，例如，一个同步方法只包含了对方法要同步的那个对象所施加的 *monitorexit* 指令，但是未包含配对的 *monitorenter* 指令<br>否则，如果虚拟机实现严格执行了 2.11.10 小节中规定的结构化锁定规则，并且当前方法调用时，违反了其中的第 1 条规则，那么 *return* 指令也会抛出 `IllegalMonitorStateException` 异常 |

## saload

| 操作 | 从数组中加载一个 short 类型数据到操作数栈 |
| --- | --- |
| 格式 | *saload* |
| 结构 | *saload*=53（0x35） |
| 操作数栈 | …，*arrayref*，*index* →<br>…，*value* |
| 描述 | *arrayref* 必须是一个 reference 类型的数据，它指向一个组件类型为 int 的数组，*index* 必须为 int 类型。指令执行后，*arrayref* 和 *index* 同时从操作数栈出栈，用 *index* 作为索引定位到数组中的 short 类型值，先把它零位扩展为一个 int 类型数据 *value*，然后再将 *value* 入栈到操作数栈中 |
| 运行时异常 | 如果 *arrayref* 为 null，*saload* 指令将抛出 NullPointerException 异常<br>否则，如果 *index* 不在 *arrayref* 所代表的数组上下界范围中，*saload* 指令将抛出 ArrayIndexOutOfBoundsException 异常 |

## sastore

| 操作 | 从操作数栈读取一个 short 类型数据并存入数组中 |
| --- | --- |
| 格式 | *sastore* |
| 结构 | *sastore*=86（0x56） |
| 操作数栈 | …，*arrayref*，*index*，*value* →<br>… |
| 描述 | *arrayref* 必须是一个 reference 类型的数据，它指向一个组件类型为 short 的数组，*index* 和 *value* 都必须为 int 类型。指令执行后，*arrayref*、*index* 和 *value* 同时从操作数栈出栈，*value* 将被转换为 short 类型，然后存储到 *index* 作为索引定位到数组元素中 |
| 运行时异常 | 如果 *arrayref* 为 null，*sastore* 指令将抛出 NullPointerException 异常<br>否则，如果 *index* 不在 *arrayref* 所代表的数组上下界范围中，*sastore* 指令将抛出 ArrayIndexOutOfBoundsException 异常 |

## sipush

| 操作 | 将一个 short 类型数据入栈 |
| --- | --- |
| 格式 | *sipush*<br>*byte1*<br>*byte2* |

（续）

| | |
|---|---|
| 结构 | *sipush*=17（0x11） |
| 操作数栈 | …→<br>…，*value* |
| 描述 | 无符号数 *byte1* 和 *byte2* 通过（*byte1*<<8）\|*byte2* 方式构造成一个 `short` 类型数值，然后此数值带符号扩展为一个 `int` 类型的值 *value*，再将 *value* 入栈到操作数栈中 |

## swap

| | |
|---|---|
| 操作 | 交换操作数栈顶的两个值 |
| 格式 | *swap* |
| 结构 | *swap*=95（0x5f） |
| 操作数栈 | …，*value2*，*value1* →<br>…，*value1*，*value2* |
| 描述 | 交换操作数栈顶的两个值<br>*swap* 指令只有在 *value1* 和 *value2* 都是 2.11.1 小节中定义的分类 1 运算类型时才能使用<br>Java 虚拟机未提供交换操作数栈中两个分类 2 运算类型的数值的指令 |

## tableswitch

| | |
|---|---|
| 操作 | 根据索引值在跳转表中寻找配对的分支并进行跳转 |
| 格式 | *tableswitch*<br>*<0-3 byte pad>*<br>*defaultbyte1*<br>*defaultbyte2*<br>*defaultbyte3*<br>*defaultbyte4*<br>*lowbyte1*<br>*lowbyte2*<br>*lowbyte3*<br>*lowbyte4*<br>*highbyte1*<br>*highbyte2*<br>*highbyte3* |

（续）

| | |
|---|---|
| 格式 | *highbyte4*<br>*jump offsets...* |
| 结构 | *tableswitch*=170（0xaa） |
| 操作数栈 | …，*index* →<br>… |
| 描述 | *tableswitch* 是一条变长指令。紧跟 tableswitch 之后的 0 ~ 3 个字节是填充字节，它们使得 *defaultbyte1* 的地址与方法起始地址（也就是方法内第一条指令的操作码所在的地址）之间的距离，恰好是 4 的倍数。填充字节后面是一系列 32 位有符号整数值，包括默认跳转地址 *default*、高值 *high* 以及低值 *low*。在此之后，是 *high–low*+1 个有符号 32 位偏移量。*low* 必须小于或等于 *high*。这 *high–low*+1 个 32 位有符号数值形成一张零基址跳转表（0-based jump table），所有上述的 32 位有符号数都以（*byte1*<<24）\|（*byte2*<<16）\|（*byte3*<<8）\|*byte4* 方式构成<br>指令执行时，`int` 类型的 *index* 从操作数栈中出栈。如果 *index* 比 *low* 值小或者比 *high* 值大，那么就把 *default* 加到当前这条 *tableswitch* 指令的地址上，并将新地址当作目标地址进行跳转。否则，把跳转表中第 *index–low* 个地址值加到当前这条 *tableswitch* 指令的地址上，并将新地址当作目标地址进行跳转，程序从目标地址开始继续执行<br>目标地址既可能从跳转表中的某个偏移量中得出，也可能从 *default* 中得出，但无论如何，最终的目标地址必须在包含 *tableswitch* 指令的那个方法内 |
| 注意 | 当且仅当包含 *tableswitch* 指令的方法刚好位于 4 字节边界上的，*lookupswitch* 指令才能确保它的所有操作数都是 4 字节对齐的 |

## wide

| | |
|---|---|
| 操作 | 通过附加的字节来扩展局部变量表索引 |
| 格式 1 | *wide*<br>*<opcode>*<br>*indexbyte1*<br>*indexbyte2*<br>其中，*<opcode>* 为 *iload*、*fload*、*aload*、*lload*、*dload*、*istore*、*fstore*、*astore*、*lstore*、*dstore* 以及 *ret* 指令之一 |
| 格式 2 | *wide*<br>*iinc*<br>*indexbyte1*<br>*indexbyte2*<br>*constbyte1*<br>*constbyte2* |

（续）

| 结构 | *wide*=196（0xc4） |
| --- | --- |
| 操作数栈 | 与被扩展的指令一致 |
| 描述 | *wide* 指令用于扩展其他指令的行为，其格式取决于受修饰的指令。第一种形式在被扩展指令为 *iload*、*fload*、*aload*、*lload*、*dload*、*istore*、*fstore*、*astore*、*lstore*、*dstore* 以及 *ret* 指令之一时使用，第二种形式仅在被扩展指令为 *iinc* 时使用<br>无论哪种形式，*wide* 指令后面都跟随着被扩展指令的操作码，之后是两个无符号 byte 类型数值 *indexbyte1* 和 *indexbyte2*，它们通过（*indexbyte1*<<8）\|*indexbyte2* 的形式构成一个指向当前栈帧（见 2.6 节）的局部变量表的 16 位无符号索引值。计算出来的索引值必须是指向当前帧局部变量表的合法索引。如果被扩展指令为 *lload*、*dload*、*lstore* 以及 *dstore* 指令，那么 *index*+1 也必须为合法的局部变量索引值。对于 *wide* 指令的第二种形式，在 *indexbyte1* 和 *indexbyte2* 后面还有另外两个无符号 byte 类型数值 *constbyte1* 和 *constbyte2*，它们将以（*constbyte1*<<8）\|*constbyte2* 的形式构成一个有符号的 16 位常量<br>被 *wide* 指令扩展的那些指令，行为上与原有指令的语义没有任何区别，仅仅是索引参数被替换了而已。对于 *wide* 指令的第二种形式来说，还扩大了增量的范围。 |
| 注意 | 虽然这里提到 *wide* 指令修改了另一条指令的行为，但实际上它改变了那条指令的性质，使得构成那条指令的字节成为了 *wide* 指令的操作数。对于 *iinc* 指令来说，它的一个逻辑操作数[⊖]与 *iinc* 指令码之间的偏移量，甚至都和未扩展的时候不同。被 *wide* 指令扩展的那些指令不应当脱离 *wide* 指令直接执行，任何跳转指令都不能把跟随在 *wide* 指令之后的字节码当成跳转目标 |

⊖ 是指由 *constbyte1* 及 *constbyte2* 所构成的那个增量。在没有扩展时，它与 *iinc* 指令码之间的偏移量是 2，而扩展了之后，偏移量则变为 3。——译者注

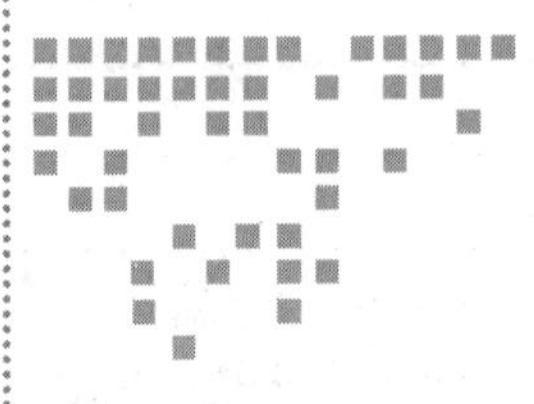

Chapter 7

# 第 7 章 操作码助记符

本章列出了各条 Java 虚拟机指令的操作码以及对应指令的助记符[㊀]，这些操作码中也包括了保留的操作码（见 6.2 节）。

Java SE 7 之前的版本不使用值为 186 的操作码。

| | 操作码 | | 助记符 | 指令含义 |
|---|---|---|---|---|
| 常量 | 00 | 0x00 | *nop* | 什么都不做 |
| | 01 | 0x01 | *aconst_null* | 将 null 推送至栈顶 |
| | 02 | 0x02 | *iconst_m1* | 将 int 类型 -1 推送至栈顶 |
| | 03 | 0x03 | *iconst_0* | 将 int 类型 0 推送至栈顶 |
| | 04 | 0x04 | *iconst_1* | 将 int 类型 1 推送至栈顶 |
| | 05 | 0x05 | *iconst_2* | 将 int 类型 2 推送至栈顶 |
| | 06 | 0x06 | *iconst_3* | 将 int 类型 3 推送至栈顶 |
| | 07 | 0x07 | *iconst_4* | 将 int 类型 4 推送至栈顶 |
| | 08 | 0x08 | *iconst_5* | 将 int 类型 5 推送至栈顶 |
| | 09 | 0x09 | *lconst_0* | 将 long 类型 0 推送至栈顶 |
| | 10 | 0x0a | *lconst_1* | 将 long 类型 1 推送至栈顶 |
| | 11 | 0x0b | *fconst_0* | 将 float 类型 0 推送至栈顶 |
| | 12 | 0x0c | *fconst_1* | 将 float 类型 1 推送至栈顶 |
| | 13 | 0x0d | *fconst_2* | 将 float 类型 2 推送至栈顶 |
| | 14 | 0x0e | *dconst_0* | 将 double 类型 0 推送至栈顶 |
| | 15 | 0x0f | *dconst_1* | 将 double 类型 1 推送至栈顶 |
| | 16 | 0x10 | *bipush* | 将单字节的常量值（-128~127）推送至栈顶 |

㊀ 原书并无“指令含义”一栏，该栏为译者所加。——译者注

（续）

| | 操作码 | | 助记符 | 指令含义 |
|---|---|---|---|---|
| 常量 | 17 | 0x11 | *sipush* | 将一个短整类型常量值（-32 768~32 767）推送至栈顶 |
| | 18 | 0x12 | *ldc* | 将 int、float 或 String 类型常量值从常量池中推送至栈顶 |
| | 19 | 0x13 | *ldc_w* | 将 int、float 或 String 类型常量值从常量池中推送至栈顶（宽索引） |
| | 20 | 0x14 | *ldc2_w* | 将 long 或 double 类型常量值从常量池中推送至栈顶（宽索引） |
| 加载 | 21 | 0x15 | *iload* | 将指定的 int 类型本地变量推送至栈顶 |
| | 22 | 0x16 | *lload* | 将指定的 long 类型本地变量推送至栈顶 |
| | 23 | 0x17 | *fload* | 将指定的 float 类型本地变量推送至栈顶 |
| | 24 | 0x18 | *dload* | 将指定的 double 类型本地变量推送至栈顶 |
| | 25 | 0x19 | *aload* | 将指定的引用类型本地变量推送至栈顶 |
| | 26 | 0x1a | *iload_0* | 将第 1 个 int 类型本地变量推送至栈顶 |
| | 27 | 0x1b | *iload_1* | 将第 2 个 int 类型本地变量推送至栈顶 |
| | 28 | 0x1c | *iload_2* | 将第 3 个 int 类型本地变量推送至栈顶 |
| | 29 | 0x1d | *iload_3* | 将第 4 个 int 类型本地变量推送至栈顶 |
| | 30 | 0x1e | *lload_0* | 将第 1 个 long 类型本地变量推送至栈顶 |
| | 31 | 0x1f | *lload_1* | 将第 2 个 long 类型本地变量推送至栈顶 |
| | 32 | 0x20 | *lload_2* | 将第 3 个 long 类型本地变量推送至栈顶 |
| | 33 | 0x21 | *lload_3* | 将第 4 个 long 类型本地变量推送至栈顶 |
| | 34 | 0x22 | *fload_0* | 将第 1 个 float 类型本地变量推送至栈顶 |
| | 35 | 0x23 | *fload_1* | 将第 2 个 float 类型本地变量推送至栈顶 |
| | 36 | 0x24 | *fload_2* | 将第 3 个 float 类型本地变量推送至栈顶 |
| | 37 | 0x25 | *fload_3* | 将第 4 个 float 类型本地变量推送至栈顶 |
| | 38 | 0x26 | *dload_0* | 将第 1 个 double 类型本地变量推送至栈顶 |
| | 39 | 0x27 | *dload_1* | 将第 2 个 double 类型本地变量推送至栈顶 |
| | 40 | 0x28 | *dload_2* | 将第 3 个 double 类型本地变量推送至栈顶 |
| | 41 | 0x29 | *dload_3* | 将第 4 个 double 类型本地变量推送至栈顶 |
| | 42 | 0x2a | *aload_0* | 将第 1 个引用类型本地变量推送至栈顶 |
| | 43 | 0x2b | *aload_1* | 将第 2 个引用类型本地变量推送至栈顶 |
| | 44 | 0x2c | *aload_2* | 将第 3 个引用类型本地变量推送至栈顶 |
| | 45 | 0x2d | *aload_3* | 将第 4 个引用类型本地变量推送至栈顶 |
| | 46 | 0x2e | *iaload* | 将 int 类型数组的指定元素推送至栈顶 |
| | 47 | 0x2f | *laload* | 将 long 类型数组的指定元素推送至栈顶 |
| | 48 | 0x30 | *faload* | 将 float 类型数组的指定元素推送至栈顶 |
| | 49 | 0x31 | *daload* | 将 double 类型数组的指定元素推送至栈顶 |
| | 50 | 0x32 | *aaload* | 将引用类型数组的指定元素推送至栈顶 |
| | 51 | 0x33 | *baload* | 将 boolean 或 byte 类型数组的指定元素推送至栈顶 |

（续）

| | 操作码 | | 助记符 | 指令含义 |
|---|---|---|---|---|
| 加载 | 52 | 0x34 | *caload* | 将 char 类型数组的指定元素推送至栈顶 |
| | 53 | 0x35 | *saload* | 将 short 类型数组的指定元素推送至栈顶 |
| 存储 | 54 | 0x36 | *istore* | 将栈顶 int 类型数值存入指定本地变量 |
| | 55 | 0x37 | *lstore* | 将栈顶 long 类型数值存入指定本地变量 |
| | 56 | 0x38 | *fstore* | 将栈顶 float 类型数值存入指定本地变量 |
| | 57 | 0x39 | *dstore* | 将栈顶 double 类型数值存入指定本地变量 |
| | 58 | 0x3a | *astore* | 将栈顶引用类型数值存入指定本地变量 |
| | 59 | 0x3b | *istore_0* | 将栈顶 int 类型数值存入第 1 个本地变量 |
| | 60 | 0x3c | *istore_1* | 将栈顶 int 类型数值存入第 2 个本地变量 |
| | 61 | 0x3d | *istore_2* | 将栈顶 int 类型数值存入第 3 个本地变量 |
| | 62 | 0x3e | *istore_3* | 将栈顶 int 类型数值存入第 4 个本地变量 |
| | 63 | 0x3f | *lstore_0* | 将栈顶 long 类型数值存入第 1 个本地变量 |
| | 64 | 0x40 | *lstore_1* | 将栈顶 long 类型数值存入第 2 个本地变量 |
| | 65 | 0x41 | *lstore_2* | 将栈顶 long 类型数值存入第 3 个本地变量 |
| | 66 | 0x42 | *lstore_3* | 将栈顶 long 类型数值存入第 4 个本地变量 |
| | 67 | 0x43 | *fstore_0* | 将栈顶 float 类型数值存入第 1 个本地变量 |
| | 68 | 0x44 | *fstore_1* | 将栈顶 float 类型数值存入第 2 个本地变量 |
| | 69 | 0x45 | *fstore_2* | 将栈顶 float 类型数值存入第 3 个本地变量 |
| | 70 | 0x46 | *fstore_3* | 将栈顶 float 类型数值存入第 4 个本地变量 |
| | 71 | 0x47 | *dstore_0* | 将栈顶 double 类型数值存入第 1 个本地变量 |
| | 72 | 0x48 | *dstore_1* | 将栈顶 double 类型数值存入第 2 个本地变量 |
| | 73 | 0x49 | *dstore_2* | 将栈顶 double 类型数值存入第 3 个本地变量 |
| | 74 | 0x4a | *dstore_3* | 将栈顶 double 类型数值存入第 4 个本地变量 |
| | 75 | 0x4b | *astore_0* | 将栈顶引用类型数值存入第 1 个本地变量 |
| | 76 | 0x4c | *astore_1* | 将栈顶引用类型数值存入第 2 个本地变量 |
| | 77 | 0x4d | *astore_2* | 将栈顶引用类型数值存入第 3 个本地变量 |
| | 78 | 0x4e | *astore_3* | 将栈顶引用类型数值存入第 4 个本地变量 |
| | 79 | 0x4f | *iastore* | 将栈顶 int 类型数值存入指定数组的指定索引位置 |
| | 80 | 0x50 | *lastore* | 将栈顶 long 类型数值存入指定数组的指定索引位置 |
| | 81 | 0x51 | *fastore* | 将栈顶 float 类型数值存入指定数组的指定索引位置 |
| | 82 | 0x52 | *dastore* | 将栈顶 double 类型数值存入指定数组的指定索引位置 |
| | 83 | 0x53 | *aastore* | 将栈顶引用类型数值存入指定数组的指定索引位置 |
| | 84 | 0x54 | *bastore* | 将栈顶 boolean 或 byte 类型数值存入指定数组的指定索引位置 |
| | 85 | 0x55 | *castore* | 将栈顶 char 类型数值存入指定数组的指定索引位置 |
| | 86 | 0x56 | *sastore* | 将栈顶 short 类型数值存入指定数组的指定索引位置 |

（续）

| | 操作码 | | 助记符 | 指令含义 |
|---|---|---|---|---|
| 栈 | 87 | 0x57 | *pop* | 将栈顶数值弹出（数值不能是 long 或 double 类型的） |
| | 88 | 0x58 | *pop2* | 将栈顶的一个 long 或 double 类型的数值或两个其他类型的数值弹出 |
| | 89 | 0x59 | *dup* | 复制栈顶数值并将复制值压入栈顶 |
| | 90 | 0x5a | *dup_x1* | 复制栈顶值并将其插入栈顶那两个值的下面 |
| | 91 | 0x5b | *dup_x2* | 复制栈顶值并将其插入栈顶那两个或三个值的下面 |
| | 92 | 0x5c | *dup2* | 复制栈顶的一个 long 或 double 类型的值，或两个其他类型的值，并将其压入栈顶 |
| | 93 | 0x5d | *dup2_x1* | 复制栈顶的一个或两个值，并将其插入栈顶那两个或三个值的下面 |
| | 94 | 0x5e | *dup2_x2* | 复制栈顶的一个或两个值，并将其插入栈顶那两个、三个或四个值的下面 |
| | 95 | 0x5f | *swap* | 将栈顶的两个数值互换（数值不能是 long 或 double 类型的） |
| 数学 | 96 | 0x60 | *iadd* | 将栈顶两 int 类型数值相加并将结果压入栈顶 |
| | 97 | 0x61 | *ladd* | 将栈顶两 long 类型数值相加并将结果压入栈顶 |
| | 98 | 0x62 | *fadd* | 将栈顶两 float 类型数值相加并将结果压入栈顶 |
| | 99 | 0x63 | *dadd* | 将栈顶两 double 类型数值相加并将结果压入栈顶 |
| | 100 | 0x64 | *isub* | 将栈顶两 int 类型数值相减并将结果压入栈顶 |
| | 101 | 0x65 | *lsub* | 将栈顶两 long 类型数值相减并将结果压入栈顶 |
| | 102 | 0x66 | *fsub* | 将栈顶两 float 类型数值相减并将结果压入栈顶 |
| | 103 | 0x67 | *dsub* | 将栈顶两 double 类型数值相减并将结果压入栈顶 |
| | 104 | 0x68 | *imul* | 将栈顶两 int 类型数值相乘并将结果压入栈顶 |
| | 105 | 0x69 | *lmul* | 将栈顶两 long 类型数值相乘并将结果压入栈顶 |
| | 106 | 0x6a | *fmul* | 将栈顶两 float 类型数值相乘并将结果压入栈顶 |
| | 107 | 0x6b | *dmul* | 将栈顶两 double 类型数值相乘并将结果压入栈顶 |
| | 108 | 0x6c | *idiv* | 将栈顶两 int 类型数值相除并将结果压入栈顶 |
| | 109 | 0x6d | *ldiv* | 将栈顶两 long 类型数值相除并将结果压入栈顶 |
| | 110 | 0x6e | *fdiv* | 将栈顶两 float 类型数值相除并将结果压入栈顶 |
| | 111 | 0x6f | *ddiv* | 将栈顶两 double 类型数值相除并将结果压入栈顶 |
| | 112 | 0x70 | *irem* | 将栈顶两 int 类型数值作取模运算并将结果压入栈顶 |
| | 113 | 0x71 | *lrem* | 将栈顶两 long 类型数值作取模运算并将结果压入栈顶 |
| | 114 | 0x72 | *frem* | 将栈顶两 float 类型数值作取模运算并将结果压入栈顶 |
| | 115 | 0x73 | *drem* | 将栈顶两 double 类型数值作取模运算并将结果压入栈顶 |
| | 116 | 0x74 | *ineg* | 将栈顶 int 类型数值取负并将结果压入栈顶 |
| | 117 | 0x75 | *lneg* | 将栈顶 long 类型数值取负并将结果压入栈顶 |
| | 118 | 0x76 | *fneg* | 将栈顶 float 类型数值取负并将结果压入栈顶 |
| | 119 | 0x77 | *dneg* | 将栈顶 double 类型数值取负并将结果压入栈顶 |

（续）

| | 操作码 | | 助记符 | 指令含义 |
|---|---|---|---|---|
| 数学 | 120 | 0x78 | *ishl* | 将 int 类型数值左移位指定位数并将结果压入栈顶 |
| | 121 | 0x79 | *lshl* | 将 long 类型数值左移位指定位数并将结果压入栈顶 |
| | 122 | 0x7a | *ishr* | 将 int 类型数值（有符号）右移位指定位数并将结果压入栈顶 |
| | 123 | 0x7b | *lshr* | 将 long 类型数值（有符号）右移位指定位数并将结果压入栈顶 |
| | 124 | 0x7c | *iushr* | 将 int 类型数值（无符号）右移位指定位数并将结果压入栈顶 |
| | 125 | 0x7d | *lushr* | 将 long 类型数值（无符号）右移位指定位数并将结果压入栈顶 |
| | 126 | 0x7e | *iand* | 将栈顶两 int 类型数值作“按位与”并将结果压入栈顶 |
| | 127 | 0x7f | *land* | 将栈顶两 long 类型数值作“按位与”并将结果压入栈顶 |
| | 128 | 0x80 | *ior* | 将栈顶两 int 类型数值作“按位或”并将结果压入栈顶 |
| | 129 | 0x81 | *lor* | 将栈顶两 long 类型数值作“按位或”并将结果压入栈顶 |
| | 130 | 0x82 | *ixor* | 将栈顶两 int 类型数值作“按位异或”并将结果压入栈顶 |
| | 131 | 0x83 | *lxor* | 将栈顶两 long 类型数值作“按位异或”并将结果压入栈顶 |
| | 132 | 0x84 | *iinc* | 将指定 int 类型变量增加指定值（i++，i--，i+=2） |
| 转换 | 133 | 0x85 | *i2l* | 将栈顶 int 类型数值强制转换成 long 类型数值并将结果压入栈顶 |
| | 134 | 0x86 | *i2f* | 将栈顶 int 类型数值强制转换成 float 类型数值并将结果压入栈顶 |
| | 135 | 0x87 | *i2d* | 将栈顶 int 类型数值强制转换成 double 类型数值并将结果压入栈顶 |
| | 136 | 0x88 | *l2i* | 将栈顶 long 类型数值强制转换成 int 类型数值并将结果压入栈顶 |
| | 137 | 0x89 | *l2f* | 将栈顶 long 类型数值强制转换成 float 类型数值并将结果压入栈顶 |
| | 138 | 0x8a | *l2d* | 将栈顶 long 类型数值强制转换成 double 类型数值并将结果压入栈顶 |
| | 139 | 0x8b | *f2i* | 将栈顶 float 类型数值强制转换成 int 类型数值并将结果压入栈顶 |
| | 140 | 0x8c | *f2l* | 将栈顶 float 类型数值强制转换成 long 类型数值并将结果压入栈顶 |
| | 141 | 0x8d | *f2d* | 将栈顶 float 类型数值强制转换成 double 类型数值并将结果压入栈顶 |
| | 142 | 0x8e | *d2i* | 将栈顶 double 类型数值强制转换成 int 类型数值并将结果压入栈顶 |
| | 143 | 0x8f | *d2l* | 将栈顶 double 类型数值强制转换成 long 类型数值并将结果压入栈顶 |
| | 144 | 0x90 | *d2f* | 将栈顶 double 类型数值强制转换成 float 类型数值并将结果压入栈顶 |

（续）

| | 操作码 | | 助记符 | 指令含义 |
|---|---|---|---|---|
| 转换 | 145 | 0x91 | *i2b* | 将栈顶 int 类型数值强制转换成 byte 类型数值并将结果压入栈顶 |
| | 146 | 0x92 | *i2c* | 将栈顶 int 类型数值强制转换成 char 类型数值并将结果压入栈顶 |
| | 147 | 0x93 | *i2s* | 将栈顶 int 类型数值强制转换成 short 类型数值并将结果压入栈顶 |
| 比较 | 148 | 0x94 | *lcmp* | 比较栈顶两 long 类型数值大小，并将结果（1，0，-1）压入栈顶 |
| | 149 | 0x95 | *fcmpl* | 比较栈顶两 float 类型数值大小，并将结果（1，0，-1）压入栈顶；当其中一个数值为“NaN”时，将 -1 压入栈顶 |
| | 150 | 0x96 | *fcmpg* | 比较栈顶两 float 类型数值大小，并将结果（1，0，-1）压入栈顶；当其中一个数值为“NaN”时，将 1 压入栈顶 |
| | 151 | 0x97 | *dcmpl* | 比较栈顶两 double 类型数值大小，并将结果（1,0,-1）压入栈顶；当其中一个数值为“NaN”时，将 -1 压入栈顶 |
| | 152 | 0x98 | *dcmpg* | 比较栈顶两 double 类型数值大小，并将结果（1,0,-1）压入栈顶；当其中一个数值为“NaN”时，将 1 压入栈顶 |
| | 153 | 0x99 | *ifeq* | 当栈顶 int 类型数值等于 0 时跳转 |
| | 154 | 0x9a | *ifne* | 当栈顶 int 类型数值不等于 0 时跳转 |
| | 155 | 0x9b | *iflt* | 当栈顶 int 类型数值小于 0 时跳转 |
| | 156 | 0x9c | *ifge* | 当栈顶 int 类型数值大于等于 0 时跳转 |
| | 157 | 0x9d | *ifgt* | 当栈顶 int 类型数值大于 0 时跳转 |
| | 158 | 0x9e | *ifle* | 当栈顶 int 类型数值小于等于 0 时跳转 |
| | 159 | 0x9f | *if_icmpeq* | 比较栈顶两 int 类型数值大小，当前者等于后者时跳转 |
| | 160 | 0xa0 | *if_icmpne* | 比较栈顶两 int 类型数值大小，当前者不等于后者时跳转 |
| | 161 | 0xa1 | *if_icmplt* | 比较栈顶两 int 类型数值大小，当前者小于后者时跳转 |
| | 162 | 0xa2 | *if_icmpge* | 比较栈顶两 int 类型数值大小，当前者大于等于后者时跳转 |
| | 163 | 0xa3 | *if_icmpgt* | 比较栈顶两 int 类型数值大小，当前者大于后者时跳转 |
| | 164 | 0xa4 | *if_icmple* | 比较栈顶两 int 类型数值大小，当前者小于等于后者时跳转 |
| | 165 | 0xa5 | *if_acmpeq* | 比较栈顶两引用类型数值，当结果相等时跳转 |
| | 166 | 0xa6 | *if_acmpne* | 比较栈顶两引用类型数值，当结果不相等时跳转 |
| 控制 | 167 | 0xa7 | *goto* | 无条件跳转 |
| | 168 | 0xa8 | *jsr* | 跳转至指定 16 位 offset 位置，并将 jsr 下一条指令地址压入栈顶 |
| | 169 | 0xa9 | *ret* | 返回至由指定的局部变量所给出的指令位置（一般与 jsr、jsr_w 联合使用） |
| | 170 | 0xaa | *tableswitch* | 用于 switch 条件跳转，case 值连续（变长指令） |
| | 171 | 0xab | *lookupswitch* | 用于 switch 条件跳转，case 值不连续（变长指令） |
| | 172 | 0xac | *ireturn* | 从当前方法返回 int |
| | 173 | 0xad | *lreturn* | 从当前方法返回 long |

（续）

| | 操作码 | | 助记符 | 指令含义 |
|---|---|---|---|---|
| 控制 | 174 | 0xae | *freturn* | 从当前方法返回 float |
| | 175 | 0xaf | *dreturn* | 从当前方法返回 double |
| | 176 | 0xb0 | *areturn* | 从当前方法返回对象引用 |
| | 177 | 0xb1 | *return* | 从当前方法返回 void |
| 引用 | 178 | 0xb2 | *getstatic* | 获取指定类的静态字段，并将其值压入栈顶 |
| | 179 | 0xb3 | *putstatic* | 为指定类的静态字段赋值 |
| | 180 | 0xb4 | *getfield* | 获取指定类的实例字段，并将其值压入栈顶 |
| | 181 | 0xb5 | *putfield* | 为指定类的实例字段赋值 |
| | 182 | 0xb6 | *invokevirtual* | 调用实例方法 |
| | 183 | 0xb7 | *invokespecial* | 调用父类方法、实例初始化方法、私有方法 |
| | 184 | 0xb8 | *invokestatic* | 调用静态方法 |
| | 185 | 0xb9 | *invokeinterface* | 调用接口方法 |
| | 186 | 0xba | *invokedynamic* | 调用动态链接方法 |
| | 187 | 0xbb | *new* | 创建一个对象，并将其引用值压入栈顶 |
| | 188 | 0xbc | *newarray* | 创建一个指定原始类型（如 int、float、char 等）的数组，并将其引用值压入栈顶 |
| | 189 | 0xbd | *anewarray* | 创建一个引用型（如类、接口、数组）的数组，并将其引用值压入栈顶 |
| | 190 | 0xbe | *arraylength* | 获得数组的长度值并压入栈顶 |
| | 191 | 0xbf | *athrow* | 将栈顶的异常抛出 |
| | 192 | 0xc0 | *checkcast* | 检验类型转换，检验未通过将抛出 ClassCastException |
| | 193 | 0xc1 | *instanceof* | 检验对象是否是指定类的实例，如果是，就将 1 压入栈顶，否则将 0 压入栈顶 |
| | 194 | 0xc2 | *monitorenter* | 获得对象的锁，用于实现同步块 |
| | 195 | 0xc3 | *monitorexit* | 释放对象的锁，用于实现同步块 |
| 扩展 | 196 | 0xc4 | *wide* | 扩展本地变量索引的宽度 |
| | 197 | 0xc5 | *multianewarray* | 创建指定类型和指定维度的多维数组（执行该指令时，操作栈中必须包含各维度的长度值），并将其引用值压入栈顶 |
| | 198 | 0xc6 | *ifnull* | 为 null 时跳转 |
| | 199 | 0xc7 | *ifnonnull* | 不为 null 时跳转 |
| | 200 | 0xc8 | *goto_w* | 无条件跳转（宽索引） |
| | 201 | 0xc9 | *jsr_w* | 跳转至指定 32 位 offset 位置，并将 jsr_w 下一条指令地址压入栈顶 |
| 保留指令 | 202 | 0xca | *breakpoint* | 调试时的断点标记 |
| | 254 | 0xfe | *impdep1* | 为特定软件而预留的语言后门 |
| | 255 | 0xff | *impdep2* | 为特定硬件而预留的语言后门 |

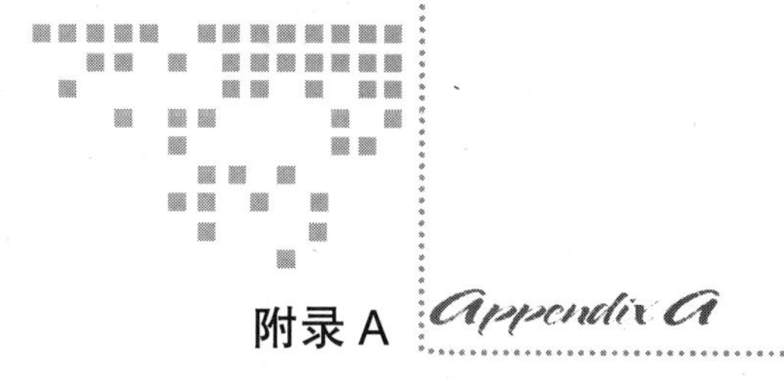

附录 A *Appendix A*

# Limited License Grant

Specification: JSR-337 Java® SE 8 Release Contents ("Specification")
Version: 8
Status: Final Release
Release: March 2014



LIMITED LICENSE GRANTS

1. License for Evaluation Purposes. Oracle hereby grants you a fully-paid, non-exclusive, non-transferable, worldwide, limited license (without the right to sublicense), under Oracle's applicable intellectual property rights to view, download, use and reproduce the Specification only for the purpose of internal evaluation. This includes (i) developing applications intended to run on an implementation of the Specification, provided that such applications do not themselves implement any portion(s) of the Specification, and (ii) discussing the Specification with any third party; and (iii) excerpting brief portions of the Specification in oral or written communications which discuss the Specification provided that such excerpts do not in the aggregate constitute a significant portion of the Specification.

2. License for the Distribution of Compliant Implementations. Oracle also grants you a perpetual, non-exclusive, non-transferable, worldwide, fully paid-up, royalty free, limited license (without the right to sublicense) under any applicable copyrights or, subject to the provisions of subsection 4 below, patent rights it may have covering the Specification to create and/or distribute an Independent Implementation of the Specification that: (a) fully implements the Specification including all its required interfaces and functionality; (b) does not modify, subset,

superset or otherwise extend the Licensor Name Space, or include any public or protected packages, classes, Java interfaces, fields or methods within the Licensor Name Space other than those required/authorized by the Specification or Specifications being implemented; and (c) passes the Technology Compatibility Kit (including satisfying the requirements of the applicable TCK Users Guide) for such Specification ("Compliant Implementation"). In addition, the foregoing license is expressly conditioned on your not acting outside its scope. No license is granted hereunder for any other purpose (including, for example, modifying the Specification, other than to the extent of your fair use rights, or distributing the Specification to third parties). Also, no right, title, or interest in or to any trademarks, service marks, or trade names of Oracle or Oracle's licensors is granted hereunder. Java, and Java-related logos, marks and names are trademarks or registered trademarks of Oracle in the U.S. and other countries.

3. Pass-through Conditions. You need not include limitations (a)-(c) from the previous paragraph or any other particular "pass through" requirements in any license You grant concerning the use of your Independent Implementation or products derived from it. However, except with respect to Independent Implementations (and products derived from them) that satisfy limitations (a)-(c) from the previous paragraph, You may neither: (a) grant or otherwise pass through to your licensees any licenses under Oracle's applicable intellectual property rights; nor (b) authorize your licensees to make any claims concerning their implementation's compliance with the Specification in question.

4. Reciprocity Concerning Patent Licenses.

a. With respect to any patent claims covered by the license granted under subparagraph 2 above that would be infringed by all technically feasible implementations of the Specification, such license is conditioned upon your offering on fair, reasonable and non-discriminatory terms, to any party seeking it from You, a perpetual, non-exclusive, non-transferable, worldwide license under Your patent rights which are or would be infringed by all technically feasible implementations of the Specification to develop, distribute and use a Compliant Implementation.

b. With respect to any patent claims owned by Oracle and covered by the license granted under subparagraph 2, whether or not their infringement can be avoided in a technically feasible manner when implementing the Specification, such license shall terminate with respect to such claims if You initiate a claim against Oracle that it has, in the course of performing its responsibilities as the Specification Lead, induced any other entity to infringe Your patent rights.

c. Also with respect to any patent claims owned by Oracle and covered by the license granted under subparagraph 2 above, where the infringement of such claims can be avoided in a technically feasible manner when implementing the Specification such license, with respect to such claims, shall terminate if You initiate a claim against Oracle that its making, having made, using, offering to sell, selling or importing a Compliant Implementation infringes Your patent rights.

5. Definitions. For the purposes of this Agreement: "Independent Implementation" shall mean an implementation of the Specification that neither derives from any of Oracle's source code or binary code materials nor, except with an appropriate and separate license from Oracle, includes any of Oracle's source code or binary code materials; "Licensor Name Space" shall mean the public class or interface declarations whose names begin with "java", "javax", "com.sun" or their equivalents in any subsequent naming convention adopted by Oracle through the Java Community Process, or any recognized successors or replacements thereof; and "Technology Compatibility Kit" or "TCK" shall mean the test suite and accompanying TCK User's Guide provided by Oracle which corresponds to the Specification and that was available either (i) from Oracle 120 days before the first release of Your Independent Implementation that allows its use for commercial purposes, or (ii) more recently than 120 days from such release but against which You elect to test Your implementation of the Specification.

This Agreement will terminate immediately without notice from Oracle if you breach the Agreement or act outside the scope of the licenses granted above.

DISCLAIMER OF WARRANTIES

THE SPECIFICATION IS PROVIDED "AS IS". ORACLE MAKES NO REPRESENTATIONS OR WARRANTIES, EITHER EXPRESS OR IMPLIED, INCLUDING BUT NOT LIMITED TO, WARRANTIES OF MERCHANTABILITY, FITNESS FOR A PARTICULAR PURPOSE, NON-INFRINGEMENT (INCLUDING AS A CONSEQUENCE OF ANY PRACTICE OR IMPLEMENTATION OF THE SPECIFICATION), OR THAT THE CONTENTS OF THE SPECIFICATION ARE SUITABLE FOR ANY PURPOSE. This document does not represent any commitment to release or implement any portion of the Specification in any product. In addition, the Specification could include technical inaccuracies or typographical errors.

LIMITATION OF LIABILITY

TO THE EXTENT NOT PROHIBITED BY LAW, IN NO EVENT WILL ORACLE OR ITS LICENSORS BE LIABLE FOR ANY DAMAGES, INCLUDING WITHOUT LIMITATION, LOST REVENUE, PROFITS OR DATA, OR FOR SPECIAL, INDIRECT, CONSEQUENTIAL, INCIDENTAL OR PUNITIVE DAMAGES, HOWEVER CAUSED AND REGARDLESS OF THE THEORY OF LIABILITY, ARISING OUT OF OR RELATED IN ANY WAY TO YOUR HAVING, IMPLEMENTING OR OTHERWISE USING THE SPECIFICATION, EVEN IF ORACLE AND/OR ITS LICENSORS HAVE BEEN ADVISED OF THE POSSIBILITY OF SUCH DAMAGES.

You will indemnify, hold harmless, and defend Oracle and its licensors from any claims arising or resulting from: (i) your use of the Specification; (ii) the use or distribution of your Java application, applet and/or implementation; and/or (iii)